"十二五"应用型本科系列规划教材

微积分（经济管理）

第 2 版

彭红军　张　伟　李　媛　石澄贤　编
朱金艳　张　倩　李晓飞　余　俊

机械工业出版社

本书根据高等学校经济管理类专业微积分课程的教学大纲组织编写,突出由浅入深、循序渐进的编写思想,全书内容和难度适中、表述通俗,注重数学知识的应用.

教材每节开始前先提出问题,引发学生思考,然后引出本节内容,节后配有习题. 第一章至第十一章章末都配有两套自测题. 书末附有习题和自测题答案.

本书的主要内容有函数、极限与连续、导数与微分、微分中值定理与导数的应用、不定积分、定积分及其应用、向量与空间解析几何初步、多元函数微分学、二重积分、微分方程与差分方程、无穷级数、经济管理中常用的数学模型及软件.

本书可作为应用型高校的经济管理类和文科专业的教材.

图书在版编目(CIP)数据

微积分:经济管理类/彭红军等编.—2版.—北京:机械工业出版社,2013.9(2024.8重印)

"十二五"应用型本科系列规划教材

ISBN 978-7-111-43438-2

Ⅰ.①微… Ⅱ.①彭… Ⅲ.①微积分-高等学校-教材
Ⅳ.①O172

中国版本图书馆 CIP 数据核字(2013)第 168476 号

机械工业出版社(北京市百万庄大街22号 邮政编码100037)
策划编辑:韩效杰 责任编辑:韩效杰 李 乐 陈崇昱
责任校对:张 媛 封面设计:路恩中 责任印制:常天培
固安县铭成印刷有限公司印刷
2024 年 8 月第 2 版第 7 次印刷
184mm×240mm·26.75 印张·660 千字
标准书号:ISBN 978-7-111-43438-2
定价:53.00 元

电话服务 网络服务

客服电话:010-88361066 机 工 官 网:www.cmpbook.com

010-88379833 机 工 官 博:weibo.com/cmp1952

010-68326294 金 书 网:www.golden-book.com

封底无防伪标均为盗版 机工教育服务网:www.cmpedu.com

第2版前言

应用型高校已经成为高等教育的重要组成部分.此类高校大多定位于培养创新应用型本科人才,但是应用型高校的基础课教育往往照搬现有成熟的课程设置、教学计划和教材,导致了应用型高校的基础课教育偏离了培养创新应用型本科人才的目标,课程设置脱离专业实际、学生实际和就业需求.如何通过基础课改革,强化学生实践能力与创新能力的培养,对于应用型高校提升办学质量和形成培养特色具有重要意义.

编写经济管理专业的微积分教材,是我们推动应用型高校教育教学改革的一项积极尝试.本书编者都是应用型高校教学第一线的数学教师,在长期的教学过程中积累了丰富的教学经验.本书适用于应用型高校经济管理类专业和文科专业的学生,编写上具有以下特点:

1.本书具有经济管理应用性特点.本书根据高等学校经济管理类专业微积分课程的教学大纲组织编写,紧密结合经济管理专业特点,把数学知识在经济管理中的应用融合到教学中.书中专门介绍了经济管理中的常用函数的建立与意义,边际分析与弹性分析,极值与最值问题,定积分、微分方程在经济管理中的应用,以及经济管理中常用的最小二乘法和差分方程.教材最后一章介绍了经济管理中常用的数学建模方法与软件,激发学生进一步学习和应用数学思想和工具的兴趣.

2.本书编写上突出由浅入深、循序渐进的特点.第一章专门介绍函数,回顾介绍初等数学的重要内容,为引入微积分学奠定基础;教材每节开始前都有一段引言,提出问题,引发学生思考,然后引出本节内容.

3.本书具有内容和难度适中的特点.考虑到学生的数学基础,对于一些高等数学中难度较大且超出教学基本要求、而经济管理专业中应用不多的知识,本书未予编入;对于经济管理专业学生必须掌握的数学知识,在例题、习题的等编写中,尽量做到难度适中.

4.本书具有通俗性特点.对于数学定义、定理、方法,本书尽量用通俗易懂的语言加以描述,如复合函数求导的"剥壳法",多元复合函数求导的"链式法则",分部积分法的"反对幂三指"方法等;对于一些数学定义、定理、方法,用示意图的形式加以描述,通俗直观.

5.本书编写上突出精讲多练的特点.本书各节都配有一定量的习题,每章结尾都有两套自测题,学生可以通过练习和自测检验学习效果.

书中带有"＊"的部分内容是为了照顾内容体系的完整性而编入,教学过程中作为选讲内容.

感谢中国矿业大学徐海学院对本书的编写工作给予的大力支持;感谢江苏工业大学吴建成等老师,是他们在做了大量调研工作后,牵头组织了应用型高校基础课教材的编写工作,并对本书的编写提出了许多宝贵的意见和建议;本书的配套辅导书《微积分(经济管理)学习辅

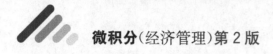

导》,配有学习辅导及课后习题解答.供选用本书的教师、学生及自学人员选用.

由于编者水平有限,对教材编写内容和难度的理解和掌握存在一定的局限性,书中定有不妥甚至错误之处,恳请读者批评指正.

编　者

目　　录

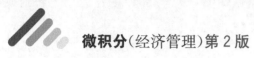

第一章 函 数

微积分是高等数学的基本内容,是研究自然和社会规律的重要工具,它不仅在经济领域中有着直接的应用,而且也是学习其他经济数学知识的基础.微积分的主要研究对象是函数,本章我们将在中学已有知识的基础上,复习和介绍函数及其相关知识,并作适当延伸.

第一节 集合、区间、邻域

引 很多学生普遍对高等数学有一种畏惧感,或者说对学好高等数学的自信心不够强,那么,高等数学的学习是不是高深莫测呢?学习高等数学需要哪些预备知识呢?本节介绍常量与变量、集合、绝对值、区间与邻域及其相关知识.

一、常量与变量

在观察自然现象或研究科技问题的过程中,会遇到各种不同的量;有的量不变化,始终保持一定的数值,这种量称为**常量**;有的量不断变化着,可以取不同的数值,这种量称为**变量**.

常量可以看成变量的特例.

通常用字母 x,y,z,t 等表示变量;用字母 a,b,c 或 x_0,y_0,z_0 等表示常量.

二、集合

具有某种共同属性的事物的全体称为**集合**.集合中的事物称为这个集合的**元素**.

例如,某厂生产的所有产品构成一个集合,其中每个产品是这个集合的元素.再如,全体实数构成集合,称为**实数集**,每一个实数就是实数集中的元素.

习惯上,用大写字母如 A,B,C 等表示集合,用小写字母如 a,b,c,x,y,t 等表示集合中的元素.通常用 **R** 表示实数集,用 **Q** 表示有理数集,用 **Z** 表示整数集,用 **N** 表示自然数集.

给定一个集合 A,如果 a 是集合 A 的元素,则记作 $a \in A$,读作"a 属于 A";如果 a 不是集合 A 的元素,则记作 $a \notin A$(或 $a \overline{\in} A$),读作"a 不属于 A".

集合的表示方法有两种:一种是**列举法**又称**穷举法**,就是在花括号内把集合中所有的元素——列举出来,元素之间用逗号隔开.

例如,自然数集 **N** 可以记作
$$\mathbf{N} = \{0,1,2,3,\cdots\}.$$

另一种方法是**描述法**,就是在花括号内,左边写出集合的一个代表元素,右边写出该集合的元素所具有的性质,中间用竖线"|"分开. 如果以 x 表示集合 A 的元素,则记作
$$A = \{x \mid x \text{ 所具有的性质}\}.$$

例如,满足不等式 $1<x<3$ 的一切实数构成的集合可以表示成为
$$A = \{x \mid 1<x<3\}.$$

不含有任何元素的集合称为**空集**. 记作 $\varnothing$.

例如,集合 $\{x \mid x>3 \text{ 且 } x<2\} = \varnothing$.

如果集合 B 的元素都是集合 A 的元素,称集合 B 是集合 A 的**子集**,记作 $B \subset A$,或 $A \supset B$. 如图 1-1a 所示.

如果 $A \supset B$ 且 $B \supset A$,则称集合 A 和集合 B **相等**,记作 $A=B$. 它表示集合 A 和集合 B 中的元素完全相同.

$A \cup B = \{x \mid x \in A \text{ 或 } x \in B\}$ 表示所有属于集合 A 或属于集合 B 的元素共同构成的一个新集合,称为集合 A 和集合 B 的**并集**,简称**并**. 如图 1-1b 阴影部分所示.

$A \cap B = \{x \mid x \in A \text{ 且 } x \in B\}$ 表示所有属于集合 A 且属于集合 B 的元素共同构成的一个新集合,称为集合 A 和集合 B 的**交集**,简称**交**. 如图 1-1c 阴影部分所示.

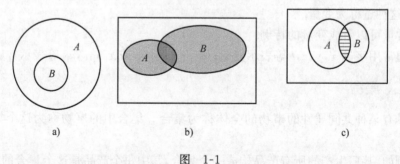

a)　　　　　　　　b)　　　　　　　　c)

图 1-1

例 1　设 $A = \{x \mid -1<x\leqslant 3\}$,$B = \{x \mid 2<x\leqslant 6\}$,则
$$A \cup B = \{x \mid -1<x\leqslant 6\},$$
$$A \cap B = \{x \mid 2<x\leqslant 3\}.$$

三、绝对值

设 $a \in \mathbf{R}$,$|a|$ 表示 a 的**绝对值**,定义
$$|a| = \begin{cases} a, & a \geqslant 0, \\ -a, & a<0. \end{cases}$$

在数轴上,$|a|$ 表示点 a 至原点 O 的距离. 例如,点 -1 和点 1 至原点的距离都是 1,$|-1|=1$,$|1|=1$. 由算术根的意义可知

$$|a|=\sqrt{a^2}.$$

可见,永远有 $|a|\geqslant 0$.

绝对值具有下述性质:

(1) $-|a|\leqslant a\leqslant|a|$;

(2) $|a|\leqslant b$(b 是常数,且 $b>0$)等价于 $-b\leqslant a\leqslant b$;

$|a|\geqslant b$(b 是常数,且 $b>0$)等价于 $a\leqslant-b$ 与 $a\geqslant b$;

(3) $|ab|=|a||b|$;

(4) $\left|\dfrac{a}{b}\right|=\dfrac{|a|}{|b|}$($b\neq 0$);

(5) $|a+b|\leqslant|a|+|b|$; $|a-b|\geqslant|a|-|b|$.

下面仅证性质(5).

证 由性质(1)知

$$-|a|\leqslant a\leqslant|a|,-|b|\leqslant b\leqslant|b|,$$

两式相加,得

$$-(|a|+|b|)\leqslant a+b\leqslant|a|+|b|,$$

所以由性质(2)可知,上式等价于

$$|a+b|\leqslant|a|+|b|,$$

又

$$|a|=|(a-b)+b|\leqslant|a-b|+|b|,$$

移项即得

$$|a-b|\geqslant|a|-|b|.$$

四、区间与邻域

区间是一类常用的数集. 设有实数 a 和 b,且 $a<b$,数集 $\{x\,|\,a<x<b\}$ 称为**开区间**,简记作 (a,b),即

$$(a,b)=\{x\,|\,a<x<b\}.$$

a 和 b 称为开区间 (a,b) 的端点,这里 $a\notin(a,b)$,$b\notin(a,b)$. 数集 $\{x\,|\,a\leqslant x\leqslant b\}$ 称为**闭区间**,简记作 $[a,b]$,即

$$[a,b]=\{x\,|\,a\leqslant x\leqslant b\}.$$

a 和 b 也称为闭区间 $[a,b]$ 的端点,这里 $a\in[a,b]$,$b\in[a,b]$.

类似地,还有

$$(a,b]=\{x\,|\,a<x\leqslant b\},$$
$$[a,b)=\{x\,|\,a\leqslant x<b\}.$$

$(a,b]$ 和 $[a,b)$ 都称为**半开区间**.

以上这些区间都称为**有限区间**，区间长度为 $b-a$，从数轴上看，这些有限区间是长度为有限的线段．如图 1-2a、b 所示．

此外还有所谓**无限区间**，引进记号 $+\infty$（读作正无穷大）和 $-\infty$（读作负无穷大）．例如：
$$[a,+\infty) = \{x \mid x \geqslant a\},$$
$$(-\infty,b) = \{x \mid x < b\}.$$
这两个无限区间在数轴上如图 1-2c 所示．

全体实数的集合 **R** 也可记作 $(-\infty,+\infty)$，它也是无限区间．

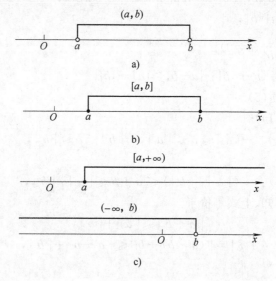

图 1-2

如果不需要指明所讨论区间是否包含端点，以及是有限区间还是无限区间，我们就简单地称之为"区间"，且常用 I 表示．

邻域也是经常用到的一个概念．开区间 $(x_0-\delta,x_0+\delta)$ 称为点 x_0 的 δ **邻域**，通常简记作 $U(x_0,\delta)$，即
$$U(x_0,\delta) = \{x \mid x_0-\delta < x < x_0+\delta\}.$$

在数轴上，$U(x_0,\delta)$ 表示以点 x_0 为对称中心，以 δ 为半径画出的开区间，如图 1-3 所示．

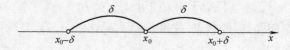

图 1-3

由于 $(x_0-\delta,x_0+\delta)$ 相当于 $|x-x_0| < \delta$，因此
$$U(x_0,\delta) = \{x \mid |x-x_0| < \delta\}.$$

常用的还有点 x_0 的空心邻域 $(x_0-\delta,x_0)\bigcup(x_0,x_0+\delta)$，此时将点 x_0 排除在外，记作 $\mathring{U}(x_0,\delta)$，即

$$\mathring{U}(x_0,\delta)=\{x\mid 0<\mid x-x_0\mid<\delta\}.$$

这里 $0<|x-x_0|$ 就表示 $x\neq x_0$.

习 题 1.1

1. 已知 $A=\{0,2,4,6,9\}$，$B=\{-3,-2,-1,0,1,2,4\}$，求 $A\bigcap B,A\bigcup B$.
2. 已知 $A=\{x\mid x\geqslant-1\}$，$B=\{x\mid x<3\}$，求 $A\bigcap B,A\bigcup B$.
3. 把集合 $A=\{x\mid\mid x-3\mid\leqslant 2\}$ 用区间记号表示出来.
4. 用集合表示出 $U(2,1),U(-1,2)$.
5. 用区间表示出 $U(2,1),U(-1,2)$.

第二节 函 数

引 在同一个问题中常会涉及几个变量，这些变量并不是孤立地变化着，而是相互有一定的依赖关系. 变量之间的这种关系抽象为数学概念就是函数的概念. 本节将介绍函数的概念及函数的几种简单性态.

一、函数的概念

现在，先让我们考察两个例子.

例1 当圆的半径 r 变化时，圆的周长 l 也跟着变化. 这两个变量之间的关系为
$$l=2\pi r,\ 0<r<+\infty.$$
其中，π 是圆周率，是常量. 当半径 r 在区间 $(0,+\infty)$ 内任意取定一个数值时，由上式可以确定圆的周长 l 的相应数值.

例2 在某地乘坐出租车，3km 之内（包含 3km）付 7 元，3km 以上，按每千米 1.4 元计价. 设变量 x,y 分别表示某乘客的里程与应付的车费，则

当 $0<x\leqslant 3$ 时，$y=7$；

当 $x>3$ 时，$y=7+1.4(x-3)=1.4x+2.8$，

即

$$y=\begin{cases} 7, & 0<x\leqslant 3, \\ 1.4x+2.8, & x>3. \end{cases}$$

当里程 x 在区间 $(0,+\infty)$ 内任意取定一个数值时，由上式可以确定乘客应付

的车费 y.

抽去上面两个例子中所考虑的量的实际意义，它们都描述了两个变量之间的依赖关系.这种依赖关系给出了一种对应法则，根据这一法则，当其中一个变量在其变化范围内任意取定一个数值时，另一个变量就有确定的值与之对应.两个变量之间的这种对应关系正是函数概念的实质.

定义 1 给定两个实数集 D 和 M，若有对应法则 f，使得对 D 内每一个数 x，都有确定的一个数 $y \in M$ 与它相对应，则称 f 是定义在数集 D 上的**函数**，记作

$$f : D \to M, \text{或} y = f(x), x \in D.$$

数集 D 称为函数 f 的**定义域**，数 x 所对应的数 y，称为 f 在点 x 的**函数值**，当 x 取遍 D 的各个数值时，对应的函数值全体组成的数集

$$W = \{y \mid y = f(x), x \in D\} (\subset M)$$

称为函数 f 的**值域**.

习惯上，我们称此函数关系中的 x 为**自变量**，y 为**因变量**.

关于函数定义的几点说明：

(1) 函数 $y = f(x)$ 中表示对应法则的记号 f 也可以改用其他字母，例如"φ""ψ""F"，等等.这时函数就记作 $y = \varphi(x), y = \psi(x), y = F(x)$，等等.有时也可直接记作 $y = y(x)$.

(2) 定义域 D 和对应法则 f 是确定函数的两个主要因素.因此，某两个函数相同，是指它们有相同的定义域和对应法则.

两个相同的函数，其对应法则的表达形式可能不同，如函数 $y = |x|, x \in \mathbf{R}$ 和 $y = \sqrt{x^2}, x \in \mathbf{R}$ 是两个相同的函数，但其对应法则的表达形式不同.

两个相同的函数，其变量的表示符号也可能不同，如函数 $y = \sin x, x \in \mathbf{R}$ 和 $u = \sin v, v \in \mathbf{R}$ 是两个相同的函数，但其自变量和因变量采用了不同的表示符号.

(3) 在函数定义中，对每一个 $x \in D$，若只有唯一的一个 y 值与它对应，则这样定义的函数称为**单值函数**；若同一个 x 值可以对应多于一个的 y 值，则称这种函数为**多值函数**.例如，函数 $y = \pm\sqrt{1 - x^2}$ 是多值函数.在本书范围内，若没有特殊说明，指的都是单值函数.

(4) 在实际问题中，函数的定义域是根据问题的实际意义确定的.例如，例1、例2中，定义域均为 $D = (0, +\infty)$.又如，在经济活动中，商品总价值 R 与商品量 Q 之间的函数关系 $R = PQ$（P 为单价），其定义域应是正数集合，自变量 Q 不能取负数.

在数学中，有时不需要考虑函数的实际意义，只是抽象地研究用算式表达的函数.这时我们约定：函数的定义域是使算式有意义的自变量所能取的一切实数值.例如下列情况：

1) 分母不得为零；

2）偶次方根的被开方式必须大于或等于零；

3）对数的真数部分必须大于零,底数部分必须大于零且不等于1；

4）反正(余)弦函数,其自变量的绝对值不能大于1.

这样,求函数的定义域往往归结为解不等式或不等式组. 在高等数学中,定义域通常用区间表示.

例 3 求函数 $y=\dfrac{2}{3x+1}$ 的定义域.

解 因为分母不能为零,所以 $3x+1\neq0$,即 $x\neq-\dfrac{1}{3}$,于是所求定义域为

$$\left(-\infty,-\frac{1}{3}\right)\cup\left(-\frac{1}{3},+\infty\right).$$

例 4 求函数 $y=\sqrt{9-x^2}+\ln(x-1)$ 的定义域.

解 要使函数有意义,必须满足:

$$\begin{cases} 9-x^2\geqslant0, \\ x-1>0, \end{cases}$$

解得 $-3\leqslant x\leqslant3$ 且 $x>1$,于是得所求定义域为 $(1,3]$.

例 5 设 $f(x)=x^2-3x+1$,求 $f(-1)$,$f(1)$,$f(f(x))$.

解 $f(-1)=(-1)^2-3\times(-1)+1=5$；

$\qquad f(1)=1^2-3\times1+1=-1$；

$\qquad f(f(x))=(f(x))^2-3f(x)+1$

$\qquad\qquad =(x^2-3x+1)^2-3(x^2-3x+1)+1$

$\qquad\qquad =x^4-6x^3+8x^2+3x-1.$

二、函数的表示法

常用的函数的表示法有三种,即解析法(或称公式法)、列表法和图示法.

（1）**解析法**(或称公式法). 用代数式表达一个函数关系的方法称为解析法,如：

$$y=3x^2-2;\quad y=\frac{1}{x}-\sqrt{x^2-2};\quad R=0.5Q.$$

有些问题中,两个变量之间的关系无法只用一个数学式子表达,需用两个或两个以上的式子才能表达完整,如例2. 像这类在其定义域内,自变量取不同的值时,不能用一个统一的代数式表示,而需用两个或两个以上的式子表示的函数,称为**分段函数**.

如果函数的对应法则可以用自变量 x 的代数式明显表示,形如 $y=f(x)$,这样的函数称为**显函数**,例如 $y=x^2$ 是显函数；如果函数的对应法则由一个二元方程确定,形如 $F(x,y)=0$,则这样的由方程 $F(x,y)=0$ 确定的函数称为**隐函数**,例如方程 $x^2+y=4$ 和方程 $e^{xy}-xy=0$ 分别确定了一个隐函数 $y=y(x)$.

把一个隐函数化为显函数,叫做隐函数的显化,如由方程 $x^2+y=4$ 可以解出函数 $y=4-x^2$,但是由方程 $e^{xy}-xy=0$ 确定的隐函数不能显化,解不出函数 $y=y(x)$,这说明由方程 $F(x,y)=0$ 所确定的隐函数不一定都能显化.

（2）**列表法**.用一个表格来表达一个函数关系的方法称为列表法,如:

表 1-1

月份	1	2	3	4	5	6
销售额 Q/万元	11	12.5	9.0	8.5	8	8.7
利润 R/万元	2.0	2.6	1.6	1.2	1.0	1.4

表 1-1 表示某商店上半年的销售额与所获得的利润之间的函数关系.常用的对数表、三角函数表等都是以列表法来表示函数的.

（3）**图示法**.在平面直角坐标系中,取自变量 x 在横坐标轴上变化,对应的因变量 y 在纵坐标轴上变化,则平面点集

$$\{(x,y) \mid y=f(x), x \in D\}$$

称为函数 $y=f(x)$ 的**图形**.用函数的图形表示函数的方法称为图示法.

在实际应用中,必须从实际出发,选用适当的函数表示方法或者综合使用上述三种方法.

例6 确定分段函数

$$f(x)=\begin{cases} x^2, & -1 \leqslant x \leqslant 1, \\ 2x, & 1 < x \leqslant 3 \end{cases}$$

的定义域并作出函数的图形.

解 由题易知,函数的定义域为 $[-1,3]$,其图形如图 1-4 所示.

例7 设 x 为任一实数,不超过 x 的最大整数称为 x 的**最大整数**,记作 $[x]$.例如:$[0.5]=0,[-0.5]=-1,[-3.2]=-4$.若把 x 看做自变量,则函数

$$y=[x]$$

称为**取整函数**.它的定义域是 $(-\infty,+\infty)$,值域是全体整数.函数的图形如图 1-5 所示,这种图形称为**阶梯曲线**.

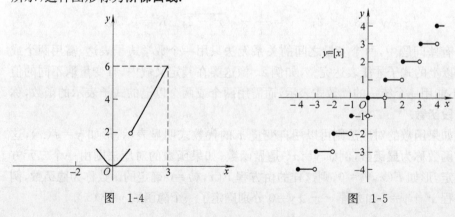

图 1-4   图 1-5

例 8 函数
$$y = | x | = \begin{cases} x, & x \geqslant 0, \\ -x, & x < 0 \end{cases}$$

称为**绝对值函数**. 其定义域为 $(-\infty, +\infty)$, 值域为 $[0, +\infty)$. 函数图形如图 1-6 所示.

例 9 函数
$$y = \mathrm{sgn}\, x = \begin{cases} 1, & x > 0, \\ 0, & x = 0, \\ -1, & x < 0 \end{cases}$$

称为**符号函数**. 其定义域为 $(-\infty, +\infty)$, 值域为 $\{-1, 0, 1\}$. 函数图形如图 1-7 所示.

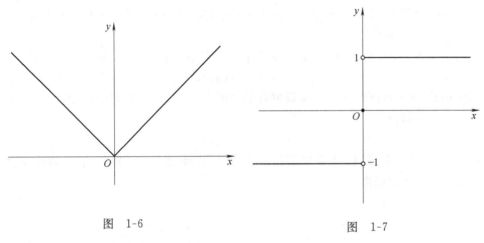

图 1-6   图 1-7

三、函数的几种简单性态

研究函数的各种性态是高等数学的重要内容之一,这里将介绍今后会经常遇到的函数的几种简单性态,以后还会陆续学习函数的其他性态.

1. 函数的有界性

定义 2 设有函数 $y = f(x)$, $x \in I$, 若存在数 K_1, 对于任意的 $x \in I$, 都有
$$f(x) \leqslant K_1,$$
则称函数 $y = f(x)$ 在 I 上**有上界**, 数 K_1 称为函数 $y = f(x)$ 在 I 上的一个上界. 若存在数 K_2, 对于任意的 $x \in I$, 都有
$$f(x) \geqslant K_2,$$
则称函数 $y = f(x)$ 在 I 上**有下界**, 数 K_2 称为函数 $y = f(x)$ 在 I 上的一个下界. 若存在正数 M, 使得
$$| f(x) | \leqslant M,$$

则称函数 $f(x)$ 在 I 上**有界**或称 $f(x)$ 为 I 上的**有界函数**. 否则, 就称函数 $f(x)$ 在 I 上**无界**, 此时函数 $f(x)$ 为 I 上的**无界函数**.

例 10 函数 $f(x) = \sqrt{1-x^2}$ 的定义域 $D = [-1, 1]$, 因为对于任意的数 $x \in D$, 都有 $|f(x)| \leqslant 1$, 所以函数 $f(x)$ 在其定义域 D 内是有界的.

例 11 设有函数 $f(x) = x^2 - 1$, 分别讨论它在区间 $[-4, 3]$ 与 $[0, +\infty)$ 上的有界性.

解 当 $x \in [-4, 3]$ 时, 有 $|f(x)| = |x^2 - 1| \leqslant 15$, 所以函数 $f(x)$ 在区间 $[-4, 3]$ 上有界; 当 $x \in [0, +\infty)$ 时, 函数 $f(x)$ 有下界, 例如 -1 就是它的一个下界, 但是没有上界, 这样就不存在正数 M, 使得 $|f(x)| = |x^2 - 1| \leqslant M$ 对于 $[0, +\infty)$ 上的一切数都成立, 所以函数 $f(x)$ 在 $[0, +\infty)$ 上无界.

由例 11 可以看出, 函数的有界性是相对于指定区间而言的. 同时容易证明, 函数 $f(x)$ 在区间 I 上有界的充分必要条件是它在区间 I 上既有上界又有下界.

2. 函数的单调性

定义 3 设有函数 $y = f(x)$, $x \in I$, 若对于任意的数 $x_1 < x_2$($x_1, x_2 \in I$), 都有
$$f(x_1) < f(x_2),$$
则称函数 $f(x)$ 在区间 I 上是**单调增加**的, 如图 1-8a 所示; 若对于任意的数 $x_1 < x_2$($x_1, x_2 \in I$), 都有
$$f(x_1) > f(x_2),$$
则称函数 $f(x)$ 在区间 I 上是**单调减少**的, 如图 1-8b 所示. 单调增加和单调减少的函数统称为**单调函数**.

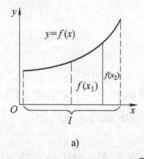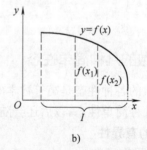

a)   b)

图 1-8

例如, 函数 $f(x) = x^3$ 在区间 $(-\infty, +\infty)$ 内是单调增加的, 如图 1-9 所示. 而函数 $f(x) = x^2$ 在区间 $[0, +\infty)$ 上是单调增加的, 在区间 $(-\infty, 0)$ 上是单调减少的, 在区间 $(-\infty, +\infty)$ 内函数 $f(x) = x^2$ 不是单调的, 如图 1-10 所示.

3. 函数的奇偶性

定义 4 设函数 $f(x)$ 的定义域 D 是关于原点对称的区间(即若 $x \in D$, 必有 $-x \in D$), 如果对于任一数 $x \in D$, 恒有
$$f(-x) = f(x)$$

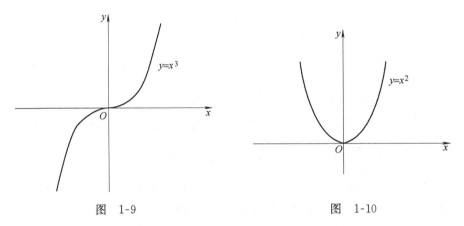

图 1-9 图 1-10

成立,则称函数 $f(x)$ 为**偶函数**;如果对于任一数 $x \in D$,恒有

$$f(-x) = -f(x)$$

成立,则称函数 $f(x)$ 为**奇函数**.

例如,函数 $f(x) = x^2$ 是偶函数,因为 $f(-x) = (-x)^2 = x^2 = f(x)$. 函数 $f(x) = x^3$ 是奇函数,因为 $f(-x) = (-x)^3 = -x^3 = -f(x)$. 函数 $f(x) = x+1$ 既非偶函数,也非奇函数.

偶函数的图形关于 y 轴对称,奇函数的图形关于原点对称.

注 (1)若函数 $f(x)$ 在 $x=0$ 处有定义,则当 $f(x)$ 为奇函数时,必有 $f(0) = 0$,且有

$$f(x) + f(-x) = \begin{cases} 2f(x), & f(x) \text{ 为偶函数}, \\ 0, & f(x) \text{ 为奇函数}. \end{cases}$$

(2)奇函数加(或减)奇函数仍为奇函数,偶函数加(或减)偶函数仍为偶函数,奇函数加(或减)偶函数一般为非奇非偶函数;奇函数乘(或除)奇函数为偶函数,偶函数乘(或除)偶函数为偶函数,奇函数乘(或除)偶函数为奇函数.

4. 函数的周期性

定义 5 设函数 $y = f(x)$ 的定义域为 D,如果存在一个非零常数 T,使得对于任一点 $x \in D$,有 $x \pm T \in D$,且恒有

$$f(x + T) = f(x)$$

成立,则称函数 $y = f(x)$ 为**周期函数**,T 称为 $f(x)$ 的**周期**.

满足 $f(x+T) = f(x)$ 的最小正数 T 称为周期函数 $f(x)$ 的**最小正周期**,我们通常所说周期函数的周期是指最小正周期.

例如,函数 $y = \sin x$ 就是周期函数,其周期 $T = 2\pi$.

四、反函数

下面用经济上的实例来说明反函数的概念.

引例 对于某种商品,假设其单价为 P,销售量为 Q,则销售收益 $R=PQ$. 如果销售量 Q 已知,则可通过函数关系式 $R=PQ$ 得到唯一的销售收益 R 的值;反之,如果销售收益 R 已知,按照关系式 $R=PQ$ 可以得到唯一的销售量 $Q=\dfrac{R}{P}$. 在这里,前一个函数关系式 $R=PQ$ 中,Q 是自变量,R 是因变量;而后一个函数关系式 $Q=\dfrac{R}{P}$ 中,R 是自变量,Q 是因变量.后一个函数是由前一个函数得来的,我们称后一个函数 $Q=\dfrac{R}{P}$ 是前一个函数 $R=PQ$ 的反函数.

定义6 设函数 $y=f(x)$,$x\in D$,满足对于其值域 W 中的每一个数 y,在定义域 D 中必有一个确定的数 x 与之对应,即使得
$$f(x)=y$$
成立,则按此对应法则得到一个定义在 W 上的新函数,称这个新函数为 $f(x)$ 的**反函数**,记作 $x=\varphi(y)$ 或 $x=f^{-1}(y)$,这里,x 是因变量,y 是自变量. 此函数的定义域为 W,值域为 D. 相对于反函数 $x=\varphi(y)$ 来说,原来的函数 $y=f(x)$ 称为**直接函数**.

应当指出,虽然函数 $y=f(x)$ 是单值函数,但是其反函数 $x=\varphi(y)$ 却不一定是单值的.例如,函数 $y=x^2$ 是单值函数,但是在 $[0,+\infty)$ 上任取数值 $y\neq 0$,适合关系 $x^2=y$ 的数 x 有两个,一个是 $x=\sqrt{y}$,另一个是 $x=-\sqrt{y}$,所以 $y=x^2$ 的反函数 $x=\varphi(y)$ 是多值函数.若函数 $f(x)$ 在某个区间上是单调函数,则它的反函数存在,且也是单调函数.

因为函数只要对应法则不变,自变量和因变量采用什么符号表示是无关紧要的,所以习惯上,仍用 x 作为自变量的记号,y 作为因变量的记号,把 $x=\varphi(y)$(或 $x=f^{-1}(y)$)中的 y 改成 x,x 改成 y,则得反函数的常用记法 $y=\varphi(x)$(或 $y=f^{-1}(x)$).$x=\varphi(y)$ 与 $y=\varphi(x)$ 中的对应法则 φ 没有变,这表示它们是同一个函数.因此如果 $x=\varphi(y)$ 是 $y=f(x)$ 的反函数,$y=\varphi(x)$ 也是 $y=f(x)$ 的反函数.

把直接函数 $y=f(x)$ 与反函数 $y=\varphi(x)$ 画在同一个坐标平面上,则这两个图形关于直线 $y=x$ 对称.这是因为在同一坐标平面上,如果点 $P(a,b)$ 是 $y=f(x)$ 图形上的点,则点 $Q(b,a)$ 是 $y=\varphi(x)$ 图形上的点,反之亦然.而 $P(a,b)$ 与 $Q(b,a)$ 关于直线 $y=x$

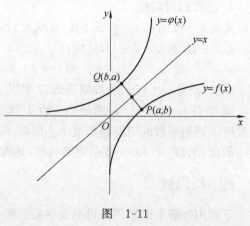

图 1-11

对称,如图 1-11 所示.

例 12　求函数 $y=\dfrac{1}{2}x-3$ 的反函数,并在同一坐标系中画出直接函数和反函数的图像.

解　由 $y=\dfrac{1}{2}x-3$ 解出 x,得 $x=2y+6$;对换 x 和 y,得反函数

$$y=2x+6.$$

由图 1-12 可以看出它们的图像关于直线 $y=x$ 对称.

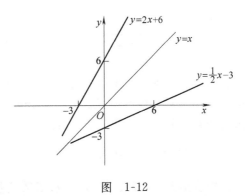

图　1-12

习　题　1.2

1. 求下列函数的定义域:

(1) $y=\sqrt{x-4}$;

(2) $y=\dfrac{2}{x-1}$;

(3) $y=\ln(x+1)$;

(4) $y=\dfrac{1}{1-x^2}+\sqrt{2+x}$.

2. 设 $f(x)=\begin{cases}3x+5, & x\leqslant 0,\\ x^2, & x>0.\end{cases}$ 求 $f(-1),f(1)$.

3. 求下列函数的反函数:

(1) $y=\sqrt[3]{x-1}$;

(2) $y=\dfrac{1-x}{1+x}$;

(3) $y=\begin{cases}x-1, & x<0,\\ x^3, & x\geqslant 0.\end{cases}$

4. 判断下列函数的奇偶性:

(1) $y=x^4(1-x^2)$;

(2) $y=3x^5-\sin 2x$;

(3) $y=2^x+\dfrac{1}{2^x}$;

(4) $y=|x-1|+|x+2|$.

5. 设 $f(x)$ 为任一函数,证明:

(1) $F(x)=\dfrac{1}{2}[f(x)+f(-x)]$ 是偶函数;

(2) $G(x)=\dfrac{1}{2}[f(x)-f(-x)]$ 是奇函数.

6. 设 $f(x)$ 是以 a 为周期的周期函数,证明:$f(x+b)$ 也是以 a 为周期的周期函数.

第三节　基本初等函数与初等函数

引　本节我们首先简要复习一下初等数学所学的六类函数,即常量函数、幂函数、指数函数、对数函数、三角函数和反三角函数,在此基础上提出高等数学的主要研究对象——初等函数的概念.

一、基本初等函数

常量函数、幂函数、指数函数、对数函数、三角函数和反三角函数统称为基本初等函数.

1. 常量函数:$y=c$(c 为任意常数)

常量是变量的特例.$y=c$ 表示对于任意的 $x\in(-\infty,+\infty)$,对应的 y 均为 c;其图形是一条水平直线,如图 1-13 所示.

2. 幂函数:$y=x^{\mu}$(μ 是常数)

幂函数 $y=x^{\mu}$ 的定义域,要看 μ 是什么数而定.例如:当 $\mu=-1$ 时,$y=\dfrac{1}{x}$ 的定义域是 $(-\infty,0)\bigcup(0,+\infty)$;当 $\mu=\dfrac{1}{2}$ 时,$y=x^{\frac{1}{2}}=\sqrt{x}$ 的定义域是 $[0,+\infty)$;当 $\mu=3$ 时,$y=x^3$ 的定义域是 $(-\infty,+\infty)$.但不论 μ 取什么值,幂函数在 $(0,+\infty)$ 内总有定义.

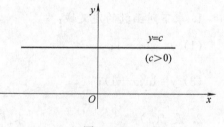

图　1-13

在幂函数 $y=x^{\mu}$ 中,$\mu=1,2,3,\dfrac{1}{2},-1,-2$ 是最常见的幂函数,其中 $y=x$,$y=x^2$,$y=x^{\frac{1}{2}}$,$y=x^{-1}$ 的图形如图 1-14 所示.

3. 指数函数:$y=a^x$($a>0$ 且 $a\neq1$)

因为无论 x 取任何实数值,总有 $a^x>0$,而 $a^0=1$,所以指数函数的图形,总是在 x 轴的上方,且通过点 $(0,1)$.

若 $a>1$,指数函数 a^x 是单调增加的.

若 $0<a<1$,指数函数 a^x 是单调减少的.

$y=a^x$ 的图形与 $y=\left(\dfrac{1}{a}\right)^x$ 的图形关于 y 轴是对称的(图 1-15).

以无理数 $e\approx2.718281818\cdots$ 为底的

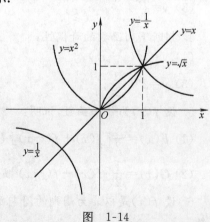

图　1-14

指数函数

$$y = e^x$$

是常用的指数函数.

4. 对数函数: $y = \log_a x \,(a > 0$ 且 $a \neq 1)$

对数函数 $y = \log_a x$ 是指数函数的反函数,它的定义域是区间 $(0, +\infty)$.

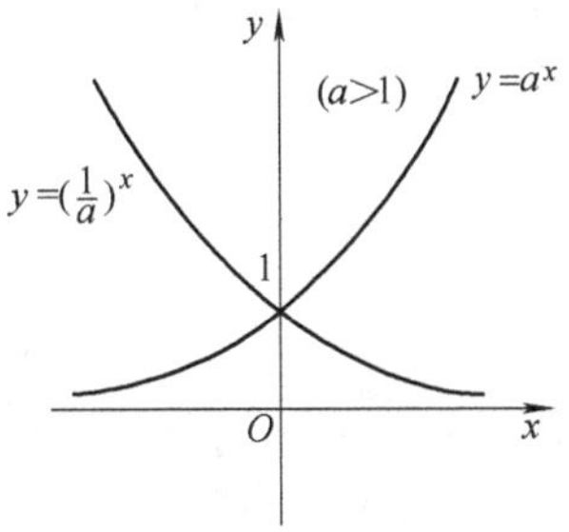

对数函数的图形,可以从它对应的指数函数 $y = a^x$ 的图形,按反函数作图法的一般规则作出. 这就是:关于直线 $y = x$ 作对称于曲线 $y = a^x$ 的图形,就得 $y = \log_a x$ 的图形(图 1-16).

$y = \log_a x$ 的图形总是在 y 轴右方,且通过点 $(1, 0)$.

若 $a > 1$,对数函数 $y = \log_a x$ 是单调增加的,在开区间 $(0, 1)$ 内函数值为负,而在区间 $(1, +\infty)$ 内函数值为正.

若 $0 < a < 1$,对数函数 $y = \log_a x$ 是单调减少的,在开区间 $(0, 1)$ 内函数值为正,而在区间 $(1, +\infty)$ 内函数值为负.

以 $a = e\,(e = 2.7182818\cdots)$ 为底的对数,一般记作 $y = \ln x$,称为**自然对数**. 以 $a = 10$ 为底的对数 $\log_{10} x$ 常简记作 $\lg x$.

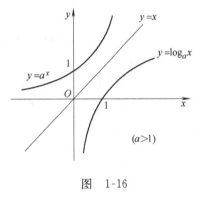

图 1-15

图 1-16

5. 三角函数

(1) 正弦函数

$$y = \sin x$$

是有界的奇函数,定义域为 $(-\infty, +\infty)$,周期为 2π,并且 $|\sin x| \leqslant 1$,即值域 $W = [-1, 1]$(图 1-17).

(2) 余弦函数

$$y = \cos x$$

是有界的偶函数,定义域为 $(-\infty, +\infty)$,周期为 2π,并且 $|\cos x| \leqslant 1$,即值域 $W = [-1, 1]$(图 1-18).

(3) 正切函数

$$y = \tan x = \frac{\sin x}{\cos x}$$

是无界的奇函数,这个函数在 $x = (2k+1)\dfrac{\pi}{2}\,(k$ 为整数)处没有定义,周期为 π,值域为$(-\infty, +\infty)$(图 1-19).

（4）余切函数

$$y = \cot x = \frac{\cos x}{\sin x}$$

是无界的奇函数,这个函数在 $x = k\pi$（k 为整数）处没有定义,周期为 π,值域为 $(-\infty, +\infty)$(图 1-20).

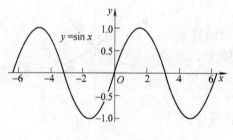

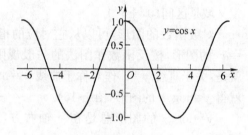

图　1-17　　　　　　　　　　　图　1-18

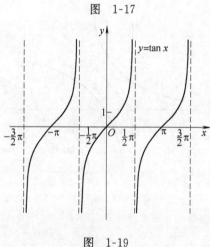

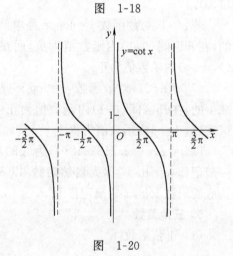

图　1-19　　　　　　　　　　　图　1-20

（5）正割函数

$$y = \sec x = \frac{1}{\cos x}$$

是余弦函数的倒数,无界函数,周期为 2π.

（6）余割函数

$$y = \csc x = \frac{1}{\sin x}$$

是正弦函数的倒数,无界函数,周期为 2π.

6. 反三角函数

反三角函数是三角函数的反函数. 例如,三角函数 $y = \sin x$, $y = \cos x$, $y = \tan x$ 和 $y = \cot x$ 的反函数依次为

$$反正弦函数 \quad y = \text{Arcsin } x,$$
$$反余弦函数 \quad y = \text{Arccos } x,$$
$$反正切函数 \quad y = \text{Arctan } x,$$
$$反余切函数 \quad y = \text{Arccot } x.$$

（1）反正弦函数 $y = \text{Arcsin } x$，由于函数 $y = \sin x$ 在其定义域内不单调，其反函数不唯一，因此只考虑 $\left[-\dfrac{\pi}{2}, \dfrac{\pi}{2}\right]$ 上的反函数，叫做反正弦函数 $y = \text{Arcsin } x$ 的**主值**，记作 $y = \arcsin x$. 它的定义域为 $[-1, 1]$，值域为 $\left[-\dfrac{\pi}{2}, \dfrac{\pi}{2}\right]$，是单调增加的函数，也是奇函数（图 1-21）.

（2）反余弦函数 $y = \text{Arccos } x$，我们只考虑 $[0, \pi]$ 上的反函数，叫做反余弦函数 $y = \text{Arccos } x$ 的**主值**，记作 $y = \arccos x$. 它的定义域为 $[-1, 1]$，值域为 $[0, \pi]$，是单调减少的函数（图 1-22）.

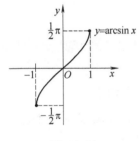

图 1-21

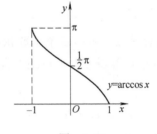

图 1-22

（3）反正切函数 $y = \text{Arctan } x$ 和反余切函数 $y = \text{Arccot } x$ 都是多值函数，它们的主值分别记为 $y = \arctan x\left(-\dfrac{\pi}{2} < y < \dfrac{\pi}{2}\right)$ 和 $y = \text{arccot } x(0 < y < \pi)$（图 1-23a、b）.

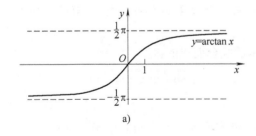

a)

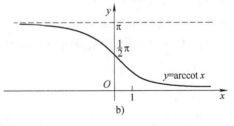

b)

图 1-23

二、复合函数

由基本初等函数经过有限次四则运算得到的函数称为**简单函数**. 例如，函数 $y = 2x^2, y = e^x \sin x, y = \sqrt{x} + 3, y = 1 + x - 2x^2$ 都是简单函数. 而 $y = |x|, y = \sin 2x$ 都不是简单函数. 其中函数 $y = \sin 2x$ 可以看做是由基本初等函数

$y=\sin u$ 和简单函数 $u=2x$ 所构成，一般地我们有：

定义 1 设有两个函数

$$y=f(u),u\in D,$$
$$u=g(x),x\in E.$$

记 $E^*=\{x\,|\,g(x)\in D\}\bigcap E.$ 若 $E^*\neq\varnothing$，则对每一个 $x\in E^*$，可通过函数 g 对应 D 内一个确定的值 u，而 u 又通过函数 f 对应一个确定的值 y. 这就确定了一个定义在 E^* 上的函数，它以 x 为自变量，y 为因变量，记作

$$y=f(g(x)),x\in E^*,$$

称为函数 f 和 g 的**复合函数**. 并称 f 为**外函数**，g 为**内函数**，u 为**中间变量**.

例 1 函数 $y=f(u)=\sqrt{u},u\in D=[0,+\infty)$ 与函数 $u=g(x)=1-x^2,x\in E=\mathbf{R}$ 的复合函数为

$$y=f(g(x))=\sqrt{1-x^2},$$

其定义域 $E^*=[-1,1]\subset E.$

复合函数也可由多个函数相继复合而成. 例如，由三个函数 $y=\sin u,u=\sqrt{v}$ 与 $v=1-x^2$ 相继复合而得的复合函数为

$$y=\sin\sqrt{1-x^2},x\in[-1,1].$$

注 (1) 当且仅当 $E^*\neq\varnothing$（即 $D\bigcap g(E)\neq\varnothing$）时，函数 f 与 g 才能进行复合. 例如，以函数 $y=f(u)=\arcsin u,u\in D=[-1,1]$ 为外函数，$u=g(x)=2+x^2,x\in E=\mathbf{R}$ 为内函数，就不能进行复合. 这是因为外函数的定义域 $D=[-1,1]$ 与内函数的值域 $g(E)=[2,+\infty)$ 的交集为空集（即 $D\bigcap g(E)=\varnothing$）.

(2) 分解一个复合函数的复合重次是一项很重要的工作，必须熟练掌握，分解的原则是：最后一个中间变量与自变量的关系是简单函数的形式，之前的中间变量都应该是基本初等函数的形式.

例 2 分析下列函数是由哪些简单函数复合而成的：

(1) $y=(3x-1)^2$；　　　　　　　　(2) $y=\sqrt{\sin(5x-3)}$；

(3) $y=\ln^2\sqrt{2x+3}.$

解 (1)函数 $y=(3x-1)^2$ 是由基本初等函数 $y=u^2$ 与简单函数 $u=3x-1$ 复合而成的.

(2) 函数 $y=\sqrt{\sin(5x-3)}$ 是由基本初等函数 $y=\sqrt{u},u=\sin v$ 及简单函数 $v=5x-3$ 复合而成的.

(3) 函数 $y=\ln^2\sqrt{2x+3}$ 是由基本初等函数 $y=u^2,u=\ln v,v=\sqrt{w}$ 及简单函数 $w=2x+3$ 复合而成的.

三、幂指函数

以后学习中,我们会遇到一类特殊的函数,既不能称之为幂函数也不能称之为指数函数,如 $y=x^x$,$y=(1+2x)^{\sin x}$ 等,其底数部分和指数部分都是自变量 x 的表达式,形如 $y=[f(x)]^{g(x)}$ 的函数称为**幂指函数**.

四、初等函数

定义 2 由基本初等函数经过有限次的四则运算和有限次的复合运算构成,并且可以用一个解析式表示的函数叫做**初等函数**.

例如,函数 $y=2^{\cos x}+\ln(\sqrt{4^{3x}+3}+\sin 8x)$ 和函数 $y=\ln^2\sqrt{2x+3}$ 都是初等函数.

不是初等函数的函数叫做非初等函数. 例如,分段函数一般不是初等函数. 又如,幂指函数也不是初等函数.

以后我们研究的主要是初等函数.

习 题 1.3

1. 设 $f(x)=\arcsin x$,求 $f(0)$,$f(-1)$,$f(1)$,$f\left(-\dfrac{\sqrt{2}}{2}\right)$,$f\left(\dfrac{\sqrt{3}}{2}\right)$.

2. 设 $g(x)=2\arctan\dfrac{x}{2}$,求 $g(0)$,$g(2)$,$g(2\sqrt{3})$,$g(-2)$.

3. 求下列函数的定义域:

(1) $y=\arcsin\dfrac{x-2}{5-x}$;

(2) $y=\mathrm{e}^{\frac{1}{x}}$;

(3) $y=\ln(3-x)+\arctan\dfrac{1}{x}$.

4. 分解下列复合函数:

(1) $y=\cos(2x+1)$;

(2) $y=\ln\tan x$;

(3) $y=\mathrm{e}^{\frac{1}{x}}$;

(4) $y=\sqrt[3]{\ln\cos x}$;

(5) $y=\arcsin^2\sqrt{1-x^2}$;

(6) $y=2^{(x^2+1)^2}$.

5. 设 $\varphi(x+1)=\dfrac{x+1}{x+5}$,求 $\varphi(x)$,$\varphi(x-1)$.

6. 设 $F(t)=2t^2+\dfrac{2}{t^2}+\dfrac{5}{t}+5t$,证明:$F(t)=F\left(\dfrac{1}{t}\right)$.

第四节　参数方程和极坐标

引　对于平面直角坐标系上的一条曲线 C，其对应的方程一般可用方程 $y=f(x)$ 或 $F(x,y)=0$ 表示. 但在有些情况下，建立曲线的方程 $y=f(x)$ 或 $F(x,y)=0$ 十分困难，因此本节将介绍曲线的参数方程和极坐标系.

一、参数方程

曲线可以看做动点的运动轨迹，平面上质点运动的规律往往并不是以 x,y 之间的直接关系反映出来，而是由 x,y 与时间 t 的关系反映出来.

例如，设某圆的圆心为原点，半径为 r，OP_0 所在直线为 x 轴，如图 1-24 所示，以 OP_0 为始边绕着点 O 按逆时针方向以匀角速度 ω 作圆周运动，则质点 P 的坐标与时刻 t 的关系该如何建立呢？（其中 r 与 ω 为常量，t 为变量）

结合图形，由任意角三角函数的定义可知

$$\begin{cases} x = r\cos \omega t, \\ y = r\sin \omega t, \end{cases} \quad t \in \left[0, \frac{2\pi}{\omega}\right). \quad (1)$$

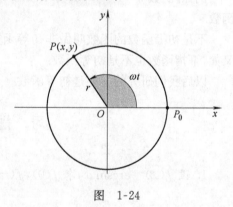

图　1-24

设 $\theta=\omega t$，那么方程组(1)可变为

$$\begin{cases} x = r\cos \theta, \\ y = r\sin \theta, \end{cases} \quad \theta \in [0, 2\pi) \quad (2)$$

由上述推导过程可知：对于此圆上的每一个点 $P(x,y)$ 都存在确定的 t(或 θ) 的值，使得

$$x = r\cos \omega t, y = r\sin \omega t \quad (\text{或 } x = r\cos \theta, y = r\sin \theta)$$

成立. 同时，对于任一 $t \in [0, +\infty)$(或 $\theta \in [0, +\infty)$)，由方程组(1)或方程组(2)所确定的点 $P(x,y)$ 都在此圆上. 这说明以上由变量 t(或 θ) 建立起来的方程是圆的方程. 我们把方程组(1)或方程组(2)叫做圆的参数方程，变量 t(或 θ) 叫做参数.

又如，研究弹道的运行轨迹时，若不考虑空气的阻力，则弹道的运动轨迹可用方程

$$\begin{cases} x = v_1 t, \\ y = v_2 t - \frac{1}{2} g t^2 \end{cases}$$

表示出来，其中 v_1 及 v_2 分别表示水平及垂直方向的分速度大小，t 为时间，是参

数.

定义 一般地,在平面直角坐标系中,如果曲线 C 上任意一点的坐标 x,y 都是某个变量 t 的函数

$$\begin{cases} x = f(t), \\ y = g(t) \end{cases} \quad (t \in D). \tag{3}$$

并且对于任一 $t \in D$,由方程组(3)所确定的点 $P(x,y)$ 都在这条曲线 C 上,那么方程组(3)就叫做这条曲线的**参数方程**. 变量 t 叫做参变量,简称**参数**.

参数作为间接地建立横、纵坐标 x,y 之间关系的中间变量,起到了桥梁的作用. 如果参数选择适当,参数在参数方程中可以有明确的几何意义,也可以有明确的物理意义,可以给问题的解决带来方便. 即使是同一条曲线,也可以用不同的变量作为参数.

在表述曲线的参数方程时,必须指明参数的取值范围;取值范围不同,所表示的曲线也可能会不同.

相对于参数方程来说,直接给出曲线上点的坐标 x,y 之间关系的方程 $y = f(x)$ 或 $F(x,y) = 0$ 叫做曲线的**普通方程**. 普通方程是相对参数方程而言的,普通方程反映了坐标变量 x 与 y 之间的直接联系,而参数方程是通过变量反映坐标变量 x 与 y 之间的间接联系;普通方程和参数方程是同一曲线的两种不同表达形式;参数方程可以与普通方程进行互化.

二、极坐标

表示平面上点 M 的位置通常采用平面直角坐标系,也常采用平面极坐标系.

在平面上取一点 O,称为**极点**;由 O 引一条射线 Ox,称为**极轴**;取定长度单位,并规定从极轴逆时针转动的角度为正,这样就构成了一个**平面极坐标系**.

平面上点 M 的位置可用 $|OM| = \rho$ 和 OM 与 Ox 轴的夹角 φ 来确定,记作 $M(\rho, \varphi)$,如图 1-25 所示,ρ 称为**极径**,φ 称为点 M 的**极角**.

规定点 $M(\rho, \varphi)$ 关于极点 O 的对称点 $P(\rho, \varphi + \pi)$ 可以记作 $P(-\rho, \varphi)$.

如果将平面直角坐标系的原点作为极坐标系的极点,将 x 轴正半轴作为极坐标系的极轴,则平面上同一个点 M 的两种表示方法:在平面直角坐标系中为 $M(x,y)$,在平面极坐标系中为 $M(\rho, \varphi)$,如图 1-26 所示. 由此,我们可以得到两种坐标系有如下关系:

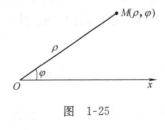

图 1-25

$$\begin{cases} x = \rho\cos\varphi, \\ y = \rho\sin\varphi, \end{cases}$$

其中

$$\rho = \sqrt{x^2 + y^2},$$

$$\tan \varphi = \frac{y}{x}, x \neq 0.$$

例 1 已知极坐标点 $A\left(4, \frac{\pi}{6}\right)$，求相应的直

角坐标点.

解 $x = 4\cos\frac{\pi}{6} = 4 \times \frac{\sqrt{3}}{2} = 2\sqrt{3}$,

$y = 4\sin\frac{\pi}{6} = 4 \times \frac{1}{2} = 2.$

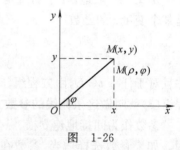

图 1-26

所以相应的直角坐标点为 $A(2\sqrt{3}, 2)$.

例 2 已知直角坐标点 $A(\sqrt{3}, -1)$，求相应的极坐标点.

解 $\rho = \sqrt{(\sqrt{3})^2 + (-1)^2} = 2$,

$\tan \varphi = \frac{-1}{\sqrt{3}}$, $\varphi = -\frac{\pi}{6}$,

所以相应的极坐标点为 $A\left(2, -\frac{\pi}{6}\right)$.

在直角坐标系中，曲线的方程是 x, y 的二元方程 $y = f(x)$ 或 $F(x, y) = 0$；在极坐标系中，曲线的方程是关于 ρ, φ 的二元方程 $\rho = f(\varphi)$ 或 $F(\rho, \varphi) = 0$.

例 3 将圆的直角坐标方程 $x^2 + y^2 = R^2$ 化为极坐标方程.

解 将 $\rho = \sqrt{x^2 + y^2}$ 代入方程 $x^2 + y^2 = R^2$，得

$$\rho^2 = R^2,$$

开方得圆的相应的极坐标方程为

$$\rho = R.$$

例 4 将圆的直角坐标方程 $(x-a)^2 + y^2 = a^2$ 化为极坐标方程.

解 这个圆的一般方程为

$$x^2 + y^2 = 2ax,$$

将 $\rho = \sqrt{x^2 + y^2}$, $x = \rho\cos\varphi$ 代入上式，得

$$\rho^2 = 2a\rho\cos\varphi,$$

化简得相应的极坐标方程为

$$\rho = 2a\cos\varphi.$$

例 5 将直线 $y = 2x$ 化为极坐标方程.

解 将 $x = \rho\cos\varphi, y = \rho\sin\varphi$ 代入上式，得

$$\tan\varphi = 2,$$

得相应的极坐标方程为
$$\varphi = \arctan 2.$$

例 6 作 $\rho = 3$ 的图形.

解 易知 $\rho = 3$ 的直角坐标方程为
$$x^2 + y^2 = 3^2,$$

所以其图形为圆心在原点,半径为 3 的圆(图 1-27).

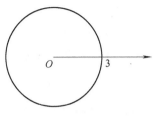

图 1-27

习 题 1.4

1. 将下列已知直角坐标点化为相应的极坐标点:

(1) $A(2,0)$;　(2) $B(0,2)$;　(3) $C(-\sqrt{3},1)$.

2. 将下列直角坐标方程化为极坐标方程,并在极坐系中作图.

(1) $x^2 + y^2 = 2ay(a>0)$;　　　　(2) $x^2 + y^2 = -2ax(a>0)$;

(3) $x = a(a>0)$;　　　　　　　　(4) $x^2 + y^2 - 4x + 2y - 4 = 0$.

3. 画出下列极坐标方程的图形:

(1) $\rho = 4$;　　　　　　　　　　(2) $\varphi = \dfrac{\pi}{3}$.

第五节　函数关系的建立

引 建立函数关系是数学知识应用的初步,对于解决一个实际问题来说,函数关系确立的正确与否至关重要,直接影响到问题解决的成败.本节将举例说明如何建立函数关系,并介绍经济中常用的函数关系.

一、如何建立函数关系

对于实际问题,明确其中各种量及量之间的关系,建立正确的函数关系十分重要.在建立函数关系时,首先要确定问题中的自变量与因变量,再根据它们之间的关系列出等式,得出函数关系式,然后确定函数定义域.确定定义域时不仅要考虑所得函数关系的解析式,还要考虑到变量在实际问题中的含义.下面举例说明如何建立函数关系.

例 1 某牧场要建造占地 100m² 的矩形围墙,现有一排长 20m 的旧墙可供利用,为了节约投资,矩形围墙的一边直接用旧墙修,另外三边尽量用拆去的旧墙改建,不足部分用购置的新砖新建.已知整修 1m 旧墙需 24 元,拆去 1m 旧墙改建成 1m 新墙需 100 元,建造 1m 新墙需 200 元,设旧墙所保留的部分用 x 表示,整个投

资用 y 来表示,将 y 表示为 x 的函数.

解 整个投资费用包括整修旧墙的费用、拆旧改新的费用及建造新墙的费用,所以所求函数关系式为

$$y = 324x + \frac{40000}{x} - 2000, \quad 0 < x \leqslant 20.$$

例 2 某地区上年度电价为 0.8 元/(kW·h),年用电量为 a kW·h. 本年度将电价降到 0.55 元/(kW·h)至 0.75 元/(kW·h)之间,而用户期望电价为 0.4 元/(kW·h). 经测算,下调电价后新增的用电量与实际电价和用户期望电价的差成反比(比例系数为 k). 该地区电力的成本为 0.3 元/(kW·h),写出本年度电价下调后,电力部门的收益 y 与实际电价 x 的函数关系式.

解 收益＝实际用电量×(实际电价－成本价),所以所求函数关系式为

$$y = \left(a + \frac{k}{x - 0.4}\right)(x - 0.3), \quad 0.55 \leqslant x \leqslant 0.75.$$

例 3 某商场销售某种商品 8000 件,每件原价 70 元. 当销售量在 5000 件以内(包含 5000 件)时,按照原价出售,超过 5000 件部分,打八折销售. 试建立总销售收入与销售量之间的函数关系.

解 设销售量为 x(件),总销售收入为 R(元).

总销售收入与销售量之间的函数关系式为

$$R = \begin{cases} 70x, & 0 \leqslant x \leqslant 5000, \\ 70 \times 5000 + 70 \times 0.8 \times (x - 5000), & 5000 < x \leqslant 8000. \end{cases}$$

二、经济中常用的函数关系

1. 需求函数与供给函数

供给和需求是社会经济的基本内容. 所谓需求是指个人或所有消费者在某一时期内,在一定条件下,对某一商品愿意并且有能力购买的数量. 需求函数是指需求量和其他影响因素的关系. 所谓供给是指个别厂商在一定时期内,在一定条件下,对某一商品愿意并且有商品出售的数量. 供给函数是指供给量和其他影响因素之间的关系. 影响某种商品供给量与需求量的因素很多,但最重要的是商品的价格. 我们假设其他因素为常量,仅研究供给与价格、需求与价格之间的关系,易得到商品的需求函数和供给函数.

需求函数记为

$$Q_d = f(p).$$

供给函数记为

$$Q_s = g(p).$$

其中,p 是商品的价格,Q_d 是在价格 p 的条件下,消费者购买的商品量,即需求量.

Q_s 是在价格 p 的条件下,生产者提供给市场的商品量,即供给量.

一般情况下,供给函数是增函数,这是因为商品价格提高,对该商品的供给量增加;反之,商品价格下降,则对该商品的供给量减少. 而需求函数是减函数,这是因为商品价格提高,对该商品的需求量减少;反之,商品价格下降,则对该商品的需求量增加.

2. 价格函数

需求函数的反函数称为价格函数,即

$$p = f^{-1}(Q_d).$$

实际应用中价格函数常表示为

$$p = P(Q).$$

其中,Q 为商品销售量.

3. 收益函数、平均收益

收益是指生产者销售产品得到的收入,它分为总收益、平均收益和边际收益.(边际收益将在第 3 章介绍).

总收益是指生产者销售一定产品所得的全部收入,即价格 P 与销售量 Q 的乘积,记作 TR 或 R,计算公式为

$$TR = P \cdot Q.$$

平均收益是指生产者销售单位产品所获得的收入,即总收益 TR 与销售量 Q 之比,记作 AR 或 $\overline{R}$,计算公式为

$$AR = \frac{TR}{Q}.$$

4. 总成本函数与平均成本函数

产品的总成本是指生产一定数量的产品,所需的全部经济投入的费用总额,短期内的总成本可以分为固定成本和可变成本两部分. 如生产中的设备费用、机器折旧费用、一般管理费用等,可以看做是与产品产量无关的,都是固定成本. 而原材料、水电动力支出及雇佣工人的工资等,都是随产品产量的变化而变化的,都是可变成本. 可变成本是产量的函数.

总成本一般用 TC 或 C 表示,固定成本用 C_0 表示,可变成本用 C_1 表示,C_1 是产量 Q 的函数 $C_1 = C_1(Q)$,于是总成本函数为

$$TC = TC(Q) = C_0 + C_1(Q).$$

平均成本就是单位产品的成本,用 AC 或 $\overline{C}$ 表示,当产品产量为 Q 时,平均成本为

$$AC = AC(Q) = \frac{TC(Q)}{Q}.$$

5. 利润函数

总收益减去总成本的差称为总利润, 总利润用 L 表示, 计算公式为
$$L = L(Q) = TR(Q) - TC(Q).$$

例 4 某企业生产一种产品, 其固定成本为 1000 元, 单位产品的可变成本为 18 元, 市场需求函数为 $Q = 90 - p$, 求总利润函数.

解 由题意知
$$C_0 = 1000, C_1(Q) = 18Q,$$
所以
$$TC(Q) = 1000 + 18Q.$$
由需求函数 $Q = 90 - p$ 得价格函数为 $p = 90 - Q$.

所以总收益 $TR(Q) = Q(90 - Q) = 90Q - Q^2$. 于是总利润函数为
$$L = L(Q) = TR(Q) - TC(Q) = 90Q - Q^2 - (1000 + 18Q)$$
$$= -Q^2 + 72Q - 1000$$

习 题 1.5

某种毛料出厂价格为 90 元/m, 成本为 60 元/m. 为促销起见, 决定凡是订购量超过 100m 的, 每多订购 1m, 降价 0.01 元, 但最低价为 75 元/m.

(1) 试将每米实际出厂价 p 表示为订购量 x 的函数;

(2) 将厂方所获取的利润 L 表示为订购量 x 的函数;

(3) 某商家订购 1000m, 厂方可获利多少?

第一章自测题 A

1. 确定下列函数的定义域:

(1) $y = \dfrac{2 - x}{3x^2 - x}$;

(2) $y = \dfrac{2}{9 - x^2} + \lg(2 - x)$.

2. 设 $f(x)$ 的定义域为 $[0, 1]$, 求 $f(x^2), f(\ln x), f(e^x)$ 的定义域.

3. 设函数 $f(x) = \begin{cases} x - 1, & x > 0, \\ 3 + x^2, & x \leqslant 0. \end{cases}$ 求 $f(0), f(2), f(-1)$.

4. 设 $f(x) = \dfrac{x}{1 - 2x}$, 求 $f(f(x))$.

5. 设 $f(x) = \begin{cases} x^2, & 0 \leqslant x \leqslant 1 \\ 3x, & 1 < x \leqslant 2 \end{cases}$, $g(x) = e^x$, 求 $f(g(x))$.

6. 判断下列函数的奇偶性:

(1) $y = x\mathrm{e}^{-x^2}$；

(2) $y = \dfrac{\sin x}{x}$；

(3) $y = \dfrac{\mathrm{e}^x - 1}{\mathrm{e}^x + 1}$；

(4) $y = \dfrac{|x|}{x}$；

(5) $y = \dfrac{\mathrm{e}^x + \mathrm{e}^{-x}}{2}$；

(6) $y = \sqrt{x^2 + 1} + x$.

7. 求下列函数的反函数：

(1) $y = \left(\dfrac{1}{2}\right)^x$；

(2) $y = \dfrac{2x + 1}{3 - x}$；

(3) $y = 2\sqrt[3]{x}$.

8. 某厂生产某种产品 10000t，当销售量为 5000t 以内时，定价为 150 元/t；当销售量超过 5000t 时，超过 5000t 的部分按销售定价的 9 折出售．试将销售总收入表示成销售量的函数．

9. 某厂某产品的年产量为 x 台，且年产量不超 5000 台，单价为 2300 元，单个产品成本为 1000 元．当年产量在 3000 台以内时可全部销售出去；当年产量超过 3000 台（包含 3000 台）时，产品会有三成销售不出去，经广告宣传后可多销 1000 台，平均广告费为每台 50 元，试将本年的销售收益 R 表示为年产量 x 的函数．

第一章自测题 B

1. 单项选择题

(1) 函数 $y = \sqrt{3 - x} + \lg(x + 1)$ 的定义域是（   ）.

A. $(-1, 3)$ B. $[-1, 3)$ C. $(-1, 3]$ D. $(3, +\infty)$

(2) 设 $f(u) = \begin{cases} u - 1, & u < 0, \\ u + 1, & u \geqslant 0, \end{cases}$ $u = \varphi(x) = \ln x$，则 $f(\varphi(\mathrm{e})) = $（   ）.

A. -1 B. 0 C. 1 D. 2

(3) 下列函数是奇函数的是（   ）.

A. $f(x) = \cos\left(x + \dfrac{\pi}{6}\right)$ B. $f(x) = \sin^3 x \tan x$

C. $f(x) = x^3 + x^4$ D. $f(x) = \dfrac{\mathrm{e}^x - \mathrm{e}^{-x}}{2}$

(4) 设函数 $f(x)$ 是奇函数，且 $F(x) = f(x)\left(\dfrac{1}{2^x + 1} - \dfrac{1}{2}\right)$，则函数 $F(x)$ 是（   ）.

A. 偶函数   B. 奇函数

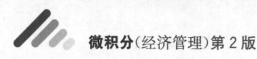

C. 非奇非偶函数   D. 不能确定

(5) 函数 $y=\sin^2(2x+1)$ 的复合过程是(　　).

A. $y=\sin^2 u, u=2x+1$ B. $y=u^2, u=\sin(2x+1)$

C. $y=u^2, u=\sin v, v=2x+1$ D. $y=\sin u^2, u=2x+1$

2. 填空题

(1) 设 $f(x)=4x+3$，则 $f(f(x)-2)=$＿＿＿＿＿＿＿.

(2) 设 $f(x)=\dfrac{1}{x}$，如果 $f(x)+f(y)=f(z)$，则 $z=$＿＿＿＿＿＿＿.

(3) 设 $f(x+1)=x^2+3x+2$，则 $f(x)=$＿＿＿＿＿＿＿.

(4) 设 $y=-\sqrt{x^2-1}\,(x\geqslant 1)$，则其反函数为＿＿＿＿＿＿＿.

3. 已知 $f(x)=e^{x^2}$，$f(\varphi(x))=1-x$，且 $\varphi(x)\geqslant 0$，求 $\varphi(x)$.

4. 证明：函数 $f(x)=\dfrac{ax-b}{cx-a}$ 的反函数就是它自己（$a^2+c^2\neq 0$）.

5. 某种物品从甲地运往乙地规定费用如下：当物品重量不超过 50kg 时按 0.15 元/kg 计算；当物品重量超过 50kg 时，超出部分按每千克收费 0.25 元. 记物品重量为 x（单位：kg），记运费为 y（单位：元）. 求 y 与 x 之间的函数关系. 并问物品重量分别为 25kg 及 60kg 时运费各为多少？

6. 某型号空调每台售价为 4000 元时，每月可销售 50000 台；每台售价为 3800 元时，每月可多销售 5000 台. 若该型号空调的需求量为价格的一次函数，试求该型号空调的每月需求函数.

第二章 极限与连续

极限思想是微积分的基本思想,微积分的一系列重要概念,如函数的连续性、导数及定积分等都是借助于极限来定义的.

本章介绍极限的概念、计算方法以及函数的连续性.

第一节 数列的极限

引 按照下列规律:$\frac{1}{2},\frac{2}{3},\frac{3}{4},\cdots,\frac{n}{n+1},\cdots$ 无限地写下去,这些数的尽头是什么? 这是数列的极限的问题,本节研究的主要内容就是数列的极限.

一、数列的概念与性质

1. 数列的概念

定义 1 按照一定法则依次排列的一列无穷多个数

$$x_1,x_2,x_3,\cdots,x_n,\cdots$$

称为**无穷数列**,简称**数列**,记为$\{x_n\}$. 数列中的每一个数称为数列的项,第 n 项 x_n 称为数列的**一般项**或**通项**.

数列的例子:

$$\frac{1}{2},\frac{2}{3},\frac{3}{4},\cdots,\frac{n}{n+1},\cdots;$$

$$2,4,8,\cdots,2^n,\cdots;$$

$$\frac{1}{2},\frac{1}{4},\frac{1}{8},\cdots,\frac{1}{2^n},\cdots;$$

$$1,-1,1,\cdots,(-1)^{n+1},\cdots;$$

$$2,\frac{1}{2},\frac{4}{3},\cdots,\frac{n+(-1)^{n-1}}{n},\cdots.$$

它们的一般项依次为$\frac{n}{n+1},2^n,\frac{1}{2^n},(-1)^{n+1},\frac{n+(-1)^{n-1}}{n}$.

数列的几何意义:数列$\{x_n\}$可以看做数轴上的一个动点,它依次取数轴上的点 $x_1,x_2,x_3,\cdots,x_n,\cdots$.

数列与函数:数列$\{x_n\}$可以看做自变量为正整数 n 的函数(也称为**整标函数**):

$$x_n = f(n)(n = 1, 2, \cdots).$$

它的定义域是全体正整数.

2. 数列的性质

(1)有界性

定义 2 对数列 $\{x_n\}$,若存在正数 M,使得对一切自然数 n,恒有 $|x_n| \leqslant M$ 成立,则称数列 $\{x_n\}$ **有界**;否则,称为无界.

例如,数列 $\left\{\dfrac{n}{n+1}\right\}$,$\left\{\dfrac{1}{2^n}\right\}$,$\{(-1)^{n+1}\}$,$\left\{\dfrac{n+(-1)^{n-1}}{n}\right\}$ 都是有界数列;而数列 $\{2^n\}$ 是无界数列.

(2)单调性

定义 3 若数列 $\{x_n\}$ 的项 x_n 随着项数 n 的增大而增大,即满足
$$x_1 \leqslant x_2 \leqslant x_3 \leqslant \cdots \leqslant x_n \leqslant \cdots,$$
则称此数列是**单调增加**的;反之,若
$$x_1 \geqslant x_2 \geqslant x_3 \geqslant \cdots \geqslant x_n \geqslant \cdots,$$
则称此数列是**单调减少**的. 单调增加或单调减少的数列,统称为**单调数列**.

例如,数列 $\left\{\dfrac{n}{n+1}\right\}$ 单调增加;数列 $\left\{\dfrac{1}{2^n}\right\}$ 单调减少;而数列 $\{(-1)^{n+1}\}$,$\left\{\dfrac{n+(-1)^{n-1}}{n}\right\}$ 无单调性.

二、数列的极限

观察下列数列的变化趋势:

数列 $\left\{\dfrac{1}{2^n}\right\}$,当 n 无限增大时,它的一般项 $x_n = \dfrac{1}{2^n}$ 无限接近于 0;

数列 $\left\{\dfrac{n+(-1)^{n-1}}{n}\right\}$,当 n 无限增大时,它的一般项 $x_n = \dfrac{n+(-1)^{n-1}}{n} = 1 + \dfrac{(-1)^{n-1}}{n}$ 无限接近于 1;

数列 $\{(-1)^{n+1}\}$,当 n 无限增大时,它的一般项 $x_n = (-1)^{n+1}$ 在 1 和 -1 之间跳动;

数列 $\{2^n\}$,当 n 无限增大时,它的一般项 $x_n = 2^n$ 也无限增大,不接近任何确定的常数.

通过上面几个例子我们可以看到,数列一般项 x_n 的变化趋势只有两种情况:不是无限地接近某个确定的常数,就是不接近于任何确定的常数. 由此,初步定义数列极限如下:

定义 4 当数列 $\{x_n\}$ 的项数 n 无限增大时,若它的一般项 x_n 无限接近于某个

确定的常数 a,则称数列 $\{x_n\}$ **极限存在**,极限值为 a,或称数列 $\{x_n\}$ **收敛于** a,记作

$$\lim_{n \to \infty} x_n = a \quad \text{或} \quad x_n \to a(n \to \infty)$$

(读作当 n 趋向无穷大时,x_n 趋向于 a).

若当数列 $\{x_n\}$ 的项数 n 无限增大时,它的一般项 x_n 不接近于任何确定的常数,则称数列 $\{x_n\}$ **极限不存在**,或称数列 $\{x_n\}$ **发散**.

特别地,对于 $\lim\limits_{n \to \infty} x_n = \infty$,习惯上叫做**极限是无穷大**,但实际上,这仍属于极限不存在的情形.

上述定义比较粗糙,它没有反映 x_n 接近 a 的程度及与 n 之间的关系,从而不能满足数学理论推导的需要,因此,必须更严密、精确地去定义数列的极限.

在几何上,点 x_n 与 a 的接近程度可以用它们之间的距离 $|x_n - a|$ 来衡量.x_n 无限接近 a,意味着距离 $|x_n - a|$ 越来越小,且可以任意地小.换句话说,不论预先给定多么小的正数 ε,总有数列中的点 x_n(后面的点是无穷多个)与 a 的距离小于 ε,即有不等式

$$|x_n - a| < \varepsilon$$

成立.此不等式与给定的正数 ε 及项数 n 有关,当 ε 变化时,n 随之而变,因此该不等式反映了点 x_n 接近 a 的程度及与 n 之间的关系.

为了具体说明 n 与 ε 之间的关系,下面来考察数列 $\left\{1 + \dfrac{(-1)^{n-1}}{n}\right\}$. 当 n 无限增大时,$x_n = 1 + \dfrac{(-1)^{n-1}}{n}$ 无限接近 1. 因此,点 x_n 与 1 之间的距离

$$|x_n - 1| = \left| (-1)^{n-1} \frac{1}{n} \right| = \frac{1}{n}$$

无限接近于 0,如果给定 $\varepsilon = \dfrac{1}{100}$,则由不等式 $\dfrac{1}{n} < \dfrac{1}{100}$,只要 $n > 100$,即从第 101 项起,以后所有的点:

$$x_{101}, x_{102}, \cdots, x_n, \cdots$$

与 1 的距离均小于 $\dfrac{1}{100}$,即有 $|x_n - 1| < \dfrac{1}{100}$. 如果给定 $\varepsilon = \dfrac{1}{1000}$,只要 $n > 1000$,即从第 1001 项起,以后所有的点:

$$x_{1001}, x_{1002}, \cdots, x_n, \cdots$$

与 1 的距离均小于 $\dfrac{1}{1000}$,即有 $|x_n - 1| < \dfrac{1}{1000}$. 一般地,如果任意给定一个正数 ε,由不等式 $\dfrac{1}{n} < \varepsilon$,可解得 $n > \dfrac{1}{\varepsilon}$,然后取定一个大于(或等于)$\dfrac{1}{\varepsilon}$ 的正整数 N,则当 $n > N$ 时,即从第 $N+1$ 项起,以后所有的点:$x_{N+1}, x_{N+2}, \cdots, x_n, \cdots$ 与 1 的距离均小于 ε,即有 $|x_n - 1| < \varepsilon$.

由上面的讨论可知,如果数列$\{x_n\}$的极限是a,则对于任意给定的正数ε(不论它有多么地小),我们总可以找到一个正整数N,使得一切下标大于N(即$n>N$)的点x_n与点a的距离均小于ε,即有$|x_n-a|<\varepsilon$(图 2-1).

因此,数列极限的严格定义可叙述如下:

定义 5   如果对于任意给定的正数ε(不论它多么小),总存在正数N,使得对于$n>N$时的一切x_n,不等式$|x_n-a|<\varepsilon$都成立,那么就称常数a是数列$\{x_n\}$的极限,或者称数列$\{x_n\}$收敛于a,记为

$$\lim_{n\to\infty}x_n=a \quad 或 \quad x_n\to a(n\to\infty).$$

如果数列没有极限,就说数列是发散的.

注   数列极限的定义未给出求极限的方法.

例 1   设$x_n\equiv C$(C为常数),证明$\lim\limits_{n\to\infty}x_n=C$.

证   任给$\varepsilon>0$,对于一切自然数n,

$$|x_n-C|=|C-C|=0<\varepsilon$$

成立,所以

$$\lim_{n\to\infty}x_n=C.$$

说明   常数列的极限等于同一常数.

例 2   证明$\lim\limits_{n\to\infty}\dfrac{3n-2}{2n+1}=\dfrac{3}{2}$.

证   因为

$$\left|\frac{3n-2}{2n+1}-\frac{3}{2}\right|=\left|\frac{-7}{2(2n+1)}\right|=\frac{7}{2(2n+1)},$$

所以对于任给的$\varepsilon>0$,为了要使

$$\left|\frac{3n-2}{2n+1}-\frac{3}{2}\right|<\varepsilon,$$

只要

$$\frac{7}{2(2n+1)}<\varepsilon,$$

即只要

$$\frac{2n+1}{7}>\frac{1}{2\varepsilon}.$$

解不等式,求得$n>\dfrac{1}{2}\left(\dfrac{7}{2\varepsilon}-1\right)$,故只要取正整数$N=\left[\dfrac{1}{2}\left(\dfrac{7}{2\varepsilon}-1\right)\right]$,则当$n>N$时,就有

$$\left|\frac{3n-2}{2n+1}-\frac{3}{2}\right|<\varepsilon.$$

因此

$$\lim_{n \to \infty} \frac{3n-2}{2n+1} = \frac{3}{2}.$$

例 3 证明 $\lim_{n \to \infty} q^n = 0$，其中 $|q| < 1$.

证 任给 $\varepsilon > 0$，若 $q = 0$，则 $\lim_{n \to \infty} q^n = \lim_{n \to \infty} 0 = 0$；

若 $0 < |q| < 1$，$|x_n - 0| = |q|^n < \varepsilon$，$n \ln|q| < \ln \varepsilon$，

所以
$$n > \frac{\ln \varepsilon}{\ln|q|},$$

取 $N = \left[\dfrac{\ln \varepsilon}{\ln|q|}\right]$，则当 $n > N$ 时，就有 $|q^n - 0| < \varepsilon$，

因此
$$\lim_{n \to \infty} q^n = 0.$$

小结 用定义证明数列极限存在时，关键是任意给定 $\varepsilon > 0$，寻找 N，但不必找到最小的 N.

例 4 设 $x_n > 0$，且 $\lim_{n \to \infty} x_n = a > 0$，求证 $\lim_{n \to \infty} \sqrt{x_n} = \sqrt{a}$.

证 任给 $\varepsilon_1 > 0$，因为 $\lim_{n \to \infty} x_n = a$，

所以存在 N，使得当 $n > N$ 时，恒有 $|x_n - a| < \varepsilon_1$，从而有

$$|\sqrt{x_n} - \sqrt{a}| = \frac{|x_n - a|}{\sqrt{x_n} + \sqrt{a}} < \frac{|x_n - a|}{\sqrt{a}} < \frac{\varepsilon_1}{\sqrt{a}} = \varepsilon,$$

故
$$\lim_{n \to \infty} \sqrt{x_n} = \sqrt{a}.$$

三、收敛数列的性质

定理 1（有界性） 收敛的数列必有界.

证 设数列 $\{x_n\}$ 收敛，即有

$$\lim_{n \to \infty} x_n = a.$$

由定义，对于任意给定的正数 ε，例如取 $\varepsilon = 1$，必能找到一个正整数 N，当 $n > N$ 时，恒有

$$|x_n - a| < 1,$$

即有

$$a - 1 < x_n < a + 1 \quad (n = N+1, N+2, \cdots).$$

不满足上式的只可能是有限个数 $x_1, x_2, x_3, \cdots, x_N$ 中的一部分或全部，所以取

$$M = \max\{|x_1|, \cdots, |x_N|, |a-1|, |a+1|\},$$

则对于数列的所有项都满足不等式

$$|x_n| \leqslant M,$$

因此,数列$\{x_n\}$有界.

注意 有界性是数列收敛的必要条件. 也就是说,数列$\{x_n\}$有界并不能保证数列一定收敛. 例如数列 $\{(-1)^{n+1}\}$ 有界,但它是发散的.

推论 无界数列必定发散.

定理 2(唯一性) 每个收敛的数列只有一个极限.

证 设$\lim\limits_{n \to \infty} x_n = a$,又设$\lim\limits_{n \to \infty} x_n = b$,由定义,$\forall \varepsilon > 0$,$\exists N_1, N_2$,使得当$n > N_1$时,恒有

$$|x_n - a| < \varepsilon,$$

当$n > N_2$时,恒有

$$|x_n - b| < \varepsilon,$$

取

$$N = \max\{N_1, N_2\},$$

则当$n > N$时,有

$$|a - b| = |(x_n - b) - (x_n - a)| \leqslant |x_n - b| + |x_n - a| < \varepsilon + \varepsilon = 2\varepsilon.$$

上式当且仅当$a = b$时才能成立. 故数列极限唯一.

四、数列极限存在的单调有界准则

定理 3(单调有界数列必有极限) 如果数列$\{x_n\}$是单调、有界的数列,则数列$\{x_n\}$的极限必存在.

此定理在此不作证明,我们仅从几何上说明.

数列$\{x_n\}$的有界性表明,数列的点 $x_n(n=1,2,3,\cdots)$无一例外地均落在区间$[-M,M]$上,如果数列还是单调增加的,即有

$$x_1 \leqslant x_2 \leqslant \cdots \leqslant x_n \leqslant \cdots,$$

那么,随着下标n的增大,点 x_n 也在数轴上逐渐向右移动,但是它们绝对不会跑到点 M 的右边. 因此,当n无限增大时,点 x_n 必然从左边无限靠近某一个点a(a可能是M,也可能在M左边)(图 2-2),也就是说数列$\{x_n\}$有极限 a.

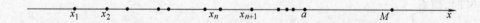

图 2-2

同样,如果数列$\{x_n\}$不仅是有界的,而且还是单调减少的,那么当n无限增大时,点 x_n 将无限向左移动,但不会跑到点$-M$的左边,所以它们将无限靠近某一点 a',因此数列$\{x_n\}$有极限 a'.

例 5　证明数列

$$\sqrt{2},\sqrt{2+\sqrt{2}},\sqrt{2+\sqrt{2+\sqrt{2}}},\cdots,\sqrt{2+\sqrt{2+\sqrt{2+\cdots}}},\cdots$$

的极限存在,并求极限.

证　数列中 $x_1=\sqrt{2}$, $x_2=\sqrt{2+\sqrt{2}}=\sqrt{2+x_1}$, $x_3=\sqrt{2+\sqrt{2+\sqrt{2}}}=\sqrt{2+x_2}$, $\cdots$,
$x_n=\sqrt{2+x_{n-1}}$, $\cdots$. 数列的一般项为

$$x_n=\sqrt{2+x_{n-1}}.$$

$$0<x_1=\sqrt{2}<2, 0<x_2=\sqrt{2+x_1}<\sqrt{2+2}<2,$$

$$0<x_3=\sqrt{2+\sqrt{2+\sqrt{2}}}=\sqrt{2+x_2}<\sqrt{2+2}=2,$$

$$\vdots$$

$$0<x_{n-1}<2,$$

$$0<x_n=\sqrt{2+x_{n-1}}<\sqrt{2+2}=2.$$

故对于数列的所有项都满足不等式

$$|x_n|<2,$$

即所给的数列是有界的.

又因为

$$0<x_n<2,$$

$$x_{n+1}=\sqrt{2+x_n}>x_n,$$

所以数列 $\{x_n\}$ 单调增加. 因此,根据本节定理 3 可知,数列极限存在.

设 $\lim\limits_{n\to\infty}x_n=a$, 在等式 $x_n=\sqrt{2+x_{n-1}}$ 的两边求极限, 得到

$$a=\sqrt{2+a}\quad\text{或}\quad a^2=2+a,$$

解得 $a=2$ 及 $a=-1$, 由于 $x_n>0(n=1,2,3,\cdots)$, 故舍去 $a=-1$, 因此可得

$$\lim\limits_{n\to\infty}x_n=2.$$

习　题　2.1

1. 写出下列数列的一般项,并通过观察指出哪些数列收敛. 若收敛,极限值
是多少?

(1) $1,\dfrac{1}{\sqrt{2}},\dfrac{1}{\sqrt{3}},\dfrac{1}{\sqrt{4}},\dfrac{1}{\sqrt{5}},\cdots$;

(2) $1,\dfrac{3}{2},\dfrac{1}{3},\dfrac{5}{4},\dfrac{1}{5},\dfrac{7}{6},\cdots$;

(3) $0,\dfrac{1}{2},0,\dfrac{1}{4},0,\dfrac{1}{8},\cdots$;

(4) $1, -\frac{3}{4}, \frac{3^2}{4^2}, -\frac{3^3}{4^3}, \frac{3^4}{4^4}, -\frac{3^5}{4^5}, \cdots$;

(5) $0, \frac{3}{2}, \frac{8}{3}, \frac{15}{4}, \frac{24}{5}, \cdots$.

2. 通过观察求下列极限：

(1) $\lim\limits_{n\to\infty}\dfrac{1+(-1)^n}{2n}$; (2) $\lim\limits_{n\to\infty}\left[1-\left(\dfrac{2}{3}\right)^n\right]$; (3) $\lim\limits_{n\to\infty}[\ln(3n+2)-\ln n]$.

第二节　函数的极限

引　上节讨论了数列的极限. 从函数的观点看, 数列是整标函数: $x_n = f(n)$, 它有极限 a, 也可以叙述成这样: 如果在自变量无限增大 ($n\to\infty$) 的过程中, 相应的函数值 $f(n)$ 无限接近某个确定的常数 a, 则称当 $n\to\infty$ 时, 函数 $x_n = f(n)$ 有极限 a. 这种定义数列极限的思想也适合于一般的函数 $f(x)$, 本节我们讨论函数的极限.

一、函数极限的定义

设有函数 $y = f(x)$, 自变量 x 的变化过程可以有以下六种形式：

(1) x 从定点 x_0 的左右两侧趋向于 x_0, 记作 $x\to x_0$;

(2) x 从定点 x_0 的左侧趋向于 x_0, 记作 $x\to x_0^-$;

(3) x 从定点 x_0 的右侧趋向于 x_0, 记作 $x\to x_0^+$;

(4) x 趋向于无穷大, 记作 $x\to\infty$;

(5) x 趋向于负无穷大, 记作 $x\to-\infty$;

(6) x 趋向于正无穷大, 记作 $x\to+\infty$.

以后常用 "$x\to\square$" 表示上述 6 种变化趋势中的一种; 用记号 "$f(x)\to A$" 表示函数 $f(x)$ 的值与常数 A 无限逼近.

定义 1　设函数 $f(x)$ 在 $\mathring{U}(x_0, \delta)$ 内有定义, 如果当 $x\to x_0$ 时, $f(x)\to A$, 则称常数 A 是函数 $f(x)$ 当 x 趋于 x_0 时的**极限**, 记作

$$\lim_{x\to x_0} f(x) = A \quad 或 \quad f(x)\to A(x\to x_0).$$

也称当 $x\to x_0$ 时, $f(x)$ 收敛于 A.

例 1　观察分析 $\lim\limits_{x\to 1}\dfrac{x^2-1}{x-1} = ?$

解　令 $x_0 = 1$, $f(x) = \dfrac{x^2-1}{x-1}$ 在 $x_0 = 1$ 的两侧附近取一些 x 值, 算出函数 $f(x)$ 的对应值, 列表 2-1 如下：

表　2-1

x<1		x>1	
x	$f(x)$	x	$f(x)$
0.8	1.8	1.2	2.2
0.9	1.9	1.1	2.1
0.95	1.95	1.05	2.05
0.99	1.99	1.01	2.01
0.995	1.995	1.005	2.005
0.999	1.999	1.001	2.001

这个函数的图形如图 2-3 所示.

由表 2-1 可以看出,当 $x \to 1$ 时,$f(x) \to 2$. 从图 2-3 来看,也是这样,所以

$$\lim_{x \to 1} \frac{x^2 - 1}{x - 1} = 2.$$

在本节定义 1 中不要求 $f(x)$ 在 x_0 处有定义,如本节例 1 中的 $f(x) = \dfrac{x^2 - 1}{x - 1}$ 在 $x_0 =$ 1 处无定义,但是极限存在. 当然也不排除 $f(x)$ 在 x_0 处有定义的情形.

例 2　观察分析 $\lim\limits_{x \to 1}(2x + 1) = ?$

解　函数 $f(x) = 2x + 1$ 是一条直线,如图 2-4 所示. 函数 $f(x) = 2x + 1$ 在 $x = 1$ 处有定义 $f(1) = 3$. 从图 2-4 也能看出,当 $x \to 1$ 时,$f(x) \to f(1) = 3$,所以

$$\lim_{x \to 1}(2x + 1) = 3.$$

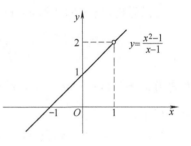

图　2-3

从函数图形分析,可以得到如下的结论:

定理 1　如果 $y = f(x)$ 是基本初等函数,x_0 是其定义域内一点,则

$$\lim_{x \to x_0} f(x) = f(x_0).$$

例如:

$$\lim_{x \to 0} \sin x = \sin 0 = 0;$$
$$\lim_{x \to 0} \cos x = \cos 0 = 1;$$
$$\lim_{x \to 0} e^x = e^0 = 1.$$

例 3　观察分析 $\lim\limits_{x \to 0}\left(1 + \dfrac{1}{x}\right) = ?$

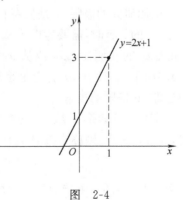

图　2-4

解　列表 2-2 如下，并作函数 $y=1+\dfrac{1}{x}$ 的图形如图 2-5 所示.

表　2-2

$x<0$		$x>0$	
x	$f(x)$	x	$f(x)$
-1	0	1	2
-0.1	-9	0.1	11
-0.01	-99	0.01	101
-0.001	-999	0.001	1001
-0.0001	-9999	0.0001	10001
-0.00001	-99999	0.00001	100001
-0.000001	-999999	0.000001	1000001
-0.0000001	-9999999	0.0000001	10000001

可以看出，当 $x\to 0$ 时，$y=1+\dfrac{1}{x}\to\infty$，所以

$$\lim_{x\to 0}\left(1+\frac{1}{x}\right)=\infty.$$

因为当 $x\to 0$ 时，$y=1+\dfrac{1}{x}$ 不是趋向于一个确定的值，所以当 $x\to 0$ 时，$y=1+\dfrac{1}{x}$ 极限不存在.

如果当 $x\to\square$ 时，函数 $f(x)$ 的极限不存在，则称为**发散**.

二、单侧极限

前面研究的极限，x 是从左右两侧同时趋向于 x_0 的. 有时，需要考虑 x 从 x_0 的某一侧（如从 x_0 的左侧 $x<x_0$ 或从 x_0 的右侧 $x>x_0$）趋向于 x_0 时 $f(x)$ 的变化趋势，于是需要引进左、右极限的概念.

定义 2　如果 x 从 x_0 的左侧趋向于 x_0 时，$f(x)\to A$，则称常数 A 是函数 $f(x)$ 当 x 趋于 x_0 时的**左极限**，记作

$$f(x_0^-)=\lim_{x\to x_0^-}f(x)=A;$$

如果 x 从 x_0 的右侧趋向于 x_0 时，$f(x)\to A$，则称常数 A 是函数 $f(x)$ 当 x 趋于 x_0 时的**右极限**，记作

$$f(x_0^+)=\lim_{x\to x_0^+}f(x)=A.$$

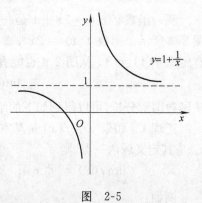

图　2-5

显然,有如下定理.

定理 2 $\lim\limits_{x \to x_0} f(x) = A \Leftrightarrow \lim\limits_{x \to x_0^+} f(x) = \lim\limits_{x \to x_0^-} f(x) = A.$

例 4 设 $f(x) = \begin{cases} 1-x, & x < 0, \\ x^2+1, & x \geqslant 0, \end{cases}$ 研究当 $x \to 0$ 时, $f(x)$ 的极限是否存在?

解 $f(0^-) = \lim\limits_{x \to 0^-} f(x) = \lim\limits_{x \to 0^-} (1-x) = 1,$

$f(0^+) = \lim\limits_{x \to 0^+} f(x) = \lim\limits_{x \to 0^+} (x^2+1) = 1,$

因为 $f(0^-) = f(0^+) = 1,$
所以
$$\lim\limits_{x \to 0} f(x) = 1.$$

其图形如图 2-6 所示.

例 5 验证 $\lim\limits_{x \to 0} \dfrac{|x|}{x}$ 不存在.

证 $f(0^-) = \lim\limits_{x \to 0^-} \dfrac{|x|}{x} = \lim\limits_{x \to 0^-} \dfrac{-x}{x} = -1,$

$f(0^+) = \lim\limits_{x \to 0^+} \dfrac{|x|}{x} = \lim\limits_{x \to 0^+} \dfrac{x}{x} = 1,$

左、右极限存在但不相等,所以 $\lim\limits_{x \to 0} \dfrac{|x|}{x}$ 不存在.

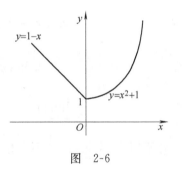

图 2-6

例 6 设函数 $f(x) = \begin{cases} ax^2, & x \leqslant 1, \\ 2x+1, & x > 1, \end{cases}$ 且 $\lim\limits_{x \to 1} f(x)$ 存在,求 a.

解 $f(1^-) = \lim\limits_{x \to 1^-} ax^2 = a, f(1^+) = \lim\limits_{x \to 1^+} (2x+1) = 3.$
由 $f(1^-) = f(1^+)$,可得 $a = 3$.

三、函数极限的性质

1. 函数极限的唯一性

定理 3 若 $\lim f(x)$ 存在,则极限唯一.

2. 函数极限的局部有界性

定理 4 设函数 $f(x)$ 在 x 的某种变化趋势下,以 A 为极限,则当 x 变化至某一范围内时, $f(x)$ 有界.

3. 函数极限的局部保号性

定理 5 设函数 $f(x)$ 在 x 的某种变化趋势下,以 A 为极限,且 $A > 0$(或 $A < 0$),当 x 变化至某一范围内时, $f(x) > 0$(或 $f(x) < 0$).

4. 子列收敛性(函数极限与数列极限的关系)

定义 3 设在 $x \to a$(a 可以是 x_0, x_0^+ 或 x_0^-)的过程中,有数列 $\{x_n\}$($x_n \neq a$)使得 $n \to \infty$ 时, $x_n \to a$. 则称数列 $\{f(x_n)\}$, 即 $f(x_1), f(x_2), \cdots, f(x_n), \cdots$ 为函数 $f(x)$ 当 $x \to a$ 时的子列.

定理 6 若 $\lim\limits_{x \to a} f(x) = A$, 数列 $\{f(x_n)\}$ 是 $f(x)$ 当 $x \to a$ 时的一个子列,则有

$$\lim_{n \to \infty} f(x_n) = A.$$

函数极限与数列极限的关系:函数极限存在的充要条件是它的任何子列的极限都存在,且相等.

例 7 证明 $\lim\limits_{x \to 0} \sin \dfrac{1}{x}$ 不存在.

证 取 $\{x_n\} = \left\{\dfrac{1}{n\pi}\right\}$, $\lim\limits_{n \to \infty} x_n = 0$, 且 $x_n \neq 0$;

取 $\{x_n'\} = \left\{\dfrac{1}{\frac{4n+1}{2}\pi}\right\}$, $\lim\limits_{n \to \infty} x_n' = 0$, 且 $x_n' \neq 0$;

而 $$\lim_{n \to \infty} \sin \frac{1}{x_n} = \lim_{n \to \infty} \sin n\pi = 0,$$

而 $$\lim_{n \to \infty} \sin \frac{1}{x_n'} = \lim_{n \to \infty} \sin \frac{4n+1}{2}\pi = \lim_{n \to \infty} 1 = 1,$$

二者不相等,故 $\lim\limits_{x \to 0} \sin \dfrac{1}{x}$ 不存在.

习 题 2.2

1. 观察下列极限是否存在? 若存在,写出其极限值.

(1) $\lim\limits_{x \to \infty} \cos x$;

(2) $\lim\limits_{x \to +\infty} e^x$;

(3) $\lim\limits_{x \to -\infty} e^x$;

(4) $\lim\limits_{x \to 0^-} e^{\frac{1}{x}}$;

(5) $\lim\limits_{x \to 0^+} \ln x$;

(6) $\lim\limits_{x \to 1} \ln x$;

(7) $\lim\limits_{x \to 1^-} \arctan x$;

(8) $\lim\limits_{x \to +\infty} \arctan x$;

(9) $\lim\limits_{x \to -\infty} \arctan x$;

(10) $\lim\limits_{x \to \infty} \dfrac{1}{2x}$.

2. 设 $f(x) = \begin{cases} x-1, & x < 0, \\ 0, & x = 0, \\ x+1, & x > 0, \end{cases}$ 分析观察,当 $x \to 0$ 时, $f(x)$ 在 $x_0 = 0$ 处左、右极限是否存在? 极限是否存在?

3. 设 $f(x) = \begin{cases} x, 0 \leqslant x < 1, \\ \dfrac{1}{2}, 1 \leqslant x < 2, \\ \dfrac{1}{x}, 2 \leqslant x < 3, \end{cases}$ 分别讨论,当 $x \to 1$ 及 $x \to 2$ 时,$f(x)$ 的极限是否存在?

第三节 无穷小与无穷大

引 函数的变化过程也是变量的变化过程,在变量的变化过程中,有两种变量具有特殊意义,这就是无穷小与无穷大. 什么是无穷小、无穷大? 无穷小与无穷大二者之间的关系如何?

一、无穷小

定义1 若 $x \to \square$ 时,函数 $f(x) \to 0$,则称函数 $f(x)$ 为 $x \to \square$ 时的**无穷小量**,简称**无穷小**.

例如:$\lim\limits_{x \to 1}(x - 1) = 0$,表示函数 $x - 1$ 是当 $x \to 1$ 时的无穷小.

$\lim\limits_{x \to 0} \sin x = 0$,表示函数 $\sin x$ 是当 $x \to 0$ 时的无穷小.

$\lim\limits_{n \to \infty} \dfrac{(-1)^n}{n} = 0$,数列 $\left\{\dfrac{(-1)^n}{n}\right\}$ 是当 $n \to \infty$ 时的无穷小.

应当注意无穷小是在某一变化过程中以 0 为极限的变量,而不是绝对值很小的数. 0 是可以作为无穷小的唯一常数.

二、无穷大

如果当 $x \to \square$ 时,对应的函数值的绝对值 $|f(x)|$ 无限增大,就说函数 $f(x)$ 为 $x \to \square$ 时的**无穷大量**,简称**无穷大**.

定义2 如果对于任意给定的正数 M(不论它多么大),总存在正数 δ(或正数 X),使得对于适合不等式 $0 < |x - x_0| < \delta$(或 $|x| > X$)的一切 x,所对应的函数值 $f(x)$ 都满足不等式 $|f(x)| > M$,则称函数 $f(x)$ 当 $x \to x_0$(或 $x \to \infty$)时为无穷大,记作

$$\lim_{x \to x_0} f(x) = \infty \quad (\text{或} \lim_{x \to \infty} f(x) = \infty).$$

例如,$\lim\limits_{x \to 3} \dfrac{4}{x - 3} = \infty$,当 $x \to 3$ 时,$\dfrac{4}{x - 3}$ 是一个无穷大.

上述定义是双向无穷大,此外,还有正无穷大和负无穷大. 例如:

$$\lim_{x \to \infty} x^2 = +\infty,$$

$$\lim_{x \to 0^-} \frac{4}{x} = -\infty.$$

注 (1) 无穷大是变量,不能与很大的数混淆;

(2) 切勿将 $\lim\limits_{x \to x_0} f(x) = \infty$ 认为是极限存在,它只是借用了极限的表示记号;

(3) 无穷大是一种特殊的无界变量,但是无界变量未必是无穷大.

例如,当 $x \to 0$ 时,$y = \frac{1}{x} \sin \frac{1}{x}$ 是一个无界变量,但不是无穷大. 令

$$x_k^{(1)} = \frac{1}{2k\pi + \frac{\pi}{2}} \quad (k = 0, 1, 2, 3, \cdots),$$

$y(x_k^{(1)}) = 2k\pi + \frac{\pi}{2}$,当 k 充分大时,$y(x_k^{(1)}) > M$,说明函数 $y = \frac{1}{x} \sin \frac{1}{x}$ 无界;

再令

$$x_k^{(2)} = \frac{1}{2k\pi} \quad (k = 0, 1, 2, 3, \cdots),$$

当 k 充分大时,$x_k^{(2)} < \delta$,但 $y(x_k^{(2)}) = 2k\pi \sin 2k\pi = 0 < M$,说明函数 $y = \frac{1}{x} \sin \frac{1}{x}$ 当 $x \to 0$ 时不是无穷大.

定义3 如果 $\lim\limits_{x \to x_0} f(x) = \infty$,则直线 $x = x_0$ 是函数 $y = f(x)$ 的图形的**铅直渐近线**.

三、无穷小与无穷大的关系

定理1 在自变量的同一变化过程中,若 $f(x)$ 为无穷大,则 $\frac{1}{f(x)}$ 为无穷小;若 $f(x)$ 为无穷小,且 $f(x) \neq 0$,则 $\frac{1}{f(x)}$ 为无穷大.

无穷小与无穷大的这种关系是显然的,这里我们不作证明. 例如:

$$\lim_{x \to 1}(x - 1) = 0, \lim_{x \to 1} \frac{1}{x-1} = \infty.$$

据此定理,关于无穷大的问题都可转化为无穷小来讨论.

四、无穷小的运算性质

定理2 在同一过程中,有限个无穷小的代数和仍是无穷小.

证 仅就 $x \to \infty$ 时的情形进行证明.

设 $\alpha(x)$ 及 $\beta(x)$ 是当 $x \to \infty$ 时的两个无穷小,因为 $\lim\limits_{x \to \infty} \alpha(x) = 0$,$\lim\limits_{x \to \infty} \beta(x) = 0$,

所以任取 $\varepsilon > 0$,存在 $N_1 > 0$,$N_2 > 0$,使得当 $|x| > N_1$ 时,恒有 $|\alpha(x)| < \frac{\varepsilon}{2}$;当

$|x|>N_2$ 时,恒有 $|\beta(x)|<\dfrac{\varepsilon}{2}$,取 $N=\max\{N_1,N_2\}$,当 $|x|>N$ 时,恒有

$$|\alpha\pm\beta|\leqslant|\alpha|+|\beta|<\dfrac{\varepsilon}{2}+\dfrac{\varepsilon}{2}=\varepsilon,$$

$$\alpha\pm\beta\to0(x\to\infty).$$

注　无穷多个无穷小的代数和未必是无穷小.

例如,当 $n\to\infty$ 时,$\dfrac{1}{n}$ 是无穷小,但 n 个 $\dfrac{1}{n}$ 之和为 1 不是无穷小.

定理 3　有界函数与无穷小的乘积是无穷小.

证　仅就 $x\to\infty$ 时的情形进行证明.

假设当 $x\to\infty$ 时,函数 $f(x)$ 有界,所以存在 $M>0$,存在 $N_1>0$,当 $|x|>N_1$ 时,恒有 $|f(x)|\leqslant M$;又设 $\alpha(x)$ 是当 $x\to\infty$ 时的无穷小,所以任取 $\dfrac{\varepsilon}{M}>0$,存在 $N_2>0$,使得当 $|x|>N_2$ 时,恒有 $|\alpha(x)|<\dfrac{\varepsilon}{M}$. 因此,取 $N=\max\{N_1,N_2\}$,有

任取 $\varepsilon>0$,存在 $N>0$,当 $|x|>N$ 时,恒有

$$|\alpha(x)f(x)|<\dfrac{\varepsilon}{M}\cdot M=\varepsilon.$$

推论 1　在同一过程中,有极限的变量与无穷小的乘积是无穷小.

推论 2　常数与无穷小的乘积是无穷小.

推论 3　有限个无穷小的乘积也是无穷小.

例 1　计算 $\lim\limits_{x\to0}x\sin\dfrac{1}{x}$.

解　因为 $\lim\limits_{x\to0}x=0$,又 $\left|\sin\dfrac{1}{x}\right|\leqslant1$. 所以

$$\lim\limits_{x\to0}x\sin\dfrac{1}{x}=0.$$

例 2　计算 $\lim\limits_{x\to\infty}\dfrac{1}{x}\sin x$.

解　因为 $\lim\limits_{x\to\infty}\dfrac{1}{x}=0$,又 $|\sin x|\leqslant1$,所以

$$\lim\limits_{x\to\infty}\dfrac{1}{x}\sin x=0.$$

五、无穷小和一般极限的关系

定理 4　$\lim f(x)=A\Leftrightarrow f(x)=A+\alpha(x)$,其中 $\lim\alpha(x)=0$.

这个定理可以简单地表述为**如果某函数可以表示为常数与无穷小之和,则此函数以该常数为极限;反之亦然**.

该定理证明从略. 定理4将一般极限问题转化为特殊极限问题(无穷小);给出了函数 $f(x)$ 在 x_0 附近的表达式 $f(x) \approx A$,误差为 $\alpha(x)$.

无穷小的运算性质和这个定理是极限运算的基础.

习 题 2.3

1. 观察指出下列函数在给定变化趋势下,哪些是无穷大? 哪些是无穷小?

$(1) f(x) = 100x$,当 $x \to 0$ 时; $\quad$ $(2) f(x) = \dfrac{x+2}{x-1}$,当 $x \to 1$ 时;

$(3) f(x) = e^{\frac{1}{x}}$,当 $x \to 0^-$ 时; $\quad$ $(4) f(x) = e^{\frac{1}{x}}$,当 $x \to 0^+$ 时;

$(5) f(x) = \lg x$,当 $x \to 0^+$ 时; $\quad$ $(6) f(x) = \lg x$,当 $x \to +\infty$ 时;

$(7) f(x) = \lg x$,当 $x \to 1$ 时; $\quad$ $(8) f(x) = \tan x$,当 $x \to \dfrac{\pi}{2}$ 时;

$(9) f(x) = \dfrac{x^2}{\sqrt{x^3+1}}$,当 $x \to +\infty$ 时; $\quad$ $(10) f(x) = \dfrac{x^2}{x+1}\left(2 - \sin\dfrac{1}{x}\right)$,当 $x \to 0$ 时.

2. 观察分析下列各式,直接写出结果:

$(1) \lim\limits_{x \to 5} \dfrac{1}{x-5}$; $\quad$ $(2) \lim\limits_{x \to 0} \dfrac{1}{x}$;

$(3) \lim\limits_{x \to -\infty} \dfrac{1}{x^2}$; $\quad$ $(4) \lim\limits_{x \to 0}(1 - e^x)$;

$(5) \lim\limits_{x \to \infty} \dfrac{\sin x}{x^2}$.

3. 试问当 $x \to +\infty$ 时,$f(x) = x \sin x$ 是不是无穷大?

第四节 极限的运算法则

引 由极限的定义来求极限是不可取的,往往也是行不通的,因此需寻求一些方法来求极限. 本节介绍极限的四则运算法则,利用这些法则可以求某些函数的极限.

一、极限的四则运算法则

下面的定理,仅就函数极限的情形给出,所得的结论对数列极限也成立.

定理1 设 $\lim f(x) = A$,$\lim g(x) = B$,则

$(1) \lim[f(x) \pm g(x)] = \lim f(x) \pm \lim g(x) = A \pm B$;

$(2) \lim[f(x) \cdot g(x)] = \lim f(x) \cdot \lim g(x) = A \cdot B$;

(3) $\lim \dfrac{f(x)}{g(x)} = \dfrac{\lim f(x)}{\lim g(x)} = \dfrac{A}{B}(B \neq 0)$.

其中,自变量 x 的变化趋势可以是 6 种变化趋势中的任一种.

证 我们只证明(2),其他可类似证明.

因为 $\lim f(x) = A, \lim g(x) = B$,据第三节定理 4 有

$$f(x) = A + \alpha, \lim \alpha = 0,$$
$$g(x) = B + \beta, \lim \beta = 0,$$

由无穷小运算法则,得

$$f(x) \cdot g(x) = (A + \alpha)(B + \beta)$$
$$= AB + (A\beta + B\alpha) + \alpha\beta.$$

根据无穷小的运算性质,$A\beta, B\alpha$ 和 $\alpha\beta$ 都是无穷小,令其和为 $\gamma = A\beta + B\alpha + \alpha\beta$,则 γ 仍是无穷小. 即 $f(x) \cdot g(x)$ 可以表示为常数 AB 和一个无穷小 γ 之和:

$$f(x) \cdot g(x) = AB + \gamma,$$

根据第三节定理 4,得

$$\lim[f(x) \cdot g(x)] = \lim f(x) \cdot \lim g(x) = A \cdot B.$$

注 (1)参与运算的函数必须每个极限都存在;

(2)极限的四则运算法则可以推广至有限个函数的情形;

(3)在作除法运算时,分母的极限不能为 0.

推论 1 如果 $\lim f(x)$ 存在,而 c 为常数,则 $\lim[cf(x)] = c \lim f(x)$. 即常数因子可以提到极限记号外面.

推论 2 如果 $\lim f(x)$ 存在,而 n 是正整数,则 $\lim[f(x)]^n = [\lim f(x)]^n$.

至此,很多极限就可以直接计算出来.

例 1 求 $\lim\limits_{x \to 2}(x^2 - 3x + 5)$.

解 $\lim\limits_{x \to 2}(x^2 - 3x + 5) = \lim\limits_{x \to 2} x^2 - \lim\limits_{x \to 2} 3x + \lim\limits_{x \to 2} 5$

$= (\lim\limits_{x \to 2} x)^2 - 3\lim\limits_{x \to 2} x + \lim\limits_{x \to 2} 5$

$= 2^2 - 3 \times 2 + 5$

$= 3$.

例 2 求 $\lim\limits_{x \to 2} \dfrac{x^3 - 1}{x^2 - 3x + 5}$.

解 因为

$$\lim\limits_{x \to 2}(x^2 - 3x + 5) = 3 \neq 0,$$

所以 $\lim\limits_{x \to 2} \dfrac{x^3 - 1}{x^2 - 3x + 5} = \dfrac{\lim\limits_{x \to 2} x^3 - \lim\limits_{x \to 2} 1}{\lim\limits_{x \to 2}(x^2 - 3x + 5)} = \dfrac{2^3 - 1}{3} = \dfrac{7}{3}$.

例 3 求 $\lim\limits_{x \to 3} \dfrac{x^2 - 4x + 3}{x^2 - 9}$.

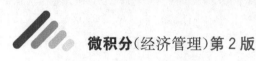

解 此题如果将 $x=3$ 代入,则分子、分母均为 0,不能直接用极限运算法则.但这里只是 $x \to 3$,即 $x \neq 3$,所以可以先消去分子分母中的非零公因子$(x-3)$,这叫做消去"零因子";然后再用极限运算法则:

$$\lim_{x \to 3} \frac{x^2-4x+3}{x^2-9} = \lim_{x \to 3} \frac{(x-1)(x-3)}{(x+3)(x-3)}$$

$$= \lim_{x \to 3} \frac{x-1}{x+3} = \frac{1}{3}.$$

这种类型的极限,称为"$\dfrac{0}{0}$"型极限.

例 4 求 $\lim\limits_{x \to 1} \dfrac{4x-1}{x^2+2x-3}$.

解 此题如果将 $x=1$ 代入,仅分母为 0,不能直接用商的极限运算法则.应该先将分子分母颠倒计算.因为

$$\lim_{x \to 1} \frac{x^2+2x-3}{4x-1} = \frac{0}{3} = 0,$$

由无穷小与无穷大的关系,得

$$\lim_{x \to 1} \frac{4x-1}{x^2+2x-3} = \infty.$$

例 5 求 $\lim\limits_{x \to \infty} \dfrac{2x^3+3x^2+5}{7x^3+4x^2-1}$.

解 当 $x \to \infty$ 时,分子、分母的极限都是无穷大,不能直接代入运算,应该先将分子、分母同除以 x 的最高次幂 x^3,再求极限.

$$\lim_{x \to \infty} \frac{2x^3+3x^2+5}{7x^3+4x^2-1} = \lim_{x \to \infty} \frac{2+\dfrac{3}{x}+\dfrac{5}{x^3}}{7+\dfrac{4}{x}-\dfrac{1}{x^3}} = \frac{2}{7}.$$

这种类型的极限,称为"$\dfrac{\infty}{\infty}$"型极限.

例 6 求 $\lim\limits_{x \to \infty} \dfrac{4x+9}{5x^2+2x-1}$.

解 同上例,当 $x \to \infty$ 时,分子、分母的极限都是无穷大,分子、分母同除以 x 的最高次幂 x^2,再求极限.

$$\lim_{x \to \infty} \frac{4x+9}{5x^2+2x-1} = \lim_{x \to \infty} \frac{\dfrac{4}{x}+\dfrac{9}{x^2}}{5+\dfrac{2}{x}-\dfrac{1}{x^2}} = 0.$$

例 7 求 $\lim\limits_{x \to \infty} \dfrac{4x^2-3x+9}{5x-1}$.

解 $\lim\limits_{x\to\infty}\dfrac{4x^2-3x+9}{5x-1}=\lim\limits_{x\to\infty}\dfrac{4-\dfrac{3}{x}+\dfrac{9}{x^2}}{\dfrac{5}{x}-\dfrac{1}{x^2}}=\infty.$

一般有如下结果:

$$\lim_{x\to\infty}\frac{a_0x^m+a_1x^{m-1}+\cdots+a_m}{b_0x^n+b_1x^{n-1}+\cdots+b_n}=\begin{cases}0, & m<n,\\[2mm]\dfrac{a_0}{b_0}, & m=n,(a_0b_0\neq0,m,n\ 为非负常数).\\[2mm]\infty, & m>n\end{cases}$$

例 8 求 $\lim\limits_{x\to+\infty}x(\sqrt{x^2+1}-x).$

解 此题当 $x\to\infty$ 时,为 $\infty\cdot(\infty-\infty)$ 的类型,不能直接计算,将分子、分母同乘以 $(\sqrt{x^2+1}+x)$ 就可以将原式化为

$$原式=\lim_{x\to+\infty}\frac{x}{\sqrt{x^2+1}+x}=\lim_{x\to+\infty}\frac{1}{\sqrt{1+\dfrac{1}{x^2}}+1}=\frac{1}{2}.$$

例 9 求 $\lim\limits_{n\to\infty}\left(\dfrac{1}{n^2}+\dfrac{2}{n^2}+\cdots+\dfrac{n}{n^2}\right).$

解 $n\to\infty$ 时,此题是无限个无穷小之和,不能直接求极限,先变形化简再计算:

$$\begin{aligned}&\lim_{n\to\infty}\left(\frac{1}{n^2}+\frac{2}{n^2}+\cdots+\frac{n}{n^2}\right)\\&=\lim_{n\to\infty}\frac{1+2+\cdots+n}{n^2}\\&=\lim_{n\to\infty}\frac{\dfrac{1}{2}n(n+1)}{n^2}\\&=\lim_{n\to\infty}\frac{1}{2}\left(1+\frac{1}{n}\right)\\&=\frac{1}{2}.\end{aligned}$$

此例中无穷多个无穷小之和的极限是 $\dfrac{1}{2}$,已经不是无穷小了.

二、复合函数的极限

定理 2 对于复合函数 $y=f(u)$,$u=\phi(x)$,如果 $\lim\limits_{x\to x_0}\phi(x)=u_0$,$\lim\limits_{u\to u_0}f(u)=A$,且 $x\neq x_0$ 时,$u\neq u_0$,则有

$$\lim_{x\to x_0}f(\phi(x))=\lim_{u\to u_0}f(u)=A.$$

此定理不加证明.

例 10 求 $\lim\limits_{x \to 3} \sqrt{\dfrac{x-3}{x^2-9}}$.

解 令 $u = \dfrac{x-3}{x^2-9}$,因为

$$\lim_{x \to 3} u = \frac{1}{6},$$

所以

$$\lim_{x \to 3} \sqrt{\frac{x-3}{x^2-9}} = \lim_{u \to \frac{1}{6}} \sqrt{u} = \sqrt{\frac{1}{6}} = \frac{\sqrt{6}}{6}.$$

如果函数 $y = f(u)$ 在 u_0 处有定义,且 $f(u_0) = A$,则

$$\lim_{x \to x_0} f(\phi(x)) = A = f(u_0) = f(\lim_{x \to x_0} \phi(x)).$$

这表明此时符号"lim"与"f"可以对换. 例如

$$\lim_{x \to 3} \sqrt{\frac{x-3}{x^2-9}} = \sqrt{\lim_{x \to 3} \frac{x-3}{x^2-9}} = \sqrt{\lim_{x \to 3} \frac{1}{x+3}} = \sqrt{\frac{1}{6}} = \frac{\sqrt{6}}{6}.$$

综上可得:

定理 3 如果 $y = f(x)$ 是初等函数,x_0 是其定义域内一点,则

$$\lim_{x \to x_0} f(x) = f(x_0).$$

例如,$y = \sqrt{x^2+9}$ 是初等函数,$x_0 = 3$ 是其定义域内一点,所以

$$\lim_{x \to 3} \sqrt{x^2+9} = \sqrt{3^2+9} = 3\sqrt{2}.$$

例 11 已知 $f(x)$ 是多项式,且 $\lim\limits_{x \to \infty} \dfrac{f(x)-2x^3}{x^2} = 2$,$\lim\limits_{x \to 0} \dfrac{f(x)}{x} = 3$,求 $f(x)$.

解 利用前一极限式可令

$$f(x) = 2x^3 + 2x^2 + ax + b,$$

再利用后一极限式,得

$$3 = \lim_{x \to 0} \frac{f(x)}{x} = \lim_{x \to 0} \left(a + \frac{b}{x}\right),$$

可见

$$a = 3, b = 0,$$

故

$$f(x) = 2x^3 + 2x^2 + 3x.$$

习 题 2.4

1. 计算下列极限:

(1) $\lim\limits_{x\to 1}(2x^3-x^2+x-3)$;

(2) $\lim\limits_{x\to 0}\left(2-\dfrac{1}{x-2}\right)$;

(3) $\lim\limits_{x\to 1}\dfrac{x^2-3x+2}{1-x^2}$;

(4) $\lim\limits_{x\to 0}\dfrac{2x^3-5x^2+2x}{4x^2+x}$;

(5) $\lim\limits_{x\to\infty}\left(2-\dfrac{3}{x}+\dfrac{4}{x^2}\right)$;

(6) $\lim\limits_{x\to+\infty}\left(1-\dfrac{2}{\sqrt{x}+1}\right)$;

(7) $\lim\limits_{x\to 1}\left(\dfrac{1}{1-x}-\dfrac{3}{1-x^3}\right)$;

(8) $\lim\limits_{h\to 0}\dfrac{\sqrt{h+x}-\sqrt{x}}{h}$;

(9) $\lim\limits_{x\to\pi}\sin\left(2x+\dfrac{\pi}{3}\right)$;

(10) $\lim\limits_{x\to 1}\lg(x^2+2x+4)$.

2. 计算下列极限:

(1) $\lim\limits_{x\to\infty}\dfrac{9x^2+3x-1}{3x^3-x}$;

(2) $\lim\limits_{x\to\infty}\dfrac{2x^4-2x^2+1}{5x^4+x^3-1}$;

(3) $\lim\limits_{x\to+\infty}\dfrac{\sqrt{x^2+\sqrt{x-1}}}{x}$;

(4) $\lim\limits_{x\to\infty}\dfrac{(2x+3)^{10}(x-1)^5}{16x^{15}+9x^7-14}$;

(5) $\lim\limits_{n\to\infty}\dfrac{9^{n+1}+4^{n+1}}{9^n+4^n}$;

(6) $\lim\limits_{x\to\infty}(\sqrt{x^2+1}-\sqrt{x^2-1})$;

(7) $\lim\limits_{x\to+\infty}(\sqrt{x+2}-\sqrt{x-1})$;

(8) $\lim\limits_{n\to\infty}\left(1+\dfrac{1}{3}+\dfrac{1}{3^2}+\cdots+\dfrac{1}{3^n}\right)$;

(9) $\lim\limits_{x\to+\infty}x(\sqrt{x^2-1}-x)$;

(10) $\lim\limits_{x\to 0}\dfrac{\sqrt{1+x}-\sqrt{1-x}}{x}$;

(11) $\lim\limits_{x\to 1}\dfrac{x+x^2+\cdots+x^n-n}{x-1}$;

(12) $\lim\limits_{n\to\infty}\left(1+\dfrac{1}{1\cdot 2}+\dfrac{1}{2\cdot 3}+\cdots+\dfrac{1}{(n-1)n}\right)$.

3. 设 $\lim\limits_{x\to 3}\dfrac{x^2-2x+a}{x-3}=b$,求 a,b.

4. 设 $\lim\limits_{x\to 1}\dfrac{x^2+ax+b}{1-x}=5$,求 a,b.

5. 试确定常数 a 使 $\lim\limits_{x\to\infty}(\sqrt[3]{1-x^3}-ax)=0$.

第五节 夹逼准则与两个重要极限

引 利用极限的定义及运算法则虽可以求得很多函数的极限,但是对于一些特殊函数的极限却无能为力,如 $\lim\limits_{x\to 0}\dfrac{\tan x}{x}$,$\lim\limits_{x\to\infty}\left(\dfrac{3+x}{2+x}\right)^{2x}$ 极限值各是多少? 如何求解? 本节先介绍夹逼准则,再介绍两个重要极限,从而用来计算一些特殊的极限.

一、夹逼准则

准则 I 如果数列 $\{x_n\}$，$\{y_n\}$ 及 $\{z_n\}$ 满足下列条件：

(1) $y_n \leqslant x_n \leqslant z_n$ $(n=1,2,3\cdots)$；

(2) $\lim\limits_{n\to\infty} y_n = a$，$\lim\limits_{n\to\infty} z_n = a$，

那么数列 $\{x_n\}$ 的极限存在，且

$$\lim_{n\to\infty} x_n = a.$$

证 因为 $y_n \to a$，$z_n \to a$，即任取 $\varepsilon > 0$，存在 $N_1 > 0$，$N_2 > 0$，使得当 $n > N_1$ 时，恒有

$$|y_n - a| < \varepsilon;$$

当 $n > N_2$ 时，恒有

$$|z_n - a| < \varepsilon.$$

取 $N = \max\{N_1, N_2\}$，上述两式同时成立，即

$$a - \varepsilon < y_n < a + \varepsilon,\ a - \varepsilon < z_n < a + \varepsilon.$$

当 $n > N$ 时，恒有 $a - \varepsilon < y_n \leqslant x_n \leqslant z_n < a + \varepsilon$，即 $|x_n - a| < \varepsilon$ 成立，所以

$$\lim_{n\to\infty} x_n = a.$$

上述数列极限存在的准则可以推广到函数的极限．

准则 I′ 如果当 $x \in \mathring{U}(x_0, \delta)$（或 $|x| > M$）时，有

(1) $g(x) \leqslant f(x) \leqslant h(x)$；

(2) $\lim\limits_{\substack{x\to x_0 \\ (x\to\infty)}} g(x) = A$，$\lim\limits_{\substack{x\to x_0 \\ (x\to\infty)}} h(x) = A$，

那么 $\lim\limits_{\substack{x\to x_0 \\ (x\to\infty)}} f(x)$ 存在，且

$$\lim_{\substack{x\to x_0 \\ (x\to\infty)}} f(x) = A.$$

准则 I 和准则 I′ 称为**夹逼准则**．

注 利用夹逼准则求极限关键是构造出 y_n 与 z_n，并且 y_n 与 z_n 的极限是容易求的．

例 1 求 $\lim\limits_{n\to\infty}\left(\dfrac{1}{\sqrt{n^2+1}} + \dfrac{1}{\sqrt{n^2+2}} + \cdots + \dfrac{1}{\sqrt{n^2+n}}\right)$．

解 因为 $\dfrac{n}{\sqrt{n^2+n}} < \dfrac{1}{\sqrt{n^2+1}} + \cdots + \dfrac{1}{\sqrt{n^2+n}} < \dfrac{n}{\sqrt{n^2+1}}$，

又

$$\lim_{n\to\infty} \frac{n}{\sqrt{n^2+n}} = \lim_{n\to\infty} \frac{1}{\sqrt{1+\dfrac{1}{n}}} = 1,$$

$$\lim_{n \to \infty} \frac{n}{\sqrt{n^2+1}} = \lim_{n \to \infty} \frac{1}{\sqrt{1+\frac{1}{n^2}}} = 1,$$

由夹逼准则得

$$\lim_{n \to \infty} \left(\frac{1}{\sqrt{n^2+1}} + \frac{1}{\sqrt{n^2+2}} + \cdots + \frac{1}{\sqrt{n^2+n}} \right) = 1.$$

二、两个重要极限

1. 重要极限一：$\lim_{x \to 0} \frac{\sin x}{x} = 1$

证　这个极限的分子、分母都是无穷小量，是 $\frac{0}{0}$ 型极限，但无法采用消去零因子的方法计算．这里可以利用夹逼准则来证明，为此，需要找两个极限为 1 的函数将 $\frac{\sin x}{x}$ 夹在当中．

先证 $\lim\limits_{x \to 0^+} \frac{\sin x}{x} = 1$.

设单位圆圆心为 O（图 2-7），圆心角 $\angle AOB = x$

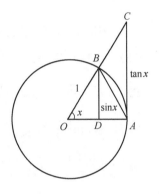

图　2-7

$(0 < x < \frac{\pi}{2})$，作单位圆的切线得 $\triangle AOC$，扇形 AOB 的圆心角为 x，$\triangle AOB$ 的高为 BD，于是有

$$\triangle AOB \text{ 的面积} < \text{扇形 } AOB \text{ 的面积} < \triangle AOC \text{ 的面积}.$$

而

$$\triangle AOB \text{ 的面积} = \frac{1}{2} AO \cdot BD = \frac{1}{2} \sin x;$$

$$\text{扇形 } AOB \text{ 的面积} = \frac{1}{2} AO^2 \cdot x = \frac{1}{2} x;$$

$$\triangle AOC \text{ 的面积} = \frac{1}{2} AO \cdot AC = \frac{1}{2} \tan x.$$

所以

$$\frac{1}{2} \sin x < \frac{1}{2} x < \frac{1}{2} \tan x,$$

从而

$$\sin x < x < \tan x,$$

即

$$1 < \frac{x}{\sin x} < \frac{1}{\cos x},$$

等价于

$$\cos x < \frac{\sin x}{x} < 1.$$

因为 $\lim\limits_{x\to 0}\cos x=1, \lim\limits_{x\to 0}1=1$,由夹逼准则得

$$\lim_{x\to 0^+}\frac{\sin x}{x}=1.$$

当 $x<0$ 时,令 $t=-x$,则 $t>0$,且 $x\to 0^-$ 时,$t\to 0^+$,于是

$$\lim_{x\to 0^-}\frac{\sin x}{x}=\lim_{t\to 0^+}\frac{\sin(-t)}{-t}=\lim_{x\to 0^+}\frac{\sin t}{t}=1.$$

所以

$$\lim_{x\to 0}\frac{\sin x}{x}=1.$$

很多极限都可以利用这个极限求出.

例 2　求 $\lim\limits_{x\to 0}\dfrac{\sin kx}{x}$.

解　$\lim\limits_{x\to 0}\dfrac{\sin kx}{x}=\lim\limits_{x\to 0}k\,\dfrac{\sin kx}{kx}=k\lim\limits_{x\to 0}\dfrac{\sin kx}{kx}=k.$

例 3　求 $\lim\limits_{x\to 0}\dfrac{\tan x}{x}$.

解　$\lim\limits_{x\to 0}\dfrac{\tan x}{x}=\lim\limits_{x\to 0}\left(\dfrac{\sin x}{x}\dfrac{1}{\cos x}\right)=\lim\limits_{x\to 0}\dfrac{\sin x}{x}\cdot\lim\limits_{x\to 0}\dfrac{1}{\cos x}=1.$

例 4　求 $\lim\limits_{x\to 0}\dfrac{\arcsin x}{x}$.

解　令 $t=\arcsin x$,则 $x=\sin t$,因此

$$\lim_{x\to 0}\frac{\arcsin x}{x}=\lim_{t\to 0}\frac{t}{\sin t}=\lim_{t\to 0}\frac{1}{\dfrac{\sin t}{t}}=1.$$

例 5　求 $\lim\limits_{x\to 0}\dfrac{\arctan x}{x}$.

解　令 $t=\arctan x$,则 $x=\tan t$,因此

$$\lim_{x\to 0}\frac{\arctan x}{x}=\lim_{t\to 0}\frac{t}{\tan t}=\lim_{t\to 0}\frac{1}{\dfrac{\tan t}{t}}=1.$$

例 6　求 $\lim\limits_{x\to 0}\dfrac{1-\cos x}{x^2}$.

解　$\lim\limits_{x\to 0}\dfrac{1-\cos x}{x^2}=\lim\limits_{x\to 0}\dfrac{2\sin^2\dfrac{x}{2}}{x^2}$

$$=\frac{1}{2}\lim_{x\to 0}\frac{\sin^2\dfrac{x}{2}}{\left(\dfrac{x}{2}\right)^2}=\frac{1}{2}\lim_{x\to 0}\left(\frac{\sin\dfrac{x}{2}}{\dfrac{x}{2}}\right)^2$$

$$=\frac{1}{2}\times 1^2=\frac{1}{2}.$$

例 2～例 6 的结果可以作为公式使用.

通过这些例子可以看到,在使用公式 $\lim\limits_{x\to 0}\dfrac{\sin x}{x}=1$ 时,有三处必须一致,公式的一般形式为

$$\lim_{\phi(x)\to 0}\frac{\sin\phi(x)}{\phi(x)}=1.$$

2. 重要极限二:$\lim\limits_{x\to\infty}\left(1+\dfrac{1}{x}\right)^x=\mathrm{e}$

这是一个非常重要的极限. 当 $x\to\infty$ 时,底 $\left(1+\dfrac{1}{x}\right)\to 1$,指数 $x\to\infty$,称为 1^∞ 型极限. 若令 $\dfrac{1}{x}=t$,则 $x\to\infty$ 时,$t\to 0$,可以得到此极限的另一个等价形式为

$$\lim_{t\to 0}(1+t)^{\frac{1}{t}}=\mathrm{e}.$$

此极限我们不予证明,我们在 $t=0$ 左右两侧附近计算出一些点的对应函数值,列表 2-3. 这个函数的图形如图 2-8 所示. 从图中可以看出极限存在.

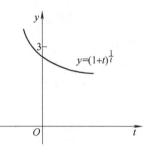

图 2-8

表 2-3

$t<0$	$(1+t)^{\frac{1}{t}}$	$t>0$	$(1+t)^{\frac{1}{t}}$
−0.5	4.00000	0.5	2.25000
−0.1	2.86797	0.1	2.25374
−0.01	2.73200	0.01	2.70481
−0.001	2.71964	0.001	2.71692
−0.0001	2.71842	0.0001	2.71815
−0.00001	2.71830	0.00001	2.71827
−0.000001	2.71828	0.000001	2.71828

从表 2-3 可以看出,当 $t\to 0$ 时,$(1+t)^{\frac{1}{t}}\to 2.71828\cdots$. 可以证明这个极限是无理数,将其记作 e,$\mathrm{e}\approx 2.71828$. 这样就有

$$\lim_{t\to 0}(1+t)^{\frac{1}{t}}=\mathrm{e}\quad\text{或}\quad\lim_{x\to\infty}\left(1+\frac{1}{x}\right)^x=\mathrm{e}.$$

凡是 1^∞ 型极限均可套用上述两个公式;不是 1^∞ 型极限,则不能利用此公式. 套用公式时,也必须三处一致,**一般形式**为

$$\lim_{\phi(x)\to\infty}\left(1+\frac{1}{\phi(x)}\right)^{\phi(x)}=\mathrm{e}\quad\text{或}\quad\lim_{\phi(x)\to 0}(1+\phi(x))^{\frac{1}{\phi(x)}}=\mathrm{e}.$$

例7 求 $\lim\limits_{x\to\infty}\left(1-\dfrac{1}{x}\right)^x$.

解 这是 1^∞ 型极限,有

$$\lim_{x\to\infty}\left(1-\frac{1}{x}\right)^x=\lim_{x\to\infty}\left[\left(1+\frac{1}{-x}\right)^{-x}\right]^{-1}=\lim_{x\to\infty}\frac{1}{\left(1+\dfrac{1}{-x}\right)^{-x}}=\frac{1}{e}.$$

例8 求 $\lim\limits_{x\to\infty}\left(\dfrac{3+x}{2+x}\right)^{2x}$.

解 这是 1^∞ 型极限,先将它变形,得

$$\left(\frac{3+x}{2+x}\right)^{2x}=\left(1+\frac{1}{2+x}\right)^{2x}=\left[\left(1+\frac{1}{2+x}\right)^{2+x}\right]^{\frac{2x}{2+x}},$$

从而,有

$$\lim_{x\to\infty}\left(\frac{3+x}{2+x}\right)^{2x}=\lim_{x\to\infty}\left[\left(1+\frac{1}{2+x}\right)^{2+x}\right]^{\frac{2x}{2+x}}=e^{\lim\limits_{x\to\infty}\frac{2x}{2+x}}=e^2.$$

习 题 2.5

1. 计算下列极限:

(1) $\lim\limits_{x\to0}\dfrac{\sin x}{3x}$;

(2) $\lim\limits_{x\to0}\dfrac{\tan 5x}{x}$;

(3) $\lim\limits_{x\to0}\dfrac{\tan 3x}{\sin 2x}$;

(4) $\lim\limits_{x\to0}\dfrac{\sin 2x}{\sin 5x}$;

(5) $\lim\limits_{x\to0}\dfrac{\tan x-\sin x}{x^3}$;

(6) $\lim\limits_{x\to0}\dfrac{1-\cos 2x}{x\sin x}$;

(7) $\lim\limits_{x\to0^+}\dfrac{x}{\sqrt{1-\cos x}}$;

(8) $\lim\limits_{x\to0}x\cot 2x$;

(9) $\lim\limits_{x\to\pi}\dfrac{\sin 3x}{\sin 2x}$;

(10) $\lim\limits_{x\to1}\dfrac{\sin(x^2-1)}{x-1}$;

(11) $\lim\limits_{n\to\infty}2^n\sin\dfrac{\pi}{2^n}$;

(12) $\lim\limits_{x\to\infty}x^2\tan\dfrac{2}{x^2}$;

(13) $\lim\limits_{x\to0^+}\dfrac{\sqrt{1-\cos x}}{\sqrt{x}\sin\sqrt{x}}$;

(14) $\lim\limits_{x\to1}(1-x)\tan\dfrac{\pi x}{2}$.

2. 计算下列极限:

(1) $\lim\limits_{x\to\infty}\left(1+\dfrac{k}{x}\right)^x$;

(2) $\lim\limits_{x\to0}\left(\dfrac{1+2x}{1-2x}\right)^{\frac{1}{x}}$;

(3) $\lim\limits_{x\to0}(1-2x)^{\frac{2}{x}}$;

(4) $\lim\limits_{x\to\frac{\pi}{2}}(1+\cos x)^{2\sec x}$;

(5) $\lim\limits_{x \to \infty}\left(\sin \dfrac{1}{x}+\cos \dfrac{1}{x}\right)^{x}$;　　　(6) $\lim\limits_{n \to \infty}\left(1+\dfrac{2}{n}+\dfrac{2}{n^{2}}\right)^{n}$;

(7) $\lim\limits_{x \to \infty}\left(1-\dfrac{2}{x}\right)^{\frac{x}{2}-1}$.

第六节　无穷小的比较

引　两个无穷小的和、差与乘积仍是无穷小,但是两个无穷小的商,会出现什么情况? 本节研究两个无穷小之比.

一、无穷小的比较

例如,当 $x \to 0$ 时,$3x, x^{2}, \sin x, x^{2}\sin \dfrac{1}{x}$ 都是无穷小,而

$$\lim\limits_{x \to 0}\dfrac{x^{2}}{3x}=0, \lim\limits_{x \to 0}\dfrac{\sin x}{3x}=\dfrac{1}{3}, \lim\limits_{x \to 0}\dfrac{3x}{x^{2}}=\infty, \lim\limits_{x \to 0}\dfrac{x^{2}\sin \dfrac{1}{x}}{x^{2}}=\lim\limits_{x \to 0}\sin \dfrac{1}{x}不存在.$$

两个无穷小之比的极限的各种不同情况,反映了各无穷小趋向于零的"快慢"程度.

定义1　设 α, β 是同一过程中的两个无穷小,且 $\alpha \neq 0$.

(1) 如果 $\lim \dfrac{\beta}{\alpha}=0$,则称 β 是比 α 高阶的无穷小,记作 $\beta=o(\alpha)$.

(2) 如果 $\lim \dfrac{\beta}{\alpha}=\infty$,则称 β 是比 α 低阶的无穷小.

(3) 如果 $\lim \dfrac{\beta}{\alpha}=C \neq 0$,则称 β 是 α 的同阶无穷小.

特别地,如果 $\lim \dfrac{\beta}{\alpha}=1$,则称 β 是 α 的等价无穷小,记作 $\alpha \sim \beta$ 或 $\beta \sim \alpha$.

(4) 如果 $\lim \dfrac{\beta}{\alpha^{k}}=C(C \neq 0, k>0)$,则称 β 是 α 的 k 阶无穷小.

例1　证明:当 $x \to 0$ 时,$4x\tan^{3}x$ 为 x 的四阶无穷小.

证　$\lim\limits_{x \to 0}\dfrac{4x\tan^{3}x}{x^{4}}=4\lim\limits_{x \to 0}\left(\dfrac{\tan x}{x}\right)^{3}=4$,

故当 $x \to 0$ 时,$4x\tan^{3}x$ 为 x 的四阶无穷小.

例2　求 $\lim\limits_{x \to 0}\dfrac{\log_{a}(1+x)}{x}$.

解　$\lim\limits_{x \to 0}\dfrac{\log_{a}(1+x)}{x}=\lim\limits_{x \to 0}\log_{a}(1+x)^{\frac{1}{x}}=\log_{a}e=\dfrac{1}{\ln a}$.

例3　求 $\lim\limits_{x \to 0}\dfrac{a^{x}-1}{x}$.

解 令 $t = a^x - 1$，则 $x = \log_a(1+t)$，从而有

$$\lim_{x \to 0} \frac{a^x - 1}{x} = \lim_{t \to 0} \frac{t}{\log_a(1+t)} = \ln a.$$

特别地，当 $a = e, x \to 0$ 时，有

$$\lim_{x \to 0} \frac{\ln(1+x)}{x} = 1, \lim_{x \to 0} \frac{e^x - 1}{x} = 1.$$

例 4 证明：当 $x \to 0$ 时，$\sqrt[n]{1+x} - 1 \sim \frac{1}{n}x$.

证 因为

$$\lim_{x \to 0} \frac{\sqrt[n]{1+x} - 1}{\frac{1}{n}x} = \lim_{x \to 0} \frac{(\sqrt[n]{1+x})^n - 1}{\frac{1}{n}x[(\sqrt[n]{1+x})^{n-1} + (\sqrt[n]{1+x})^{n-2} + \cdots + 1]} = 1,$$

所以

$$当 x \to 0 \text{ 时}, \sqrt[n]{1+x} - 1 \sim \frac{1}{n}x.$$

总结 当 $x \to 0$ 时，已经证明的常用等价无穷小有：

(1) $\sin x \sim x$； (2) $\tan x \sim x$；

(3) $\arcsin x \sim x$； (4) $\arctan x \sim x$；

(5) $\ln(1+x) \sim x$； (6) $e^x - 1 \sim x$；

(7) $1 - \cos x \sim \frac{1}{2}x^2$； (8) $\log_a(1+x) \sim \frac{x}{\ln a}$；

(9) $a^x - 1 \sim x\ln a$； (10) $\sqrt[n]{1+x} - 1 \sim \frac{1}{n}x$.

二、等价无穷小替换

定理 1（等价无穷小替换定理） 设 $\alpha \sim \alpha', \beta \sim \beta'$，且 $\lim \frac{\beta'}{\alpha'}$ 存在，则

$$\lim \frac{\beta}{\alpha} = \lim \frac{\beta'}{\alpha'}.$$

证 $\lim \frac{\beta}{\alpha} = \lim \left(\frac{\beta}{\beta'} \cdot \frac{\beta'}{\alpha'} \cdot \frac{\alpha'}{\alpha} \right) = \lim \frac{\beta}{\beta'} \cdot \lim \frac{\beta'}{\alpha'} \cdot \lim \frac{\alpha'}{\alpha} = \lim \frac{\beta'}{\alpha'}.$

例 5 求 $\lim\limits_{x \to 0} \dfrac{\tan 2x}{\sin 5x}$.

解 当 $x \to 0$ 时，$\tan 2x \sim 2x, \sin 5x \sim 5x$，所以

$$\lim_{x \to 0} \frac{\tan 2x}{\sin 5x} = \lim_{x \to 0} \frac{2x}{5x} = \frac{2}{5}.$$

例 6 求 $\lim\limits_{x \to 0} \dfrac{\tan^2 2x}{1 - \cos x}$.

解　当 $x \to 0$ 时，$1 - \cos x \sim \dfrac{1}{2}x^2$，$\tan 2x \sim 2x$，所以

$$\lim_{x \to 0} \frac{\tan^2 2x}{1 - \cos x} = \lim_{x \to 0} \frac{(2x)^2}{\dfrac{1}{2}x^2} = 8.$$

注意　等价无穷小替换忌"**加减**"．即对于代数和中各无穷小不能分别替换．

例 7　求 $\lim\limits_{x \to 0} \dfrac{\tan x - \sin x}{\sin^3 2x}$．

错解　当 $x \to 0$ 时，$\tan x \sim x$，$\sin x \sim x$，所以

$$\lim_{x \to 0} \frac{\tan x - \sin x}{\sin^3 2x} = \lim_{x \to 0} \frac{x - x}{(2x)^3} = 0.$$

解　当 $x \to 0$ 时，$\sin 2x \sim 2x$，$\tan x - \sin x = \tan x(1 - \cos x) \sim \dfrac{1}{2}x^3$，所以

$$\lim_{x \to 0} \frac{\tan x - \sin x}{\sin^3 2x} = \lim_{x \to 0} \frac{\tan x(1 - \cos x)}{8x^3} = \lim_{x \to 0} \frac{\dfrac{1}{2}x^3}{8x^3} = \frac{1}{16}.$$

例 8　求 $\lim\limits_{x \to 0} \dfrac{(1 + x^2)^{\frac{1}{3}} - 1}{\cos x - 1}$．

解　当 $x \to 0$ 时，$(1 + x^2)^{\frac{1}{3}} - 1 \sim \dfrac{1}{3}x^2$，$\cos x - 1 \sim -\dfrac{1}{2}x^2$，所以

$$\lim_{x \to 0} \frac{(1 + x^2)^{\frac{1}{3}} - 1}{\cos x - 1} = \lim_{x \to 0} \frac{\dfrac{1}{3}x^2}{-\dfrac{1}{2}x^2} = -\frac{2}{3}.$$

例 9　求 $\lim\limits_{x \to 0} \dfrac{e^x - e^{\sin x}}{x - \sin x}$．

解

$$\lim_{x \to 0} \frac{e^x - e^{\sin x}}{x - \sin x} = \lim_{x \to 0} e^{\sin x} \frac{e^{x - \sin x} - 1}{x - \sin x}.$$

当 $x \to 0$ 时，$e^{x - \sin x} - 1 \sim x - \sin x$，所以

$$\text{原式} = \lim_{x \to 0} e^{\sin x} \frac{x - \sin x}{x - \sin x} = 1.$$

习　题　2.6

1. 当 $x \to 0$ 时，$\alpha(x) = x + \sqrt{x}$ 与 $\beta(x) = x - x^2$ 相比，哪一个是高阶无穷小？

2. 证明：当 $x \to 1$ 时，$\alpha(x) = 1 - x$ 与 $\beta(x) = \dfrac{1 - x^2}{1 + x^2}$ 是等价无穷小．

3. 当 $x \to 0$ 时，比较下列无穷小的阶：

(1) x^2 与 $1 - \cos x$；

(2) x 与 $\sqrt{x + 1} - 1$；

(3) $\sqrt{1+x}-\sqrt{1-x}$ 与 $3x$；　　　　(4) $\sqrt[3]{1+x}-1$ 与 $\dfrac{x}{3}$.

4.利用等价无穷小替换定理计算下列极限：

(1) $\lim\limits_{x\to0}\dfrac{\sin 2x}{\tan 5x}$；

(2) $\lim\limits_{x\to0}\dfrac{\sin x^m}{\sin^n x}$（$m,n$ 为正整数）；

(3) $\lim\limits_{x\to0}\dfrac{\arctan x}{\arcsin x}$；

(4) $\lim\limits_{x\to0}\dfrac{(\arcsin 2x)^2}{1-\cos x}$；

(5) $\lim\limits_{x\to0}\dfrac{1-\cos mx}{x^2}$；

(6) $\lim\limits_{x\to0}\dfrac{\sin 2x}{\arctan x}$.

第七节　函数的连续性

引　自然界有很多变量都在连续地变化着，例如，随着时间的连续变化，气温在连续地变化着；又如，随着时间的连续变化，物体运动的路程在连续地变化着。用函数的概念粗略地来说就是，自变量变化不大时，对应的函数的改变也不大。对应到函数的图像上，函数的图像应该是连绵不断的曲线。本节讨论函数连续的概念和性质。

一、函数连续性的概念

定义 1　设函数 $f(x)$ 在点 x_0 的某一邻域 $U(x_0,\delta)$ 内有定义，任取 $x\in U(x_0,\delta)$，记 $\Delta x=x-x_0$，称之为自变量 x 在点 x_0 的增量，简称**自变量增量**；记 $\Delta y=f(x)-f(x_0)$，称之为函数 $y=f(x)$ 在点 x_0 的增量，简称**函数增量**。

Δx 虽然称为增量，但是其值可正可负，例如，当 $x<x_0$ 时，$\Delta x=x-x_0<0$，当 $x>x_0$ 时，$\Delta x=x-x_0>0$。同样，增量 Δy 也可正可负。

可以用 Δx 和 Δy 来刻画函数的连续性。

定义 2　设函数 $f(x)$ 在 $U(x_0,\delta)$ 内有定义，如果当自变量的增量 $\Delta x=x-x_0$ 趋向于零时，对应的函数的增量 $\Delta y=f(x)-f(x_0)$ 也趋向于零，即

$$\lim_{\Delta x\to0}\Delta y=0 \quad 或 \quad \lim_{\Delta x\to0}[f(x)-f(x_0)]=0,$$

那么就称函数 $y=f(x)$ 在点 x_0 连续，x_0 称为 $f(x)$ 的连续点。

函数 $y=f(x)$ 在点 x_0 连续的几何意义表示函数在点"不断开"，如图 2-9 所示。

由于 $\Delta x=x-x_0$，所以 $\Delta x\to0$ 等价于 $x\to x_0$；由于 $\Delta y=f(x)-f(x_0)$，所以，$\lim\limits_{\Delta x\to0}\Delta y=0$ 等价于 $\lim\limits_{x\to x_0}f(x)=f(x_0)$。因此，函数 $y=f(x)$

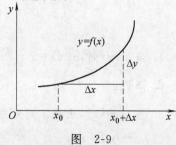

图　2-9

在点 x_0 连续也可以描述为:

定义 3 设函数 $f(x)$ 在 $U(x_0,\delta)$ 内有定义,$x \in U(x_0,\delta)$,如果
$$\lim_{x \to x_0} f(x) = f(x_0),$$
那么就称函数 $y = f(x)$ 在点 x_0 **连续**.

可见,函数 $y = f(x)$ 在点 x_0 连续必须具备下列条件:

(1)函数 $y = f(x)$ 在点 x_0 有定义,即 $f(x_0)$ 存在;

(2)极限 $\lim\limits_{x \to x_0} f(x)$ 存在;

(3)$\lim\limits_{x \to x_0} f(x) = f(x_0)$.

定义 4 设函数 $f(x)$ 在 $U(x_0,\delta)$ 内有定义,$x \in U(x_0,\delta)$,如果
$$\lim_{x \to x_0^-} f(x) = f(x_0),$$
那么就称函数 $y = f(x)$ 在点 x_0 **左连续**;如果
$$\lim_{x \to x_0^+} f(x) = f(x_0),$$
那么就称函数 $y = f(x)$ 在点 x_0 **右连续**.

定理 1 $y = f(x)$ 在点 x_0 连续 $\Leftrightarrow y = f(x)$ 在点 x_0 左、右连续.

定义 5 如果函数 $f(x)$ 在开区间 (a,b) 内每一点都连续,则称函数 $f(x)$ **在 (a,b) 内连续**. 如果函数 $f(x)$ 在开区间 (a,b) 内连续,且在左端点 a 右连续,在右端点 b 左连续,即
$$\lim_{x \to a^+} f(x) = f(a),$$
$$\lim_{x \to b^-} f(x) = f(b),$$
则称函数 $y = f(x)$ **在闭区间 $[a,b]$ 上连续**.

由连续性定义及第四节定理 3,易得:

定理 2 (初等函数的连续性)初等函数在其有定义的区间内连续.

例 1 试证函数 $f(x) = \begin{cases} x\sin\dfrac{1}{x}, & x \neq 0, \\ 0, & x = 0 \end{cases}$ 在 $x = 0$ 处连续.

证 因为 $\lim\limits_{x \to 0} x\sin\dfrac{1}{x} = 0$,又因为
$$f(0) = 0, \lim_{x \to 0} f(x) = f(0),$$
由定义 3 知函数 $f(x)$ 在 $x = 0$ 处连续.

例 2 讨论函数 $f(x) = \begin{cases} x+2, & x \geq 0, \\ x-2, & x < 0 \end{cases}$ 在 $x = 0$ 处的连续性.

解 $\quad \lim\limits_{x \to 0^+} f(x) = \lim\limits_{x \to 0^+}(x+2) = 2 = f(0),$

$$\lim_{x \to 0^-} f(x) = \lim_{x \to 0^-} (x-2) = -2 \neq f(0),$$

由此可见,函数在 $x=0$ 处右连续但不左连续,故函数 $f(x)$ 在 $x=0$ 处不连续.

例 3　证明函数 $y = \sin x$ 在区间 $(-\infty, +\infty)$ 内连续.

证　任取 $x \in (-\infty, +\infty)$,有

$$\Delta y = \sin(x + \Delta x) - \sin x = 2\sin \frac{\Delta x}{2} \cdot \cos\left(x + \frac{\Delta x}{2}\right).$$

因为 $\left|\cos\left(x + \dfrac{\Delta x}{2}\right)\right| \leqslant 1$,则 $|\Delta y| \leqslant 2\left|\sin \dfrac{\Delta x}{2}\right|$. 又因为对任意的 α,当 $\alpha \neq 0$ 时,有 $|\sin \alpha| < |\alpha|$,故 $|\Delta y| \leqslant 2\left|\sin \dfrac{\Delta x}{2}\right| < |\Delta x|$,所以,当 $\Delta x \to 0$ 时,$\Delta y \to 0$,即函数 $y = \sin x$ 对任意 $x \in (-\infty, +\infty)$ 都是连续的.

例 4　当 a 取何值时,函数 $f(x) = \begin{cases} \cos x, & x < 0, \\ a + x, & x \geqslant 0 \end{cases}$ 在 $x=0$ 处连续?

解　因为 $f(0) = a$,$\lim\limits_{x \to 0^-} f(x) = \lim\limits_{x \to 0^-} \cos x = 1$,$\lim\limits_{x \to 0^+} f(x) = \lim\limits_{x \to 0^+} (a + x) = a$,若要函数在 $x=0$ 处连续,则需要 $f(0^-) = f(0^+) = f(0)$,从而可得 $a = 1$;故当且仅当 $a = 1$ 时,函数在 $x=0$ 处连续.

例 5　设有函数 $f(x) = \begin{cases} bx^2, & 0 \leqslant x < 1, \\ 1, & x = 1, \\ a - x, & 1 < x \leqslant 2. \end{cases}$ 问:当 a, b 取何值时,函数在 $x=1$ 处连续?

解　由题意可知 $\qquad f(1) = 1,$

$$f(1^-) = \lim_{x \to 1^-} bx^2 = b,$$

$$f(1^+) = \lim_{x \to 1^+} (a - x) = a - 1,$$

若函数在 $x=1$ 处连续,则有

$$a - 1 = b = 1,$$

所以当 $a = 2, b = 1$ 时函数在 $x=1$ 处连续.

二、函数的间断点

定义 6　设函数 $f(x)$ 在点 x_0 的某一去心邻域 $\mathring{U}(x_0, \delta)$ 内有定义,如果出现下列情形之一:

(1) 函数 $y = f(x)$ 在点 x_0 没有定义,即 $f(x_0)$ 不存在;

(2) 函数 $y = f(x)$ 在点 x_0 有定义,但极限 $\lim\limits_{x \to x_0} f(x)$ 不存在;

(3) 函数 $y = f(x)$ 在点 x_0 有定义,且极限 $\lim\limits_{x \to x_0} f(x)$ 存在,但 $\lim\limits_{x \to x_0} f(x) \neq f(x_0)$,

则称函数 $y=f(x)$ 在点 x_0 不连续（或间断），并称点 x_0 为 $f(x)$ 的**不连续点**（或**间断点**）.

间断点只可能是函数无定义的点，或分段函数的分段点；函数无定义的点肯定是间断点，分段函数的分段点未必是间断点，对其需要进行讨论.

例 6　讨论 $f(x)=\begin{cases} -x, & x\leqslant 0, \\ 1+x, & x>0 \end{cases}$ 在 $x=0$ 处的连续性.

解　因为

$$f(0^-)=\lim_{x\to 0^-}(-x)=0, f(0^+)=\lim_{x\to 0^+}(1+x)=1,$$

则 $f(0^-)\neq f(0^+)$，故 $\lim_{x\to 0}f(x)$ 不存在，所以，函数在 $x=0$ 处不连续. 函数图像在 $x=0$ 处断开，如图 2-10 所示.

如果 $f(x)$ 在点 x_0 处左、右极限都存在，但 $f(x_0^-)\neq f(x_0^+)$，则称点 x_0 为函数 $f(x)$ 的**跳跃间断点**，如例 4 中的 $x=0$ 为函数 $f(x)$ 的跳跃间断点.

例 7　讨论函数 $f(x)=\begin{cases} 2\sqrt{x}, & 0\leqslant x<1, \\ 1, & x=1, \\ 1+x, & x>1 \end{cases}$ 在 $x=1$ 处的连续性.

解　因为

$$f(1)=1, f(1^-)=\lim_{x\to 1^-}2\sqrt{x}=2, f(1^+)=\lim_{x\to 1^+}(1+x)=2,$$

从而 $\lim_{x\to 1}f(x)=2\neq f(1)$，所以函数在 $x=1$ 处不连续，函数图像在 $x=1$ 处断开，如图 2-11 所示.

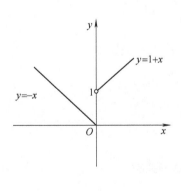

图　2-10

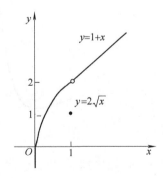

图　2-11

如果函数 $f(x)$ 在点 x_0 处极限存在，但 $\lim_{x\to x_0}f(x)=A\neq f(x_0)$，或者 $f(x)$ 在点 x_0 处无定义，则称点 x_0 为函数 $f(x)$ 的**可去间断点**，如例 7 中的 $x=1$ 为函数 $f(x)$ 的可去间断点.

可去间断点只要改变或者补充间断处函数的定义，则可使其变为连续点. 如

例 7 中,令 $f(1)=2$,则 $f(x)=\begin{cases}2\sqrt{x}, & 0\leqslant x<1,\\ 1+x, & x\geqslant 1\end{cases}$ 在 $x=1$ 处连续.

通常,跳跃间断点与可去间断点统称为**第一类间断点**,其特点是:函数 $f(x)$ 在点 x_0 处的左、右极限都存在;如果函数 $f(x)$ 在点 x_0 处的左、右极限至少有一个不存在,则称 x_0 为函数 $f(x)$ 的**第二类间断点**,即非第一类间断点就是第二类间断点.

例 8 讨论函数 $f(x)=\begin{cases}\dfrac{1}{x}, & x>0,\\ x, & x\leqslant 0\end{cases}$ 在 $x=0$ 处的连续性.

解 因为

$$f(0^-)=\lim_{x\to 0^-}x=0, f(0^+)=\lim_{x\to 0^+}\frac{1}{x}=\infty,$$

所以 $x=0$ 为函数的第二类间断点,且这种情况称为**无穷间断点**.

例 9 讨论函数 $f(x)=\sin\dfrac{1}{x}$ 在 $x=0$ 处的连续性.

解 因为函数在 $x=0$ 处没有定义,且 $\lim\limits_{x\to 0}\sin\dfrac{1}{x}$ 不存在,其图像如图 2-12 所示.

所以 $x=0$ 为函数的第二类间断点,且这种情况称为**振荡间断点**.

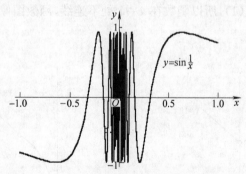

图 2-12

例 10 讨论函数 $f(x)=\dfrac{x^2-1}{x^2-3x+2}$ 间断点的类型.

解 因为

$$f(x)=\frac{(x-1)(x+1)}{(x-1)(x-2)},$$

易知 $x=1$ 和 $x=2$ 为其间断点,又因为

$$\lim_{x\to 1}f(x)=\lim_{x\to 1}\frac{x+1}{x-2}=-2, \lim_{x\to 2}f(x)=\lim_{x\to 2}\frac{x+1}{x-2}=\infty,$$

所以 $x=1$ 是第一类可去间断点, $x=2$ 是第二类无穷间断点.

三、闭区间上连续函数的性质

下面介绍闭区间上连续函数的一些基本性质,这些性质的几何意义是很明显的,这些性质不加以证明,只作说明.

定义 7　设函数 $f(x)$ 在某区间 D 上有定义,如果存在 $x_0 \in D$,使得对于任意的 $x \in D$,都有

$$f(x) \leqslant f(x_0),$$

则称 $f(x_0)$ 为函数 $f(x)$ 在区间 D 上的**最大值**.

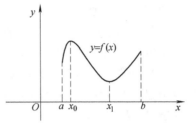

图　2-13

如果存在 $x_1 \in D$,使得对于任意的 $x \in D$,都有

$$f(x) \geqslant f(x_1),$$

则称 $f(x_1)$ 为函数 $f(x)$ 在区间 D 上的**最小值**.

定理 3(最值定理)　在闭区间上连续的函数在该区间上一定有最大值和最小值(图 2-13).

这个定理说明,在闭区间上连续的函数必有界.

注意　若函数是在开区间上连续,或在闭区间内有间断点,则结论不一定成立.

例如,函数 $y=x$ 在 $(0,1)$ 内是连续的(图 2-14a),但是函数在此开区间内无最大值和最小值.

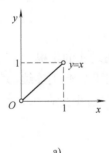
a)

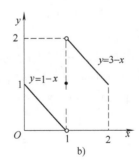
b)

图　2-14

又如,函数 $f(x)=\begin{cases} -x+1, & 0 \leqslant x < 1, \\ 1, & x=1, \\ -x+3, & 1 < x \leqslant 2 \end{cases}$,在闭区间 $[0,2]$ 上有间断点 $x=1$(图 2-14b),函数在此区间上也无最大值和最小值.

定理 4(介值定理) 设函数 $f(x)$ 在闭区间 $[a,b]$ 上连续,在 $[a,b]$ 上的最大值和最小值分别为 M 与 m,又设 C 是 m 与 M 之间的一个数($m<C<M$),则在开区间 (a,b) 内至少存在一点 ξ,使

$$f(\xi)=C.$$

该定理说明,在闭区间 $[a,b]$ 上,连续曲线 $y=f(x)$ 与水平直线 $y=C(m<C<M)$ 至少相交于一点(图 2-15).

如果 x_0 使 $f(x_0)=0$,则称 x_0 为函数 $f(x)$ 的**零点**. 由介值定理立即可得:

定理 5(零点定理) 设函数 $f(x)$ 在闭区间 $[a,b]$ 上连续,且 $f(a)f(b)<0$,则至少存在一点 $\xi\in(a,b)$,使

$$f(\xi)=0.$$

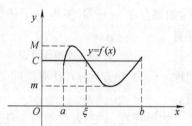

图 2-15

如图 2-16 所示,$f(a)f(b)<0$,即 $f(a)$ 与 $f(b)$ 异号,点 $(a,f(a))$ 与点 $(b,f(b))$ 位于 x 轴的两侧,$f(x)$ 连续,其图形必须穿过 x 轴,函数图形与 x 轴的交点就是零点.

例 11 证明方程 $x^3-4x^2+1=0$ 在区间 $(0,1)$ 内至少有一个根.

证 设 $f(x)=x^3-4x^2+1$,显然 $f(x)$ 在闭区间 $[0,1]$ 上连续,又 $f(0)=1>0$,$f(1)=-2<0$,根据零点定理,至少存在一点 $\xi\in(0,1)$,使 $f(\xi)=0$,即

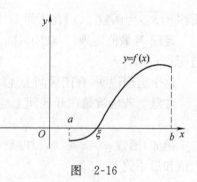

图 2-16

$$\xi^3-4\xi^2+1=0,$$

原命题得证.

例 12 证明方程 $x=e^{x-3}+1$ 至少有一个不超过 4 的正根.

证 设 $f(x)=x-e^{x-3}-1$,显然 $f(x)$ 在闭区间 $[0,4]$ 上连续,又 $f(0)=-e^{-3}-1<0$,$f(4)=4-e^{4-3}-1=3-e>0$,根据零点定理,至少存在一点 $\xi\in(0,4)$,使 $f(\xi)=0$,即

$$\xi-e^{\xi-3}-1=0,$$

原命题得证.

习 题 2.7

1. 指出下列函数的间断点,并说明是第几类间断点,如果是可去间断点,则补充函数的定义使其连续.

(1) $f(x) = \dfrac{1}{(x-1)^2}$;　　　　　　(2) $f(x) = \dfrac{x^2-1}{x^2-x-2}$;

(3) $f(x) = \dfrac{x}{\tan x}$;　　　　　　　(4) $f(x) = \arctan\dfrac{1}{x}$;

(5) $f(x) = x\cos^2\dfrac{1}{x}$;　　　　　(6) $f(x) = \dfrac{2+\mathrm{e}^{\frac{1}{x}}}{1+\mathrm{e}^{\frac{2}{x}}} + \dfrac{x}{|x|}$.

2. 讨论下列函数在点 x_0 处的连续性:

(1) $f(x) = \begin{cases} 3x+1, & x\leqslant 1, \\ 2, & x>1, \end{cases} x_0 = 1$;

(2) $f(x) = \begin{cases} \mathrm{e}^x, & x\leqslant 0, \\ 1+x, & x>0, \end{cases} x_0 = 0$;

(3) $f(x) = \begin{cases} \dfrac{\sin x}{x}, & x<0, \\ 1, & x=0, \\ x\sin\dfrac{1}{x}, & x>0, \end{cases} x_0 = 0$.

3. 设函数 $f(x) = \begin{cases} a+x, & x\leqslant 1, \\ \ln x, & x>1, \end{cases}$ 应怎样选择 a 可使函数为连续函数?

4. 设函数 $f(x) = \begin{cases} x^2-5x+k, & x\geqslant 0, \\ \dfrac{\sin 3x}{2x}, & x<0 \end{cases}$ 在定义域内连续,求 k 值.

5. 证明方程 $x^5-3x=1$ 在 1 与 2 之间至少有一实根.

6. 证明曲线 $y=x^4-3x^2+7x-10$ 在 $x=1$ 与 $x=2$ 之间至少与 x 轴有一个交点.

7. 证明方程 $x=a\sin x+b(a>0,b>0)$ 至少有一个正根,并且正根不超过 $a+b$.

8. 设 $f(x)=\mathrm{e}^x-2$,证明:至少有一点 $\xi\in(0,2)$,使
$$\mathrm{e}^\xi-2=\xi.$$

第二章自测题 A

1. 选择题(正确答案可能不止一个):

(1) 下列数列收敛的是( ).

A. $x_n=(-1)^n\dfrac{n-1}{n}$ 　　　　B. $x_n=(-1)^n\dfrac{1}{n}$

C. $x_n=\sin\dfrac{n\pi}{2}$ 　　　　　　D. $x_n=2^n$

(2) 下列极限存在的有( ).

A. $\lim\limits_{x\to\infty}\sin x$

B. $\lim\limits_{x\to\infty}\dfrac{1}{x}\sin x$

C. $\lim\limits_{x\to0}\dfrac{1}{2^x-1}$

D. $\lim\limits_{n\to\infty}\dfrac{1}{2n^2+1}$

(3) 下列极限不正确的是( ).

A. $\lim\limits_{x\to1^-}(x+1)=2$

B. $\lim\limits_{x\to0}\dfrac{1}{x+1}=1$

C. $\lim\limits_{x\to2}4^{\frac{1}{x-2}}=\infty$

D. $\lim\limits_{x\to0^+}e^{\frac{2}{x}}=+\infty$

(4) 下列变量在给定的变化过程中,是无穷小的有( ).

A. $2^{-x}-1$ $(x\to0)$

B. $\dfrac{\sin x}{x}$ $(x\to0)$

C. e^{-x} $(x\to+\infty)$

D. $\dfrac{x^2}{x+1}\left(2-\sin\dfrac{1}{x}\right)$ $(x\to0)$

(5) 如果函数 $f(x)=\begin{cases}\dfrac{1}{x}\sin x, & x<0,\\ a, & x=0,\\ x\sin\dfrac{1}{x}+b, & x>0\end{cases}$ 在 $x=0$ 处连续,则 a,b 的值为( ).

A. $a=0,b=0$

B. $a=1,b=1$

C. $a=1,b=0$

D. $a=0,b=1$

2. 求下列极限:

(1) $\lim\limits_{x\to1}(x^3-3x^2+1)$;

(2) $\lim\limits_{x\to-2}(3x^2+2x-5)$;

(3) $\lim\limits_{x\to0}\left(1+\dfrac{1}{x-3}\right)$;

(4) $\lim\limits_{x\to2}\dfrac{x-3}{x^2+x}$;

(5) $\lim\limits_{x\to3}\dfrac{x^2-8}{x-3}$;

(6) $\lim\limits_{x\to4}\dfrac{x^2-16}{x-4}$;

(7) $\lim\limits_{x\to1}\dfrac{x^2-1}{2x^2-x-1}$;

(8) $\lim\limits_{x\to2}\dfrac{\sqrt{x}-\sqrt{2}}{x-2}$;

(9) $\lim\limits_{x\to0}\dfrac{\sqrt{1+x}-1}{x}$;

(10) $\lim\limits_{x\to\infty}\dfrac{\cos x}{x}$;

(11) $\lim\limits_{x\to\infty}\dfrac{x^3+3x-1}{3x^3-x}$;

(12) $\lim\limits_{x\to\infty}\dfrac{x^4+3x-1}{5x^4-x}$;

(13) $\lim\limits_{x\to\infty}\dfrac{3x^3+3x-1}{x^4-x}$;

(14) $\lim\limits_{x\to\infty}\dfrac{9x^3+3x-1}{x^2-1}$;

(15) $\lim\limits_{x\to0}\dfrac{\sin\dfrac{x}{3}}{3x}$.

3. 设

$$f(x)=\begin{cases} 2-x, & x<0, \\ 2x^2+1, & 0\leqslant x<1, \\ 3+(x-1)^3, & x\geqslant1, \end{cases}$$

求 $\lim\limits_{x\to-1}f(x),\lim\limits_{x\to0}f(x),\lim\limits_{x\to\frac{1}{2}}f(x),\lim\limits_{x\to3}f(x)$.

4. 证明：$\sqrt{x}+\sin x\sim\sqrt{x}\ \ (x\to0^+)$.

5. 求下列函数的连续区间：

(1) $y=\ln(3-x)+\sqrt{9-x^2}$；

(2) $y=\begin{cases} 2x-1, & x<1, \\ x^2+1, & x\geqslant1. \end{cases}$

6. 证明 $\lim\limits_{x\to2}\dfrac{x-2}{|x-2|}$ 不存在.

7. 设 $f(x)=\begin{cases} x\sin\dfrac{1}{x}, & -\infty<x<0, \\[2mm] \sin\dfrac{1}{x}, & 0<x<+\infty. \end{cases}$ 求 $f(x)$ 在 $x\to0$ 时的左极限，并说明它

在 $x\to0$ 时右极限是否存在.

8. 证明 $\lim\limits_{n\to\infty}\left(\dfrac{1}{\sqrt{n^2+1}}+\dfrac{1}{\sqrt{n^2+2}}+\cdots+\dfrac{1}{\sqrt{n^2+n}}\right)$ 存在并求极限值.

9. 若 $\lim\limits_{x\to\infty}\left(\dfrac{x^2+1}{x+1}-ax-b\right)=0$，求 a,b 的值.

第二章自测题 B

1. 填空题：

(1) $\lim\limits_{n\to\infty}(\sqrt{n^2+n}-n)=$ _____ .

(2) $\lim\limits_{x\to0}\dfrac{\sqrt{x^3+1}-1}{x}=$ _____ .

(3) 若 $\lim\limits_{x\to\infty}\left(\dfrac{4x^2+3}{x-1}+ax+b\right)=0$，则常数 $a=$ _____ ，$b=$ _____ .

(4) 设 $f(x)=\begin{cases} \dfrac{\tan kx}{x}, & x<0, \\[2mm] x+3, & x\geqslant0 \end{cases}$ 在 $x=0$ 处连续，则 $k=$ _____ .

(5) 设 $f(x)$ 在 $x=2$ 处连续，且 $f(2)=3$，$\lim\limits_{x\to2}f(x)\left(\dfrac{1}{x-2}-\dfrac{4}{x^2-4}\right)=$

_____ .

2. 求下列极限:

(1) $\lim\limits_{x\to1}\sqrt{4x^2+5x+3}$;

(2) $\lim\limits_{x\to0}\dfrac{\arcsin 2x^2}{\ln(1+x^2)}$;

(3) $\lim\limits_{x\to0}x\cos\dfrac{1}{x}$;

(4) $\lim\limits_{x\to1}\dfrac{\sqrt{x+3}-2}{x-1}$;

(5) $\lim\limits_{x\to0}\ln\dfrac{\sin x}{x}$;

(6) $\lim\limits_{x\to2}\left(\dfrac{1}{x-2}-\dfrac{4}{x^2-4}\right)$;

(7) $\lim\limits_{x\to\infty}\left(1+\dfrac{2}{x}\right)^{-x}$;

(8) $\lim\limits_{t\to\infty}t(\mathrm{e}^{\frac{1}{t}}-1)$;

(9) $\lim\limits_{x\to0}(1-3\tan x)^{2\cot x}$;

(10) $\lim\limits_{x\to0}\dfrac{x^2}{\sin^2 4x}$;

(11) $\lim\limits_{x\to\mathrm{e}}\dfrac{\ln x-1}{x-\mathrm{e}}$;

(12) $\lim\limits_{x\to0}\dfrac{\ln(1+2x)}{x}$;

(13) $\lim\limits_{x\to\infty}\left(1-\dfrac{2}{3x}\right)^{2x-1}$;

(14) $\lim\limits_{x\to0}(1-\sin x)^{\frac{3}{\sin x}}$.

3. 设 $\lim\limits_{x\to\infty}(\sqrt[3]{1-x^3}-ax+b)=0$, 求 a,b 的值.

4. 求下列函数的间断点, 并说明是哪种间断点:

(1) $y=\dfrac{x}{\sin x}$;

(2) $y=\dfrac{\sin x}{\sqrt{x}}$;

(3) $y=\ln\sin x$;

(4) $f(x)=\begin{cases}\arctan\dfrac{1}{x}, & x\neq0, \\ 0, & x=0.\end{cases}$

5. 确定 a,b 的值, 使 $f(x)=\dfrac{\mathrm{e}^x-b}{(x-a)(x-1)}$ 有无穷间断点 $x=0$ 及可去间断点 $x=1$.

6. 证明方程 $x\cdot 2^x=1$ 至少有一个小于 1 的正根.

第三章　导数与微分

微积分由微分学与积分学两个部分组成;微分学包括导数与微分,积分学分为不定积分与定积分.本章介绍导数和微分的概念、计算方法.

第一节　导数的概念

引　在实际问题中经常会遇到函数增量与自变量增量之比的问题,如曲线在某点切线的斜率、变速直线运动的瞬时速度、经济管理中的边际成本等.如何定义和求解这类问题呢?

一、引例

1. 曲线在某点的切线斜率的问题

设 $M(x_0,y_0)$ 为曲线 $y=f(x)$ 上一点,如何确定曲线上这一点的切线呢?如图 3-1 所示,设 $N(x,y)$ 为曲线上另一点,通过这两点的直线称为**曲线的割线**.设割线的倾角为 φ,则割线的斜率为

$$\tan \varphi = \frac{y-y_0}{x-x_0} = \frac{f(x)-f(x_0)}{x-x_0} = \frac{\Delta y}{\Delta x}.$$

显然,当点 N 沿着曲线无限逼近点 M 时,则 $x \to x_0$,即 $\Delta x \to 0$,这时,割线 MN 以 M 为支点逐渐转动而趋于其极限位置,即为直线 MT. 直线 MT 称为曲线 $y=f(x)$ 在 M 点处的切线.同时,割线的倾角 φ 就无限逼近切线的倾角 α. 由此分析可得

切线的斜率 $\quad k=\tan \alpha = \lim\limits_{x \to x_0} \frac{y-y_0}{x-x_0} = \lim\limits_{x \to x_0} \frac{f(x)-f(x_0)}{x-x_0} = \lim\limits_{\Delta x \to 0} \frac{\Delta y}{\Delta x}.$

2. 变速直线运动的瞬时速度问题

设某物体作变速直线运动,显然,路程 s 是时间 t 的函数,记作

$$s=f(t).$$

对于上述变速直线运动,当时间由 t_0 变化到 $t_0+\Delta t$ 的 Δt 时间内,物体所走过的路程为

$$\Delta s = f(t_0+\Delta t)-f(t_0).$$

如果是匀速运动,则应有

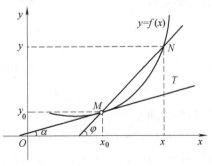

图　3-1

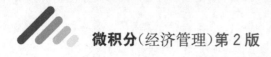

$$\text{质点的速度} = \frac{\text{走过的路程}}{\text{所用的时间}}.$$

令匀速运动的速度为 v,则有

$$v = \frac{\Delta s}{\Delta t}.$$

如果是变速运动,即质点在不同时刻的速度不同,我们应当如何来刻画质点在 t_0 时的瞬时速度 $v(t_0)$ 呢? 显然,$|\Delta t|$ 越小,$\frac{\Delta s}{\Delta t}$ 就越接近在时刻 t_0 的瞬时速度 $v(t_0)$,即有

$$v(t_0) = \lim_{\Delta t \to 0} \frac{\Delta s}{\Delta t}.$$

上述两个不同性质的问题,虽然具体内容不同,但它们的数学模型是一样的,它们都是计算函数增量与自变量增量之比当自变量的增量趋于零时的极限. 在自然科学和工程技术中,还有很多问题,例如电流、比热容、角速度、线密度等都可以归结为这样的数学模型,这就是导数概念的背景.

二、导数的定义

定义 设函数 $y = f(x)$ 在点 x_0 的某个邻域内有定义,当自变量 x 在 x_0 处取得增量 Δx(点 $x_0 + \Delta x$ 仍在该邻域内)时,相应地,函数 y 取得增量 $\Delta y = f(x_0 + \Delta x) - f(x_0)$. 如果

$$\lim_{\Delta x \to 0} \frac{\Delta y}{\Delta x} = \lim_{\Delta x \to 0} \frac{f(x_0 + \Delta x) - f(x_0)}{\Delta x}$$

存在,则称函数 $y = f(x)$ 在点 x_0 处**可导**,并称此极限值为函数 $y = f(x)$ 在点 x_0 的**导数**,记作 $f'(x_0)$,$y'|_{x=x_0}$,$\left.\dfrac{\mathrm{d}y}{\mathrm{d}x}\right|_{x=x_0}$ 或 $\left.\dfrac{\mathrm{d}f(x)}{\mathrm{d}x}\right|_{x=x_0}$,即

$$y'|_{x=x_0} = \lim_{\Delta x \to 0} \frac{\Delta y}{\Delta x} = \lim_{\Delta x \to 0} \frac{f(x_0 + \Delta x) - f(x_0)}{\Delta x}.$$

其他形式有

$$f'(x_0) = \lim_{x \to x_0} \frac{f(x) - f(x_0)}{x - x_0}$$

或

$$f'(x_0) = \lim_{h \to 0} \frac{f(x_0 + h) - f(x_0)}{h}.$$

导数 $f'(x_0)$ 实际上是函数 $y = f(x)$ 在点 x_0 处的变化率,它反映了函数随自变量变化而变化的快慢程度.

如果函数 $y = f(x)$ 在开区间 I 内的每点都可导,则称函数在开区间 I 内可导. 对于任意的 $x \in I$,都对应 $f(x)$ 的一个确定的导数值. 这个函数称为函数 $y = f(x)$ 的**导函数**,简称为导数,记作 y',$f'(x)$,$\dfrac{\mathrm{d}y}{\mathrm{d}x}$ 或 $\dfrac{\mathrm{d}f(x)}{\mathrm{d}x}$. 即

$$y' = \lim_{\Delta x \to 0} \frac{f(x+\Delta x) - f(x)}{\Delta x} \quad \text{或} \quad f'(x) = \lim_{h \to 0} \frac{f(x+h) - f(x)}{h}.$$

注　由定义,得出求导数步骤为:

(1)求增量 $\Delta y = f(x+\Delta x) - f(x)$;

(2)算比值 $\dfrac{\Delta y}{\Delta x} = \dfrac{f(x+\Delta x) - f(x)}{\Delta x}$;

(3)求极限 $y' = \lim\limits_{\Delta x \to 0} \dfrac{\Delta y}{\Delta x}$.

例1　求函数 $f(x) = C(C$ 为常数$)$ 的导数.

解　$\Delta y = f(x+\Delta x) - f(x) = C - C = 0$,

所以

$$f'(x) = \lim_{\Delta x \to 0} \frac{\Delta y}{\Delta x} = 0,$$

即

$$C' = 0.$$

例2　设函数 $y = \sin x$,求$(\sin x)'$.

解　$\Delta y = f(x+\Delta x) - f(x) = \sin(x+\Delta x) - \sin x$

$$= 2\cos\left(x + \frac{\Delta x}{2}\right)\sin\frac{\Delta x}{2},$$

所以

$$(\sin x)' = \lim_{\Delta x \to 0} \frac{2\cos\left(x + \dfrac{\Delta x}{2}\right)\sin\dfrac{\Delta x}{2}}{\Delta x} = \cos x,$$

即

$$(\sin x)' = \cos x.$$

类似地,可得

$$(\cos x)' = -\sin x.$$

例3　求函数 $y = x^n (n$ 为正整数$)$的导数.

解　$\Delta y = f(x+\Delta x) - f(x) = (x+\Delta x)^n - x^n$

$$= nx^{n-1}\Delta x + \frac{n(n-1)}{2!}x^{n-2}(\Delta x)^2 + \cdots + (\Delta x)^{n-1},$$

所以

$$(x^n)' = \lim_{\Delta x \to 0} \frac{\Delta y}{\Delta x} = \lim_{\Delta x \to 0} \frac{nx^{n-1}\Delta x + \dfrac{n(n-1)}{2!}x^{n-2}(\Delta x)^2 + \cdots + (\Delta x)^{n-1}}{\Delta x} = nx^{n-1}.$$

稍后还将证明,有

$$(x^\mu)' = \mu x^{\mu-1} (\mu \in \mathbf{R}).$$

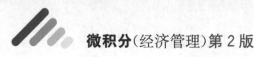

例 4 求函数 $f(x) = a^x (a > 0, a \neq 1)$ 的导数.

解 $\Delta y = f(x + \Delta x) - f(x) = a^{x+\Delta x} - a^x$
$$= a^x(a^{\Delta x} - 1),$$

所以

$$(a^x)' = \lim_{\Delta x \to 0} \frac{\Delta y}{\Delta x} = \lim_{\Delta x \to 0} \frac{a^x(a^{\Delta x} - 1)}{\Delta x} = a^x \ln a.$$

即

$$(a^x)' = a^x \ln a.$$

特别地,有

$$(e^x)' = e^x.$$

例 5 求函数 $y = \log_a x (a > 0, a \neq 1)$ 的导数.

解 $\Delta y = f(x + \Delta x) - f(x) = \log_a(x + \Delta x) - \log_a x$
$$= \log_a \frac{x + \Delta x}{x} = \log_a\left(1 + \frac{\Delta x}{x}\right),$$

所以

$$(\log_a x)' = \lim_{\Delta x \to 0} \frac{\Delta y}{\Delta x} = \lim_{\Delta x \to 0} \frac{\log_a\left(1 + \frac{\Delta x}{x}\right)}{\Delta x} = \lim_{\Delta x \to 0} \frac{\frac{\Delta x}{x} \cdot \frac{x}{\Delta x}\log_a\left(1 + \frac{\Delta x}{x}\right)}{\Delta x}$$

$$= \lim_{\Delta x \to 0} \frac{\frac{\Delta x}{x}\log_a\left(1 + \frac{\Delta x}{x}\right)^{\frac{x}{\Delta x}}}{\Delta x} = \lim_{\Delta x \to 0} \frac{\frac{\Delta x}{x}\log_a e}{\Delta x} = \frac{1}{x \ln a}.$$

即

$$(\log_a x)' = \frac{1}{x \ln a}.$$

特别地,有

$$(\ln x)' = \frac{1}{x}.$$

例 1～例 5 的计算结果可以作为公式使用,例如:

$$(\sin x)'\big|_{x=\frac{\pi}{4}} = \cos x\big|_{x=\frac{\pi}{4}} = \cos\frac{\pi}{4} = \frac{\sqrt{2}}{2},$$

$$(\sqrt{x})' = \frac{1}{2}x^{\frac{1}{2}-1} = \frac{1}{2\sqrt{x}},$$

$$(\ln x)'\big|_{x=2} = \frac{1}{x}\bigg|_{x=2} = \frac{1}{2}.$$

注 下面的求解是错误的:

$$\left(\sin\frac{\pi}{4}\right)' = \cos\frac{\pi}{4},$$

这是因为 $\left(\sin\dfrac{\pi}{4}\right)' = \left(\dfrac{\sqrt{2}}{2}\right)' = 0$.

三、导数的几何意义

引例 1 表明，$f'(x_0)$ 表示曲线 $y = f(x)$ 在点 $M(x_0, y_0)$ 处的切线的斜率，即
$$f'(x_0) = \tan\alpha.$$
因此，如果函数 $y = f(x)$ 在点 x_0 可导，则曲线 $y = f(x)$ 在点 (x_0, y_0) 的切线方程为
$$y - y_0 = f'(x_0)(x - x_0),$$
法线方程为
$$y - y_0 = -\frac{1}{f'(x_0)}(x - x_0),\ f'(x_0) \neq 0.$$

例 6　求等边双曲线 $y = \dfrac{1}{x}$ 在点 $\left(\dfrac{1}{2}, 2\right)$ 处的切线的斜率，并写出该点处的切线方程和法线方程.

解　由导数的几何意义得，切线斜率为 $k = y'\Big|_{x=\frac{1}{2}} = \left(\dfrac{1}{x}\right)'\Big|_{x=\frac{1}{2}} = -\dfrac{1}{x^2}\Big|_{x=\frac{1}{2}} = -4$，所以，所求切线方程为
$$y - 2 = -4\left(x - \frac{1}{2}\right),$$
即
$$4x + y - 4 = 0.$$
法线方程为
$$y - 2 = \frac{1}{4}\left(x - \frac{1}{2}\right),$$
即
$$2x - 8y + 15 = 0.$$

例 7　曲线 $y = e^x$ 上哪一点的切线与直线 $y = x - 2$ 平行？并求此切线方程.

解　$y' = e^x$，又知直线 $y = x - 2$ 的斜率为 1，因此，令
$$e^x = 1,$$
解得 $x = 0$，从而有 $f(0) = e^0 = 1$，所以曲线 $y = e^x$ 在点 $(0, 1)$ 的切线与直线 $y = x - 2$ 平行. 所求切线方程为
$$y - 1 = 1 \cdot (x - 0),$$
即
$$y = x + 1.$$

四、左导数、右导数

函数 $y = f(x)$ 在点 x_0 的导数是用极限来描述的,对应于左、右极限,就有左、右导数之分,函数 $y = f(x)$ 在点 x_0 的左、右导数分别记作

左导数: $f'_-(x_0) = \lim\limits_{x \to x_0^-} \dfrac{f(x) - f(x_0)}{x - x_0}$ 或 $f'_-(x_0) = \lim\limits_{\Delta x \to 0^-} \dfrac{f(x_0 + \Delta x) - f(x_0)}{\Delta x}$;

右导数: $f'_+(x_0) = \lim\limits_{x \to x_0^+} \dfrac{f(x) - f(x_0)}{x - x_0}$ 或 $f'_+(x_0) = \lim\limits_{\Delta x \to 0^+} \dfrac{f(x_0 + \Delta x) - f(x_0)}{\Delta x}$.

显然,函数 $y = f(x)$ 在点 x_0 处可导的充分必要条件是左导数 $f'_-(x_0)$ 和右导数 $f'_+(x_0)$ 都存在且相等.

如果 $f(x)$ 在开区间 (a, b) 内可导,且 $f'_+(a)$ 及 $f'_-(b)$ 都存在,就说 $f(x)$ 在闭区间 $[a, b]$ 上可导.

例 8 讨论函数 $f(x) = |x|$ 在 $x = 0$ 处的可导性.

解 $f(x) = |x| = \begin{cases} x, & x \geqslant 0, \\ -x, & x < 0, \end{cases}$

因为 $\qquad f'_+(0) = \lim\limits_{\Delta x \to 0^+} \dfrac{f(0 + \Delta x) - f(0)}{\Delta x} = \lim\limits_{\Delta x \to 0^+} \dfrac{\Delta x}{\Delta x} = 1,$

$$f'_-(0) = \lim\limits_{\Delta x \to 0^-} \dfrac{f(0 + \Delta x) - f(0)}{\Delta x} = \lim\limits_{\Delta x \to 0^-} \dfrac{-\Delta x}{\Delta x} = -1,$$

即

$$f'_+(0) \neq f'_-(0),$$

所以函数 $f(x) = |x|$ 在 $x = 0$ 处不可导.

五、可导与连续的关系

函数在某一点的可导性与连续性有没有内在联系呢?

定理 设函数 $y = f(x)$ 在点 x_0 处可导,则它在点 x_0 处连续.

证 设函数 $y = f(x)$ 在点 x_0 处可导,则有

$$\lim_{\Delta x \to 0} \frac{\Delta y}{\Delta x} = f'(x_0),$$

利用极限与无穷小量的关系,得

$$\frac{\Delta y}{\Delta x} = f'(x_0) + \alpha,$$

其中,$\alpha \to 0 (\Delta x \to 0)$.

于是

$$\Delta y = f'(x_0)\Delta x + \alpha \Delta x,$$
$$\lim_{\Delta x \to 0} \Delta y = \lim_{\Delta x \to 0} [f'(x_0)\Delta x + \alpha \Delta x] = 0,$$

根据连续性的定义可知,函数 $y = f(x)$ 在点 x_0 处连续.

注 该定理的逆定理不成立. 即函数 $y = f(x)$ 在点 x_0 处连续时,函数 $y = f(x)$ 在点 x_0 处未必可导.

例 9 讨论函数 $f(x) = \begin{cases} x^2, & x \leqslant 0, \\ x, & x > 0 \end{cases}$ 在 $x = 0$ 处的连续性与可导性.

解 先讨论可导性.

$$f'_+(0) = \lim_{\Delta x \to 0^+} \frac{f(0 + \Delta x) - f(0)}{\Delta x} = \lim_{\Delta x \to 0^+} \frac{\Delta x}{\Delta x} = 1,$$
$$f'_-(0) = \lim_{\Delta x \to 0^-} \frac{f(0 + \Delta x) - f(0)}{\Delta x} = \lim_{\Delta x \to 0^-} \frac{(\Delta x)^2}{\Delta x} = 0,$$

因为

$$f'_+(0) \neq f'_-(0),$$

所以函数在 $x = 0$ 处不可导.

再讨论连续性. 因为

$$f(0^+) = \lim_{x \to 0^+} f(x) = \lim_{x \to 0^+} x = 0,$$
$$f(0^-) = \lim_{x \to 0^-} f(x) = \lim_{x \to 0^-} x^2 = 0,$$
$$f(0) = 0,$$
$$f(0^+) = f(0^-) = f(0) = 0.$$

所以函数在 $x = 0$ 处连续.

例 10 讨论函数 $f(x) = \sqrt[3]{x-1}$ 在 $x = 1$ 处的可导性与连续性.

解 因为函数 $f(x) = \sqrt[3]{x-1}$ 是初等函数,在其定义域 $(-\infty, +\infty)$ 内连续,因此在 $x = 1$ 处也连续.

下面讨论函数 $f(x) = \sqrt[3]{x-1}$ 在 $x = 1$ 处的可导性.

$$\lim_{x \to 1} \frac{f(x) - f(1)}{x - 1} = \lim_{x \to 1} \frac{\sqrt[3]{x-1}}{x - 1} = \lim_{x \to 1} \frac{1}{(x-1)^{\frac{2}{3}}} = \infty,$$

所以函数 $f(x) = \sqrt[3]{x-1}$ 在 $x = 1$ 处不可导.

例 11 讨论函数 $f(x) = \begin{cases} x^2 \sin \dfrac{1}{x}, & x \neq 0, \\ 0, & x = 0 \end{cases}$ 在 $x = 0$ 处的连续性与可导性.

解 先讨论连续性.

因为

$$\lim_{x \to 0} x^2 \sin \frac{1}{x} = f(0) = 0,$$

所以函数 $f(x)$ 在 $x=0$ 处连续.

再讨论可导性.

$$\lim_{x \to 0} \frac{f(x)-f(0)}{x-0} = \lim_{x \to 0} \frac{x^2 \sin \frac{1}{x}}{x} = \lim_{x \to 0} x \sin \frac{1}{x} = 0,$$

所以函数 $f(x)$ 在 $x=0$ 处可导,且 $f'(0)=0$.

上述几个例子表明,如果函数 $y=f(x)$ 在点 x_0 连续,则它在点 x_0 可能可导,也可能不可导.

在例 10 和例 11 中,由于在点 x_0 两侧,$f(x)$ 的表达式相同,所以在讨论可导性时,不必分左、右导数来考虑.

习 题 3.1

1. 设 $f(x)=2x^2+1$,按导数定义求 $f'(-1)$.

2. 求下列函数的导数:

(1) $y=x^4$;   (2) $y=\sqrt[4]{x}$;

(3) $y=\dfrac{1}{\sqrt{x}}$;   (4) $y=\dfrac{1}{x^2}$;

(5) $y=2^x$;   (6) $y=\log_2 x$.

3. 已知 $f(x)=\begin{cases} x^2, & x<0, \\ -x, & x \geqslant 0, \end{cases}$ 求 $f'_-(0)$,$f'_+(0)$,并求 $f'(0)$ 是否存在.

4. 讨论函数

$$f(x)=\begin{cases} x \sin \dfrac{1}{x}, & x \neq 0, \\ 0, & x=0 \end{cases}$$

在点 $x=0$ 的连续性与可导性.

5. 讨论函数

$$f(x)=\begin{cases} 4x-3, & x \leqslant 2, \\ x^2+1, & x>2 \end{cases}$$

在点 $x=2$ 的连续性与可导性.

6. 为了使函数

$$f(x)=\begin{cases} x^2, & x \leqslant 1, \\ ax+b, & x>1 \end{cases}$$

在点 $x=1$ 处既连续又可导,问 a,b 应取什么值?

7. 求曲线 $y=\ln x$ 在点 $M(e,1)$ 的切线方程和法线方程.

8. 曲线 $y=x^3$ 上哪一点的切线与直线 $y-12x+1=0$ 平行? 并求此切线方

程.

第二节　求导法则与初等函数求导

引　利用定义求函数的导数较为困难和烦琐,能否通过总结出基本初等函数的导数及导数的运算法则,求解一般函数的导数呢? 本节介绍函数的求导法则. 借助这些法则,我们能很方便地求出一些初等函数的导数.

一、函数和、差、积、商的求导法则

定理 1　设函数 $u(x),v(x)$ 在点 x 处可导,则它们的和、差、积、商(分母不为零)在点 x 处也可导,且

(1) $[u(x) \pm v(x)]' = u'(x) \pm v'(x)$;

(2) $[u(x) \cdot v(x)]' = u'(x)v(x) + u(x)v'(x)$;

(3) $\left[\dfrac{u(x)}{v(x)}\right]' = \dfrac{u'(x)v(x) - u(x)v'(x)}{v^2(x)}$ $(v(x) \neq 0)$.

证　(1),(2)证明从略.

(3) 设 $f(x) = \dfrac{u(x)}{v(x)}(v(x) \neq 0)$,由导数定义得

$$\begin{aligned}
f'(x) &= \lim_{\Delta x \to 0} \frac{f(x+\Delta x) - f(x)}{\Delta x} = \lim_{\Delta x \to 0} \frac{\dfrac{u(x+\Delta x)}{v(x+\Delta x)} - \dfrac{u(x)}{v(x)}}{\Delta x} \\
&= \lim_{\Delta x \to 0} \frac{u(x+\Delta x)v(x) - u(x)v(x+\Delta x)}{v(x+\Delta x)v(x)\Delta x} \\
&= \lim_{\Delta x \to 0} \frac{[u(x+\Delta x) - u(x)]v(x) - u(x)[v(x+\Delta x) - v(x)]}{v(x+\Delta x)v(x)\Delta x} \\
&= \lim_{\Delta x \to 0} \frac{\dfrac{u(x+\Delta x) - u(x)}{\Delta x} \cdot v(x) - u(x) \cdot \dfrac{v(x+\Delta x) - v(x)}{\Delta x}}{v(x+\Delta x)v(x)} \\
&= \frac{u'(x)v(x) - u(x)v'(x)}{[v(x)]^2},
\end{aligned}$$

其中,因为 $u(x),v(x)$ 在点 x 处可导,所以

$$\lim_{\Delta x \to 0} \frac{u(x+\Delta x) - u(x)}{\Delta x} = u'(x), \quad \lim_{\Delta x \to 0} \frac{v(x+\Delta x) - v(x)}{\Delta x} = v'(x);$$

又由于"可导必连续",所以

$$\lim_{\Delta x \to 0} v(x+\Delta x) = v(x).$$

这样就证明了

$$\left[\frac{u(x)}{v(x)}\right]' = \frac{u'(x)v(x) - u(x)v'(x)}{v^2(x)} \quad (v(x) \neq 0).$$

77

定理 1 的(1),(2)还可以推广至多个函数的情形,即

$$\Big[\sum_{i=1}^{n}f_i(x)\Big]' = \sum_{i=1}^{n}f'_i(x),$$

$$\Big[\prod_{i=1}^{n}f_i(x)\Big]' = f'_1(x)f_2(x)\cdots f_n(x) + \cdots + f_1(x)f_2(x)\cdots f'_n(x)$$

$$= \sum_{i=1}^{n}\prod_{\substack{k=1\\k\neq i}}^{n}f'_i(x)f_k(x).$$

由定理 1 的(2)还能得到如下推论:

$$[Cu(x)]' = Cu'(x) \quad (C \text{ 为常数}).$$

例 1 求 $y = x^3 - 2x^2 + \sin x$ 的导数.

解 $y' = (x^3 - 2x^2 + \sin x)' = (x^3)' - (2x^2)' + (\sin x)'$

$$= 3x^2 - 4x + \cos x.$$

例 2 求 $y = \sin x \cdot \ln x$ 的导数.

解 $y' = (\sin x)' \cdot \ln x + \sin x \cdot (\ln x)'$

$$= \cos x \cdot \ln x + \frac{1}{x}\sin x.$$

例 3 求 $y = \tan x$ 的导数.

解 $y' = (\tan x)' = \Big(\dfrac{\sin x}{\cos x}\Big)' = \dfrac{(\sin x)'\cos x - \sin x(\cos x)'}{\cos^2 x}$

$$= \frac{\cos^2 x + \sin^2 x}{\cos^2 x} = \frac{1}{\cos^2 x} = \sec^2 x,$$

即

$$(\tan x)' = \sec^2 x.$$

同理可得

$$(\cot x)' = -\csc^2 x.$$

例 4 求 $y = \sec x$ 的导数.

解 $y' = (\sec x)' = \Big(\dfrac{1}{\cos x}\Big)' = \dfrac{-(\cos x)'}{\cos^2 x} = \dfrac{\sin x}{\cos^2 x} = \sec x \tan x.$

即

$$(\sec x)' = \sec x \tan x.$$

同理可得

$$(\csc x)' = -\csc x \cot x.$$

例 5 求通过点 $(0, -4)$ 且与抛物线 $y = x^2 - 2x$ 相切的直线方程.

解 先求切点,设切点为 (x_0, y_0),则抛物线在 (x_0, y_0) 处的切线的斜率为

$$k = y'|_{x=x_0} = 2x - 2|_{x=x_0} = 2x_0 - 2.$$

又因为切线经过点 $(0, -4)$ 与 (x_0, y_0),所以,切线的斜率又可表示为

$$k = \frac{y_0 - (-4)}{x_0 - 0} = \frac{y_0 + 4}{x_0},$$

从而有

$$2x_0 - 2 = \frac{y_0 + 4}{x_0}.$$

由于切点 (x_0, y_0) 在抛物线 $y = x^2 - 2x$ 上,因此,有 $y_0 = x_0^2 - 2x_0$.
解方程组

$$\begin{cases} 2x_0 - 2 = \dfrac{y_0 + 4}{x_0}, \\ y_0 = x_0^2 - 2x_0, \end{cases}$$

得

$$\begin{cases} x_0 = 2, \\ y_0 = 0 \end{cases} \quad 及 \quad \begin{cases} x_0 = -2, \\ y_0 = 8. \end{cases}$$

于是所求的切点为 $(2,0)$ 及 $(-2,8)$. 这时相应的切线斜率为

$$k_1 = 2x - 2 \big|_{x=2} = 2 \quad 及 \quad k_2 = 2x - 2 \big|_{x=-2} = -6.$$

故所求的切线方程为

$$y = 2(x - 2) \quad 及 \quad y - 8 = -6(x + 2).$$

即

$$y = 2x - 4 \quad 及 \quad y = -6x - 4.$$

二、反函数的导数

定理 2 如果函数 $x = \varphi(y)$ 在某区间 I_y 内单调、可导,且 $\varphi'(y) \neq 0$,那么它的反函数 $y = f(x)$ 在对应区间 I_x 内也可导,且有

$$f'(x) = \frac{1}{\varphi'(y)}.$$

简言之,即反函数的导数等于直接函数导数(不等于零)的倒数.

证 由于函数 $x = \varphi(y)$ 在区间 I_y 内单调,因此它的反函数 $y = f(x)$ 在对应区间 I_x 内也单调. 故任取 $x \in I_x$,给 x 以增量 $\Delta x (\Delta x \neq 0, x + \Delta x \in I_x)$,由 $y = f(x)$ 的单调性可知相应地 y 有增量 Δy,且 $\Delta y \neq 0$,于是有

$$\frac{\Delta y}{\Delta x} = \frac{1}{\dfrac{\Delta x}{\Delta y}}.$$

由于 $x = \varphi(y)$ 在区间 I_y 内可导,其在区间 I_y 内必连续,故它的反函数 $y = f(x)$ 在对应区间 I_x 内也连续,所以,当 $\Delta x \to 0$ 时,一定有 $\Delta y \to 0$. 又已知 $\varphi'(y) \neq 0$,于是

$$\lim_{\Delta x \to 0} \frac{\Delta y}{\Delta x} = \lim_{\Delta y \to 0} \frac{1}{\dfrac{\Delta x}{\Delta y}} = \frac{1}{\varphi'(y)},$$

即证得

$$f'(x) = \frac{1}{\varphi'(y)}.$$

例 6 求函数 $y = \arcsin x$ 的导数.

解 设 $x = \sin y$ 为直接函数,则 $y = \arcsin x$ 是它的反函数. 因为 $x = \sin y$ 在区间 $I_y \in \left(-\frac{\pi}{2}, \frac{\pi}{2}\right)$ 内单增、可导,且

$$(\sin y)' = \cos y > 0,$$

所以,在对应区间 $I_x \in (-1, 1)$ 内有

$$(\arcsin x)' = \frac{1}{(\sin y)'} = \frac{1}{\cos y} = \frac{1}{\sqrt{1 - \sin^2 y}} = \frac{1}{\sqrt{1 - x^2}}.$$

同理可得

$$(\arccos x)' = -\frac{1}{\sqrt{1 - x^2}}.$$

例 7 求函数 $y = \arctan x$ 的导数.

解 设 $x = \tan y$ 为直接函数,则 $y = \arctan x$ 是它的反函数. 因为 $x = \tan y$ 在区间 $I_y \in \left(-\frac{\pi}{2}, \frac{\pi}{2}\right)$ 内单增、可导,且

$$(\tan y)' = \sec^2 y \neq 0,$$

所以,在对应区间 $I_x \in (-\infty, +\infty)$ 内有

$$(\arctan x)' = \frac{1}{(\tan y)'} = \frac{1}{\sec^2 y} = \frac{1}{1 + \tan^2 y} = \frac{1}{1 + x^2}.$$

同理可得

$$(\text{arccot } x)' = -\frac{1}{1 + x^2}.$$

例 8 求函数 $y = \log_a x$ 的导数.

解 设 $x = a^y$ 为直接函数,则 $y = \log_a x$ 是它的反函数. 因为 $x = a^y$ 在区间 $I_y \in (-\infty, +\infty)$ 内单增、可导,且

$$(a^y)' = a^y \ln a \neq 0,$$

所以,在对应区间 $I_x \in (-\infty, +\infty)$ 内有

$$(\log_a x)' = \frac{1}{(a^y)'} = \frac{1}{a^y \ln a} = \frac{1}{x \ln a}.$$

特别地,有

$$(\ln x)' = \frac{1}{x}.$$

三、复合函数的求导法则

定理 3(链式法则) 如果函数 $u = \varphi(x)$ 在点 x 可导,而 $y = f(u)$ 在对应点

$u = \varphi(x)$ 可导,则复合函数 $y = f(\varphi(x))$ 在点 x 可导,且其导数为

$$\frac{\mathrm{d}y}{\mathrm{d}x} = \frac{\mathrm{d}y}{\mathrm{d}u} \cdot \frac{\mathrm{d}u}{\mathrm{d}x}.$$

上式也可写成为

$$y'_x = y'_u \cdot u'_x \quad \text{或} \quad y'(x) = f'(u) \cdot \varphi'(x).$$

式中的 y'_x 表示 y 对 x 的导数,y'_u 表示 y 对 u 的导数,而 u'_x 表示中间变量 u 对自变量 x 的导数.

证 $\dfrac{\mathrm{d}y}{\mathrm{d}x} = \lim\limits_{\Delta x \to 0} \dfrac{\Delta y}{\Delta x} = \lim\limits_{\Delta x \to 0} \left(\dfrac{\Delta y}{\Delta u} \cdot \dfrac{\Delta u}{\Delta x} \right).$ 由于函数 $u = \varphi(x)$ 在点 x 可导,必连续,故当 $\Delta x \to 0$ 时,$\Delta u \to 0$,所以上式可化为

$$\frac{\mathrm{d}y}{\mathrm{d}x} = \lim_{\Delta x \to 0} \left(\frac{\Delta y}{\Delta u} \cdot \frac{\Delta u}{\Delta x} \right) = \lim_{\Delta u \to 0} \frac{\Delta y}{\Delta u} \cdot \lim_{\Delta x \to 0} \frac{\Delta u}{\Delta x} = \frac{\mathrm{d}y}{\mathrm{d}u} \cdot \frac{\mathrm{d}u}{\mathrm{d}x}.$$

此定理可以推广到有两个或两个以上的中间变量的情形,例如 $y = f(u)$,$u = \varphi(v)$,$v = \psi(x)$,当 y'_u,u'_v,v'_x 都存在时,则有

$$\frac{\mathrm{d}y}{\mathrm{d}x} = \frac{\mathrm{d}y}{\mathrm{d}u} \cdot \frac{\mathrm{d}u}{\mathrm{d}v} \cdot \frac{\mathrm{d}v}{\mathrm{d}x}.$$

复合函数求导方法,一环扣一环,故称为**链式法则**.

注 复合函数求导的关键是:理清复合函数的结构,从外层往里层逐层求导. 该方法可以形象地描述为**"剥壳法"**.

例 9 求函数 $y = \ln \sin x$ 的导数.

解 因为 $y = \ln u$,$u = \sin x$,所以

$$\frac{\mathrm{d}y}{\mathrm{d}x} = \frac{\mathrm{d}y}{\mathrm{d}u} \cdot \frac{\mathrm{d}u}{\mathrm{d}x} = \frac{1}{u} \cdot \cos x = \frac{\cos x}{\sin x} = \cot x.$$

例 10 求函数 $y = (x^2 + 1)^{10}$ 的导数.

解 因为 $y = u^{10}$,$u = x^2 + 1$,所以

$$\frac{\mathrm{d}y}{\mathrm{d}x} = 10(x^2 + 1)^9 \cdot (x^2 + 1)' = 10(x^2 + 1)^9 \cdot 2x = 20x(x^2 + 1)^9.$$

当运算比较熟练之后,就可以不必设出中间变量,只要做到心中有中间变量即可.

例 11 求函数 $y = \mathrm{e}^{\sin \frac{1}{x}}$ 的导数.

解 $y' = \mathrm{e}^{\sin \frac{1}{x}} \left(\sin \dfrac{1}{x} \right)' = \mathrm{e}^{\sin \frac{1}{x}} \cdot \cos \dfrac{1}{x} \cdot \left(\dfrac{1}{x} \right)' = -\dfrac{1}{x^2} \mathrm{e}^{\sin \frac{1}{x}} \cos \dfrac{1}{x}.$

例 12 求函数 $y = \dfrac{x}{2} \sqrt{a^2 - x^2} + \dfrac{a^2}{2} \arcsin \dfrac{x}{a}$ 的导数.

解 这个函数是两个函数的和,对第一个函数求导时要用函数乘积的求导法则,同时注意到对 $\sqrt{a^2 - x^2}$ 和 $\arcsin \dfrac{x}{a}$ 求导时,必须运用链式法则.

$$y' = \left(\frac{x}{2}\sqrt{a^2 - x^2}\right)' + \left(\frac{a^2}{2}\arcsin\frac{x}{a}\right)'$$

$$= \frac{1}{2}\sqrt{a^2 - x^2} - \frac{1}{2}\frac{x^2}{\sqrt{a^2 - x^2}} + \frac{a^2}{2}\frac{1}{\sqrt{a^2 - x^2}}$$

$$= \sqrt{a^2 - x^2}.$$

例 13 证明 $(x^\mu)' = \mu x^{\mu-1}$(μ 为任意实数).

证 令 $y = x^\mu$,取对数,得 $\ln y = \mu\ln x$,于是

$$y = e^{\mu\ln x},$$

所以

$$y' = (e^{\mu\ln x})' = e^{\mu\ln x}(\mu\ln x)' = e^{\mu\ln x} \cdot \mu \cdot \frac{1}{x} = \mu x^{\mu-1}.$$

例 14 求函数 $y = \ln\dfrac{\sqrt{x^2+1}}{\sqrt[3]{x-2}}(x>2)$ 的导数.

解 因为 $y = \dfrac{1}{2}\ln(x^2+1) - \dfrac{1}{3}\ln(x-2)$,所以

$$y' = \frac{1}{2} \cdot \frac{1}{x^2+1} \cdot 2x - \frac{1}{3(x-2)} = \frac{x}{x^2+1} - \frac{1}{3(x-2)}.$$

例 15 设 $y = xf(a^{\sqrt{x}})$,其中函数 $f(u)$ 可导,求 y'.

解 先用函数乘积的求导法则;当求函数 $f(a^{\sqrt{x}})$ 的导数时,再利用复合函数的求导法则. 于是得

$$y' = f(a^{\sqrt{x}}) + x \cdot f'(a^{\sqrt{x}}) \cdot (a^{\sqrt{x}})'$$

$$= f(a^{\sqrt{x}}) + x \cdot f'(a^{\sqrt{x}}) \cdot a^{\sqrt{x}} \cdot \ln a \cdot (\sqrt{x})'$$

$$= f(a^{\sqrt{x}}) + x \cdot f'(a^{\sqrt{x}}) \cdot a^{\sqrt{x}} \cdot \ln a \cdot \frac{1}{2\sqrt{x}}$$

$$= f(a^{\sqrt{x}}) + \frac{\sqrt{x}}{2}f'(a^{\sqrt{x}})a^{\sqrt{x}}\ln a.$$

四、初等函数的导数

熟记基本初等函数的导数公式,熟练掌握求导法则,对于求初等函数的导数是非常重要的. 为了便于查阅,现将前面所导出的导数公式和求导法则归纳如下:

1. 基本初等函数的导数公式

(1) $(C)' = 0$;

(2) $(x^\mu)' = \mu x^{\mu-1}$;

(3) $(\sin x)' = \cos x$;

(4) $(\cos x)' = -\sin x$;

(5) $(\tan x)' = \sec^2 x$;

(6) $(\cot x)' = -\csc^2 x$;

(7) $(\sec x)' = \sec x\tan x$;

(8) $(\csc x)' = -\csc x\cot x$;

(9) $(a^x)' = a^x\ln a$;

(10) $(e^x)' = e^x$;

(11) $(\log_a x)' = \dfrac{1}{x\ln a}$;   (12) $(\ln x)' = \dfrac{1}{x}$;

(13) $(\arcsin x)' = \dfrac{1}{\sqrt{1-x^2}}$;   (14) $(\arccos x)' = -\dfrac{1}{\sqrt{1-x^2}}$;

(15) $(\arctan x)' = \dfrac{1}{1+x^2}$;   (16) $(\operatorname{arccot} x)' = -\dfrac{1}{1+x^2}$.

2. 函数的和、差、积、商的求导法则

设 $u = u(x), v = v(x)$ 可导,则

(1) $(u \pm v)' = u' \pm v'$;   (2) $(Cu)' = Cu'$,C 是常数;

(3) $(uv)' = u'v + uv'$;   (4) $\left(\dfrac{u}{v}\right)' = \dfrac{u'v - uv'}{v^2}$,$v \neq 0$.

3. 复合函数的求导法则

设 $y = f(u)$,而 $u = \varphi(x)$,则复合函数 $y = f(\varphi(x))$ 的导数为

$$\frac{\mathrm{d}y}{\mathrm{d}x} = \frac{\mathrm{d}y}{\mathrm{d}u} \cdot \frac{\mathrm{d}u}{\mathrm{d}x} \quad \text{或} \quad y'(x) = f'(u) \cdot \varphi'(x).$$

注 利用上述公式及法则,初等函数求导问题可完全解决.且初等函数的导数仍为初等函数.

例 16 求函数 $y = \sqrt{x + \sqrt{x + \sqrt{x}}}$ 的导数.

解 $y' = \dfrac{1}{2\sqrt{x + \sqrt{x + \sqrt{x}}}}(x + \sqrt{x + \sqrt{x}})'$

$= \dfrac{1}{2\sqrt{x + \sqrt{x + \sqrt{x}}}}\left[1 + \dfrac{1}{2\sqrt{x + \sqrt{x}}}(x + \sqrt{x})'\right]$

$= \dfrac{1}{2\sqrt{x + \sqrt{x + \sqrt{x}}}}\left[1 + \dfrac{1}{2\sqrt{x + \sqrt{x}}}\left(1 + \dfrac{1}{2\sqrt{x}}\right)\right]$

$= \dfrac{4\sqrt{x^2 + x\sqrt{x}} + 2\sqrt{x} + 1}{8\sqrt{x + \sqrt{x + \sqrt{x}}} \cdot \sqrt{x^2 + x\sqrt{x}}}$.

例 17 求函数 $y = f^n(\varphi^n(\sin x^n))$ 的导数.

解 $y' = n f^{n-1}(\varphi^n(\sin x^n)) \cdot f'(\varphi^n(\sin x^n)) \cdot$

$\qquad n\varphi^{n-1}(\sin x^n) \cdot \varphi'(\sin x^n) \cdot \cos x^n \cdot n x^{n-1}$

$= n^3 x^{n-1} \cos x^n \cdot f^{n-1}(\varphi^n(\sin x^n)) \cdot$

$\qquad \varphi^{n-1}(\sin x^n) \cdot f'(\varphi^n(\sin x^n)) \cdot \varphi'(\sin x^n)$.

习 题 3.2

1. 推导余切函数及余割函数的求导公式:

$$(\cot x)' = -\csc^2 x, \ (\csc x)' = -\csc x \cot x.$$

2. 求下列函数的导数：

(1) $y = 3x^2 - \dfrac{2}{x^2} + 5$;　　　　　(2) $y = x^2(2 + \sqrt{x})$;

(3) $y = x^2 \cos x$;　　　　　　　(4) $y = x \sin x$;

(5) $y = 3\mathrm{e}^x \ln x$;　　　　　　(6) $y = \mathrm{e}^x(x^2 - 3x + 1)$;

(7) $y = 3a^x - \dfrac{2}{x}$;　　　　　　(8) $y = 2\tan x + \sec x - 1$;

(9) $y = (x-a)(x-b)(x-c)$;　　(10) $y = 2\ln x - 3\cos x + \sin \dfrac{\pi}{3}$;

(11) $y = \dfrac{x}{1+x^2}$;　　　　　　(12) $y = \dfrac{1+x}{1-x}$;

(13) $y = \dfrac{\sin x}{1 + \cos x}$;　　　　　(14) $y = \dfrac{2\csc x}{1+x^2}$;

(15) $y = \dfrac{\cos x}{\sqrt{x}}$;　　　　　　(16) $y = \dfrac{\arcsin x}{\arccos x}$;

(17) $y = (1+x^2)\operatorname{arccot} x$;　　(18) $y = \dfrac{\arctan x}{\mathrm{e}^x}$.

3. 求下列函数在给定点处的导数：

(1) $y = \sin x - \cos x$, 求 $y'|_{x=\frac{\pi}{6}}$ 及 $y'|_{x=\frac{\pi}{4}}$;

(2) $y = \dfrac{1 - \sqrt{t}}{1 + \sqrt{t}}$, 求 $y'(1)$;

(3) $y = \dfrac{3}{5-t} + \dfrac{t^2}{5}$, 求 $y'(0), y'(2)$.

4. 求下列函数的导数：

(1) $y = \arcsin \dfrac{x}{2}$;　　　　　(2) $y = \arctan \dfrac{1}{x}$;

(3) $y = \cos^2 \dfrac{x}{2}$;　　　　　　(4) $y = \ln \tan \dfrac{x}{2}$;

(5) $y = \ln \sqrt{x} + \sqrt{\ln x}$;　　　(6) $y = \sqrt{1+x^2} + \sqrt{1+x}$;

(7) $y = \sin(1 - x^3)$;　　　　　(8) $y = \left(\arcsin \dfrac{x}{2}\right)^2$;

(9) $y = \sin(\sin(\sin x))$;　　　(10) $y = \mathrm{e}^{\frac{1}{x}} + x^{\frac{1}{e}}$;

(11) $y = \mathrm{e}^{x^2 + 2x}$;　　　　　　(12) $y = \arctan \dfrac{2x}{1-x^2}$;

(13) $y = 2^{\tan \frac{1}{x^2}}$;　　　　　　(14) $y = \mathrm{e}^{\arccos \frac{1}{1+\mathrm{e}^x}}$;

(15) $y = \mathrm{e}^x \sqrt{1 - \mathrm{e}^{2x}} + \arccos \mathrm{e}^x$.

5. 求抛物线 $y=ax^2+bx+c$ 上具有水平切线的点.

第三节 高阶导数

引 我们看变速直线运动的加速度. 设位置函数 $s=s(t)$,则瞬时速度为 $v(t)=s'(t)$. 因为加速度 a 是速度 v 对时间的变化率,所以 $a(t)=v'(t)=(s'(t))'$. 我们称 $a(t)$ 为 $s(t)$ 的二阶导数. 二阶导数如何求解? 推而广之,n 阶导数又如何求解?

一、高阶导数的定义

定义 如果函数 $f(x)$ 的导数 $f'(x)$ 在点 x 处可导,即

$$(f'(x))'=\lim_{\Delta x \to 0}\frac{f'(x+\Delta x)-f'(x)}{\Delta x}$$

存在,则称 $(f'(x))'$ 为函数 $f(x)$ 在点 x 处的**二阶导数**. 记作 $f''(x)$,y'',$\dfrac{d^2 y}{dx^2}$ 或 $\dfrac{d^2 f(x)}{dx^2}$.

类似地,可以定义函数 $f(x)$ 的三阶导数 $y'''=f'''(x)$,四阶导数 $y^{(4)}=f^{(4)}(x)$,$\cdots$,n 阶导数 $y^{(n)}=f^{(n)}(x)$. 二阶及二阶以上的导数称为**高阶导数**. 相应地,$f(x)$ 称为零阶导数;$f'(x)$ 称为一阶导数.

二、高阶导数求法

高阶导数的直接求法:由高阶导数的定义逐步求高阶导数.

例 1 设 $y=\arctan x$,求 $f''(0)$,$f'''(0)$.

解 因为 $y'=\dfrac{1}{1+x^2}$,$y''=\left(\dfrac{1}{1+x^2}\right)'=\dfrac{-2x}{(1+x^2)^2}$,

$$y'''=\left(\dfrac{-2x}{(1+x^2)^2}\right)'=\dfrac{2(3x^2-1)}{(1+x^2)^3},$$

所以

$$f''(0)=\dfrac{-2x}{(1+x^2)^2}\bigg|_{x=0}=0,\ f'''(0)=\dfrac{2(3x^2-1)}{(1+x^2)^3}\bigg|_{x=0}=-2.$$

例 2 设 $y=x^a\ (a\in \mathbf{R})$,求 $y^{(n)}$.

解
$$y'=\alpha x^{\alpha-1},$$
$$y''=(\alpha x^{\alpha-1})'=\alpha(\alpha-1)x^{\alpha-2},$$
$$y'''=(\alpha(\alpha-1)x^{\alpha-2})'=\alpha(\alpha-1)(\alpha-2)x^{\alpha-3},$$
$$\vdots$$
$$y^{(n)}=\alpha(\alpha-1)\cdots(\alpha-n+1)x^{\alpha-n}\quad (n\geqslant 1).$$

若 α 为自然数 n,则

$$y^{(n)} = (x^n)^{(n)} = n!, \quad y^{(n+1)} = (n!)' = 0.$$

注 在求 n 阶导数时,求出 1~3 阶导数或 4 阶导数后,不要急于合并,先分析结果的规律,再写出 n 阶导数.

例 3 设 $y = \ln(1+x)$,求 $y^{(n)}$.

解
$$y' = \frac{1}{1+x},$$

$$y'' = -\frac{1}{(1+x)^2},$$

$$y''' = \frac{2!}{(1+x)^3},$$

$$y^{(4)} = -\frac{3!}{(1+x)^4},$$

以此类推,可得

$$y^{(n)} = (-1)^{n-1} \frac{(n-1)!}{(1+x)^n} \quad (n \geqslant 1, 0! = 1),$$

即

$$[\ln(1+x)]^{(n)} = (-1)^{n-1} \frac{(n-1)!}{(1+x)^n} \quad (n \geqslant 1, \ 0! = 1).$$

例 4 设 $y = \sin x$,求 $y^{(n)}$.

解
$$y' = \cos x = \sin\left(x + \frac{\pi}{2}\right),$$

$$y'' = \cos\left(x + \frac{\pi}{2}\right) = \sin\left(x + \frac{\pi}{2} + \frac{\pi}{2}\right) = \sin\left(x + 2 \cdot \frac{\pi}{2}\right),$$

$$y''' = \cos\left(x + 2 \cdot \frac{\pi}{2}\right) = \sin\left(x + 3 \cdot \frac{\pi}{2}\right),$$

以此类推,可得

$$y^{(n)} = \sin\left(x + n \cdot \frac{\pi}{2}\right).$$

同理可得
$$(\cos x)^{(n)} = \cos\left(x + n \cdot \frac{\pi}{2}\right).$$

例 5 设 $y = \mathrm{e}^{ax} \sin bx (a, b$ 为常数$)$,求 $y^{(n)}$.

解
$$y' = a\mathrm{e}^{ax} \sin bx + b\mathrm{e}^{ax} \cos bx$$

$$= \mathrm{e}^{ax}(a \sin bx + b \cos bx)$$

$$= \mathrm{e}^{ax} \cdot \sqrt{a^2 + b^2} \sin(bx + \varphi) \quad \left(\varphi = \arctan \frac{b}{a}\right),$$

$$y'' = \sqrt{a^2 + b^2} \cdot [a\mathrm{e}^{ax} \sin(bx + \varphi) + b\mathrm{e}^{ax} \cos(bx + \varphi)]$$

$$= \sqrt{a^2 + b^2} \cdot \mathrm{e}^{ax} \cdot \sqrt{a^2 + b^2} \sin(bx + 2\varphi),$$

$$\vdots$$

$$y^{(n)} = (a^2 + b^2)^{\frac{n}{2}} e^{ax} \sin(bx + n\varphi).$$

习 题 3.3

1. 求下列函数的一阶、二阶导数：

(1) $y = x^3 - 2x + 5$；

(2) $y = 2x^2 + \ln x$；

(3) $y = x\cos x$；

(4) $y = \arcsin x$；

(5) $y = xe^{-x^2}$；

(6) $y = \ln(1 - x^2)$；

(7) $y = (1 + x^2)\arctan x$；

(8) $y = \cos^2 x \ln x$；

(9) $y = \dfrac{e^x}{x}$；

(10) $y = \ln(x + \sqrt{1 + x^2})$.

2. 设 $f(x) = (2x + 10)^4$，求 $f'(2)$，$f''(1)$，$f'''(0)$.

3. 求下列函数的 n 阶导数：

(1) $y = \dfrac{1 - x}{1 + x}$；

(2) $y = \sin^2 x$；

(3) $y = xe^x$.

第四节　隐函数的导数、由参数方程所确定的函数的导数

引　由 x, y 的二元方程 $F(x, y) = 0$ 所确定的函数 $y = y(x)$ 称为隐函数，如何求解隐函数 $xy - e^x + e^y = 0$ 的导数 $\dfrac{dy}{dx}$？如何求解由参数方程所确定的函数的导数？

一、隐函数的导数

定义　由 x, y 的二元方程 $F(x, y) = 0$ 所确定的函数 $y = y(x)$ 称为**隐函数**. 由 $y = f(x)$ 表示的函数称为**显函数**.

由 $F(x, y) = 0$ 导出 $y = f(x)$ 称为隐函数的显化. 例如：$x - y^3 - 1 = 0$ 可确定显函数 $y = \sqrt[3]{1 - x}$. 而 $e^{xy+1} + x^2 y - y - 1 = 0$ 可确定 y 是 x 的函数，但此隐函数不能显化.

问题　不易显化或不能显化的隐函数如何求导？

隐函数求导法则：将 y 看做中间变量，运用复合函数求导法则在方程两边直接对 x 求导.

例 1　方程 $x^2 + y^2 = 4$ 确定了隐函数 $y = y(x)$，求 y'.

解 方程两端对 x 求导,得

$$2x + 2y \cdot y' = 0$$

解出 y',得

$$y' = -\frac{x}{y}.$$

例2 求由方程 $xy - e^x + e^y = 0$ 所确定的隐函数 $y = y(x)$ 的导数 $\dfrac{\mathrm{d}y}{\mathrm{d}x}, \dfrac{\mathrm{d}y}{\mathrm{d}x}\Big|_{x=0}$.

解 方程两端对 x 求导,得

$$y + x\frac{\mathrm{d}y}{\mathrm{d}x} - e^x + e^y \frac{\mathrm{d}y}{\mathrm{d}x} = 0,$$

解出 $\dfrac{\mathrm{d}y}{\mathrm{d}x}$,得

$$\frac{\mathrm{d}y}{\mathrm{d}x} = \frac{e^x - y}{x + e^y},$$

由原方程知 $x = 0$ 时,$y = 0$.代入上式,得

$$\frac{\mathrm{d}y}{\mathrm{d}x}\Big|_{x=0} = \frac{e^x - y}{x + e^y}\Big|_{\substack{x=0 \\ y=0}} = 1.$$

例3 设曲线 C 的方程为 $x^3 + y^3 = 3xy$,求过 C 上一点 $\left(\dfrac{3}{2}, \dfrac{3}{2}\right)$ 的切线方程,并证明曲线 C 在该点的法线通过原点.

解 方程两端对 x 求导,得

$$3x^2 + 3y^2 y' = 3y + 3xy',$$

将 $x = \dfrac{3}{2}, y = \dfrac{3}{2}$ 代入上式,得所求切线斜率为

$$k = y'\Big|_{\left(\frac{3}{2}, \frac{3}{2}\right)} = -1.$$

所求切线方程为

$$y - \frac{3}{2} = -\left(x - \frac{3}{2}\right),$$

即

$$x + y - 3 = 0.$$

法线方程为

$$y - \frac{3}{2} = x - \frac{3}{2},$$

即

$$y = x,$$

显然,法线通过原点.

例4 设 $x^4 - xy + y^4 = 1$,求 y'' 在点 $(0,1)$ 处的值.

解　方程两边对 x 求导,得

$$4x^3 - y - xy' + 4y^3 y' = 0. \tag{3-1}$$

代入 $x=0, y=1$,得

$$y' \Big|_{\substack{x=0 \\ y=1}} = \frac{1}{4}.$$

将方程(3-1)两边再对 x 求导,得

$$12x^2 - 2y' - xy'' + 12y^2 (y')^2 + 4y^3 y'' = 0,$$

代入 $x=0, y=1, y' \Big|_{\substack{x=0 \\ y=1}} = \frac{1}{4}$,得

$$y'' \Big|_{\substack{x=0 \\ y=1}} = -\frac{1}{16}.$$

二、对数求导法

观察函数 $y = \dfrac{(x+1)\sqrt[3]{x-1}}{(x+4)^2 e^x}$, $y = x^{\sin x}$. 第一个函数求导计算会很烦琐,第二个函数既不是幂函数也不是指数函数,称为幂指函数,没有相应的求导公式. 为求它们的导数,可以先在方程两边取对数,然后利用隐函数的求导方法求出导数. 这种方法称为**对数求导法**.

对数求导法适用范围:多个函数相乘和幂指函数 $u(x)^{v(x)}$ 的情形.

例5　设 $y = \dfrac{(x+1)\sqrt[3]{x-1}}{(x+4)^2 e^x}$,求 y'.

解　等式两边取对数,得

$$\ln y = \ln(x+1) + \frac{1}{3}\ln(x-1) - 2\ln(x+4) - x,$$

上式两边对 x 求导,得

$$\frac{y'}{y} = \frac{1}{x+1} + \frac{1}{3(x-1)} - \frac{2}{x+4} - 1,$$

整理,得

$$y' = \frac{(x+1)\sqrt[3]{x-1}}{(x+4)^2 e^x} \left[\frac{1}{x+1} + \frac{1}{3(x-1)} - \frac{2}{x+4} - 1 \right].$$

例6　设 $y = x^{\sin x} (x>0)$,求 y'.

解　等式两边取对数,得

$$\ln y = \sin x \cdot \ln x,$$

上式两边对 x 求导,得

$$\frac{y'}{y} = \cos x \cdot \ln x + \sin x \cdot \frac{1}{x},$$

整理,得

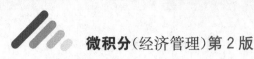

$$y' = y\left(\cos x \cdot \ln x + \sin x \cdot \frac{1}{x}\right) = x^{\sin x}\left(\cos x \cdot \ln x + \frac{\sin x}{x}\right).$$

注 一般地,对于幂指函数 $f(x) = u(x)^{v(x)}$ $(u(x) > 0)$,因为

$$\ln f(x) = v(x) \cdot \ln u(x),$$

又因为

$$\frac{\mathrm{d}}{\mathrm{d}x}\ln f(x) = \frac{1}{f(x)} \cdot \frac{\mathrm{d}}{\mathrm{d}x}f(x),$$

所以

$$f'(x) = f(x) \cdot \frac{\mathrm{d}}{\mathrm{d}x}\ln f(x),$$

整理,得

$$f'(x) = u(x)^{v(x)}\left(v'(x) \cdot \ln u(x) + \frac{v(x)u'(x)}{u(x)}\right).$$

三、由参数方程所确定的函数的导数

若参数方程 $\begin{cases} x = \varphi(t), \\ y = \psi(t) \end{cases}$ 确定 x 与 y 之间的函数关系,称此为由参数方程所确定的函数. 例如

$$\begin{cases} x = 2t, \\ y = t^2, \end{cases}$$

消去参数 t,得

$$y = t^2 = \left(\frac{x}{2}\right)^2 = \frac{x^2}{4},$$

易求得

$$y' = \frac{1}{2}x.$$

问题 消参困难或无法消参的情况下,如何对参数方程求导?

在方程 $\begin{cases} x = \varphi(t), \\ y = \psi(t) \end{cases}$ 中,设函数 $x = \varphi(t)$ 具有单调连续的反函数 $t = \varphi^{-1}(x)$,则

$$y = \psi(\varphi^{-1}(x)),$$

再设函数 $x = \varphi(t), y = \psi(t)$ 都可导,且 $\varphi'(t) \neq 0$,由复合函数及反函数的求导法则得

$$\frac{\mathrm{d}y}{\mathrm{d}x} = \frac{\mathrm{d}y}{\mathrm{d}t} \cdot \frac{\mathrm{d}t}{\mathrm{d}x} = \frac{\mathrm{d}y}{\mathrm{d}t} \cdot \frac{1}{\frac{\mathrm{d}x}{\mathrm{d}t}} = \frac{\psi'(t)}{\varphi'(t)},$$

即

$$\frac{\mathrm{d}y}{\mathrm{d}x} = \frac{\dfrac{\mathrm{d}y}{\mathrm{d}t}}{\dfrac{\mathrm{d}x}{\mathrm{d}t}}.$$

若函数 $\begin{cases} x = \varphi(t), \\ y = \psi(t) \end{cases}$ 二阶可导,则

$$\frac{\mathrm{d}^2 y}{\mathrm{d}x^2} = \frac{\mathrm{d}y'}{\mathrm{d}x} = \frac{\mathrm{d}y'}{\mathrm{d}t} \cdot \frac{\mathrm{d}t}{\mathrm{d}x} = \frac{\dfrac{\mathrm{d}y'}{\mathrm{d}t}}{\dfrac{\mathrm{d}x}{\mathrm{d}t}} = \frac{\psi''(t)\varphi'(t) - \psi'(t)\varphi''(t)}{\varphi'^2(t)} \cdot \frac{1}{\varphi'(t)},$$

即

$$\frac{\mathrm{d}^2 y}{\mathrm{d}x^2} = \frac{\psi''(t)\varphi'(t) - \psi'(t)\varphi''(t)}{\varphi'^3(t)}.$$

例7 求摆线 $\begin{cases} x = a(t - \sin t), \\ y = a(1 - \cos t) \end{cases}$ 在 $t = \dfrac{\pi}{2}$ 处的切线方程.

解 因为

$$\frac{\mathrm{d}y}{\mathrm{d}x} = \frac{\dfrac{\mathrm{d}y}{\mathrm{d}t}}{\dfrac{\mathrm{d}x}{\mathrm{d}t}} = \frac{a \sin t}{a - a \cos t} = \frac{\sin t}{1 - \cos t},$$

所求切线斜率为

$$k = \frac{\mathrm{d}y}{\mathrm{d}x}\bigg|_{t = \frac{\pi}{2}} = \frac{\sin \dfrac{\pi}{2}}{1 - \cos \dfrac{\pi}{2}} = 1.$$

当 $t = \dfrac{\pi}{2}$ 时,$x = a\left(\dfrac{\pi}{2} - 1\right)$,$y = a$. 故所求切线方程为

$$y - a = x - a\left(\frac{\pi}{2} - 1\right),$$

即

$$y = x + a\left(2 - \frac{\pi}{2}\right).$$

例8 求由方程 $\begin{cases} x = a\cos^3 t, \\ y = a\sin^3 t \end{cases}$ 表示的函数的二阶导数.

解

$$\frac{\mathrm{d}y}{\mathrm{d}x} = \frac{\dfrac{\mathrm{d}y}{\mathrm{d}t}}{\dfrac{\mathrm{d}x}{\mathrm{d}t}} = \frac{3a\sin^2 t \cos t}{3a\cos^2 t(-\sin t)} = -\tan t,$$

$$\frac{\mathrm{d}^2 y}{\mathrm{d}x^2} = \frac{\mathrm{d}y'}{\mathrm{d}x} = \frac{\dfrac{\mathrm{d}y'}{\mathrm{d}t}}{\dfrac{\mathrm{d}x}{\mathrm{d}t}} = \frac{(-\tan t)'}{(a\cos^3 t)'} = \frac{-\sec^2 t}{-3a\cos^2 t \sin t} = \frac{\sec^4 t}{3a\sin t}.$$

习　题　3.4

1. 下列方程确定了 $y=y(x)$，求 y'：

(1) $y^2-2xy+9=0$；

(2) $x^3+y^3-3xy=0$；

(3) $xy=e^{x+y}$；

(4) $y=\cos(x+y)$；

(5) $x^{\frac{2}{3}}+y^{\frac{2}{3}}=a^{\frac{2}{3}}$；

(6) $\arctan\dfrac{y}{x}=\ln\sqrt{x^2+y^2}$.

2. 求由下列方程所确定的隐函数 $y=y(x)$ 的二阶导数：

(1) $x^2-xy+y^2=0$；

(2) $y=1+xe^y$；

(3) $y=\sin(x+y)$.

3. 用对数求导法求下列函数的导数：

(1) $y=\left(\dfrac{x}{1+x}\right)^x$；

(2) $y=(\sin x)^{\cos x}$；

(3) $y^x=x^y$；

(4) $y=\sqrt[5]{\dfrac{x-5}{\sqrt[5]{x^2+2}}}$.

4. 求由下列参数方程所确定的函数 $y=y(x)$ 的一阶导数和二阶导数：

(1) $\begin{cases} x=at^2 \\ y=bt^3 \end{cases}(a,b\text{ 为常数})$；

(2) $\begin{cases} x=2e^t \\ y=e^{-t} \end{cases}$；

(3) $\begin{cases} x=\dfrac{1}{1+t} \\ y=\dfrac{t}{1+t} \end{cases}$；

(4) $\begin{cases} x=a(t-\sin t) \\ y=a(1-\cos t) \end{cases}(a>0\text{ 为常数})$.

第五节　微　　分

引　我们知道，导数的表达式为 $\dfrac{\mathrm{d}y}{\mathrm{d}x}$，表示函数的变化率，那么 $\mathrm{d}y$ 的意义是什么？如何求解 $\mathrm{d}y$？

一、微分的定义

我们先来分析一个例子，从而引出微分的概念.

引例　正方形金属薄片受热后面积的改变量.

设有一个边长为 x_0 的正方形金属薄片，受热后它的边长伸长了 Δx（图 3-2，$\Delta x>0$），问该薄片的面积改变了多少？

解　设薄片的面积为 A，则 $A=x_0^2$. 受热后它的面积改变量可以看做当自变量

x 自 x_0 取得增量 Δx 时,函数 A 相应的增量 ΔA,即
$$\Delta A = (x_0 + \Delta x)^2 - x_0^2 = 2x_0 \cdot \Delta x + (\Delta x)^2.$$

由上式可见,ΔA 分成两部分:第一部分 $2x_0 \cdot \Delta x$ 是 Δx 的线性函数,第二部分是 $(\Delta x)^2$.

当 $\Delta x \to 0$ 时,
$$\lim_{\Delta x \to 0} \frac{(\Delta x)^2}{\Delta x} = \lim_{\Delta x \to 0} \Delta x = 0,$$

也就是说,当 $\Delta x \to 0$ 时,ΔA 的第二部分是比 Δx 高阶的无穷小. 由此可见,当 $|\Delta x|$ 很小时,$(\Delta x)^2$ 可以忽略不计,面积改变量 ΔA 可以近似地由第一部分 $2x_0 \cdot \Delta x$ 来代替.

一般地,计算函数的增量是比较复杂的,希望能像上述引例一样,找出自变量增量的线性式来近似表达函数的增量,且又有一定的精确度,这就是说,如果函数 $y = f(x)$ 的增量 Δy 可以表示为

$$\Delta y = A\Delta x + o(\Delta x), \qquad (3\text{-}2)$$

其中,A 是不依赖于 Δx 的常数,$o(\Delta x)$ 是比 Δx 高阶的无穷小,那么,当 $A \neq 0$,且 $|\Delta x|$ 很小时,便有函数增量的近似表达式 $\Delta y \approx A\Delta x$. 下面我们引出函数微分的概念.

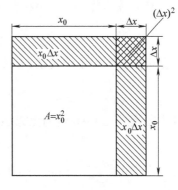

图 3-2

定义 设函数 $y = f(x)$ 在某区间内有定义,x_0 及 $x_0 + \Delta x$ 均在这个区间内,如果函数的增量

$$\Delta y = f(x_0 + \Delta x) - f(x_0)$$

可以表示为

$$\Delta y = A\Delta x + o(\Delta x),$$

其中,A 是与 Δx 无关、只与 x_0 有关的常数,$o(\Delta x)$ 是比 Δx 高阶的无穷小,则称函数 $y = f(x)$ 在点 x_0 是**可微**的,而 $A\Delta x$ 称为函数 $y = f(x)$ 在点 x_0 的**微分**,记作 $\mathrm{d}y|_{x=x_0}$,即

$$\mathrm{d}y|_{x=x_0} = A\Delta x.$$

微分 $\mathrm{d}y|_{x=x_0}$ 叫做函数增量 Δy 的**线性主部**.

二、可微的条件

定理 函数 $y = f(x)$ 在点 x_0 可微的充要条件是 $y = f(x)$ 在点 x_0 处可导,且
$$A = f'(x_0).$$

证 **必要性** 设 $y = f(x)$ 在点 x_0 处可微,根据微分的定义,有

$$\Delta y = A\Delta x + o(\Delta x),$$

上式两边同除以 $\Delta x (\Delta x \neq 0)$,得

$$\frac{\Delta y}{\Delta x} = A + \frac{o(\Delta x)}{\Delta x}.$$

于是,当 $\Delta x \to 0$ 时,上式取极限就得到

$$\lim_{\Delta x \to 0} \frac{\Delta y}{\Delta x} = \lim_{\Delta x \to 0} \left(A + \frac{o(\Delta x)}{\Delta x} \right) = A + \lim_{\Delta x \to 0} \frac{o(\Delta x)}{\Delta x} = A,$$

即

$$A = f'(x_0).$$

因此,如果函数 $f(x)$ 在点 x_0 处可微,那么函数 $f(x)$ 在点 x_0 处也一定可导(即 $f'(x_0)$ 存在),且 $A = f'(x_0)$.

充分性 若 $y = f(x)$ 在点 x_0 处可导,即有

$$\lim_{\Delta x \to 0} \frac{\Delta y}{\Delta x} = f'(x_0).$$

根据极限与无穷小的关系,上式可以写成

$$\frac{\Delta y}{\Delta x} = f'(x_0) + \alpha,$$

其中, α 是当 $\Delta x \to 0$ 时的无穷小. 因此有

$$\Delta y = f'(x_0)\Delta x + \alpha \Delta x. \tag{3-3}$$

这里由于 $\lim\limits_{\Delta x \to 0} \frac{\alpha \Delta x}{\Delta x} = \lim\limits_{\Delta x \to 0} \alpha = 0$,所以 $\alpha \Delta x = o(\Delta x)$. 又 $f'(x_0)$ 与 Δx 无关,于是式(3-3)相当于微分定义中的式(3-2),且 $f'(x_0) = A$,故函数 $f(x)$ 在点 x_0 处是可微的. 证毕.

该定理表明,函数 $f(x)$ 在点 x_0 处可微的充分必要条件是 $f(x)$ 在点 x_0 处可导. 从上述定理的证明中可知,当 $f(x)$ 在点 x_0 处可微时,函数 $f(x)$ 在点 x_0 处的微分就是

$$\mathrm{d}y = f'(x_0)\Delta x.$$

注意到微分定义中式(3-2)可以写成

$$\Delta y = \mathrm{d}y + o(\Delta x),$$

或

$$\Delta y - \mathrm{d}y = o(\Delta x).$$

从而可见,当函数 $f(x)$ 在点 x_0 处可微且 $f'(x_0) \neq 0$ 时, $\Delta y - \mathrm{d}y$ 是比 Δx 高阶的无穷小,即 $\mathrm{d}y = f'(x_0)\Delta x$ 是 Δy 的主要部分,且又是 Δx 的线性式. 因此,函数的微分 $\mathrm{d}y$ 也称为函数增量 Δy 的**线性主部**.

当 $f'(x_0) \neq 0$ 时,由于 $\mathrm{d}y = f'(x_0)\Delta x$,故有

$$\lim_{\Delta x \to 0} \frac{\Delta y}{\mathrm{d}y} = \lim_{\Delta x \to 0} \frac{f'(x_0)\Delta x + o(\Delta x)}{f'(x_0)\Delta x} = 1.$$

因此,若 $y = f(x)$ 在点 x_0 处可微且 $f'(x_0) \neq 0$,则当 $|\Delta x|$ 充分小时, $\frac{\Delta y}{\mathrm{d}y}$ 可以任意

接近于 1, 即 $\dfrac{\Delta y}{\mathrm{d}y} \approx 1$. 从而有精确度较好的近似式: $\Delta y \approx \mathrm{d}y$.

例 1 求函数 $y = x^3$ 当 $x = 2, \Delta x = 0.02$ 时的微分.

解 函数 $y = x^3$ 在 x 处的微分为

$$\mathrm{d}y = (x^3)' \Delta x = 3x^2 \Delta x.$$

以 $x = 2, \Delta x = 0.02$ 代入上式, 即得该函数在 $x = 2, \Delta x = 0.02$ 处的微分为

$$\mathrm{d}y \Big|_{\substack{x=2 \\ \Delta x = 0.02}} = 3x^2 \Delta x \Big|_{\substack{x=2 \\ \Delta x = 0.02}} = 0.24.$$

通常把自变量 x 的增量 Δx 称为自变量的微分, 记作 $\mathrm{d}x$, 即 $\mathrm{d}x = \Delta x$, 于是函数的微分又可以记作

$$\mathrm{d}y = f'(x)\mathrm{d}x.$$

也可以记作

$$\frac{\mathrm{d}y}{\mathrm{d}x} = f'(x).$$

所以说, 函数的微分 $\mathrm{d}y$ 与自变量的微分 $\mathrm{d}x$ 之商等于该函数的导数, 因此, 导数也称为**微商**.

例 2 求函数 $y = \dfrac{1}{x} + \ln x$ 的微分 $\mathrm{d}y$.

解 由于

$$y' = -\frac{1}{x^2} + \frac{1}{x},$$

所以

$$\mathrm{d}y = \left(-\frac{1}{x^2} + \frac{1}{x}\right)\mathrm{d}x = \frac{1}{x}\left(1 - \frac{1}{x}\right)\mathrm{d}x.$$

例 3 设 $y = \ln(x + \mathrm{e}^{x^2})$, 求 $\mathrm{d}y$.

解 由于

$$y' = \frac{1 + 2x\mathrm{e}^{x^2}}{x + \mathrm{e}^{x^2}},$$

所以

$$\mathrm{d}y = \frac{1 + 2x\mathrm{e}^{x^2}}{x + \mathrm{e}^{x^2}}\mathrm{d}x.$$

三、微分的几何意义

下面通过几何图形来说明函数的微分与导数及函数的增量之间的关系(图 3-3).

设函数 $y = f(x)$ 在点 x_0 处可微, 即有

$$\mathrm{d}y = f'(x_0)\Delta x.$$

在直角坐标系中, 函数 $y = f(x)$ 的图形是一条曲线, 对应于 $x = x_0$, 曲线上有一个确定的点 $M(x_0, y_0)$; 对应于 $x = x_0 + \Delta x$, 曲线上有另一点 $N(x_0 + \Delta x, y_0 + \Delta y)$,

由图 3-3 看出

$$MQ=\Delta x, \quad QN=\Delta y,$$

再过点 M 作曲线的切线 MT，它的倾角为 α，在直角 $\triangle MQP$ 中，

$$QP=MQ\tan \alpha=\Delta x f'(x_0)=\mathrm{d}y,$$

比较 QN 与 QP 可知，当 $|\Delta x|$ 很小时，由于在点 M 的邻近处，切线与曲线十分接近，$|\Delta y-\mathrm{d}y|=|PN|$ 很小. 因此，从几何上看，用 $\mathrm{d}y$ 近似代替 Δy，就是在点 $M(x_0,y_0)$ 的附近利用切线段 MP 近似代替曲线弧 MN.

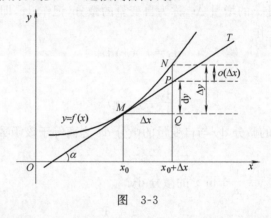

图 3-3

四、微分的求法

已知函数在某点处可微与可导是等价的. 由于函数的微分公式是

$$\mathrm{d}y=f'(x)\mathrm{d}x,$$

所以可以直接从函数的导数公式和求导法则，推出如下相应的微分公式和微分法则.

1. 基本初等函数的微分公式

导数公式	微分公式
$(x^{\mu})'=\mu x^{\mu-1}$	$\mathrm{d}(x^{\mu})=\mu x^{\mu-1}\mathrm{d}x$
$(\sin x)'=\cos x$	$\mathrm{d}(\sin x)=\cos x\mathrm{d}x$
$(\cos x)'=-\sin x$	$\mathrm{d}(\cos x)=-\sin x\mathrm{d}x$
$(\tan x)'=\sec^2 x$	$\mathrm{d}(\tan x)=\sec^2 x\mathrm{d}x$
$(\cot x)'=-\csc^2 x$	$\mathrm{d}(\cot x)=-\csc^2 x\mathrm{d}x$
$(\sec x)'=\sec x\tan x$	$\mathrm{d}(\sec x)=\sec x\tan x\mathrm{d}x$
$(\csc x)'=-\csc x\cot x$	$\mathrm{d}(\csc x)=-\csc x\cot x\mathrm{d}x$
$(a^x)'=a^x\ln a$	$\mathrm{d}(a^x)=a^x\ln a\mathrm{d}x$
$(\mathrm{e}^x)'=\mathrm{e}^x$	$\mathrm{d}(\mathrm{e}^x)=\mathrm{e}^x\mathrm{d}x$
$(\log_a x)'=\dfrac{1}{x\ln a}$	$\mathrm{d}(\log_a x)=\dfrac{1}{x\ln a}\mathrm{d}x$
$(\ln x)'=\dfrac{1}{x}$	$\mathrm{d}(\ln x)=\dfrac{1}{x}\mathrm{d}x$
$(\arcsin x)'=\dfrac{1}{\sqrt{1-x^2}}$	$\mathrm{d}(\arcsin x)=\dfrac{1}{\sqrt{1-x^2}}\mathrm{d}x$

（续）

导数公式	微分公式
$(\arccos x)' = -\dfrac{1}{\sqrt{1-x^2}}$	$d(\arccos x) = -\dfrac{1}{\sqrt{1-x^2}}dx$
$(\arctan x)' = \dfrac{1}{1+x^2}$	$d(\arctan x) = \dfrac{1}{1+x^2}dx$
$(\text{arccot } x)' = -\dfrac{1}{1+x^2}$	$d(\text{arccot } x) = -\dfrac{1}{1+x^2}dx$

2. 函数和、差、积、商的微分法则

为了便于对照, 同时列出函数的和、差、积、商的求导法则如下, 其中, $u = u(x), v = v(x)$ 都具有导数.

函数的和、差、积、商的求导法则	函数的和、差、积、商的微分法则
$(u \pm v)' = u' \pm v'$	$d(u \pm v) = du \pm dv$
$(Cu)' = Cu'$ (C 是常数)	$d(Cu) = Cdu$ (C 是常数)
$(uv)' = u'v + uv'$	$d(uv) = vdu + udv$
$\left(\dfrac{u}{v}\right)' = \dfrac{u'v - uv'}{v^2}$	$d\left(\dfrac{u}{v}\right) = \dfrac{vdu - udv}{v^2}$

现在我们仅对函数乘积的微分法则加以证明, 其他法则都可以用类似方法证得.

根据微分的定义, 有

$$d(uv) = (uv)'dx = (u'v + uv')dx = u'vdx + uv'dx = vdu + udv,$$

所以

$$d(uv) = vdu + udv.$$

例 4 设 $y = y(x)$ 由方程 $x^2 + xy + y^2 = 3$ 确定, 求 dy.

解 方程两边取微分, 得

$$d(x^2 + xy + y^2) = d(3),$$

运用微分运算法则, 得

$$dx^2 + d(xy) + dy^2 = 0,$$
$$(x^2)'dx + xdy + ydx + (y^2)'_x dx = 0,$$
$$2xdx + xdy + ydx + 2yy'dx = 0.$$

注意到 $y'dx = dy$, 得

$$2xdx + xdy + ydx + 2ydy = 0, \tag{3-4}$$

解得

$$dy = -\frac{2x+y}{x+2y}dx.$$

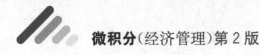

如果运算熟练,式(3-4)之前的步骤都可以省略,十分简便.

五、复合函数的微分——微分形式的不变性

设 $y=f(u)$ 与 $u=\varphi(x)$ 都可导,则复合函数 $y=f(\varphi(x))$ 的微分为

$$dy=y'_x dx=y'_u \cdot u'_x dx,$$

注意到 $u'_x dx=du$,所以

$$dy=y'_x dx=y'_u du.$$

由此可见,微分公式

$$dy=y'_u du$$

中,无论 u 是自变量还是中间变量都正确. 这一性质称为**微分形式不变性**.

例5 设 $y=\sin(2x+1)$,求 dy.

解 将 $2x+1$ 看做中间变量,即 $y=\sin u$, $u=2x+1$,有

$$dy=\cos u du=\cos(2x+1)d(2x+1)=\cos(2x+1) \cdot 2dx=2\cos(2x+1)dx.$$

例6 设 $y=e^{1-3x}\cos x$,求 dy.

解 应用函数乘积及复合函数的微分法则,得

$$dy = d(e^{1-3x}\cos x) = e^{1-3x}d(\cos x) + \cos x d(e^{1-3x})$$
$$= e^{1-3x} \cdot (-\sin x)dx + \cos x \cdot (-3e^{1-3x})dx$$
$$=- e^{1-3x}(3\cos x + \sin x)dx.$$

例7 设 $y=e^{-ax}\sin bx$,求 dy.

解 应用函数乘积及复合函数的微分法则,得

$$dy = d(e^{-ax}\sin bx)$$
$$= e^{-ax}d(\sin bx) + \sin bx \cdot d(e^{-ax})$$
$$= e^{-ax} \cdot \cos bx d(bx) + \sin bx \cdot e^{-ax}d(-ax)$$
$$= e^{-ax} \cdot \cos bx \cdot bdx + \sin bx \cdot e^{-ax} \cdot (-a)dx$$
$$= e^{-ax}(b\cos bx - a\sin bx)dx.$$

例8 在下列等式左端的括号中填入适当的函数,使等式成立.

$(1)d(\quad)=x^2 dx$; $(2)d(\quad)=\cos 2x dx$; $(3)d(\quad)=e^{\sqrt{x}}\dfrac{1}{\sqrt{x}}dx$.

解 (1)我们知道 $d(x^3)=3x^2 dx$ 可以写成

$$\frac{1}{3}d(x^3)=x^2 dx,$$

即得
$$d\left(\frac{1}{3}x^3\right)=x^2dx.$$

一般地,有 $d\left(\frac{1}{3}x^3+C\right)=x^2dx$($C$ 为任意常数).

(2)因为 $d(\sin 2x)=2\cos 2xdx$ 可以写成
$$\frac{1}{2}d(\sin 2x)=\cos 2xdx,$$

即得
$$d\left(\frac{1}{2}\sin 2x\right)=\cos 2xdx.$$

一般地,有 $d\left(\frac{1}{2}\sin 2x+C\right)=\cos 2xdx$ (C 为任意常数).

(3)因为 $d(e^{\sqrt{x}})=e^{\sqrt{x}}\dfrac{1}{2\sqrt{x}}dx$ 可以写成
$$2d(e^{\sqrt{x}})=e^{\sqrt{x}}\frac{1}{\sqrt{x}}dx,$$

即得
$$d(2e^{\sqrt{x}})=e^{\sqrt{x}}\frac{1}{\sqrt{x}}dx.$$

一般地,有 $d(2e^{\sqrt{x}}+C)=e^{\sqrt{x}}\dfrac{1}{\sqrt{x}}dx$ (C 为任意常数).

六、微分在近似计算中的应用

由微分定义知道,当 $|\Delta x|$ 很小时,取 $\Delta y\approx dy$,误差很小.

即
$$\Delta y=f(x_0+\Delta x)-f(x_0)\approx f'(x_0)\Delta x. \tag{3-5}$$
上式可以用来计算函数增量 Δy 的近似值.

如果把式(3-5)改写成为
$$f(x_0+\Delta x)\approx f(x_0)+f'(x_0)\Delta x, \tag{3-6}$$
则可以用来计算 $f(x_0+\Delta x)$ 的近似值.

在式(3-6)中,令 $x=x_0+\Delta x$,则 $\Delta x=x-x_0$,式(3-6)也可以写成
$$f(x)\approx f(x_0)+f'(x_0)(x-x_0). \tag{3-7}$$

注 利用式(3-7)作近似计算时,必须注意适当地选择 x_0,使得公式中的 $f(x_0)$ 及 $f'(x_0)$ 都较容易求得;同时要求 $|\Delta x|$ 比较小,以保证近似计算的误差尽量小.

例9 利用微分计算 $\sin 30°30'$ 的近似值(取 4 位小数).

解 将 $30°30'$ 化为弧度,得

$$30°30' = \frac{\pi}{6} + \frac{\pi}{360}.$$

设 $f(x) = \sin x$，求导得 $f'(x) = \cos x$，取 $x_0 = \frac{\pi}{6}$，$\Delta x = \frac{\pi}{360}$，则 $f(x_0) = \sin \frac{\pi}{6} = \frac{1}{2}$，$f'(x_0) = \cos \frac{\pi}{6} = \frac{\sqrt{3}}{2}$. 这里 $f(x_0)$ 及 $f'(x_0)$ 都较容易求得，而且 $\Delta x = \frac{\pi}{360}$ 比较小，故可以应用式(3-6)，有

$$\sin 30°30' = \sin\left(\frac{\pi}{6} + \frac{\pi}{360}\right) \approx \sin \frac{\pi}{6} + \cos \frac{\pi}{6} \times \frac{\pi}{360}$$

$$= \frac{1}{2} + \frac{\sqrt{3}}{2} \times \frac{\pi}{360} \approx 0.5000 + 0.00756 \approx 0.5076.$$

下面推导一些工程中常用的近似公式.

在式(3-7)中，令 $x_0 = 0$，则有

$$f(x) \approx f(0) + f'(0)x. \tag{3-8}$$

应用式(3-8)，当 $|\Delta x|$ 很小时，我们可以推出工程上常用的几个近似公式：

(1) $\sqrt[n]{1+x} \approx 1 + \frac{1}{n}x$；

(2) $\sin x \approx x$（x 用 rad 作单位）；

(3) $\tan x \approx x$（x 用 rad 作单位）；

(4) $e^x \approx 1 + x$；

(5) $\ln(1+x) \approx x$.

证　只证(1)

取 $f(x) = \sqrt[n]{1+x}$，则有 $f(0) = 1$，$f'(0) = \frac{1}{n}(1+x)^{\frac{1}{n}-1}\Big|_{x=0} = \frac{1}{n}$. 将以上数值代入式(3-8)，便得

$$\sqrt[n]{1+x} \approx 1 + \frac{1}{n}x.$$

其他几个近似公式可以类似证明.

例 10　计算 $\sqrt{1.05}$ 的近似值（取 3 位小数）.

解　$\sqrt{1.05} = \sqrt{1+0.05} = (1+0.05)^{\frac{1}{2}}$.

这里数值 $x = 0.05$ 较小，利用近似公式(1)($n=2$)，便得

$$\sqrt{1.05} \approx 1 + \frac{1}{2} \times 0.05 = 1.025.$$

如果直接开方得 $\sqrt{1.05} \approx 1.024695\cdots$，比较两个结果，可以看出，用 1.025 作为 $\sqrt{1.05}$ 的近似值时，误差不超过 0.001.

习 题 3.5

1. 已知 $y=(x-1)^2$，计算当 $x=0$，$\Delta x=0.5$ 时的 Δy 及 dy.

2. 计算下列函数的微分：

(1) $y=\dfrac{1}{x}+2\sqrt{x}$；

(2) $y=x\sin 2x$；

(3) $y=e^{-x}\cos(3-x)$；

(4) $y=\tan^2(1+2x^2)$；

(5) $y=\dfrac{1}{\sqrt{\sin\sqrt{x}}}$；

(6) $y=e^{\sqrt{1-x^2}}$.

3. 下列方程确定了 $y=y(x)$，求 dy：

(1) $y=1+xe^y$；

(2) $y=\tan(x+y)$；

(3) $xy=e^{x+y}$.

4. 在下列括号内填入适当函数，使等式成立：

(1) $d(\quad)=2dx$；

(2) $d(\quad)=2xdx$；

(3) $d(\quad)=e^{2x}dx$；

(4) $d(\quad)=e^{-x}dx$；

(5) $d(\quad)=\sin\omega xdx$；

(6) $d(\quad)=\cos(x+2)dx$；

(7) $d(\quad)=\dfrac{1}{1+x}dx$；

(8) $d(\quad)=\dfrac{1}{\sqrt{x}}dx$.

5. 计算下列各式的近似值：

(1) $\tan 134°$（取四位小数）；

(2) $\arcsin 0.5003$（取四位小数）；

(3) $\sqrt[6]{65}$（取四位小数）.

第六节 经济活动中的边际分析与弹性分析

引 由导数概念可知，函数在某一点处的导数就是函数在该点的变化率. 它描述了函数在某点的变化情况. 在经济学中，经常需要研究经济函数的绝对变化率与相对变化率问题. 这类问题如何求解？

一、边际分析

在分析经济量的关系时，不仅要知道因变量依赖于自变量变化的函数关系，还要进一步了解这个函数变化的速度，即函数的变化率. 在经济学中，把经济函数 $y=f(x)$ 在 x 处的变化率（导数）称为 y 对 x 的**边际变化**，也称为**边际函数**. 常用的边际函数有三个，即**边际成本函数** $TC'(Q)$、**边际收益函数** $TR'(Q)$、**边际利润函数** $L'(Q)$.

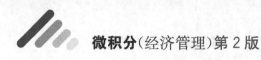

1. 边际成本

边际成本是总成本函数 $TC=TC(Q)$ 关于产量 Q 的导数,记为 MC,即

$$MC=TC'(Q).$$

它的经济含义是:当产量为 Q 时,再生产一个单位产品所增加的成本,即边际成本是第 $Q+1$ 个产品的成本.

例1 设某种产品的总成本函数

$$TC(Q)=2000+45Q+0.02Q^2(Q\in[0,1000]).$$

求:(1) 当产量为 100t 的总成本;

(2) 当产量为 100t 时的平均成本;

(3) 当产量从 100t 增加到 200t 时,总成本的平均变化率;

(4) 分别求当产量为 100t 和 200t 时的边际成本.

解 (1) 当产量为 100t 时,总成本

$$TC(100)=2000+45\times100+0.02\times100^2=6700.$$

(2) 当产量为 100t 时,平均成本

$$AC(100)=\frac{6700}{100}=67.$$

(3) 当产量从 100t 增加到 200t 时,有

$$\Delta Q=200-100=100,$$
$$\Delta TC=TC(200)-TC(100)$$
$$=2000+45\times200+0.02\times200^2-6700$$
$$=5100.$$

所以总成本的平均变化率为

$$\frac{\Delta TC}{\Delta Q}=\frac{5100}{100}=51.$$

(4) 边际成本函数

$$MC=TC'(Q)=45+0.04Q,$$

所以

$$MC(100)=45+0.04\times100=49,$$
$$MC(200)=45+0.04\times200=53.$$

这说明当产量为 100t 时,再增加一个单位产品的生产,总成本将增加 49;当产量为 200t 时,再增加一个单位产品的生产,总成本将增加 53.

2. 边际收益

边际收益是总收益函数为 $TR=TR(Q)$ 对销售量 Q 的导数,记为 MR,即

$$MR=TR'(Q).$$

它的经济含义是:当销售量为 Q 时,再销售一个商品所增加的收益.

下面讨论边际收益与平均收益的关系.

（1）当价格不变时，价格 P 为一常数，由
$$TR = P \cdot Q$$
得
$$MR = P,$$
即边际收益等于价格.

（2）当价格随着产销量变化时，$P = P(Q)$，此时由
$$TR = Q \cdot P(Q),$$
再根据求导公式有
$$MR = Q \cdot P'(Q) + P(Q).$$

例 2 设某产品的价格与销量的关系为 $P(Q) = 10 - \dfrac{Q}{5}$，求销量为 30 时的总收益、平均收益与边际收益.

解 由 $TR = Q \cdot P(Q) = 10Q - \dfrac{Q^2}{5}$ 得 $TR(30) = 120$；

由 $AR = P(Q) = 10 - \dfrac{Q}{5}$，得 $AR(30) = 4$；

由 $MR = TR'(Q) = 10 - \dfrac{2Q}{5}$，得 $MR(30) = -2$.

3. 边际利润

总利润函数 $L(Q) = TR(Q) - TC(Q)$ 对销售量 Q 的导数，称为边际利润，记为 ML，即边际利润函数为
$$ML(Q) = TR'(Q) - TC'(Q) = MR - MC.$$
它的经济含义是：当产销量达到 Q 时，再增加一个单位产品的产销所增加的利润.

二、弹性分析

弹性作为一个数学概念是指相对变化率，即相互依存的一个变量对另一个变量变化的反应程度. 用比例来说，是自变量变化 1% 所引起因变量变化的百分数. 弹性是一种不依赖于任何单位的计量法，即是无量纲的. 弹性分析是经济数量分析的重要组成部分之一.

1. 需求价格弹性

需求价格函数 $Q_d = f(p)$ 反映了某种商品需求量 Q_d 与价格 p 的依赖关系. 当价格在 p_0 处有改变量 Δp 时，需求量相应也有改变量 $\Delta Q_d = f(p_0 + \Delta p) - f(p_0)$. 当价格改变量 $\Delta p \to 0$ 时，极限

$$\lim_{\Delta p \to 0} \frac{\dfrac{\Delta Q_d}{f(p_0)}}{\dfrac{\Delta p}{p_0}} = \lim_{\Delta p \to 0} \left(\frac{\Delta Q_d}{\Delta p} \cdot \frac{p_0}{f(p_0)} \right) = f'(p_0) \cdot \frac{p_0}{f(p_0)}$$

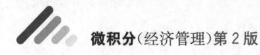

称为该商品在 p_0 处的**需求价格弹性**,记为 $\left.\dfrac{f_E(p)}{p_E}\right|_{p=p_0}$,在经济学中常记为 $E_d|_{p=p_0}$. 即

$$E_d|_{p=9} = \left.\frac{f_E(p)}{p_E}\right|_{p=p_0} = f'(p_0) \cdot \frac{p_0}{f(p_0)}.$$

例 3 某种商品的需求量 Q(单位:百件)与价格 p(单位:千元)的关系为

$$Q_d = f(p) = 15e^{-\frac{p}{3}}.$$

试求在 $p=9$ 千元水平上的需求价格弹性.

解 因为

$$Q_d' = f'(p) = -5e^{-\frac{p}{3}},$$

所以

$$E_d|_{p=9} = \left. f'(p) \cdot \frac{p}{f(p)}\right|_{p=9}$$

$$= -5e^{-3} \times \frac{9}{15e^{-3}}$$

$$= -3.$$

该结果说明在 9 千元价格水平上,价格若增加 1%,该商品的需求量将下降 3%.

2. 供给价格弹性

对供给价格函数 $Q_s = g(p)$ 的弹性分析,与需求价格弹性的分析一样,可推出商品在 p_0 处的供给价格弹性为

$$g'(p_0) \cdot \frac{p_0}{g(p_0)},$$

记为 $\left.\dfrac{g_E(p)}{p_E}\right|_{p=p_0}$,在经济学中常记为 $E_s|_{p=p_0}$,即

$$E_s|_{p=p_0} = \left.\frac{g_E(p)}{p_E}\right|_{p=p_0} = g'(p_0) \cdot \frac{p_0}{g(p_0)}.$$

例 4 已知某种商品的供给价格函数为

$$Q_s = g(p) = -2 + 0.8p.$$

试求 $p=5$ 时的供给价格弹性.

解 因为 $Q_s' = g'(p) = 0.8,$

所以

$$E_s|_{p=5} = \left. g'(p) \cdot \frac{p}{g(p)}\right|_{p=5} = 0.8 \times \frac{5}{-2 + 0.8 \times 5} = 2.$$

该结果说明当价格在 $p=5$ 元水平时,若提价 1%,供给量将增加 2%.

习 题 3.6

1. 某产品生产单位的总成本函数为

$$TC = TC(Q) = 1100 + \frac{1}{1200}Q^2.$$

求:(1) 生产 900 单位时的总成本和平均单位成本;

(2) 生产 900~1000 单位时总成本的平均变化率;

(3) 生产 900 单位和 1000 单位时的边际成本.

2. 设某产品的价格与销售量的关系为 $p = 30 - \dfrac{Q}{10}$,求销售量为 100 时的总收益、平均收益与边际收益.

3. 设某商品需求量 Q_d 与价格 p 的函数关系为

$$Q_d = 50000 e^{-2p},$$

试求需求量 Q_d 对价格 p 的弹性.

4. 设某商品的供给函数 $Q_s = Q(p) = 20 + 5p$,求供给价格弹性函数及 $p = 10$ 时的供给价格弹性.

5. 某商品的需求函数为 $Q_d = Q(p) = 100 - p^2$,求:

(1) $p = 5$ 时的边际需求,并说明经济意义;

(2) $p = 5$ 时的需求价格弹性,并说明经济意义.

第三章自测题 A

1. 填空题:

(1) 设 $f(x)$ 为可导函数,则 $\lim\limits_{\Delta x \to 0} \dfrac{f^2(x + \Delta x) - f^2(x)}{\Delta x} = $ _____.

(2) $\lim\limits_{x \to 0} \dfrac{(2 + \tan x)^{10} - (2 - \sin x)^{10}}{\sin x} = $ _____.

(3) 设 $y = 2^{\sin x} \cos(\cos x)$,则 $y' = $ _____.

(4) 设函数 $y = y(x)$ 由方程 $\sin(x^2 + y^2) + e^x - xy^2 = 0$ 所确定,则 $\dfrac{dy}{dx} = $ _____.

(5) 设 $y = e^{\sin x^2}$,则 $dy = $ _____.

(6) 已知 $y = \sin 2x$,则 $y^{(n)} = $ _____.

(7) 设 $f(x) = \begin{cases} x^\lambda \cos \dfrac{1}{x}, & x \neq 0, \\ 0, & x = 0, \end{cases}$ 其导数在 $x = 0$ 处连续,则 λ 的取值范围是

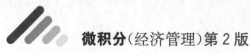

_____.

2. 选择题:

(1) 若 $f(x)=\begin{cases}x^2+3, & x<1,\\ ax+b, & x\geqslant1\end{cases}$ 在 $x=1$ 处可导,则(   ).

A. $a=2,b=2$ B. $a=-2,b=2$

C. $a=2,b=-2$ D. $a=-2,b=-2$

(2) 设 $f'(x_0)=2$,则 $\lim\limits_{h\to0}\dfrac{f(x_0+h)-f(x_0-h)}{h}=$(   ).

A. 不存在   B. 2   C. 0   D. 4

(3) 设 $f(x^2)=x^3(x>0)$,则 $f'(4)=$(   ).

A. 2   B. 3   C. 4   D. 5

(4) 设 $f(x)$ 是可导函数,且 $\lim\limits_{x\to0}\dfrac{f(1)-f(1-x)}{2x}=-1$,则曲线 $y=f(x)$ 在点 $(1,f(1))$ 处的切线斜率为(   ).

A. 1   B. 0   C. -1 D. -2

(5) 设 $f(x)$ 在 $x=0$ 处可导,$F(x)=f(x)(1+|x|)$,则 $f(0)=0$ 是 $F(x)$ 在 $x=0$ 处可导的(   ).

A. 必要条件但非充分条件   B. 既非充分条件又非必要条件

C. 充分必要条件   D. 充分条件但非必要条件

(6) 设 $f(x)=\begin{cases}\dfrac{1-\cos x}{\sqrt{x}}, & x>0,\\ x^2g(x), & x\leqslant0,\end{cases}$ 其中 $g(x)$ 是有界函数,则 $f(x)$ 在 $x=0$ 处(   ).

A. 极限不存在   B. 可导

C. 连续但不可导   D. 极限存在,但不连续

(7) $\sqrt{1.004}$ 的近似值为(   ).

A. 1.002   B. 1.001   C. 1.003   D. 1.004

3. 设 $x>1$,求 $d(x^2\arctan\sqrt{x-1})$.

4. 设 $f(x)=\begin{cases}-x^2+bx, & x<1,\\ ax^2+1, & x\geqslant1,\end{cases}$ 试求常数 a,b 的值,使 $f(x)$ 在 $x=1$ 处可导.

5. 试证明:若 $f(x)$ 在 $(-\infty,+\infty)$ 上可导并满足:$f'(x)=f(x)$ 及 $f(0)=1$,则

$$f(x)=e^x.$$

第三章自测题 B

1. 填空题：

(1) 设 $f(0)=0, f'(0)=4$，则 $\lim\limits_{x\to 0}\dfrac{f(x)}{x}=$ _____.

(2) $f(x)=x(x-1)(x+2)(x-3)(x+4)\cdots(x+100)$，则 $f'(1)=$ _____.

(3) 设函数 $y=y(x)$ 由方程 $e^{x+y}+\cos(xy)=0$ 确定，则 $\dfrac{\mathrm{d}y}{\mathrm{d}x}=$ _____.

(4) 已知函数 $f(x)=xe^x$，则 $f^{(100)}(x)=$ _____.

(5) 设 $y=f(x^2+f(x^2))$，其中 $f(u)$ 为可导函数，则 $\dfrac{\mathrm{d}y}{\mathrm{d}x}=$ _____.

(6) 设方程 $x=y^y$ 确定 y 为 x 的函数，则 $\mathrm{d}y=$ _____.

(7) 已知曲线 $f(x)=x^n$ 在点 $(1,1)$ 处的切线与 x 轴的交点为 $(\xi_n,0)$，则 $\lim\limits_{n\to\infty}f(\xi_n)=$ _____.

2. 选择题：

(1) 若 $f(x)=\begin{cases} x^2, & x\leq 1, \\ ax-b, & x>1 \end{cases}$ 在 $x=1$ 处可导，则 a,b 的值为（　　）.

A. $a=1, b=2$ B. $a=2, b=1$

C. $a=-1, b=2$ D. $a=-2, b=1$

(2) 若 $f'(x_0)=-3$，则 $\lim\limits_{h\to 0}\dfrac{f(x_0+h)-f(x_0-3h)}{h}=$（　　）.

A. -3 B. -6 C. -9 D. -12

(3) 设函数 $f(x)=|x^3-1|\varphi(x)$，其中 $\varphi(x)$ 在 $x=1$ 处连续，则 $\varphi(1)=0$ 是 $f(x)$ 在 $x=1$ 处可导的（　　）.

A. 充分必要条件   B. 必要条件但非充分条件

C. 充分条件但非必要条件   D. 既非充分条件也非必要条件

(4) 设周期函数 $f(x)$ 在 $(-\infty,+\infty)$ 内可导，周期为 4，又 $\lim\limits_{x\to 0}\dfrac{f(1)-f(1-x)}{2x}=-1$，则曲线 $y=f(x)$ 在 $(5,f(5))$ 处切线的斜率为（　　）.

A. $\dfrac{1}{2}$ B. 0 C. -1 D. -2

(5) 设曲线 $y=x^3+ax$ 与 $y=bx^2+c$ 在点 $(-1,0)$ 处相切，其中 a,b,c 为常数，则（　　）.

A. $a=-1,b=-1,c=1$ B. $a=-1,b=2,c=-2$

C. $a=1,b=-2,c=2$ D. $a=1,b=-1,c=1$

(6) 设函数 $f(x)$ 在 $x=a$ 处可导,则函数 $|f(x)|$ 在 $x=a$ 处不可导的充分条件是( ).

A. $f(a)=0,f'(a)=0$ B. $f(a)=0,f'(a)\neq 0$

C. $f(a)>0,f'(a)>0$ D. $f(a)<0,f'(a)<0$

(7) $\sin 31°$ 的近似值为( ).

A. 0.5151   B. 0.4849

C. 0.5174   D. 0.5175

3. 设 $f(t)=\lim\limits_{x\to\infty}t\left(\dfrac{x+t}{x-t}\right)^x$,求 $f'(t)$.

4. 设 $y=\arctan e^x-\ln\sqrt{\dfrac{e^{2x}}{e^{2x}+1}}$,求 $\dfrac{dy}{dx}\Big|_{x=1}$.

5. 曲线 $y=\dfrac{1}{\sqrt{x}}$ 的切线与 x 轴和 y 轴围成一个图形,记切点的横坐标为 a.试求切线方程和这个图形的面积.当切线沿曲线趋于无穷远时,该面积的变化趋势如何?

第四章 微分中值定理与导数的应用

在第三章中,我们介绍了微分学的两个基本概念——导数与微分及其计算方法.本章以微分学基本定理——**微分中值定理**为基础,进一步介绍利用导数研究函数及其在经济分析中的应用.

第一节 微分中值定理

引 由第三章我们知道,导数的几何意义表示曲线上该点切线的斜率,图 4-1 所示函数 $y=f(x)$ 在区间 $[a,b]$ 上的图像是一条连续光滑的曲线弧. $f(x)$ 在 (a,b) 内可导,即在 (a,b) 内每一点都存在不垂直于 x 轴的切线,函数在区间 $[a,b]$ 上的端点对应的分别为 A,B. 那么问题是,在区间 (a,b) 内是否存在一点 ξ,使得曲线在该点的切线平行于直线 AB? 即

$$f'(\xi) = \frac{f(b)-f(a)}{b-a}, \xi \in (a,b).$$

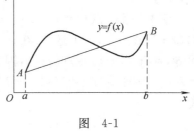

图 4-1

一、罗尔$^{\ominus}$定理

罗尔定理 如果函数 $f(x)$ 在闭区间 $[a,b]$ 上连续,在开区间 (a,b) 内可导,且在区间端点的函数值相等,即 $f(a)=f(b)$,那么在 (a,b) 内至少有一点 $\xi(a<\xi<b)$,使得

$$f'(\xi) = 0.$$

证 因为 $f(x)$ 在 $[a,b]$ 上连续,必有最大值 M 和最小值 m.

(1) 若 $M=m$,则 $f(x)=M$,由此得 $f'(x)=0$,则对于任意的 $\xi \in (a,b)$,都有 $f'(\xi)=0$.

(2) 若 $M \neq m$,因为 $f(a)=f(b)$,所以最值不可能同时在端点取得.

设 $M \neq f(a)$,则在 (a,b) 内至少存在一点 ξ,使得 $f(\xi)=M$. 因为 $f(\xi+\Delta x) \leqslant f(\xi)$,所以 $f(\xi+\Delta x)-f(\xi) \leqslant 0$,

若 $\Delta x > 0$,则有

$\ominus$ 罗尔(M. Rolle,1652—1719),法国数学家.

$$\frac{f(\xi + \Delta x) - f(\xi)}{\Delta x} \leqslant 0,$$

若 $\Delta x < 0$,则有

$$\frac{f(\xi + \Delta x) - f(\xi)}{\Delta x} \geqslant 0,$$

所以

$$f_-'(\xi) = \lim_{\Delta x \to 0^-} \frac{f(\xi + \Delta x) - f(\xi)}{\Delta x} \geqslant 0,$$

$$f_+'(\xi) = \lim_{\Delta x \to 0^+} \frac{f(\xi + \Delta x) - f(\xi)}{\Delta x} \leqslant 0,$$

因为 $f'(\xi)$ 存在,所以 $f_-'(\xi) = f_+'(\xi)$. 故应有 $f'(\xi) = 0$.

罗尔定理的几何解释 观察图 4-2,函数 $y = f(x)$ 在区间 $[a,b]$ 上的图像是一条连续光滑的曲线弧,在 (a,b) 内可导,即在 (a,b) 内每一点都存在不垂直于 x 轴的切线,且 $f(a) = f(b)$,则可以发现在曲线上的最高点和最低点处,曲线有水平切线,即有 $f'(\xi) = 0$.

例 1 函数 $f(x) = x^2 - 2x - 3 = (x-3)(x+1)$ 在 $[-1,3]$ 上连续,在 $(-1,3)$ 内可导,且有 $f(-1) = f(3) = 0$,因为 $f'(x) = 2(x-1)$,故存在 $\xi = 1 (1 \in (-1,3))$,使得

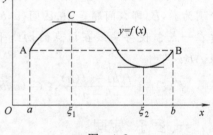

图 4-2

$$f'(\xi) = 0.$$

注意 若罗尔定理的三个条件中有一个不满足,其结论可能不成立.

例如,函数 $y = |x|$,$x \in [-2,2]$;在 $[-2,2]$ 上除 $f'(0)$ 不存在外,满足罗尔定理的一切条件,但在 $(-2,2)$ 内找不到一点使 $f'(x) = 0$.

例 2 不求导数,判断函数

$$f(x) = (x-1)(x-2)(x-3)$$

的导数有几个零点,这些零点分别在什么范围.

解 因为 $f(1) = f(2) = f(3) = 0$,所以 $f(x)$ 在区间 $[1,2]$,$[2,3]$ 上满足罗尔定理的三个条件,所以在区间 $(1,2)$ 内至少存在一点 ξ_1,使得 $f'(\xi_1) = 0$,即 ξ_1 是 $f'(x)$ 的一个零点;又在区间 $(2,3)$ 内至少存在一点 ξ_2,使得 $f'(\xi_2) = 0$,即 ξ_2 是 $f'(x)$ 的一个零点.

又因为 $f'(x)$ 为二次多项式,最多只能有两个零点,故 $f'(x)$ 恰好有两个零点,分别在区间 $(1,2)$ 和 $(2,3)$ 内.

例 3 证明方程 $x^5 - 5x + 1 = 0$ 仅有一个小于 1 的正实根.

证 设 $f(x) = x^5 - 5x + 1$,则 $f(x)$ 在 $[0,1]$ 上连续,且 $f(0) = 1$,$f(1) = -3$.

由介值定理知,存在点 $x_0 \in (0,1)$,使得 $f(x_0)=0$. x_0 即为方程的小于 1 的正实根.

再来证明 x_0 即为方程的小于 1 的唯一正实根. 反证法:设另有 $x_1 \in (0,1)$, $x_1 \neq x_0$,使得 $f(x_1)=0$. 则 $f(x)$ 在 x_0,x_1 之间满足罗尔定理条件,所以至少存在一点 ξ(在 x_0,x_1 之间),使得 $f'(\xi)=0$. 这与

$$f'(x) = 5(x^4 - 1) < 0. \quad (x \in (0,1))$$

矛盾,所以 x_0 即为方程的小于 1 的唯一正实根.

二、拉格朗日[一]中值定理

拉格朗日中值定理　如果函数 $f(x)$ 满足在闭区间 $[a,b]$ 上连续,在开区间 (a,b) 内可导,那么在 (a,b) 内至少有一点 $\xi(a<\xi<b)$,使得

$$f'(\xi) = \frac{f(b)-f(a)}{b-a}, \xi \in (a,b). \tag{4-1}$$

拉格朗日中值定理的几何解释　拉格朗日中值定理与罗尔定理相比条件中去掉了 $f(a)=f(b)$,其结论亦可写成 $\dfrac{f(b)-f(a)}{b-a}=f'(\xi)$,在曲线弧 AB 上至少有一点 C,在该点处的切线平行于弦 AB(图 4-3).

容易看出来,在拉格朗日中值定理中,如果增加该函数在两端点的值相等的条件 $f(a)=f(b)$,则定理的结论正是罗尔定理的结论,可见,罗尔定理是拉格朗日中值定理的特例. 因此,该定理证明的基本思路就是构造一个辅助函数,使其符合罗尔定理的条件,然后利用罗尔定理证明.

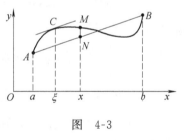

图　4-3

证　作辅助函数

$$F(x) = f(x) - \left[f(a) + \frac{f(b)-f(a)}{b-a}(x-a) \right].$$

容易验证 $F(x)$ 满足罗尔定理的条件,从而在 (a,b) 内至少存在一点 ξ,使得 $F'(\xi)=0$,即

$$f'(\xi) - \frac{f(b)-f(a)}{b-a} = 0 \ \text{或} \ f(b) - f(a) = f'(\xi)(b-a).$$

推论 1　如果函数 $f(x)$ 在区间 (a,b) 内的导数恒为零,则函数 $f(x)$ 在 (a,b) 内恒为常数.

证　必要性显然,下面证充分性.

设 $f'(x)\equiv0$ 成立．在 (a,b) 内取定一点 x_0，对任意的 $x\in(a,b)$，$x\neq x_0$，由 $f(x)$ 在 (a,b) 内可导可知，$f(x)$ 在以 x_0 和 x 为端点的区间上满足拉格朗日中值定理的条件，故由式(4-1)知，存在 ξ 位于 x_0 与 x 之间，使得

$$f(x) = f(x_0) + (x-x_0)f'(\xi)$$
$$= f(x_0) + (x-x_0) \cdot 0$$
$$= f(x_0).$$

由 x 的任意性可知，$f(x)$ 在 (a,b) 内恒为常数．

推论 2　如果函数 $f(x)$ 与 $g(x)$ 在区间 (a,b) 内的导数恒有 $f'(x)=g'(x)$，则这两个函数在 (a,b) 内至多相差一个常数．

例 4　证明 $\arcsin x+\arccos x=\dfrac{\pi}{2}(-1\leqslant x\leqslant1)$．

证　设　　　　　$f(x)=\arcsin x+\arccos x, x\in[-1,1]$，

因为　　　　　　$f'(x)=\dfrac{1}{\sqrt{1-x^2}}+\left(-\dfrac{1}{\sqrt{1-x^2}}\right)=0$，

所以　　　　　　　　$f(x)\equiv C, x\in[-1,1]$．

又因为

$$f(0) = \arcsin 0 + \arccos 0 = 0+\frac{\pi}{2}=\frac{\pi}{2}, 即 C=\frac{\pi}{2}.$$

所以

$$\arcsin x + \arccos x = \frac{\pi}{2}(-1\leqslant x\leqslant1).$$

例 5　证明：当 $x>0$ 时，$\dfrac{x}{1+x}<\ln(1+x)<x$．

证　设 $f(x)=\ln(1+x)$，则容易验证 $f(x)$ 在 $[0,x]$ 上满足拉格朗日中值定理的条件，所以

$$f(x)-f(0)=f'(\xi)(x-0)(0<\xi<x),$$

又因为 $f(0)=0$，$f'(x)=\dfrac{1}{1+x}$，由上式得

$$\ln(1+x)=\frac{x}{1+\xi},$$

又因为 $0<\xi<x$，所以 $1<1+\xi<1+x$，故

$$\frac{1}{1+x}<\frac{1}{1+\xi}<1,$$

所以　　　　　　　　$\dfrac{x}{1+x}<\dfrac{x}{1+\xi}<x$，

即

$$\frac{x}{1+x}<\ln(1+x)<x.$$

三、柯西(Cauchy)中值定理

柯西(Cauchy)中值定理　如果函数 $f(x)$ 及 $F(x)$ 在闭区间 $[a,b]$ 上连续,在开区间 (a,b) 内可导,且 $F'(x)$ 在 (a,b) 内每一点处均不为零,那么在 (a,b) 内至少有一点 $\xi(a<\xi<b)$,使等式

$$\frac{f(a)-f(b)}{F(a)-F(b)}=\frac{f'(\xi)}{F'(\xi)}$$

成立.

注　在柯西中值定理中,当 $F(x)=x$ 时,$F(b)-F(a)=b-a$,$F'(x)=1$,则 $\frac{f(b)-f(a)}{F(b)-F(a)}=\frac{f'(\xi)}{F'(\xi)}$ 可化为 $\frac{f(b)-f(a)}{b-a}=f'(\xi)$. 即柯西中值定理是拉格朗日中值定理的推广.

习　题　4.1

1. 验证罗尔定理对函数 $y=\ln \sin x$ 在 $\left[\dfrac{\pi}{6},\dfrac{5\pi}{6}\right]$ 上的正确性.

2. 验证罗尔定理对函数 $y=4x^3-5x^2+x-2$ 在区间 $[0,1]$ 上的正确性.

3. 已知函数 $f(x)=(x-1)(x-3)(x-5)(x-7)$,不求函数的导数,讨论方程 $f'(x)=0$ 的实根并指出它们所在的区间.

4. 若方程 $a_0x^n+a_1x^{n-1}+\cdots+a_{n-1}x=0$ 有一个正根 $x=x_0$,证明方程

$$a_0nx^{n-1}+a_1(n-1)x^{n-2}+\cdots+a_{n-1}=0$$

必有一个小于 x_0 的正根.

5. 证明下列不等式:

(1) $|\arctan a-\arctan b|\leqslant|a-b|$;

(2) 设 $a>b>0$,则 $\dfrac{a-b}{a}<\ln\dfrac{a}{b}<\dfrac{a-b}{b}$;

(3) 当 $b>a>0$ 时,$na^{n-1}(b-a)<b^n-a^n<nb^{n-1}(b-a)$　$(n>1)$.

第二节　洛必达[⊖]法则

引　在求极限时,有时会遇到两个无穷小之比的极限或者两个无穷大之比的极限,这类极限有的存在,有的不存在,通常称这种类型的极限为未定式,简记为 $\dfrac{0}{0}$ 型或 $\dfrac{\infty}{\infty}$ 型. 例如,极限 $\lim\limits_{x\to 0}\dfrac{\tan x}{x}$,就是一个 $x\to 0$ 时的 $\dfrac{0}{0}$ 型未定式. 如何计算这种

⊖　洛必达(L'Hospital,1661—1704),法国数学家.

未定式呢?

一、$\dfrac{0}{0}$型及$\dfrac{\infty}{\infty}$型未定式

定理1(洛必达法则) 设

(1) 当 $x \to a$ 时,函数 $f(x)$,$F(x)$ 都趋于零;

(2) 在点 a 的某去心邻域内,$f'(x)$,$F'(x)$ 都存在,且 $F'(x) \neq 0$;

(3) $\lim\limits_{x \to a} \dfrac{f'(x)}{F'(x)}$ 存在(或为无穷大),设为 A,

则

$$\lim_{x \to a} \frac{f(x)}{F(x)} = \lim_{x \to a} \frac{f'(x)}{F'(x)} = A.$$

证 定义辅助函数

$$f_1(x) = \begin{cases} f(x), & x \neq a, \\ 0, & x = a, \end{cases} \quad F_1(x) = \begin{cases} F(x), & x \neq a, \\ 0, & x = a. \end{cases}$$

在去心邻域 $\mathring{U}(a, \delta)$ 内取一点 x,则在以 a,x 为端点的区间上,$f(x)$,$F(x)$ 满足柯西中值定理的条件,则有

$$\frac{f(x)}{F(x)} = \frac{f(x) - f(a)}{F(x) - F(a)} = \frac{f'(\xi)}{F'(\xi)} \quad (\xi \text{ 在 } x \text{ 与 } a \text{ 之间}).$$

当 $x \to a$ 时,$\xi \to a$,因为 $\lim\limits_{x \to a} \dfrac{f'(x)}{F'(x)} = A$,所以

$$\lim_{\xi \to a} \frac{f'(\xi)}{F'(\xi)} = A.$$

故有 $\lim\limits_{x \to a} \dfrac{f(x)}{F(x)} = \lim\limits_{\xi \to a} \dfrac{f'(\xi)}{F'(\xi)} = A.$ 证毕.

注 (1) 对于 x 的其他变化趋势(如 $x \to \infty$,$x \to x_0^+$,$x \to x_0^-$,$x \to +\infty$,$x \to -\infty$)的 $\dfrac{0}{0}$ 型未定式,以及 x 的各种变化趋势下的 $\dfrac{\infty}{\infty}$ 型未定式,也有类似的洛必达法则.

(2) 如果 $\lim\limits_{x \to a} \dfrac{f'(x)}{F'(x)}$ 仍为 $\dfrac{0}{0}$ 型或 $\dfrac{\infty}{\infty}$ 型未定式,且这时 $f'(x)$,$F'(x)$ 能满足定理 1 中 $f(x)$,$F(x)$ 所要满足的条件,则可继续使用洛必达法则,即

$$\lim_{x \to a} \frac{f(x)}{F(x)} = \lim_{x \to a} \frac{f'(x)}{F'(x)} = \lim_{x \to a} \frac{f''(x)}{F''(x)},$$

且可以此类推.

例1 求 $\lim\limits_{x \to 0} \dfrac{\tan x}{x}$.

解 这是一个 $x \to 0$ 时的 $\dfrac{0}{0}$ 型未定式,由洛必达法则,得

$$\lim_{x \to 0} \frac{\tan x}{x} = \lim_{x \to 0} \frac{(\tan x)'}{(x)'} = \lim_{x \to 0} \frac{\sec^2 x}{1} = 1.$$

例 2 求 $\lim\limits_{x \to 1} \dfrac{x^3 - 3x + 2}{x^3 - x^2 - x + 1}$.

解 该极限为 $x \to 1$ 时的 $\dfrac{0}{0}$ 型未定式,由洛必达法则,得

$$原式 = \lim_{x \to 1} \frac{3x^2 - 3}{3x^2 - 2x - 1} = \lim_{x \to 1} \frac{6x}{6x - 2} = \frac{3}{2}.$$

例 3 求 $\lim\limits_{x \to +\infty} \dfrac{\dfrac{\pi}{2} - \arctan x}{\dfrac{1}{x}}$.

解 本题为 $x \to +\infty$ 时的 $\dfrac{0}{0}$ 型未定式,由洛必达法则,得

$$原式 = \lim_{x \to +\infty} \frac{-\dfrac{1}{1 + x^2}}{-\dfrac{1}{x^2}} = \lim_{x \to +\infty} \frac{x^2}{1 + x^2} = 1.$$

例 4 求 $\lim\limits_{x \to 0} \dfrac{\ln \sin ax}{\ln \sin bx}$.

解 本题为 $x \to 0$ 时的 $\dfrac{\infty}{\infty}$ 型未定式,由洛必达法则,得

$$原式 = \lim_{x \to 0} \frac{a\cos ax \cdot \sin bx}{b\cos bx \cdot \sin ax} = \lim_{x \to 0} \frac{a\sin bx}{b\sin ax} = \lim_{x \to 0} \frac{ab\cos bx}{ab\cos ax} = 1.$$

例 5 求 $\lim\limits_{x \to \frac{\pi}{2}} \dfrac{\tan x}{\tan 3x}$.

解 本题为 $x \to \dfrac{\pi}{2}$ 时的 $\dfrac{\infty}{\infty}$ 型未定式,由洛必达法则,得

$$原式 = \lim_{x \to \frac{\pi}{2}} \frac{\sec^2 x}{3\sec^2 3x} = \frac{1}{3} \lim_{x \to \frac{\pi}{2}} \frac{\cos^2 3x}{\cos^2 x} = \frac{1}{3} \lim_{x \to \frac{\pi}{2}} \frac{-6\cos 3x \sin 3x}{-2\cos x \sin x}$$

$$= \lim_{x \to \frac{\pi}{2}} \frac{\sin 6x}{\sin 2x} = \lim_{x \to \frac{\pi}{2}} \frac{6\cos 6x}{2\cos 2x} = 3.$$

注 洛必达法则是求未定式的一种有效方法,但与其他求极限方法结合使用,效果会更好.

例 6 求 $\lim\limits_{x \to 0} \dfrac{\tan x - x}{x^2 \tan x}$.

解 $原式 = \lim\limits_{x \to 0} \dfrac{\tan x - x}{x^3} = \lim\limits_{x \to 0} \dfrac{\sec^2 x - 1}{3x^2} = \lim\limits_{x \to 0} \dfrac{2\sec^2 x \tan x}{6x}$

$= \dfrac{1}{3} \lim\limits_{x \to 0} \dfrac{\tan x}{x} = \dfrac{1}{3}.$

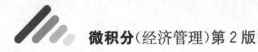

二、$0 \cdot \infty, \infty - \infty, 0^0, 1^\infty, \infty^0$ 型未定式

除了前面讨论的两种类型外,未定式还有 $0 \cdot \infty, \infty - \infty, 0^0, 1^\infty, \infty^0$ 等类型,可将它们化为 $\dfrac{0}{0}$ 型或 $\dfrac{\infty}{\infty}$ 型未定式,然后用洛必达法则进行计算.

1. $0 \cdot \infty$ 型

思路　将 $0 \cdot \infty$ 型未定式化为 $\dfrac{1}{\infty} \cdot \infty$ 型或者 $0 \cdot \dfrac{1}{0}$ 型.

例 7　求 $\lim\limits_{x \to +\infty} x^{-2} e^x$.

解　原式 $= \lim\limits_{x \to +\infty} \dfrac{e^x}{x^2} = \lim\limits_{x \to +\infty} \dfrac{e^x}{2x} = \lim\limits_{x \to +\infty} \dfrac{e^x}{2} = +\infty$.

2. $\infty - \infty$ 型

思路　将 $\infty - \infty$ 型未定式化为 $\dfrac{1}{0} - \dfrac{1}{0}$ 型,进而通分化为 $\dfrac{0}{0}$ 型.

例 8　求 $\lim\limits_{x \to 0} \left(\dfrac{1}{\sin x} - \dfrac{1}{x} \right)$.

解　原式 $= \lim\limits_{x \to 0} \dfrac{x - \sin x}{x \sin x} = \lim\limits_{x \to 0} \dfrac{1 - \cos x}{\sin x + x \cos x} = \lim\limits_{x \to 0} \dfrac{\sin x}{2 \cos x - x \sin x} = 0$.

3. $0^0, 1^\infty, \infty^0$ 型

思路　$\left. \begin{array}{l} 0^0 \\ 1^\infty \\ \infty^0 \end{array} \right\} \xrightarrow{\text{取对数}} \left\{ \begin{array}{l} 0 \cdot \ln 0 \\ \infty \cdot \ln 1 \to 0 \cdot \infty. \\ 0 \cdot \ln \infty \end{array} \right.$

例 9　求 $\lim\limits_{x \to 0^+} x^x$.

解　原式 $= \lim\limits_{x \to 0^+} e^{x \ln x} = e^{\lim\limits_{x \to 0^+} x \ln x} = e^{\lim\limits_{x \to 0^+} \frac{\ln x}{\frac{1}{x}}} = e^{\lim\limits_{x \to 0^+} \frac{\frac{1}{x}}{-\frac{1}{x^2}}} = e^0 = 1$.

例 10　求 $\lim\limits_{x \to 1} x^{\frac{1}{1-x}}$.

解　原式 $= \lim\limits_{x \to 1} e^{\frac{1}{1-x} \ln x} = e^{\lim\limits_{x \to 1} \frac{\ln x}{1-x}} = e^{\lim\limits_{x \to 1} \frac{\frac{1}{x}}{-1}} = e^{-1}$.

注　使用洛必达法则时要注意必须满足的条件.

例 11　求 $\lim\limits_{x \to \infty} \dfrac{x + \cos x}{x}$.

解　原式 $= \lim\limits_{x \to \infty} \dfrac{1 - \sin x}{1} = \lim\limits_{x \to \infty} (1 - \sin x)$　(最后的极限不存在,不满足洛必达法则条件).

实际上,原式 $= \lim\limits_{x \to \infty} \left(1 + \dfrac{1}{x} \cos x \right) = 1$.

习　题　4.2

1. 用洛必达法则求下列极限：

(1) $\lim\limits_{x\to0}\dfrac{\mathrm{e}^x-\mathrm{e}^{-x}}{\sin x}$；

(2) $\lim\limits_{x\to a}\dfrac{\sin x-\sin a}{x-a}$；

(3) $\lim\limits_{x\to\frac{\pi}{2}}\dfrac{\ln\sin x}{(\pi-2x)^2}$；

(4) $\lim\limits_{x\to+\infty}\dfrac{\ln\left(1+\dfrac{1}{x}\right)}{\operatorname{arccot} x}$；

(5) $\lim\limits_{x\to0^+}\dfrac{\ln\tan 7x}{\ln\tan 2x}$；

(6) $\lim\limits_{x\to1}\dfrac{x^3-1+\ln x}{\mathrm{e}^x-\mathrm{e}}$；

(7) $\lim\limits_{x\to0}\dfrac{\tan x-x}{x-\sin x}$；

(8) $\lim\limits_{x\to0}\dfrac{\ln\tan\left(\dfrac{\pi}{4}+ax\right)}{\sin bx}\ (b\neq0)$；

(9) $\lim\limits_{x\to0}\dfrac{\ln(1+x^2)}{\sin^2 x}$；

(10) $\lim\limits_{x\to1}\dfrac{x^2-1}{\ln x}$；

(11) $\lim\limits_{x\to\pi}\dfrac{\sin 3x}{\tan 5x}$；

(12) $\lim\limits_{x\to0}\left(\dfrac{\sin x}{x}\right)^{\frac{1}{x^2}}$；

(13) $\lim\limits_{x\to a}\dfrac{x^m-a^m}{x^n-a^n}$；

(14) $\lim\limits_{x\to\frac{\pi}{2}}\dfrac{\tan 3x}{\tan x}$；

(15) $\lim\limits_{x\to\frac{\pi}{2}^+}\dfrac{\ln\left(x-\dfrac{\pi}{2}\right)}{\tan x}$；

(16) $\lim\limits_{x\to0}\dfrac{x-\arcsin x}{\sin^3 x}$；

(17) $\lim\limits_{x\to0}x\cot 2x$；

(18) $\lim\limits_{x\to0}x^2\mathrm{e}^{\frac{1}{x^2}}$；

(19) $\lim\limits_{x\to\infty}x(\mathrm{e}^{\frac{1}{x}}-1)$；

(20) $\lim\limits_{x\to0}\left(\dfrac{1}{x}-\dfrac{1}{\mathrm{e}^x-1}\right)$；

(21) $\lim\limits_{x\to1}(1-x)\tan\dfrac{\pi x}{2}$；

(22) $\lim\limits_{x\to1}\left(\dfrac{2}{x-1}-\dfrac{1}{\ln x}\right)$；

(23) $\lim\limits_{x\to-\infty}x\left(\dfrac{\pi}{2}+\arctan x\right)$；

(24) $\lim\limits_{x\to-1}\left(\dfrac{1}{x+1}-\dfrac{1}{\ln(x+2)}\right)$；

(25) $\lim\limits_{x\to\infty}\left(1+\dfrac{a}{x}\right)^x$；

(26) $\lim\limits_{x\to0^+}x^{\sin x}$；

(27) $\lim\limits_{x\to0^+}\left(\dfrac{1}{x}\right)^{\tan x}$；

(28) $\lim\limits_{x\to0}\dfrac{\mathrm{e}^x+\ln(1-x)-1}{x-\arctan x}$；

(29) $\lim\limits_{x\to0}(1+\sin x)^{\frac{1}{x}}$；

(30) $\lim\limits_{x\to0^+}\left(\ln\dfrac{1}{x}\right)^x$；

(31) $\lim\limits_{x\to0}(\sin x+\mathrm{e}^x)^{\frac{1}{x}}$.

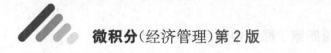

2. 验证极限 $\lim\limits_{x \to \infty} \dfrac{x + \sin x}{x}$ 存在，但不能用洛必达法则求出.

第三节 泰勒[一]公式

引 对于一些比较复杂的函数，为了便于研究，往往希望用一些简单的函数来近似表达. 多项式函数是最为简单的一类函数，因此多项式经常被用于近似地表达某个函数. 英国数学家泰勒在这方面作出了不朽的贡献. 其研究结果显示：具有直到 $(n+1)$ 阶导数的函数在一个点的邻域内的值可以用函数在该点的函数值及各阶导数值组成的 n 次多项式近似表达. 那么，对于一个给定的函数，如 $f(x) = e^x$，如何用一个多项式函数近似表达呢？

在微分的应用中我们看到，当 $|x|$ 很小时，有下列近似等式：

$$e^x \approx 1 + x, \ln(1+x) \approx x.$$

这些都是用一次多项式来近似表达函数的例子，但是这种近似表达式存在明显的不足，首先是精确度不高，其次是误差不能估计.

这里我们要考虑的问题是若函数 $f(x)$ 在含有 x_0 的开区间 (a,b) 内具有直到 $(n+1)$ 阶导数，寻找一个多项式函数

$$P_n(x) = a_0 + a_1(x - x_0) + a_2(x - x_0)^2 + \cdots + a_n(x - x_0)^n,$$

使得 $f(x) \approx P_n(x)$，且误差

$$R_n(x) = f(x) - P_n(x).$$

泰勒(Taylor)中值定理 如果函数 $f(x)$ 在含有 x_0 的某个开区间 (a,b) 内具有直到 $(n+1)$ 阶的导数，则对任一 $x \in (a,b)$，$f(x)$ 可以表示为 $(x - x_0)$ 的一个 n 次多项式与一个余项 $R_n(x)$ 之和：

$$f(x) = f(x_0) + f'(x_0)(x - x_0) + \frac{f''(x_0)}{2!}(x - x_0)^2 + \cdots +$$

$$\frac{f^{(n)}(x_0)}{n!}(x - x_0)^n + R_n(x),$$

其中 $R_n(x) = \dfrac{f^{(n+1)}(\xi)}{(n+1)!}(x - x_0)^{n+1}$（$\xi$ 在 x_0 与 x 之间）.

证明略.

多项式 $P_n(x) = \sum\limits_{k=0}^{n} \dfrac{f^{(k)}(x_0)}{k!}(x - x_0)^k$ 称为函数 $f(x)$ 按 $(x - x_0)$ 的幂展开的 n 次近似多项式. $f(x) = \sum\limits_{k=0}^{n} \dfrac{f^{(k)}(x_0)}{k!}(x - x_0)^k + R_n(x)$ 称为 $f(x)$ 按 $(x - x_0)$

———
一 泰勒(Brook Taylor, 1685—1731)，英国数学家.

的幂展开的 n 阶**泰勒公式**. $R_n(x) = \dfrac{f^{(n+1)}(\xi)}{(n+1)!}(x-x_0)^{n+1}$（$\xi$ 在 x_0 与 x 之间）称为

拉格朗日型余项.

注 （1）当 $n=0$ 时,泰勒公式变成拉格朗日中值公式

$$f(x) = f(x_0) + f'(\xi)(x-x_0) \quad (\xi \text{ 在 } x_0 \text{ 与 } x \text{ 之间}).$$

（2）取 $x_0=0$, ξ 在 0 与 x 之间,令 $\xi=\theta x$（$0<\theta<1$）,则得到麦克劳林（Maclaurin）公式

$$f(x) = f(0) + f'(0)x + \frac{f''(0)}{2!}x^2 + \cdots + \frac{f^{(n)}(0)}{n!}x^n +$$

$$\frac{f^{(n+1)}(\theta x)}{(n+1)!}x^{n+1} \quad (0<\theta<1),$$

则有近似公式 $\quad f(x) \approx f(0) + f'(0)x + \dfrac{f''(0)}{2!}x^2 + \cdots + \dfrac{f^{(n)}(0)}{n!}x^n.$

例 1 求 $f(x) = e^x$ 的 n 阶麦克劳林公式.

解 因为 $\quad f(x) = f'(x) = f''(x) = \cdots = f^{(n)}(x) = e^x,$

所以 $\quad f(0) = f'(0) = f''(0) = \cdots = f^{(n)}(0) = 1.$

注意到 $f^{(n+1)}(\theta x) = e^{\theta x}$,代入公式,得

$$e^x = 1 + x + \frac{x^2}{2!} + \cdots + \frac{x^n}{n!} + \frac{e^{\theta x}}{(n+1)!}x^{n+1} \quad (0<\theta<1).$$

由公式可知

$$e^x \approx 1 + x + \frac{x^2}{2!} + \cdots + \frac{x^n}{n!},$$

估计误差（设 $x>0$）

$$|R_n(x)| = \left| \frac{e^{\theta x}}{(n+1)!}x^{n+1} \right| < \frac{e^x}{(n+1)!}x^{n+1} \quad (0<\theta<1).$$

当 $x=1$ 时,$e \approx 1 + 1 + \dfrac{1}{2!} + \cdots + \dfrac{1}{n!}$,其误差 $|R_n| < \dfrac{e}{(n+1)!} < \dfrac{3}{(n+1)!}.$

常用函数的麦克劳林公式

$$\sin x = x - \frac{x^3}{3!} + \frac{x^5}{5!} - \cdots + (-1)^n \frac{x^{2n+1}}{(2n+1)!} + o(x^{2n+1}),$$

$$\cos x = 1 - \frac{x^2}{2!} + \frac{x^4}{4!} - \frac{x^6}{6!} + \cdots + (-1)^n \frac{x^{2n}}{(2n)!} + o(x^{2n}),$$

$$\ln(1+x) = x - \frac{x^2}{2} + \frac{x^3}{3} - \cdots + (-1)^n \frac{x^{n+1}}{n+1} + o(x^{n+1}),$$

$$\frac{1}{1-x} = 1 + x + x^2 + \cdots + x^n + o(x^n),$$

$$(1+x)^m = 1 + mx + \frac{m(m-1)}{2!}x^2 + \cdots +$$

$$\frac{m(m-1)\cdots(m-n+1)}{n!}x^n+o(x^n).$$

习 题 4.3

1. 应用麦克劳林公式，按 x 的幂展开函数 $f(x)=(x^2-3x+1)^3$.

2. 按 $(x-4)$ 的幂展开多项式 $f(x)=x^4-5x^3+x^2-3x+4$.

第四节 函数的单调性

引 我们已经会用初等数学的方法判断一些函数的单调性，但是这些方法使用范围狭小，并且有些需要借助某些特殊的技巧，不具有一般性．那么是否存在判断函数单调性的简便且具有一般性的方法？某些函数，如 $f(x)=2x^3-9x^2+12x-3$ 在定义域内可能不具有单调性，但是在某些更小的区间内单调，如何确定这些单调区间呢？

一、单调性的判别法

我们先从几何上直观分析一下．如果函数 $f(x)$ 在区间 (a,b) 内，曲线上每一点切线的斜率都为正数，则曲线是上升的，即函数 $f(x)$ 是单调增加的（图 4-4）；如果函数 $f(x)$ 在区间 (a,b) 内，曲线上每一点切线的斜率都为负数，则曲线是下降的，即函数 $f(x)$ 是单调减少的（图 4-5）．

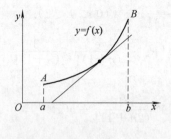
图 4-4

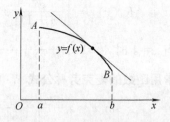
图 4-5

由此可见，函数的单调性与其导数的符号有着密切的联系，下面的定理具体说明了这一点．

定理 设函数 $y=f(x)$ 在 $[a,b]$ 上连续，在 (a,b) 内可导．

(1) 如果在 (a,b) 内 $f'(x)>0$，则函数 $y=f(x)$ 在 $[a,b]$ 上单调增加；

(2) 如果在 (a,b) 内 $f'(x)<0$，则函数 $y=f(x)$ 在 $[a,b]$ 上单调减少．

证 对于任意的 $x_1, x_2 \in (a, b)$，且 $x_1 < x_2$，则函数 $y = f(x)$ 在 $[a, b]$ 上满足拉格朗日中值定理的条件，于是至少存在一点 $\xi \in (x_1, x_2)$，使得

$$f(x_2) - f(x_1) = f'(\xi)(x_2 - x_1) \quad (x_1 < \xi < x_2).$$

因为 $x_2 - x_1 > 0$，如果在 (a, b) 内，$f'(x) > 0$，则 $f'(\xi) > 0$，所以有 $f(x_2) > f(x_1)$，则 $y = f(x)$ 在区间 $[a, b]$ 上单调增加.

若在区间 (a, b) 内，$f'(x) < 0$，则 $f'(\xi) < 0$，所以有 $f(x_2) < f(x_1)$，则 $y = f(x)$ 在区间 $[a, b]$ 上单调减少.

注 如果将上述定理中的闭区间换成其他各种区间（包括无穷区间），该定理结论仍成立.

例 1 确定函数 $f(x) = x^3 - 3x$ 的单调情况.

解 $f'(x) = 3x^2 - 3 = 3(x-1)(x+1)$，令 $f'(x) = 0$，得 $x_1 = -1$ 和 $x_2 = 1$. 以 x_1, x_2 为分点，将函数的定义域 $(-\infty, +\infty)$ 分为三个子区间：$(-\infty, -1), (-1, 1), (1, +\infty)$.

在区间 $(-\infty, -1)$ 内，$f'(x) > 0$，因此函数 $f(x)$ 在 $(-\infty, -1)$ 内单调增加；

在区间 $(-1, 1)$ 内，$f'(x) < 0$，因此函数 $f(x)$ 在 $(-1, 1)$ 内单调减少；

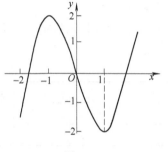

图 4-6

在区间 $(1, +\infty)$ 内，$f'(x) > 0$，因此函数 $f(x)$ 在 $(1, +\infty)$ 内单调增加. 如图 4-6 所示.

注 函数的单调性是一个区间上的性质，要用导数在这一**区间**上的符号来判定，而不能用**一点**处的导数符号来判别一个区间上的单调性.

二、单调区间求法

定义 若函数在其定义域的某个区间内是单调的，则该区间称为函数的**单调区间**.

下面将给出**求解函数单调区间的步骤**：

(1) 找出函数单调区间可能的分界点：导数等于零的点和不可导点；

(2) 用可能的分界点将原区间划分为若干个小的区间；

(3) 对每一个小区间依次利用函数的导数的符号判断函数的单调性，进而确定函数的单调区间.

例 2 确定函数 $f(x) = 2x^3 - 9x^2 + 12x - 3$ 的单调区间.

解 因为 $f'(x) = 6x^2 - 18x + 12 = 6(x-1)(x-2)$，令 $f'(x) = 0$，得

$$x_1 = 1, x_2 = 2.$$

用 x_1,x_2 将函数定义域 D:$(-\infty,+\infty)$ 分成三个区间 $(-\infty,1)$,$(1,2)$,$(2,+\infty)$,其讨论结果见表 4-1.

表 4-1

x	$(-\infty,1)$	$(1,2)$	$(2,+\infty)$
$f'(x)$	+	−	+
$f(x)$	↗	↘	↗

所以函数在区间 $(-\infty,1)$ 和 $(2,+\infty)$ 内单调增加,在区间 $(1,2)$ 内单调减少.

例 3 确定函数 $f(x)=\sqrt[3]{x^2}$ 的单调区间.

解 函数的定义域 D 为 $(-\infty,+\infty)$. $f'(x)=\dfrac{2}{3\sqrt[3]{x}}(x\neq0)$,当 $x=0$ 时,导数不存在.

用 $x=0$ 将函数定义域 D 分成两个区间 $(-\infty,0)$,$(0,+\infty)$,其讨论结果见表 4-2.

表 4-2

x	$(-\infty,0)$	$(0,+\infty)$
$f'(x)$	−	+
$f(x)$	↘	↗

所以函数在区间 $(0,+\infty)$ 内单调增加,在区间 $(-\infty,0)$ 内单调减少.

注 区间内个别点导数为零,不影响区间的单调性.

例如,$y=x^3$,$y'|_{x=0}=0$,但在 $(-\infty,+\infty)$ 上仍单调增加.

例 4 当 $x>0$ 时,试证 $x>\ln(1+x)$ 成立.

证 设 $f(x)=x-\ln(1+x)$,则

$$f'(x)=\frac{x}{1+x}.$$

因为 $f(x)$ 在区间 $[0,+\infty)$ 上连续,在区间 $(0,+\infty)$ 内可导,且当 $x>0$ 时,

$$f'(x)>0,$$

则 $f(x)$ 在区间 $[0,+\infty)$ 上单调增加.

又因为 $f(0)=0$,则当 $x>0$ 时,

$$x-\ln(1+x)>0,即 x>\ln(1+x).$$

例 5 证明方程 $x^5+x+1=0$ 在区间 $(-1,0)$ 内有且只有一个实根.

证 令 $f(x)=x^5+x+1$,因为 $f(x)$ 在闭区间 $[-1,0]$ 上连续,且 $f(-1)=-1<0$,$f(0)=1>0$,根据零点定理,$f(x)$ 在区间 $(-1,0)$ 内有一个零点.另一方面,对于任意实数 x,有

$$f'(x)=5x^4+1>0,$$

所以 $f(x)$ 在 $(-\infty,+\infty)$ 内单调增加,因此,曲线 $f(x)=x^5+x+1$ 与 x 轴至多只

有一个交点.

综上所述,方程 $x^5+x+1=0$ 在区间 $(-1,0)$ 内有且只有一个实根.

习 题 4.4

1. 判定函数 $f(x)=\arctan x-x$ 的单调性.

2. 判定函数 $f(x)=x+\cos x(0 \leqslant x \leqslant 2\pi)$ 的单调性.

3. 确定下列函数的单调区间:

(1) $y=x^3-3x^2-9x+5$;　　　　(2) $y=x+\dfrac{4}{x}$;

(3) $y=\ln(x+\sqrt{1+x^2})$;　　　　(4) $y=(x-1)(x+1)^3$;

(5) $y=2x^2-\ln x$.

4. 证明下列不等式:

(1) 当 $x>0$ 时,$1+\dfrac{1}{2}x>\sqrt{1+x}$;

(2) 当 $0<x<\dfrac{\pi}{2}$ 时,$\sin x+\tan x>2x$;

(3) 当 $0<x<\dfrac{\pi}{2}$ 时,$\tan x>x+\dfrac{1}{3}x^3$;

(4) 当 $x>4$ 时,$2^x>x^2$.

5. 试证方程 $\sin x=x$ 只有一个实根.

第五节　函数的极值与最值

引　函数 $y=f(x)$ 在区间 $[a,b]$ 上的图形如图 4-7 所示,由图可以看到,$f(x_2),f(x_5)$ 分别为相应点邻域内的局部最大值,$f(x_1),f(x_4),f(x_6)$ 是相应点邻域内的局部最小值;从整个 $[a,b]$ 区间来看,函数的全局最大值为端点 $f(b)$,全局最小值为 $f(x_4)$. 如何判断和求解函数的局部最值和全局最值呢?

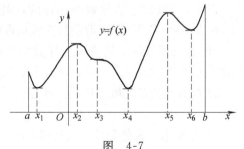

图 4-7

一、函数的极值

在讨论函数的单调性时,曾遇到这样的情形,函数先是单调增加(或减少),到达某一点后又变为单调减少(或增加),这类点实际上是使函数的单调性发生变化的分界点. 于是,在函数的增减性发生转变的地方，就出现了这样的函数值，它与附近的函数值比较起来，是最大的或是最小的，通常把前者称为函数的极大值，把后者称为函数的极小值．下面我们给出极值的定义．

定义 1　设函数 $f(x)$ 在 x_0 的某邻域内有定义，如果

（1）对邻域内任意一点 $x(x \neq x_0)$，恒有 $f(x) < f(x_0)$ 成立，则称 $f(x_0)$ 是函数 $f(x)$ 的一个极大值，称 x_0 为极大值点；

（2）对邻域内任意一点 $x(x \neq x_0)$，恒有 $f(x) > f(x_0)$ 成立，则称 $f(x_0)$ 是函数 $f(x)$ 的一个极小值，称 x_0 为极小值点．

函数的极大值与极小值统称为**极值**，使函数取得极值的点称为**极值点**．

函数的极值是一个局部的概念，函数在某点取到极大值或极小值是指局部范围内（即在该点的邻域内）该点的函数值为最大或最小，而不一定是在整个考察范围内的最大值或最小值．在图 4-7 中，可以观察到：

函数 $f(x)$ 有两个极大值 $f(x_2)$，$f(x_5)$，三个极小值 $f(x_1)$，$f(x_4)$，$f(x_6)$．其中极大值 $f(x_2)$ 比极小值 $f(x_6)$ 还小．就整个区间 $[a, b]$ 而言，只有一个极小值 $f(x_4)$ 同时也是最小值，而没有一个极大值是最大值．

从图中还可看出，在函数取得极值处，曲线的切线是水平的，即函数在极值点的导数等于零，但曲线上有水平切线的地方，如 $x = x_3$ 处，函数却不一定取得极值．

定理 1（必要条件）　如果 $f(x)$ 在点 x_0 处具有导数，且在 x_0 处取得极值，那么必定有 $f'(x_0) = 0$.

定义 2　导数为零的点，即方程 $f'(x_0) = 0$ 的实根，叫做函数 $f(x)$ 的**驻点**．

由定理 1 知，可导函数 $f(x)$ 的极值点必定是它的驻点，但是函数的驻点却**不一定是极值点**．例如，$y = x^3$ 在点 $x = 0$ 处的导数等于零，但显然 $x = 0$ 不是 $y = x^3$ 的极值点．

此外，函数在它的导数不存在的点处也可能取得极值．例如，函数 $f(x) = |x|$ 在点 $x = 0$ 处不可导，但函数在该点取得极小值．

所以，求函数的极值应该从导数为零的点和导数不存在的点中去寻找，当我们求出函数的驻点或不可导点后，还要从这些点中判断哪些是极值点，以及进一步判断极值点是极大值点还是极小值点．下面给出两个判别极值点存在的充分条件．

定理 2（第一充分条件）　设函数 $f(x)$ 在 x_0 的某邻域内连续并且可导，$\delta > 0$.

（1）如果 $x \in (x_0 - \delta, x_0)$，有 $f'(x) > 0$，而 $x \in (x_0, x_0 + \delta)$，有 $f'(x) < 0$，则 $f(x)$ 在 x_0 处取得极大值．

（2）如果 $x \in (x_0 - \delta, x_0)$，有 $f'(x) < 0$，而 $x \in (x_0, x_0 + \delta)$ 有 $f'(x) > 0$，则 $f(x)$ 在 x_0 处取得极小值．

（3）如果当 $x\in(x_0-\delta,x_0)$ 及 $x\in(x_0,x_0+\delta)$ 时，$f'(x)$ 符号相同，则 $f(x)$ 在 x_0 处无极值.

在图 4-8a 中，函数 $f(x)$ 在 x_0 的左邻域内单调增加，在 x_0 的右邻域内单调减少，故 $f(x)$ 在点 x_0 处取得极大值. 图 4-8b 中，函数 $f(x)$ 在 x_0 的左邻域内单调减少，在 x_0 的右邻域内单调增加，故 $f(x)$ 在点 x_0 处取得极小值. 图 4-8c，d 中，函数 $f(x)$ 在 x_0 的左右邻域内具有相同的单调性，故点 x_0 不是 $f(x)$ 的极值点.

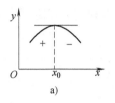 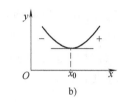 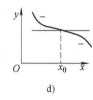

图　4-8

综上所述，求函数的极值可按以下**步骤**进行：

（1）确定函数 $f(x)$ 的定义域，并求导数 $f'(x)$；

（2）解方程 $f'(x)=0$，求出函数 $f(x)$ 的所有驻点和不可导点；

（3）讨论 $f'(x)$ 在驻点和不可导点左右两侧的符号变化情况，判断极值点；

（4）求出各极值点的函数值，就得到函数 $f(x)$ 的全部极值.

例 1　求函数 $f(x)=x^3-3x^2-9x+5$ 的极值.

解　函数的定义域为 $(-\infty,+\infty)$，且有
$$f'(x)=3x^2-6x-9=3(x+1)(x-3).$$
令 $f'(x)=0$，得驻点 $x_1=-1,x_2=3$. 列表 4-3 讨论如下：

表　4-3

x	$(-\infty,-1)$	-1	$(-1,3)$	3	$(3,+\infty)$
$f'(x)$	$+$	0	$-$	0	$+$
$f(x)$	↗	极大值	↘	极小值	↗

由此得到，函数的极大值 $f(-1)=10$，极小值 $f(3)=-22$.

例 2　求函数 $f(x)=x-\dfrac{3}{2}x^{\frac{2}{3}}$ 的极值.

解　函数的定义域为 $(-\infty,+\infty)$，且有
$$f'(x)=1-x^{-\frac{1}{3}}=\frac{\sqrt[3]{x}-1}{\sqrt[3]{x}}(x\neq0).$$
令 $f'(x)=0$，得驻点 $x=1$. 当 $x=0$ 时，$f'(x)$ 不存在. 驻点 $x=1$ 以及不可导点 x

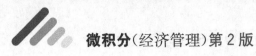
＝0 将定义域分成三个区间,列表 4-4 讨论如下:

表 4-4

x	$(-\infty,0)$	0	$(0,1)$	1	$(1,+\infty)$
$f'(x)$	＋	不存在	－	0	＋
$f(x)$	↗	极大值	↘	极小值	↗

由表可见,函数的极大值 $f(0)=0$,极小值 $f(1)=-\dfrac{1}{2}$.

当函数 $f(x)$ 在驻点处的二阶导数存在且不为零时,也可以利用下述定理来判定 $f(x)$ 在驻点处是取得极大值还是极小值.

定理 3(第二充分条件) 设 $f(x)$ 在 x_0 处具有二阶导数,且
$$f'(x_0)=0,\quad f''(x_0)\neq 0,$$
则

(1)当 $f''(x_0)<0$ 时,函数 $f(x)$ 在 x_0 处取得极大值;

(2)当 $f''(x_0)>0$ 时,函数 $f(x)$ 在 x_0 处取得极小值.

证 (1)因为
$$f''(x_0)=\lim_{\Delta x\to 0}\frac{f'(x_0+\Delta x)-f'(x_0)}{\Delta x}<0,$$
故 $f'(x_0+\Delta x)-f'(x_0)$ 与 Δx 异号,

当 $\Delta x<0$ 时,有
$$f'(x_0+\Delta x)>f'(x_0)=0,$$
当 $\Delta x>0$ 时,有
$$f'(x_0+\Delta x)<f'(x_0)=0.$$
所以,函数 $f(x)$ 在 x_0 处取得极大值.

同理可证(2).

例 3 求函数 $f(x)=x^3+3x^2-24x-20$ 的极值.

解 $f'(x)=3x^2+6x-24=3(x+4)(x-2).$

令 $f'(x)=0$,得驻点
$$x_1=-4,x_2=2.$$

因为 $f''(x)=6x+6,$

而 $f''(-4)=-18<0$,故
$$极大值 f(-4)=60;$$

$f''(2)=18>0$,故
$$极小值 f(2)=-48.$$

注 $f''(x_0)=0$ 时,$f(x)$ 在 x_0 处不一定取极值,这时要用第一充分条件进行判定.

例4　求函数 $f(x)=(x^2-1)^3+1$ 的极值.

解　$f'(x)=6x(x^2-1)^2$,令 $f'(x)=0$,得驻点 $x_1=-1,x_2=0,x_3=1$.

而
$$f''(x)=6(x^2-1)(5x^2-1).$$

因为 $f''(0)=6>0$,故 $f(x)$ 在 $x=0$ 处取极小值 $f(0)=0$;而 $f''(-1)=f''(1)=0$,故用第二充分条件无法判别.考察 $f'(x)$ 在驻点 $x_1=-1,x_3=1$ 左右邻近处的符号:

当 x 取 -1 左侧邻近处的值时,$f'(x)<0$,当 x 取 -1 右侧邻近处的值时,$f'(x)<0$,因为 $f'(x)$ 的符号没有改变,所以 $f(x)$ 在 $x=-1$ 处没有极值.同理,$f(x)$ 在 $x=1$ 处也没有极值.

二、函数的最值

在实际应用中,常常会遇到求最大值和最小值的问题,如成本最小、效率最高、利润最大等.

一般来说,函数的最值与极值是两个不同的概念,最值是对整个区间而言的,是全局性的概念,而极值是一个局部性的概念.另外,最值可以在区间的端点取得,而极值则只能在区间内的点取得.

若函数 $f(x)$ 在区间 $[a,b]$ 上连续,则函数在该区间上必取得最大值和最小值.求函数在区间 $[a,b]$ 上的最值的**步骤**如下:

(1) 求出 $f(x)$ 在区间 $[a,b]$ 上所有的驻点和不可导点;

(2) 求区间端点及驻点和不可导点的函数值;

(3) 对上述函数值进行比较,其最大者就是最大值,最小者就是最小值.

在实际问题中常常遇到这样一种特殊情况的连续函数,若在区间 (a,b) 内有且仅有一个极大值,而没有极小值,则此极大值就是函数在区间 $[a,b]$ 上的最大值;同样,若连续函数在区间 (a,b) 内有且仅有一个极小值,而没有极大值,则此极小值就是函数在区间 $[a,b]$ 上的最小值.

例5　求函数 $y=2x^3+3x^2-12x+14$ 在区间 $[-3,4]$ 上的最大值与最小值.

解　因为 $f'(x)=6(x+2)(x-1)$,解方程 $f'(x)=0$,得
$$x_1=-2,x_2=1.$$
计算 $f(-3)=23,f(-2)=34,f(1)=7,f(4)=142$.
比较上述结果可知,最大值 $f(4)=142$,最小值 $f(1)=7$.

例6　由直线 $y=0,x=8$ 及抛物线 $y=x^2$ 围成一个曲边三角形,请在曲边 $y=x^2$ 上求一点,使得曲线在该点处的切线与直线 $y=0,x=8$ 所围成的三角形面积最大.

解　如图4-9所示.

设所求的切点为 $P(x_0,y_0)$,则切线 PT 为

$$y - y_0 = 2x_0(x - x_0),$$

因为 $y_0 = x_0^2$, 所以有 $A\left(\dfrac{1}{2}x_0, 0\right), C(8, 0), B(8, 16x_0$
$-x_0^2)$.

故三角形面积为

$$S_{\triangle ABC} = \frac{1}{2}\left(8 - \frac{1}{2}x_0\right)(16x_0 - x_0^2) \quad (0 \leqslant x_0 \leqslant 8).$$

令 $S' = \dfrac{1}{4}(3x_0^2 - 64x_0 + 16 \times 16) = 0$,

解得 $\qquad x_0 = \dfrac{16}{3}, x_0 = 16(舍去).$

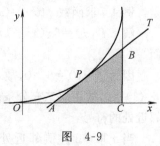

图 4-9

因为 $S''\left(\dfrac{16}{3}\right) = -8 < 0$. 所以 $S\left(\dfrac{16}{3}\right) = \dfrac{4096}{27}$ 为极大值.

故 $S\left(\dfrac{16}{3}\right) = \dfrac{4096}{27}$ 为所有三角形中面积最大者.

习 题 4.5

1. 求下列函数的极值:

(1) $y = x^3 - 3x^2 - 9x + 1$;

(2) $y = x - \ln(1 + x)$;

(3) $y = x + \sqrt{1-x}$;

(4) $y = \dfrac{x}{1+x^2}$;

(5) $y = x - \sin x$;

(6) $y = x^2 e^{-x^2}$;

(7) $y = 2 - (x-1)^{\frac{2}{3}}$;

(8) $y = 2x - \ln(4x)^2$;

(9) $y = 2e^x + e^{-x}$;

(10) $y = \dfrac{\ln^2 x}{x}$;

(11) $y = x + \dfrac{1}{x}$;

(12) $y = \arctan x - \dfrac{1}{2}\ln(1 + x^2)$.

2. 求下列函数的最大值、最小值:

(1) $y = x^4 - 8x^2 + 2, [1, 3]$;

(2) $y = \sin x + \cos x, [0, 2\pi]$;

(3) $y = x + \sqrt{1-x}, [-5, 1]$;

(4) $y = \ln(1 + x^2), [-1, 2]$;

(5) $y = \dfrac{x^2}{1+x}, \left[-\dfrac{1}{2}, 1\right]$;

(6) $y = x^{\frac{1}{x}}, (0, +\infty)$.

3. 设有一块边长为 a 的正方形铁皮, 从 4 个角截去同样的小方块, 做成一个无盖的方盒子, 问截去小方块的边长为多少时才能使盒子的容积最大?

4. 要造一圆柱形油罐, 体积为 V, 问底半径 r 和高 h 等于多少时, 可使表面积最小?

第六节　曲线的凹凸性与拐点

引　函数的单调性反映在图形上,就是曲线的上升或下降,但是究竟如何上升,如何下降? 如图 4-10 中的两条曲线弧,虽然在相应的区间上都具有单调性,但是却有明显不同. 图 4-10a 所示图形上任意弧段位于所张弦的下方,曲线是向上凹的;而图 4-10b 所示图形上任意弧段位于所张弦的上方,曲线则是向上凸的. 那么对于一个函数,如何判断它的凹凸性?

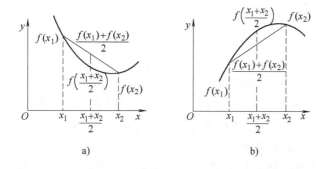

图　4-10

下面给出凹凸性的定义:

定义 1　设函数 $f(x)$ 在区间 (a,b) 内连续,如果对于 (a,b) 内任意两点 x_1,x_2,恒有

$$f\left(\frac{x_1+x_2}{2}\right) < \frac{f(x_1)+f(x_2)}{2},$$

则称 $f(x)$ 在区间 (a,b) 内的图形是(向上)**凹**的;如果恒有

$$f\left(\frac{x_1+x_2}{2}\right) > \frac{f(x_1)+f(x_2)}{2},$$

则称 $f(x)$ 在区间 (a,b) 内的图形是(向上)**凸**的.

曲线的凹凸具有明显的几何意义,对于凹曲线,当 x 逐渐增加时,其上每一点切线的斜率是逐渐增加的,即导函数 $f'(x)$ 是单调增加函数(图 4-11a);对于凸曲线,当 x 逐渐增加时,其上每一点切线的斜率是逐渐减少的,即导函数 $f'(x)$ 是单调减少函数(图 4-11b);于是得到曲线凹凸性的判定定理.

定理 1　设函数 $f(x)$ 在 $[a,b]$ 上连续,在 (a,b) 内具有一阶和二阶导数.

(1) 若在 (a,b) 内,$f''(x)>0$,则 $f(x)$ 在 $[a,b]$ 上的图形是凹的;

(2) 若在 (a,b) 内,$f''(x)<0$,则 $f(x)$ 在 $[a,b]$ 上的图形是凸的.

证明略.

例 1　判断曲线 $y=x^3$ 的凹凸性.

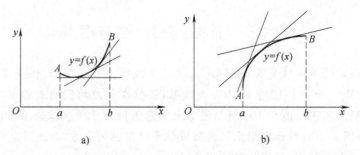

图 4-11

a)$f'(x)$递增,$f''(x)>0$ b)$f'(x)$递减 $f''(x)<0$

解   因为 $y'=3x^2,y''=6x$,

当 $x<0$ 时,$y''<0$,故曲线在 $(-\infty,0]$ 为凸的;

当 $x>0$ 时,$y''>0$,故曲线在 $[0,+\infty)$ 为凹的.

注   点 $(0,0)$ 是曲线由凸变凹的分界点,此类分界点称为曲线的拐点.

定义 2   连续曲线上凹凸性的分界点称为曲线的**拐点**.

如何求得函数的拐点呢?

拐点是凹凸性的分界点,所以在拐点左右邻近处,函数的二阶导数 $f''(x)$ 必然异号,这表明在拐点处 $f'(x)$ 达到极值,因而该点处有 $f''(x)=0$ 或 $f''(x)$ 不存在.综上所述,判别函数 $y=f(x)$ 的凹凸性与拐点可按以下步骤进行:

(1) 求函数的二阶导数 $f''(x)$;

(2) 令 $f''(x)=0$,解出全部实根,并求出所有使二阶导数不存在的点;

(3) 以二阶导数为零的点和二阶导数不存在的点把函数定义域分成小区间,然后再确定二阶导数在各小区间上的符号,并据此判定曲线的凹凸性和拐点.

例 2   求曲线 $y=3x^4-4x^3+1$ 的拐点及凹凸区间.

解   函数定义域 $D:(-\infty,+\infty)$,有

$$y'=12x^3-12x^2,y''=36x\left(x-\frac{2}{3}\right).$$

令 $y''=0$,得 $x_1=0,x_2=\dfrac{2}{3}$.列表 4-5 讨论如下:

表 4-5

x	$(-\infty,0)$	0	$\left(0,\frac{2}{3}\right)$	$\frac{2}{3}$	$\left(\frac{2}{3},+\infty\right)$
$f''(x)$	$+$	0	$-$	0	$+$
$f(x)$	凹	拐点$(0,1)$	凸	拐点$\left(\frac{2}{3},\frac{11}{27}\right)$	凹

所以,曲线的凹区间为 $(-\infty,0)$ 和 $\left(\dfrac{2}{3},+\infty\right)$,凸区间为 $\left(0,\dfrac{2}{3}\right)$,拐点为 $(0,1)$ 和

$\left(\dfrac{2}{3}, \dfrac{11}{27}\right).$

例 3 求曲线 $y=\sqrt[3]{x}$ 的拐点.

解 当 $x\neq0$ 时，　　　　$y'=\dfrac{1}{3}x^{-\frac{2}{3}}, y''=-\dfrac{2}{9}x^{-\frac{5}{3}},$

当 $x=0$ 时，y', y'' 均不存在.

但在区间 $(-\infty, 0)$ 内，$y''>0$，曲线在 $(-\infty, 0]$ 上是凹的；

在区间 $(0, +\infty)$ 内，$y''<0$，曲线在 $[0, +\infty)$ 上是凸的.

所以点 $(0,0)$ 是曲线 $y=\sqrt[3]{x}$ 的拐点.

习　题　4.6

求下列函数图形的拐点及凹凸区间：

(1) $y=3x^2-x^3$；　　　　　　　(2) $y=\sqrt{1+x^2}$；

(3) $y=x+x^{\frac{5}{3}}$；　　　　　　(4) $y=\ln(1+x^2)$；

(5) $y=x\mathrm{e}^x$；　　　　　　　(6) $y=\dfrac{2x}{1+x^2}$.

第七节　函数图形的描绘

引 对于给定的一个函数，我们如何相对精确地作出它的图形呢？具体来说，我们怎样作出函数 $f(x)=x^3-x^2-x+1$ 的图形？

一、曲线的渐近线

在平面上，当曲线伸向无穷远时，一般很难把它画准确，但是如果曲线伸向无穷远处时能渐渐靠近一条直线，那么就可以很快作出趋于无穷远处这条曲线的走向趋势.

定义 1 当曲线 $y=f(x)$ 上的一动点 M 沿着曲线移向无穷远时，点 M 到一定直线 L 的距离趋向于零，那么直线 L 就称为曲线 $y=f(x)$ 的一条渐近线.

渐近线一般有以下类型：

(1) 水平渐近线

如果函数满足：

$$\lim_{x\to+\infty}f(x)=C \quad \text{或} \quad \lim_{x\to-\infty}f(x)=C,$$

则称 $y=C$ 为曲线 $y=f(x)$ 的水平渐近线.

例如，由于 $\lim\limits_{x \to \infty} \dfrac{1}{x} = 0$，所以 $y = 0$ 为曲线 $y = \dfrac{1}{x}$ 的水平渐近线.

（2）铅直渐近线

如果函数满足：

$$\lim_{x \to x_0} f(x) = +\infty \quad \text{或} \quad \lim_{x \to x_0} f(x) = -\infty,$$

则称 $x = x_0$ 为曲线 $y = f(x)$ 的铅直渐近线.

例如，由于 $\lim\limits_{x \to 0^+} \mathrm{e}^{\frac{1}{x}} = +\infty$，所以 $x = 0$ 为曲线 $y = \mathrm{e}^{\frac{1}{x}}$ 的铅直渐近线.

（3）斜渐近线

如果曲线 $y = f(x)$ 上一动点沿曲线无限远离原点时，将无限接近某直线（即该动点与直线的距离趋于零），则称此直线为曲线 $y = f(x)$ 的渐近线.

如果

$$\lim_{x \to +\infty} [f(x) - (ax + b)] = 0$$

或

$$\lim_{x \to -\infty} [f(x) - (ax + b)] = 0,$$

其中 a 和 b 为常数，且 $a \neq 0$，则直线 $y = ax + b$ 为曲线 $y = f(x)$ 的斜渐近线. 如图 4-12 所示.

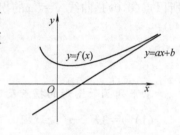

图 4-12

二、函数图形的描绘

对于一个函数，若能作出图形，就能直观了解该函数的特征. 前面我们讨论的函数的各种性态都可应用于函数的作图. 在描绘函数的图形时，可按照如下步骤进行：

（1）确定函数的定义域、奇偶性、周期性以及间断点和不可导点；

（2）通过考察一阶导数的符号确定单调区间以及极值；

（3）通过考察二阶导数的符号确定凹凸区间以及拐点；

（4）求曲线的渐近线；

（5）求出重要点的坐标，描点作图形.

例 1　作函数 $f(x) = x^3 - x^2 - x + 1$ 的图形.

解　函数的定义域为 $D:(-\infty, +\infty)$，无奇偶性及周期性. 又

$$f'(x) = (3x + 1)(x - 1), \quad f''(x) = 2(3x - 1).$$

令 $f'(x) = 0$，得驻点 $x = -\dfrac{1}{3}$，$x = 1$；

令 $f''(x) = 0$，得 $x = \dfrac{1}{3}$；

补充特殊点 $A(-1, 0)$，$B(0, 1)$，$C\left(\dfrac{3}{2}, \dfrac{5}{8}\right)$.

列表 4-6 确定函数的单调区间、凹凸区间及极值点与拐点：

表　4-6

x	$\left(-\infty,-\dfrac{1}{3}\right)$	$-\dfrac{1}{3}$	$\left(-\dfrac{1}{3},\dfrac{1}{3}\right)$	$\dfrac{1}{3}$	$\left(\dfrac{1}{3},1\right)$	1	$(1,+\infty)$
$f'(x)$	$+$	0	$-$	$-$	$-$	0	$+$
$f''(x)$	$-$	$-$	$-$	0	$+$	$+$	$+$
$f(x)$	⤴	极大值 $\dfrac{32}{27}$	⤵	拐点 $\left(\dfrac{1}{3},\dfrac{16}{27}\right)$	⤵	极小值 0	⤴

根据表中结果，用平滑曲线连接这些点，描绘出题设函数的图形，如图 4-13 所示.

例 2　作函数 $y=x\mathrm{e}^{-x}$ 的图形.

解　函数为非奇非偶函数，且无对称性，定义域为 $(-\infty,+\infty)$.

令 $y'=(1-x)\mathrm{e}^{-x}=0$，得驻点 $x=1$；

令 $y''=(x-2)\mathrm{e}^{-x}=0$，得 $x=2$.

由于 $\lim\limits_{x\to+\infty}x\mathrm{e}^{-x}=0$，故 $y=0$ 为曲线的水平渐近线.

列表 4-7 确定函数的单调区间、凹凸区间及极值点与拐点：

表　4-7

x	$(-\infty,1)$	1	$(1,2)$	2	$(2,+\infty)$
$f'(x)$	$+$	0	$-$	$-$	$-$
$f''(x)$	$-$	$-$	$-$	0	$+$
$f(x)$	⤴	极大值 $\dfrac{1}{\mathrm{e}}$	⤵	拐点 $\left(2,\dfrac{2}{\mathrm{e}^2}\right)$	⤵

补充特殊点 $(-1,-\mathrm{e})$，$\left(3,\dfrac{3}{\mathrm{e}^3}\right)$. 根据表中结果，用平滑曲线连接这些点，描绘出题设函数的图形，如图 4-14 所示.

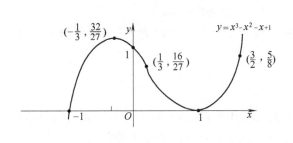

图　4-13

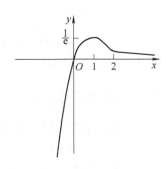

图　4-14

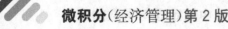

习 题 4.7

1. 求下列函数的渐近线:

(1) $y=\mathrm{e}^{-\frac{1}{x}}$;　　(2) $y=\dfrac{\mathrm{e}^x}{1+x}$;　　(3) $y=\mathrm{e}^{-x^2}$.

2. 描绘下列函数的图形:

(1) $y=\dfrac{1}{5}(x^4-6x^2+8x+7)$;　　　　(2) $y=\dfrac{x}{1+x^2}$;

(3) $y=x^2+\dfrac{1}{x}$;　　　　　　　　　　(4) $y=x\sqrt{3-x}$.

第八节　导数在经济管理方面的应用

引　在经济管理决策中,经常会遇到需求分析问题、利润最大化问题、库存管理问题、成本最小化问题和复利问题等,这些都涉及函数最值的判断与求解. 如何应用导数解决经济管理决策中的这些决策问题呢?

一、需求分析问题

例1　设某商品的需求量 Q 是单价 P(单位:万元)的函数,$Q=1000-100P$,商品的总成本 C 是需求量 Q 的函数,且 $C=1000+3Q$,试求使销售利润最大的商品价格和最大利润.

解　商品利润:$L(P)=R(P)-C(P)$,其中 $R(P)$ 为销售金额,$C(P)$ 为成本金额,

$$R(P)=QP=1000P-100P^2,$$
$$C(P)=4000-300P,$$

所以

$$L(P)=-100P^2+1300P-4000.$$

令 $L'(P)=-200P+1300=0$,得唯一驻点 $P=6.5$. 所以 $P=6.5$ 时利润最大,最大利润为 $L(6.5)=225$(万元).

二、利润最大化问题

例2　某厂生产每批 A 商品 x 台的费用为 $C(x)=5x+200$(万元),得到的收入为 $R(x)=10x-0.01x^2$(万元),问每批生产多少台,才能使利润最大?

解　设利润函数为 $L(x)$,则

$$L(x)=R(x)-C(x)=5x-0.01x^2-200,$$

$$L'(x) = 5 - 0.02x,$$

令 $L'(x) = 0$，解得 $x = 250$（台），由于

$$L''(x) = -0.02 < 0,$$

所以 $L(250) = 425$（万元）为极大值，也就是最大值.

也就是说，每批生产 250 台，可以获得最大利润 425 万元.

例 3　某房地产公司有 50 套公寓要出租，当租金定为每月 180 元时，公寓会全部租出去. 当租金每月增加 10 元时，就有一套公寓租不出去，而租出去的房子每月需花费 20 元的整修维护费. 试问房租定为多少元可获得最大利润？

解　这是一个利润最大化问题. 设房租为每月 x 元，租出去的房子有 $\left(50 - \dfrac{x - 180}{10}\right)$ 套，每月总利润为 $R(x) = (x - 20)\left(50 - \dfrac{x - 180}{10}\right)$，即

$$R(x) = (x - 20)\left(68 - \frac{x}{10}\right),$$

则

$$R'(x) = \left(68 - \frac{x}{10}\right) + (x - 20)\left(-\frac{1}{10}\right) = 70 - \frac{x}{5},$$

令 $R'(x) = 0$，得

$$x = 350（唯一驻点）.$$

故每月每套租金定为 350 元时利润最高. 最大利润为

$$R(x) = (350 - 20)\left(68 - \frac{350}{10}\right) = 10890（元）.$$

三、库存管理问题

例 4　某种物资一年需用量为 24000 件，每件价格为 40 元，年保管费用率 12%，每次订购费用为 64 元，试求最优订购批量、最优订购次数、最优进货周期和最小总费用.

解　这是一个库存管理问题. 设订货批量为 Q，进货周期为 T，总费用为 C，则全年订购次数为 $\dfrac{24000}{Q}$，总费用 C 由以下两部分组成：

（1）订货费用为 $\dfrac{24000}{Q} \times 64$；

（2）保管费用. 因为每一进货周期 T 内都是初始库存量最大，到每个周期末库存量为零，所以全年每天平均库存量为 $\dfrac{Q}{2}$，因此保管费用为 $\dfrac{Q}{2} \times 40 \times 12\%$.

于是总费用 $C = \dfrac{24000}{Q} \times 64 + \dfrac{Q}{2} \times 40 \times 12\%$. 要使总费用最省，令 $\dfrac{dC}{dQ} = 0$，即

$$-\frac{24000}{Q^2} \times 64 + \frac{1}{2} \times 40 \times 12\% = 0,$$

得最优订购批量

$$Q^* = 800(件 / 批);$$

最优订购次数

$$\frac{24000}{Q^*} = 30(批 / 年);$$

最优进货周期

$$T^* = \frac{360}{30} = 12(天);$$

最小总费用

$$C_{min} = \frac{24000}{800} \times 64 + \frac{800}{2} \times 40 \times 12\% = 3840(元).$$

四、成本最小化问题

例5 设成本函数为 $C(Q) = 54 + 18Q + 6Q^2$，试求平均成本最小时的产量.

解 容易看出平均成本为

$$\overline{C}(Q) = \frac{C(Q)}{Q} = \frac{54}{Q} + 18 + 6Q.$$

则

$$\overline{C}'(Q) = -\frac{54}{Q^2} + 6.$$

令 $\overline{C}'(Q) = 0$，解得 $Q = 3$，又由于

$$\overline{C}''(Q) = \frac{108}{Q^3} > 0 \quad (Q > 0 时),$$

所以，$Q = 3$ 是平均成本 $\overline{C}(Q)$ 的极小值点，也就是平均成本最小时的产量水平，此时最小平均成本为 $\overline{C}(3) = 54$.

注 平均成本最小时的产量水平 $Q = 3$ 时，有

$$\overline{C}(3) = 54 = C'(3),$$

即 $Q = 3$ 时，边际成本等于平均成本.

五、复利问题

例6 某企业根据现有技术与资源条件，原计划所作投资使今年所得为 x 元，明年所得为 y 元，y 与 x 之间有如下关系式：$y = \varphi(x)$（称为转换曲线或投资机会线），设年利率为 r，每年计算复利一次，问该厂应如何调整投资，使所得的现值最大？

解 设 W 表示今年可得的 x 元与明年可得的 y 元的现值，则

$$W = x + \frac{\varphi(x)}{1 + r}.$$

136

据题意,要使 W 最大,即只要求出满足:

$$\frac{\mathrm{d}W}{\mathrm{d}x} = 0 \quad \text{及} \quad \frac{\mathrm{d}^2 W}{\mathrm{d}x^2} < 0$$

时的 x,就可使 W 达到最大,即

$$1 + \frac{\varphi'(x)}{1+r} = 0 \quad \text{及} \quad \frac{\varphi''(x)}{1+r} < 0.$$

由于 $1+r>0$,所以当 $\varphi''(x)<0$,即 $\varphi(x)$ 为上凸函数时,可调整投资使今年所得的 x 满足:

$$\varphi'(x) = -(1+r).$$

这时,明年所得的 y 也可由 $y=\varphi(x)$ 算出. 因此,经过这样的调整就可使所得现值达到最大.

习 题 4.8

1. 生产某种商品 Q 单位的利润是
$$L(Q) = Q - 0.00001Q^2 \text{(元)},$$
问生产多少个单位时所获利润最大?

2. 某工厂生产甲产品,年产量为 Q(百台),总成本为 C(万元),其中固定成本为 2 万元,每生产 1 百台,成本增加 1 万元,市场上每年可销售此商品 4 百台,其销售收入 R 是 Q 的函数:

$$R = R(Q) = \begin{cases} 4Q - \dfrac{1}{2}Q^2, & 0 \leqslant Q \leqslant 4, \\ 8, & Q > 4. \end{cases}$$

问每年生产多少台,可使总利润 L 最大?

3. 设某商品的总成本函数为 $C=50+2Q$,价格函数为 $P=20-\dfrac{Q}{2}$,其中 P 为该商品单价,Q 为产量. 求总利润最大时的产量即最大产量.

4. 某商品成本函数 $C=15Q-6Q^2+Q^3$,Q 为生产量.

(1) 问生产量为多少时,可使平均成本最小?

(2) 求出边际成本,并验证当平均成本达最小时,边际成本等于平均成本.

5. 某厂生产某商品,其年销售量为 100 万件,每批生产需增加生产准备费 1000 元,而每件库存费为 0.05 元,如果年销售率是均匀的(此时商品的平均库存量为批量的一半),问应分几批生产能使生产准备费和库存费之和为最小?

6. 某公司年销售某商品 5000 台,每次进货费用为 40 元,单价为 200 元,年保管费用率为 20%,求最优订购批量.

7. 某厂全年生产需用甲材料 5170t,每次订购费用为 570 元,每吨甲材料单价

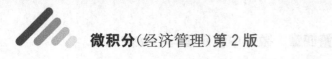

及库存保管费用率分别为600元,14.2%. 求:

(1) 最优订购批量;   (2) 最优订购批次;

(3) 最优进货周期;   (4) 最小总费用.

第四章自测题 A

1. 单项选择题:

(1) 在下列函数中,在闭区间$[-1,1]$上满足罗尔定理条件的是(　　).

A. $y=e^x$ B. $y=\ln x$ C. $y=1-x^2$ D. $y=\dfrac{1}{1-x^2}$

(2) 如果x_1,x_2是方程$f(x)=0$的两个根,又$f(x)$在闭区间$[x_1,x_2]$上连续,在开区间(x_1,x_2)内可导,那么方程$f'(x)=0$在(x_1,x_2)内(　　).

  A. 只有一个根   B. 至少有一个根

  C. 没有根   D. 以上结论都不对

(3) 设函数$f(x)$在区间(a,b)上恒有$f'(x)>0$,$f''(x)<0$,则曲线$y=f(x)$在(a,b)上(　　).

  A. 单调上升,上凹   B. 单调上升,上凸

  C. 单调下降,上凹   D. 单调下降,上凸

(4) 函数$y=x-\ln(1+x^2)$的极值是(　　).

A. $1-\ln 2$ B. $-1-\ln 2$ C. 没有极值   D. 0

(5) 曲线$y=(x-1)^3$的拐点是(　　).

A. $(-1,-8)$ B. $(1,0)$ C. $(0,-1)$ D. $(0,1)$

2. 填空题:

(1) 函数$f(x)=x^3-3x^2-9x+5$在区间_____内单调增加.

(2) 已知函数$f(x)=x^3+ax^2+bx$在$x=-1$处取得极小值-2,则$a=$_____,$b=$_____.

(3) 函数$f(x)=x^2-\dfrac{1}{x^2}$在$[-3,-1]$上的最大值为_____,最小值为_____.

(4) 曲线$f(x)=x^3-3x$的拐点为_____.

(5) 某商品生产的总成本函数为$C(x)=300+x+5x^2$,当产量$x=100$时的平均成本为_____,产量为_____时平均成本最低.

3. 计算下列极限:

(1) $\lim\limits_{x\to 0}\dfrac{\sin 3x}{3-\sqrt{2x+9}}$;   (2) $\lim\limits_{x\to 0}\dfrac{\tan x-x}{x-\sin x}$;

(3) $\lim\limits_{x\to 0^+}(\sin x)^{\sin x}$； (4) $\lim\limits_{x\to 1}\left(\dfrac{1}{\ln x}-\dfrac{1}{x-1}\right)$.

4. 求函数 $f(x)=2x^3+3x^2-12x$ 的极值与拐点.

5. 设某商品的需求量 Q 是单价 P（单位：元）的函数，$Q=1000-100P$，商品的总成本 C 是需求量 Q 的函数，且 $C=1000+3Q$. 试求使销售利润最大的商品价格和最大利润.

6. 求证：$\ln(x+1)>x-\dfrac{x^2}{2}$ $(x>0)$.

第四章自测题 B

1. 选择题：

(1) 函数 $y=k\arctan x-x(k>1)$ 在 $(0,+\infty)$ 内是（   ）.

A. 单调增加 B. 单调减少

C. 先减后增 D. 先增后减

(2) 函数 $y=f(x)$ 的导数 $y'=f'(x)$ 的图形如图 4-15 所示，则（   ）.

A. $x=-1$ 是 $f(x)$ 的驻点，但不是极值点

B. $x=-1$ 不是 $f(x)$ 的驻点

C. $x=-1$ 是 $f(x)$ 的极小值点

D. $x=-1$ 是 $f(x)$ 的极大值点

(3) 曲线 $y=3x^5-5x^4-10x^3+30x^2-5x+1$ 的拐点是（   ）.

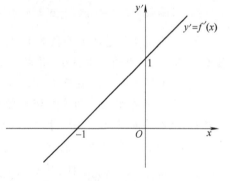

图 4-15

A. $(1,14)$

B. $(-1,38)$

C. $(1,14)$ 和 $(-1,38)$

D. 没有拐点

(4) 设 $f(x)=(x-1)(x-2)(x-3)(x-4)$，则方程 $f'(x)=0$ 在实数范围内根的个数是（   ）.

A. 4 B. 3 C. 2 D. 1

(5) 点 $(1,2)$ 是曲线 $y=ax^3+bx^2$ 的拐点，则（   ）.

A. $a=-1,b=3$ B. $a=0,b=1$

C. a 为任意数，$b=3$ D. $a=-1,b$ 为任意数

2. 填空题：

(1) 设 $f(x)$ 在 $[a,b]$ 上连续,且 $f'(x)<0$,则 $f(x)$ 在 $[a,b]$ 上的最大值为_____,最小值为_____.

(2) $y=\arctan x+\dfrac{1}{x}$ 的单调递减区间是_____.

(3) 曲线 $f(x)=x^3-6x^2+3x+5$ 的拐点是_____.

(4) 曲线 $y=e^x-6x+x^2$ 在区间_____是上凹的.

(5) 设 $f''(x)$ 在 $x=1$ 处连续,且 $f(1)=2$, $f'(1)=2$, $f''(1)=4$,则 $\lim\limits_{x\to 1}\dfrac{f(x)-2x}{(x-1)^2}=$_____.

3. 计算下列极限：

(1) $\lim\limits_{x\to 1}\dfrac{x-1}{\sqrt[3]{x}-1}$;

(2) $\lim\limits_{x\to 0}\dfrac{\tan x-x}{x^2\sin x}$;

(3) $\lim\limits_{x\to 0}(1-\sin x)^{\frac{2}{x}}$;

(4) $\lim\limits_{x\to 0}\dfrac{e^x+e^{-x}-2}{xe^x-e^x+1}$.

4. 求函数 $f(x)=\dfrac{1}{2}(1-e^{-x^2})$ 的单调、凹凸区间,极值与拐点.

5. 设某商品的总成本函数为 $C(Q)=100Q-180Q^3+120Q^4$, Q 为产量,求产量 Q 为多少时,平均成本最小,并求最小平均成本.

6. 某工厂一年生产某产品1000t,分若干批进行生产,生产每批产品需固定支出1000元.而每批生产的直接消耗费用(不包括固定支出)与产品数量的二次方成正比,又知每批产品为40t时,直接消耗的生产费用为800元.试问:每批生产多少吨时,可使全年总费用最少?

7. 证明: $\ln(x+1)\geqslant\dfrac{\arctan x}{1+x}$ $(x\geqslant 0)$.

第五章 不定积分

在微分学中我们已经介绍了求一个已知函数的导数与微分的问题,在科学技术和经济管理中,常常需要研究其逆运算,即已知函数的导数,求这个函数.这种由导数或微分求原函数的运算,称为不定积分.

第一节 不定积分的概念与性质

引 我们已经知道,若某商品的总成本函数为 $C(Q)=8Q+48\sqrt{Q}$,则边际成本函数为 $MC=C'(Q)=8+\dfrac{24}{\sqrt{Q}}$. 那么,如果知道某商品的边际成本函数为 $MC=C'(Q)=8+\dfrac{24}{\sqrt{Q}}$,如何求出总成本函数呢? 该商品的总成本函数一定是 $C(Q)=8Q+48\sqrt{Q}$ 吗?

一、原函数的概念

若已知 $f'(x)=\cos x$,那么不难验证
$$f(x)=\sin x \text{ 和 } f(x)=\sin x+C$$
都有导数 $\cos x$,这里 C 为任意常数. 我们称 $\sin x$ 为 $\cos x$ 的一个原函数. 显然,$\sin x+C$ 也都是 $\cos x$ 的原函数. 下面给出原函数的定义.

定义 1 如果在区间 I 内,可导函数 $F(x)$ 的导函数为 $f(x)$,即任取 $x\in I$ 都有
$$F'(x)=f(x) \text{ 或 } \mathrm{d}F(x)=f(x)\mathrm{d}x,$$
那么函数 $F(x)$ 就称为 $f(x)$ 或 $f(x)\mathrm{d}x$ 在区间 I 内的**原函数**.

例如:因为 $(\ln x)'=\dfrac{1}{x}(x>0)$,$\ln x$ 是 $\dfrac{1}{x}$ 在区间 $(0,+\infty)$ 内的一个原函数.

因为 $(\sin x)'=\cos x$,$\sin x$ 是 $\cos x$ 的一个原函数.

因为 $(\sin x+C)'=\cos x$,$\sin x+C$ 是 $\cos x$ 的原函数.

原函数的存在性将在下一章讨论,这里先介绍一个结论.

定理 1(原函数存在定理) 如果函数 $f(x)$ 在区间 I 内连续,那么在区间 I 内存在可导函数 $F(x)$,使得任取 $x\in I$,都有 $F'(x)=f(x)$.

简言之,连续函数一定有原函数.

一个函数的原函数不是唯一的. 事实上, 如果 $f(x)$ 在区间 I 上有原函数, 即有一个函数 $F(x)$, 使得任取 $x \in I$, 都有 $F'(x) = f(x)$, 那么, 对任意常数 C, 显然也有

$$[F(x) + C]' = f(x),$$

即对任意常数 C, 函数 $F(x) + C$ 也是 $f(x)$ 的原函数.

另外, 若 $F(x)$ 和 $G(x)$ 都是 $f(x)$ 的原函数, 则

$$[F(x) - G(x)]' = F'(x) - G'(x) = f(x) - f(x) = 0,$$

即 $F(x) - G(x) = C$ (C 为任意常数).

二、不定积分的概念

定义 2 在区间 I 内, 函数 $f(x)$ 的带有任意常数项的原函数称为 $f(x)$ 在区间 I 内的**不定积分**, 记为

$$\int f(x) \mathrm{d}x.$$

其中 $\int$ 称为**积分号**, $f(x)$ 称为**被积函数**, $f(x)\mathrm{d}x$ 称为**积分表达式**, x 称为**积分变量**.

由定义 2 知, 若 $F(x)$ 为函数 $f(x)$ 在区间 I 上的一个原函数, 则

$$\int f(x) \mathrm{d}x = F(x) + C.$$

即不定积分 $\int f(x) \mathrm{d}x$ 可以表示 $f(x)$ 的任意一个原函数. 求函数 $f(x)$ 的不定积分, 就是求 $f(x)$ 的全体原函数, 故不定积分的运算实质上就是求导(或求微分)运算的逆运算.

例 1 求 $\int x^3 \mathrm{d}x$.

解 因为 $\left(\dfrac{x^4}{4}\right)' = x^3$, 所以 $\dfrac{x^4}{4}$ 是 x^3 的一个原函数, 从而

$$\int x^3 \mathrm{d}x = \frac{x^4}{4} + C.$$

一般地, 因为 $\left(\dfrac{x^{\mu+1}}{\mu+1}\right)' = x^\mu$, 所以 $\dfrac{x^{\mu+1}}{\mu+1}$ 是 x^μ 的一个原函数, 从而

$$\int x^\mu \mathrm{d}x = \frac{x^{\mu+1}}{\mu+1} + C \quad (\mu \neq -1).$$

例 2 求 $\int \dfrac{1}{1+x^2} \mathrm{d}x$.

解 因为 $(\arctan x)' = \dfrac{1}{1+x^2}$, 所以 $\arctan x$ 是 $\dfrac{1}{1+x^2}$ 的一个原函数, 从而

$$\int \frac{1}{1+x^2} \mathrm{d}x = \arctan x + C.$$

例 3 求 $\int \frac{1}{x} \mathrm{d}x$.

解 当 $x>0$ 时,由于 $(\ln x)' = \frac{1}{x}$,所以 $\ln x$ 是 $\frac{1}{x}$ 在 $(0, +\infty)$ 上的一个原函数,因此在 $(0, +\infty)$ 内,有

$$\int \frac{\mathrm{d}x}{x} = \ln x + C.$$

当 $x<0$ 时,由于 $[\ln(-x)]' = \frac{1}{-x}(-x)' = \frac{1}{x}$,所以 $\ln(-x)$ 是 $\frac{1}{x}$ 在 $(-\infty, 0)$ 上的一个原函数,因此在 $(-\infty, 0)$ 内,有

$$\int \frac{\mathrm{d}x}{x} = \ln(-x) + C.$$

把在 $x>0$ 和 $x<0$ 内的结果合起来,可写作

$$\int \frac{\mathrm{d}x}{x} = \ln|x| + C.$$

例 4 设曲线通过点 $(1,2)$,且其上任一点处的切线斜率等于这点横坐标的两倍,求此曲线方程.

解 设曲线方程为 $y = f(x)$,根据题意知

$$\frac{\mathrm{d}y}{\mathrm{d}x} = 2x,$$

即 $f(x)$ 是 $2x$ 的一个原函数. 因为

$$\int 2x \mathrm{d}x = x^2 + C,$$

所以必有某个常数 C 使 $f(x) = x^2 + C$,由曲线通过点 $(1,2)$ 可知

$$2 = 1 + C \Rightarrow C = 1,$$

于是,所求曲线方程为

$$y = x^2 + 1.$$

由不定积分的定义,可知下述关系:由于 $\int f(x) \mathrm{d}x$ 是 $f(x)$ 的原函数,所以

$$\frac{\mathrm{d}}{\mathrm{d}x} \left[\int f(x) \mathrm{d}x \right] = f(x),$$

$$\mathrm{d} \left[\int f(x) \mathrm{d}x \right] = f(x) \mathrm{d}x.$$

又由于 $F(x)$ 是 $F'(x)$ 的原函数,所以

$$\int F'(x) \mathrm{d}x = F(x) + C,$$

$$\int dF(x) = F(x) + C.$$

三、基本积分表

我们把一些基本的积分公式列成一个表,通常称为基本积分表.

(1) $\int k\mathrm{d}x = kx + C$　(k 是常数);

(2) $\int x^{\mu}\mathrm{d}x = \dfrac{x^{\mu+1}}{\mu+1} + C$　($\mu \neq -1$);

(3) $\int \dfrac{\mathrm{d}x}{x} = \ln|x| + C$;

(4) $\int \dfrac{1}{1+x^2}\mathrm{d}x = \arctan x + C$;

(5) $\int \dfrac{1}{\sqrt{1-x^2}}\mathrm{d}x = \arcsin x + C$;

(6) $\int \cos x\mathrm{d}x = \sin x + C$;

(7) $\int \sin x\mathrm{d}x = -\cos x + C$;

(8) $\int \dfrac{\mathrm{d}x}{\cos^2 x} = \int \sec^2 x\mathrm{d}x = \tan x + C$;

(9) $\int \dfrac{\mathrm{d}x}{\sin^2 x} = \int \csc^2 x\mathrm{d}x = -\cot x + C$;

(10) $\int \sec x\tan x\mathrm{d}x = \sec x + C$;

(11) $\int \csc x\cot x\mathrm{d}x = -\csc x + C$;

(12) $\int \mathrm{e}^x\mathrm{d}x = \mathrm{e}^x + C$;

(13) $\int a^x\mathrm{d}x = \dfrac{a^x}{\ln a} + C$;

(14) $\int \sinh x\mathrm{d}x = \cosh x + C$;

(15) $\int \cosh x\mathrm{d}x = \sinh x + C.$

例 5　求 $\int x^2\sqrt{x}\mathrm{d}x$.

解　根据积分公式(2)可知

$$\int x^2\sqrt{x}\mathrm{d}x = \int x^{\frac{5}{2}}\mathrm{d}x = \dfrac{x^{\frac{5}{2}+1}}{\frac{5}{2}+1} + C = \dfrac{2}{7}x^{\frac{7}{2}} + C.$$

四、不定积分的性质

利用微分运算法则和不定积分的定义,可得下列运算性质.

性质 1　$\int\big[f(x)\pm g(x)\big]\mathrm{d}x=\int f(x)\mathrm{d}x\pm\int g(x)\mathrm{d}x.$

证　因为

$$\left[\int f(x)\mathrm{d}x\pm\int g(x)\mathrm{d}x\right]'=\left[\int f(x)\mathrm{d}x\right]'\pm\left[\int g(x)\mathrm{d}x\right]'$$
$$=f(x)\pm g(x),$$

所以,等式成立.

说明　此性质可推广到有限多个函数之和的情况.

性质 2　$\int kf(x)\mathrm{d}x=k\int f(x)\mathrm{d}x\ (k\ \text{是常数},k\neq0).$

证　因为

$$\left[k\int f(x)\mathrm{d}x\right]'=k\left[\int f(x)\mathrm{d}x\right]'=kf(x)=\left[\int kf(x)\mathrm{d}x\right]',$$

所以,等式成立.

五、直接积分法

利用基本积分公式以及不定积分的性质,可以求出一些简单的函数的不定积分,我们称为直接积分法.

例 6　求 $\int(1+\sqrt[3]{x^2})^2\mathrm{d}x$.

解　$\displaystyle\int(1+\sqrt[3]{x^2})^2\mathrm{d}x=\int(1+2x^{\frac{2}{3}}+x^{\frac{4}{3}})\mathrm{d}x=\int1\mathrm{d}x+\int2x^{\frac{2}{3}}\mathrm{d}x+\int x^{\frac{4}{3}}\mathrm{d}x$

$$=x+2\,\frac{1}{\frac{2}{3}+1}x^{\frac{2}{3}+1}+\frac{1}{\frac{4}{3}+1}x^{\frac{4}{3}+1}+C$$

$$=x+\frac{6}{5}x^{\frac{5}{3}}+\frac{3}{7}x^{\frac{7}{3}}+C.$$

例 7　求 $\int\left(\dfrac{3}{1+x^2}-\dfrac{2}{\sqrt{1-x^2}}\right)\mathrm{d}x$.

解　$\displaystyle\int\left(\frac{3}{1+x^2}-\frac{2}{\sqrt{1-x^2}}\right)\mathrm{d}x=3\int\frac{1}{1+x^2}\mathrm{d}x-2\int\frac{1}{\sqrt{1-x^2}}\mathrm{d}x$

$$=3\arctan x-2\arcsin x+C.$$

例 8　求 $\int2^x\mathrm{e}^x\mathrm{d}x$.

解　$\displaystyle\int2^x\mathrm{e}^x\mathrm{d}x=\int(2\mathrm{e})^x\mathrm{d}x=\frac{(2\mathrm{e})^x}{\ln(2\mathrm{e})}+C=\frac{2^x\mathrm{e}^x}{1+\ln2}+C.$

例 9　求 $\int \dfrac{1+x+x^2}{x(1+x^2)}\mathrm{d}x$.

解　$\int \dfrac{1+x+x^2}{x(1+x^2)}\mathrm{d}x = \int \dfrac{x+(1+x^2)}{x(1+x^2)}\mathrm{d}x = \int \left(\dfrac{1}{1+x^2} + \dfrac{1}{x}\right)\mathrm{d}x$

$= \int \dfrac{1}{1+x^2}\mathrm{d}x + \int \dfrac{1}{x}\mathrm{d}x$

$= \arctan x + \ln|x| + C.$

例 10　求 $\int \dfrac{1+2x^2}{x^2(1+x^2)}\mathrm{d}x$.

解　$\int \dfrac{1+2x^2}{x^2(1+x^2)}\mathrm{d}x = \int \dfrac{1+x^2+x^2}{x^2(1+x^2)}\mathrm{d}x = \int \dfrac{1}{x^2}\mathrm{d}x + \int \dfrac{1}{1+x^2}\mathrm{d}x$

$= -\dfrac{1}{x} + \arctan x + C.$

例 11　求 $\int \dfrac{1}{1+\cos 2x}\mathrm{d}x$.

解　$\int \dfrac{1}{1+\cos 2x}\mathrm{d}x = \int \dfrac{1}{1+2\cos^2 x - 1}\mathrm{d}x = \dfrac{1}{2}\int \dfrac{1}{\cos^2 x}\mathrm{d}x$

$= \dfrac{1}{2}\tan x + C.$

例 12　求 $\int \tan^2 x\mathrm{d}x$.

解　$\int \tan^2 x\mathrm{d}x = \int (\sec^2 x - 1)\mathrm{d}x = \int \sec^2 x\mathrm{d}x - \int 1\mathrm{d}x$

$= \tan x - x + C.$

例 13　生产某产品 Q 个单位的总成本 C 为产量 Q 的函数. 已知边际成本函数为 $MC = 8 + \dfrac{24}{\sqrt{Q}}$, 固定成本为 10000 元, 试求总成本 C 与产量 Q 的函数关系.

解　由边际成本函数

$$MC = C'(Q) = 8 + \frac{24}{\sqrt{Q}},$$

故总成本函数为

$$C(Q) = \int \left(8 + \frac{24}{\sqrt{Q}}\right)\mathrm{d}Q = 8Q + 48\sqrt{Q} + C_0.$$

由已知固定成本为 10000 元, 即 $C|_{Q=0} = 10000$, 得 $C_0 = 10000$. 故所求成本函数为

$$C = 8Q + 48\sqrt{Q} + 10000.$$

说明　由上述各例可知, 对一些简单的积分问题, 总是设法将被积函数进行恒等变形, 化简后才能使用基本积分表.

习 题 5.1

1. 求下列不定积分：

(1) $\int \dfrac{\mathrm{d}x}{x^3}$；

(2) $\int x\sqrt{x}\,\mathrm{d}x$；

(3) $\int x^3(1+x)^2\,\mathrm{d}x$；

(4) $\int (x^2-5x+6)\,\mathrm{d}x$；

(5) $\int (x^2+1)^2\,\mathrm{d}x$；

(6) $\int (\sqrt{x}+1)(\sqrt{x^3}-1)\,\mathrm{d}x$；

(7) $\int \dfrac{\mathrm{d}x}{x^2\sqrt{x}}$；

(8) $\int \left(\sqrt[3]{x}-\dfrac{1}{\sqrt{x}}\right)\mathrm{d}x$；

(9) $\int (2^x+x^2)\,\mathrm{d}x$；

(10) $\int \sqrt{x}(x-3)\,\mathrm{d}x$；

(11) $\int \dfrac{3x^4+3x^2+1}{x^2+1}\,\mathrm{d}x$；

(12) $\int \dfrac{x^2}{1+x^2}\,\mathrm{d}x$；

(13) $\int \left(\dfrac{x}{2}-\dfrac{1}{x}+\dfrac{1}{x^3}-\dfrac{4}{x^4}\right)\mathrm{d}x$；

(14) $\int \dfrac{(1-x)^2}{\sqrt{x}}\,\mathrm{d}x$；

(15) $\int \mathrm{e}^x\left(1-\dfrac{\mathrm{e}^{-x}}{\sqrt{x}}\right)\mathrm{d}x$；

(16) $\int \sqrt{x\sqrt{x\sqrt{x}}}\,\mathrm{d}x$；

(17) $\int \dfrac{\mathrm{d}x}{x^2(1+x^2)}$；

(18) $\int \dfrac{\mathrm{e}^{2t}-1}{\mathrm{e}^t-1}\,\mathrm{d}t$；

(19) $\int 3^x\mathrm{e}^x\,\mathrm{d}x$；

(20) $\int \cot^2 x\,\mathrm{d}x$；

(21) $\int \sec x(\sec x-\tan x)\,\mathrm{d}x$；

(22) $\int \cos^2\dfrac{x}{2}\,\mathrm{d}x$；

(23) $\int \dfrac{1}{\sin^2\dfrac{x}{2}\cos^2\dfrac{x}{2}}\,\mathrm{d}x$；

(24) $\int \dfrac{\cos 2x}{\cos x-\sin x}\,\mathrm{d}x$.

2. 一曲线通过点 $(\mathrm{e}^2,3)$，且在任一点处的切线的斜率等于该点横坐标的倒数，求该曲线的方程.

3. 已知边际收益函数为 $R'(Q)=100-0.01Q$，其中 Q 为产量，求收益函数 $R(Q)$.

4. 某商品的需求量 Q 为价格 P 的函数，该商品的最大需求量为 1000（即 $P=0$ 时，$Q=1000$），已知需求量的变化率函数为

$$Q'(P)=-1000\ln 3\cdot\left(\dfrac{1}{3}\right)^P,$$

求该商品的需求函数 $Q(P)$.

第二节　换元积分法

引　对于有些积分问题,如 $\int \cos 2x \mathrm{d}x$,利用基本积分表与积分的性质很难得出结果,我们可以这样解决:利用复合函数,设置中间变量.令 $t=2x$,则 $\mathrm{d}x=\dfrac{1}{2}\mathrm{d}t$,那么

$$\int \cos 2x \mathrm{d}x = \frac{1}{2}\int \cos t \mathrm{d}t = \frac{1}{2}\sin t + C = \frac{1}{2}\sin 2x + C.$$

这样求不定积分的方法有没有一般性呢?

能用基本积分表与积分的性质计算的不定积分是十分有限的.本节把复合函数的微分法反过来用于求不定积分,通过适当的变量代换,把某些不定积分化为可利用基本积分公式的形式,称为换元积分法.

一、第一类换元法

设 $F'(u)=f(u)$,则

$$\int f(u)\mathrm{d}u = F(u) + C.$$

如果 u 是中间变量:$u=\varphi(x)$,且设 $\varphi(x)$ 可微,那么有

$$\mathrm{d}F(\varphi(x)) = f(\varphi(x))\varphi'(x)\mathrm{d}x,$$

从而将关于变量 x 的积分转化为变量 u 的积分问题,于是

$$\int f(\varphi(x))\varphi'(x)\mathrm{d}x = F(\varphi(x)) + C = \left[\int f(u)\mathrm{d}u\right]_{u=\varphi(x)}.$$

由此可得换元法定理.

定理1　设 $f(u)$ 具有原函数 $F(u)$,$u=\varphi(x)$ 可导,则有换元公式

$$\int f(\varphi(x))\varphi'(x)\mathrm{d}x = \left[\int f(u)\mathrm{d}u\right]_{u=\varphi(x)} = F(u) + C = F(\varphi(x)) + C.$$

如何应用上述公式来求不定积分? 假设要求 $\int g(x)\mathrm{d}x$,则使用此公式的关键在于将 $\int g(x)\mathrm{d}x$ 化为 $\int f(\varphi(x))\varphi'(x)\mathrm{d}x$ 的形式,所以,第一类换元法也称为**凑微分法**.

例1　求 $\int \dfrac{1}{3+2x}\mathrm{d}x$.

解　由于

$$\frac{1}{3+2x} = \frac{1}{2}\cdot\frac{1}{3+2x}\cdot(3+2x)',$$

所以

$$\int \frac{1}{3+2x}dx = \frac{1}{2}\int \frac{1}{3+2x} \cdot (3+2x)'dx$$

$$= \frac{1}{2}\int \frac{1}{u}du \quad (u = 3+2x)$$

$$= \frac{1}{2}\ln|u| + C = \frac{1}{2}\ln|3+2x| + C \quad (\text{回代}).$$

注 一般地 $\int f(ax+b)dx = \frac{1}{a}\Big[\int f(u)du\Big]_{u=ax+b}$.

例 2 求 $\int \frac{1}{x(1+2\ln x)}dx$.

解 $\int \frac{1}{x(1+2\ln x)}dx = \int \frac{1}{1+2\ln x}d(\ln x)$

$$= \frac{1}{2}\int \frac{1}{1+2\ln x}d(1+2\ln x)$$

$$= \frac{1}{2}\int \frac{1}{u}du \quad (u = 1+2\ln x)$$

$$= \frac{1}{2}\ln|u| + C = \frac{1}{2}\ln|1+2\ln x| + C(\text{回代}).$$

例 3 求 $\int xe^{x^2}dx$.

解 $\int xe^{x^2}dx = \frac{1}{2}\int e^{x^2}(x^2)'dx = \frac{1}{2}\int e^{x^2}d(x^2)$

$$= \frac{1}{2}\int e^u du \quad (u = x^2)$$

$$= \frac{1}{2}e^u + C = \frac{1}{2}e^{x^2} + C(\text{回代}).$$

注 对变量代换比较熟练后,可省去书写中间变量的换元和回代过程.

例 4 求 $\int \tan x dx$.

解 $\int \tan x dx = \int \frac{\sin x}{\cos x}dx = -\int \frac{1}{\cos x}d(\cos x)$

$$= -\ln|\cos x| + C.$$

例 5 求 $\int \frac{x}{(1+x)^3}dx$.

解 $\int \frac{x}{(1+x)^3}dx = \int \frac{x+1-1}{(1+x)^3}dx = \int \Big[\frac{1}{(1+x)^2} - \frac{1}{(1+x)^3}\Big]d(1+x)$

$$= -\frac{1}{1+x} + C_1 + \frac{1}{2(1+x)^2} + C_2$$

$$= -\frac{1}{1+x} + \frac{1}{2(1+x)^2} + C \quad (C = C_1 + C_2).$$

例 6 求 $\int \sin 2x\mathrm{d}x$.

解法 1 $\int \sin 2x\mathrm{d}x = \dfrac{1}{2}\int \sin 2x\mathrm{d}(2x) = -\dfrac{1}{2}\cos 2x + C$；

解法 2 $\int \sin 2x\mathrm{d}x = 2\int \sin x\cos x\mathrm{d}x = 2\int \sin x\mathrm{d}(\sin x)$

$\qquad\qquad = \sin^2 x + C$；

解法 3 $\int \sin 2x\mathrm{d}x = 2\int \sin x\cos x\mathrm{d}x = -2\int \cos x\mathrm{d}(\cos x)$

$\qquad\qquad = -\cos^2 x + C$.

思考 例 6 中的三种解法得出的结果一致吗？

例 7 求 $\int \dfrac{1}{a^2 + x^2}\mathrm{d}x$.

解 $\int \dfrac{1}{a^2 + x^2}\mathrm{d}x = \dfrac{1}{a^2}\int \dfrac{1}{1 + \dfrac{x^2}{a^2}}\mathrm{d}x$

$\qquad = \dfrac{1}{a}\int \dfrac{1}{1 + \left(\dfrac{x}{a}\right)^2}\mathrm{d}\left(\dfrac{x}{a}\right) = \dfrac{1}{a}\arctan\dfrac{x}{a} + C$.

例 8 求 $\int \dfrac{1}{x^2 - 8x + 25}\mathrm{d}x$.

解 $\int \dfrac{1}{x^2 - 8x + 25}\mathrm{d}x = \int \dfrac{1}{(x-4)^2 + 9}\mathrm{d}x = \dfrac{1}{3^2}\int \dfrac{1}{\left(\dfrac{x-4}{3}\right)^2 + 1}\mathrm{d}x$

$\qquad\qquad = \dfrac{1}{3}\int \dfrac{1}{\left(\dfrac{x-4}{3}\right)^2 + 1}\mathrm{d}\left(\dfrac{x-4}{3}\right)$

$\qquad\qquad = \dfrac{1}{3}\arctan\dfrac{x-4}{3} + C$.

例 9 求 $\int \dfrac{1}{1 + \mathrm{e}^x}\mathrm{d}x$.

解 $\int \dfrac{1}{1 + \mathrm{e}^x}\mathrm{d}x = \int \dfrac{1 + \mathrm{e}^x - \mathrm{e}^x}{1 + \mathrm{e}^x}\mathrm{d}x = \int \left(1 - \dfrac{\mathrm{e}^x}{1 + \mathrm{e}^x}\right)\mathrm{d}x$

$\qquad\qquad = \int \mathrm{d}x - \int \dfrac{\mathrm{e}^x}{1 + \mathrm{e}^x}\mathrm{d}x = \int \mathrm{d}x - \int \dfrac{1}{1 + \mathrm{e}^x}\mathrm{d}(1 + \mathrm{e}^x)$

$\qquad\qquad = x - \ln(1 + \mathrm{e}^x) + C$.

例 10 求 $\int \sin^2 x\cos^5 x\mathrm{d}x$.

解 $\int \sin^2 x\cos^5 x\mathrm{d}x = \int \sin^2 x\cos^4 x\mathrm{d}(\sin x)$

$$= \int \sin^2 x(1-\sin^2 x)^2 \mathrm{d}(\sin x)$$

$$= \int (\sin^2 x - 2\sin^4 x + \sin^6 x)\mathrm{d}(\sin x)$$

$$= \frac{1}{3}\sin^3 x - \frac{2}{5}\sin^5 x + \frac{1}{7}\sin^7 x + C.$$

说明 当被积函数是三角函数相乘时,拆开奇次项去凑微分.

例 11 求 $\int \cos 3x \cos 2x \mathrm{d}x$.

解 由公式

$$\cos A\cos B = \frac{1}{2}\big[\cos(A-B) + \cos(A+B)\big],$$

可得 $\cos 3x\cos 2x = \frac{1}{2}(\cos x + \cos 5x)$,

故

$$\int \cos 3x \cos 2x \mathrm{d}x = \frac{1}{2}\int (\cos x + \cos 5x)\mathrm{d}x = \frac{1}{2}\sin x + \frac{1}{10}\sin 5x + C.$$

例 12 求 $\int \csc x\mathrm{d}x$.

解 $\displaystyle \int \csc x\mathrm{d}x = \int \frac{1}{\sin x}\mathrm{d}x = \int \frac{1}{2\sin\frac{x}{2}\cos\frac{x}{2}}\mathrm{d}x$

$$= \int \frac{1}{\tan\frac{x}{2}\left(\cos\frac{x}{2}\right)^2}\mathrm{d}\left(\frac{x}{2}\right) = \int \frac{1}{\tan\frac{x}{2}}\mathrm{d}\left(\tan\frac{x}{2}\right)$$

$$= \ln\left|\tan\frac{x}{2}\right| + C$$

$$= \ln|\csc x - \cot x| + C \quad （使用了三角函数的恒等变形）.$$

类似地,可推出

$$\int \sec x\mathrm{d}x = \ln|\sec x + \tan x| + C.$$

第一类换元法在积分学中是经常使用的,不过如何适当地选择变量代换,却没有一般的法则可循. 这种方法的特点是凑微分,要掌握这种方法,需要熟记一些函数的微分公式,例如:

$$x\mathrm{d}x = \frac{1}{2}\mathrm{d}(x^2), \qquad \frac{1}{x}\mathrm{d}x = \mathrm{d}(\ln x), \qquad \frac{1}{x^2}\mathrm{d}x = -\mathrm{d}\left(\frac{1}{x}\right),$$

$$\frac{1}{\sqrt{x}}\mathrm{d}x = 2\mathrm{d}(\sqrt{x}), \qquad \mathrm{e}^x\mathrm{d}x = \mathrm{d}(\mathrm{e}^x), \qquad \sin x\mathrm{d}x = -\mathrm{d}(\cos x),$$

等等,并善于根据这些微分公式,从被积表达式中拼凑出合适的微分因子.

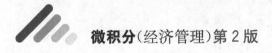

二、第二类换元法

第一类换元法是通过变量代换 $u=\varphi(x)$，将积分 $\int f(\varphi(x))\varphi'(x)dx$ 化为 $\int f(u)du$. 第二类换元法则相反，是通过变量代换 $x=\psi(t)$ 将积分 $\int f(x)dx$ 化为 $\int f(\psi(t))\psi'(t)dt$. 在求出后一个积分后，再以 $x=\psi(t)$ 的反函数 $t=\psi^{-1}(x)$ 代回去. 这样换元公式可表示为

$$\int f(x)dx = \int f(\psi(t))\psi'(t)dt\Big|_{t=\psi^{-1}(x)}.$$

从而就可解决 $\int f(x)dx$ 的计算问题，这就是第二类换元法.

定理 2　设 $x=\psi(t)$ 是单调的、可导的函数，并且 $\psi'(t)\neq0$，又设 $f(\psi(t))\psi'(t)$ 具有原函数，则有换元公式

$$\int f(x)dx = \int f(\psi(t))\psi'(t)dt\Big|_{t=\psi^{-1}(x)},$$

其中 $\psi^{-1}(x)$ 是 $x=\psi(t)$ 的反函数.

证　设 $\Phi(t)$ 为 $f(\psi(t))\psi'(t)$ 的原函数，令 $F(x)=\Phi(\psi^{-1}(x))$，则

$$F'(x) = \frac{d\Phi}{dt}\cdot\frac{dt}{dx} = f(\psi(t))\psi'(t)\cdot\frac{1}{\psi'(t)} = f(\psi(t)) = f(x).$$

这说明 $F(x)$ 为 $f(x)$ 的一个原函数，所以有

$$\int f(x)dx = F(x)+C = \Phi(\psi^{-1}(x))+C = \int f(\psi(t))\psi'(t)dt\Big|_{t=\psi^{-1}(x)}.$$

这就是第二类换元积分公式.

例 13　求 $\int x^3\sqrt{4-x^2}dx$.

解　求这个积分的困难在于有根式 $\sqrt{4-x^2}$，我们利用三角代换中的正弦代换来消去根式. 令 $x=2\sin t, dx=2\cos tdt, t\in\left(-\dfrac{\pi}{2},\dfrac{\pi}{2}\right)$. 则有

$$\int x^3\sqrt{4-x^2}dx = \int (2\sin t)^3\sqrt{4-4\sin^2 t}\cdot 2\cos tdt$$

$$= 32\int \sin^3 t\cos^2 tdt$$

$$= 32\int \sin t(1-\cos^2 t)\cos^2 tdt$$

$$= -32\int (\cos^2 t-\cos^4 t)d(\cos t)$$

$$=-32\left(\frac{1}{3}\cos^3 t-\frac{1}{5}\cos^5 t\right)+C.$$

由 $x=2\sin t$，得 $t=\arcsin\frac{x}{2}$，作辅助三角形如图 5-1 所示，

图 5-1

得，$\cos t=\frac{\sqrt{4-x^2}}{2}$，将其代入上式得

$$\int x^3\sqrt{4-x^2}\mathrm{d}x=-\frac{4}{3}(\sqrt{4-x^2})^3+\frac{1}{5}(\sqrt{4-x^2})^5+C.$$

例 14 求 $\int\frac{1}{\sqrt{x^2+a^2}}\mathrm{d}x\quad(a>0)$.

解 求这个积分的困难在于有根式 $\sqrt{x^2+a^2}$，我们利用三角代换中的正切代换来消去根式.

令 $x=a\tan t$，则 $\mathrm{d}x=a\sec^2 t\mathrm{d}t$，$t\in\left(-\frac{\pi}{2},\frac{\pi}{2}\right)$，则有

$$\begin{aligned}\int\frac{1}{\sqrt{x^2+a^2}}\mathrm{d}x&=\int\frac{1}{a\sec t}\cdot a\sec^2 t\mathrm{d}t\\&=\int\sec t\mathrm{d}t\\&=\ln|\sec t+\tan t|+C.\end{aligned}$$

图 5-2

作辅助三角形如图 5-2 所示，得，$\tan t=\frac{x}{a}$，$\sec t=\frac{\sqrt{x^2+a^2}}{a}$，将其代入上式得

$$\int\frac{1}{\sqrt{x^2+a^2}}\mathrm{d}x=\ln\left|\frac{x}{a}+\frac{\sqrt{x^2+a^2}}{a}\right|+C.$$

例 15 求 $\int\frac{1}{\sqrt{x^2-a^2}}\mathrm{d}x\quad(a>0)$.

解 这个积分中含有根式 $\sqrt{x^2-a^2}$，我们利用三角代换中的正割代换来消去根式.

令 $x=a\sec t$，$\mathrm{d}x=a\sec t\tan t\mathrm{d}t$，$t\in\left(0,\frac{\pi}{2}\right)$，则有

$$\begin{aligned}\int\frac{1}{\sqrt{x^2-a^2}}\mathrm{d}x&=\int\frac{a\sec t\cdot\tan t}{a\tan t}\mathrm{d}t=\int\sec t\mathrm{d}t\\&=\ln|\sec t+\tan t|+C.\end{aligned}$$

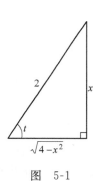

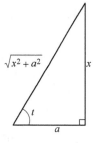

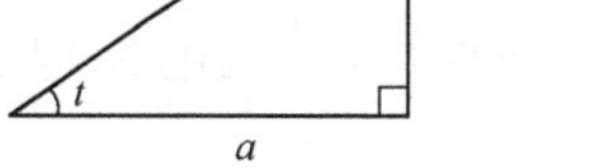

图 5-3

作辅助三角形如图 5-3 所示，得，$\sec t=\frac{x}{a}$，$\tan t=\frac{\sqrt{x^2-a^2}}{a}$，将其代入上式得

$$\int \frac{1}{\sqrt{x^2-a^2}}\mathrm{d}x = \ln\left|\frac{x}{a}+\frac{\sqrt{x^2-a^2}}{a}\right|+C.$$

说明 以上几例所使用的均为三角代换. 三角代换的目的是化掉根式. 一般规律如下:当被积函数中含有

(1) $\sqrt{a^2-x^2}$,可令 $x=a\sin t$;

(2) $\sqrt{a^2+x^2}$,可令 $x=a\tan t$;

(3) $\sqrt{x^2-a^2}$,可令 $x=a\sec t$.

说明 当被积函数含有两种或两种以上的根式 $\sqrt[k]{x},\cdots,\sqrt[l]{x}$ 时,可采用令 $x=t^n$(其中 n 为各根指数的最小公倍数).

例16 求 $\int \frac{1}{\sqrt{x}(1+\sqrt[3]{x})}\mathrm{d}x$.

解 令 $x=t^6$,则有 $\mathrm{d}x=6t^5\mathrm{d}t$,从而得

$$\int \frac{1}{\sqrt{x}(1+\sqrt[3]{x})}\mathrm{d}x = \int \frac{6t^5}{t^3(1+t^2)}\mathrm{d}t = \int \frac{6t^2}{1+t^2}\mathrm{d}t$$

$$= 6\int \frac{t^2+1-1}{1+t^2}\mathrm{d}t = 6\int\left(1-\frac{1}{1+t^2}\right)\mathrm{d}t$$

$$= 6(t-\arctan t)+C = 6(\sqrt[6]{x}-\arctan\sqrt[6]{x})+C.$$

本节中一些例题的结果以后会经常遇到,这些常用的积分公式除了基本积分表中的公式外,下面我们再补充几个.

(16) $\int \tan x\mathrm{d}x = -\ln|\cos x|+C$;

(17) $\int \cot x\mathrm{d}x = \ln|\sin x|+C$;

(18) $\int \sec x\mathrm{d}x = \ln|\sec x+\tan x|+C$;

(19) $\int \csc x\mathrm{d}x = \ln|\csc x-\cot x|+C$;

(20) $\int \frac{1}{a^2+x^2}\mathrm{d}x = \frac{1}{a}\arctan\frac{x}{a}+C$;

(21) $\int \frac{1}{x^2-a^2}\mathrm{d}x = \frac{1}{2a}\ln\left|\frac{x-a}{x+a}\right|+C$;

(22) $\int \frac{1}{a^2-x^2}\mathrm{d}x = \frac{1}{2a}\ln\left|\frac{a+x}{a-x}\right|+C$;

(23) $\int \frac{1}{\sqrt{a^2-x^2}}\mathrm{d}x = \arcsin\frac{x}{a}+C$;

(24) $\int \frac{1}{\sqrt{x^2\pm a^2}}\mathrm{d}x = \ln\left|x+\sqrt{x^2\pm a^2}\right|+C.$

例 17 求 $\displaystyle\int \frac{\mathrm{d}x}{x^2+2x+3}$.

解 $\displaystyle\int \frac{\mathrm{d}x}{x^2+2x+3}=\int \frac{\mathrm{d}(x+1)}{(x+1)^2+(\sqrt{2})^2}$,

利用公式(20),便得

$$\int \frac{\mathrm{d}x}{x^2+2x+3}=\frac{1}{\sqrt{2}}\arctan\frac{x+1}{\sqrt{2}}+C.$$

习 题 5.2

1. 求下列不定积分:

(1) $\displaystyle\int e^{5x}\mathrm{d}x$;

(2) $\displaystyle\int (3-2x)^2\mathrm{d}x$;

(3) $\displaystyle\int \frac{\mathrm{d}x}{1-2x}$;

(4) $\displaystyle\int \frac{\mathrm{d}x}{\sqrt[3]{2-3x}}$;

(5) $\displaystyle\int (\sin ax-e^{\frac{x}{b}})\mathrm{d}x$;

(6) $\displaystyle\int \frac{\sin\sqrt{t}}{\sqrt{t}}\mathrm{d}t$;

(7) $\displaystyle\int \tan^{10}x\sec^2 x\mathrm{d}x$;

(8) $\displaystyle\int \frac{\mathrm{d}x}{x\cdot\ln x\cdot\ln\ln x}$;

(9) $\displaystyle\int xe^{-x^2}\mathrm{d}x$;

(10) $\displaystyle\int \frac{\mathrm{d}x}{\sin x\cos x}$;

(11) $\displaystyle\int \frac{\mathrm{d}x}{e^x+e^{-x}}$;

(12) $\displaystyle\int x\cos(x^2)\mathrm{d}x$;

(13) $\displaystyle\int \frac{x\mathrm{d}x}{\sqrt{2-3x^2}}$;

(14) $\displaystyle\int \cos^2(\omega x)\sin(\omega x)\mathrm{d}x$;

(15) $\displaystyle\int \frac{3x^3}{1-x^4}\mathrm{d}x$;

(16) $\displaystyle\int \frac{\sin x}{\cos^3 x}\mathrm{d}x$;

(17) $\displaystyle\int \frac{\sin x+\cos x}{(\sin x-\cos x)^3}\mathrm{d}x$;

(18) $\displaystyle\int \frac{1-x}{\sqrt{9-4x^2}}\mathrm{d}x$;

(19) $\displaystyle\int \frac{x^3}{\sqrt{9+x^2}}\mathrm{d}x$;

(20) $\displaystyle\int \frac{\mathrm{d}x}{2x^2-1}$;

(21) $\displaystyle\int \frac{\mathrm{d}x}{(x+1)(x-2)}$;

(22) $\displaystyle\int \cos^3 x\mathrm{d}x$;

(23) $\displaystyle\int \sin 2x\cos 3x\mathrm{d}x$;

(24) $\displaystyle\int \sin 5x\sin 7x\mathrm{d}x$;

(25) $\displaystyle\int \tan^3 x\sec x\mathrm{d}x$;

(26) $\displaystyle\int \frac{10^{\arcsin x}}{\sqrt{1-x^2}}\mathrm{d}x$;

(27) $\displaystyle\int \frac{\mathrm{d}x}{(\arcsin x)^2 \sqrt{1-x^2}}$;

(28) $\displaystyle\int \frac{\arctan \sqrt{x}}{\sqrt{x}(1+x)}\mathrm{d}x$;

(29) $\displaystyle\int \frac{1+\ln x}{(x\ln x)^2}\mathrm{d}x$;

(30) $\displaystyle\int \frac{x^2 \,\mathrm{d}x}{\sqrt{a^2-x^2}}$;

(31) $\displaystyle\int \frac{\mathrm{d}x}{\sqrt{(x^2+1)^3}}$;

(32) $\displaystyle\int \frac{\sqrt{x^2-9}}{x}\mathrm{d}x$;

(33) $\displaystyle\int \frac{1}{1+\sqrt{2x}}\mathrm{d}x$.

(34) $\displaystyle\int \frac{\mathrm{d}x}{1+\sqrt{1-x^2}}$;

(35) $\displaystyle\int \frac{\mathrm{d}x}{x+\sqrt{1-x^2}}$.

2. 求下列不定积分:

(1) $\displaystyle\int \frac{\mathrm{d}x}{x\sqrt{4-x^2}}$;

(2) $\displaystyle\int \frac{x+2}{x^2 \sqrt{1-x^2}}\mathrm{d}x$;

(3) $\displaystyle\int \sqrt{5-4x-x^2}\,\mathrm{d}x$;

(4) $\displaystyle\int \frac{\mathrm{d}x}{(x-3)\sqrt{1+x}}$.

第三节　分部积分法

引　前面所介绍的换元积分法可以解决许多积分的计算问题,但是有一类积分,其被积函数是不同类型的函数的乘积形式,如 $\displaystyle\int xe^x\mathrm{d}x$, $\displaystyle\int x^2\ln x\mathrm{d}x$ 等,就无法利用换元法求解,该如何求解这种类型的积分呢?

本节介绍另一种基本积分方法——**分部积分法**.

设函数 $u=u(x)$ 和 $v=v(x)$ 具有连续导数,则 $(uv)'=u'v+uv'$,移项得到

$$uv' = (uv)' - u'v,$$

所以有

$$\int uv'\mathrm{d}x = uv - \int u'v\mathrm{d}x,$$

或

$$\int u\mathrm{d}v = uv - \int v\mathrm{d}u.$$

上式称为**分部积分公式**. 分部积分公式的意义在于当不定积分 $\displaystyle\int u\mathrm{d}v$ 不易求出,而不定积分 $\displaystyle\int v\mathrm{d}u$ 比较容易求出时,分部积分公式起化难为易的作用. 一般地,下列类型的被积函数常考虑应用分部积分法(其中 m,n 都是正整数).

$$x^n\sin mx, x^n\cos mx, e^{nx}\sin mx, e^{nx}\cos mx, x^n e^{nx},$$

$$x^n\ln x, x^n\arcsin mx, x^n\arccos mx, x^n\arctan mx \text{ 等}.$$

下面通过具体例子说明如何应用各分部积分公式.

例 1　求 $\int x\cos x\,dx$.

解　令 $u=x,\cos x\,dx=d(\sin x)=dv$,则

$$\int x\cos x\,dx=\int x\,d(\sin x)=x\sin x-\int \sin x\,dx$$
$$=x\sin x+\cos x+C.$$

思考　如果在例 1 中令 $u=\cos x$,会出现什么结果?

例 2　求 $\int x^2 e^x\,dx$.

解　令 $u=x^2,e^x\,dx=d(e^x)=dv$,则

$$\int x^2 e^x\,dx=x^2 e^x-2\int x e^x\,dx(令\ u=x,e^x\,dx=dv\ 再次使用分部积分法)$$
$$=x^2 e^x-2(x e^x-e^x)+C$$
$$=e^x(x^2-2x+2)+C.$$

总结　若被积函数是幂函数和正(余)弦函数的乘积或幂函数和指数函数的乘积,就考虑设幂函数为 u,这样用一次分部积分法使其降幂一次(假定幂指数是正整数).

例 3　求 $\int x\arctan x\,dx$.

解　令 $u=\arctan x,x\,dx=d\left(\dfrac{x^2}{2}\right)=dv$,则

$$\int x\arctan x\,dx=\frac{x^2}{2}\arctan x-\int \frac{x^2}{2}d(\arctan x)$$
$$=\frac{x^2}{2}\arctan x-\int \frac{x^2}{2}\cdot\frac{1}{1+x^2}dx$$
$$=\frac{x^2}{2}\arctan x-\frac{1}{2}\int\left(1-\frac{1}{1+x^2}\right)dx$$
$$=\frac{x^2}{2}\arctan x-\frac{1}{2}(x-\arctan x)+C.$$

例 4　求 $\int x^3\ln x\,dx$.

解　令 $u=\ln x,x^3\,dx=d\left(\dfrac{x^4}{4}\right)=dv$,

$$\int x^3\ln x\,dx=\frac{1}{4}x^4\ln x-\frac{1}{4}\int x^3\,dx=\frac{1}{4}x^4\ln x-\frac{1}{16}x^4+C.$$

总结　若被积函数是幂函数和对数函数的乘积或幂函数和反三角函数的乘积,就考虑设对数函数或反三角函数为 u.

例 5 求 $\int e^x \sin x dx$.

解 $\int e^x \sin x dx = \int \sin x d(e^x) = e^x \sin x - \int e^x d(\sin x)$

$$= e^x \sin x - \int e^x \cos x dx$$

$$= e^x \sin x - \int \cos x d(e^x)$$

$$= e^x \sin x - \left[e^x \cos x - \int e^x d(\cos x) \right]$$

$$= e^x (\sin x - \cos x) - \int e^x \sin x dx \text{(注意式中已含有要求的积}$$

分,可通过移项求出).

所以有 $\qquad \int e^x \sin x dx = \dfrac{e^x}{2}(\sin x - \cos x) + C.$

例 6 求 $\int \sin(\ln x) dx$.

解 先换元,令 $t = \ln x$,则 $x = e^t$,从而有

$$\int \sin(\ln x) dx = \int \sin t d(e^t) = \int e^t \sin t dt.$$

由例 5 的结果,得

$$\int \sin(\ln x) dx = \frac{e^t}{2}(\sin t - \cos t) + C$$

$$= \frac{x}{2}\left[\sin(\ln x) - \cos(\ln x) \right] + C.$$

编者心得 用分部积分法求不定积分的关键是要确定 u,总结以上分析,可以得出以下顺序:"反(反三角函数)、对(对数函数)、幂(幂函数)、三(三角函数)、指(指数函数)",当对两种不同类型函数的乘积求不定积分时,按以上顺序,排序在前的函数作为 u.

例 7 已知 $f(x)$ 的一个原函数是 e^{-x^2},求 $\int xf'(x) dx$.

解 $\int xf'(x) dx = \int x df(x) = xf(x) - \int f(x) dx$.

因为 $\left(\int f(x) dx \right)' = f(x)$,所以

$$\int f(x) dx = e^{-x^2} + C,$$

两边同时对 x 求导,得 $f(x) = -2xe^{-x^2}$,则有

$$\int xf'(x) dx = xf(x) - \int f(x) dx = -2x^2 e^{-x^2} - e^{-x^2} + C.$$

例 8 求 $\int \sec^3 x \mathrm{d}x$.

解
$$\int \sec^3 x \mathrm{d}x = \int \sec x \cdot \sec^2 x \mathrm{d}x = \int \sec x \mathrm{d}(\tan x)$$
$$= \sec x \tan x - \int \tan x \sec x \tan x \mathrm{d}x$$
$$= \sec x \tan x - \int \sec x (\sec x^2 - 1) \mathrm{d}x$$
$$= \sec x \tan x - \int \sec^3 x \mathrm{d}x + \int \sec x \mathrm{d}x$$
$$= \sec x \tan x + \ln|\sec x + \tan x| - \int \sec^3 x \mathrm{d}x,$$

移项,再两端同除以 2,便得
$$\int \sec^3 x \mathrm{d}x = \frac{1}{2} \sec x \tan x + \frac{1}{2} \ln|\sec x + \tan x| + C.$$

习 题 5.3

求下列不定积分：

(1) $\int x \ln x \mathrm{d}x$;

(2) $\int \dfrac{\ln x}{x^n} \mathrm{d}x \quad (n \neq 1)$;

(3) $\int x^2 \mathrm{e}^{-x} \mathrm{d}x$;

(4) $\int x \sin x \mathrm{d}x$;

(5) $\int x^3 \cos 3x \mathrm{d}x$;

(6) $\int x \csc^2 x \mathrm{d}x$;

(7) $\int x \cos \dfrac{x}{2} \mathrm{d}x$;

(8) $\int t \mathrm{e}^{-2t} \mathrm{d}t$;

(9) $\int (x^2 - 1) \sin 2x \mathrm{d}x$;

(10) $\int x \sin x \cos x \mathrm{d}x$;

(11) $\int \mathrm{e}^{\sqrt[3]{x}} \mathrm{d}x$;

(12) $\int \mathrm{e}^{-2x} \sin \dfrac{x}{2} \mathrm{d}x$;

(13) $\int \arcsin x \mathrm{d}x$;

(14) $\int \arctan \sqrt{x} \mathrm{d}x$;

(15) $\int (\arcsin x)^2 \mathrm{d}x$;

(16) $\int \mathrm{e}^{-t} \sin t \mathrm{d}t$;

(17) $\int \ln(x + \sqrt{1+x^2}) \mathrm{d}x$;

(18) $\int \dfrac{\arcsin \sqrt{x}}{\sqrt{1-x}} \mathrm{d}x$.

第四节　有理函数的积分

引　有一类不定积分,其被积函数是两个多项式的商,如 $\int \dfrac{x+3}{x^2-5x+6} \mathrm{d}x$,直接积分法、换元积分法和分部积分法都不能直接求解这种类型的不定积分,需要对被积函数进行变换,那么如何对被积函数进行变换,从而求解这种类型的不定积分呢?

一、有理函数的积分

所谓有理函数,是指两个多项式的商表示的函数. 即

$$\frac{P(x)}{Q(x)} = \frac{a_0 x^n + a_1 x^{n-1} + \cdots + a_{n-1} x + a_n}{b_0 x^m + b_1 x^{m-1} + \cdots + b_{m-1} x + b_m},$$

其中 m,n 都是非负整数; $a_0,a_1,\cdots,a_n$ 及 $b_0,b_1,\cdots,b_m$ 都是实数,并且 $a_0 \neq 0$, $b_0 \neq 0$. 若 $n<m$,称此有理函数是真分式;若 $n \geq m$,称此有理函数是假分式;利用多项式除法,假分式可以化成一个多项式和一个真分式之和. 如

$$\frac{x^3+x+1}{x^2+1} = x + \frac{1}{x^2+1}.$$

下列四种类型的有理真分式称为**最简分式**,其中 n 为不小于 2 的正整数,A,M,N,a,p,q 均为常数,且 $p^2-4q<0$:

(1) $\dfrac{A}{x-a}$;　(2) $\dfrac{A}{(x-a)^k}$;　(3) $\dfrac{Mx+N}{x^2+px+q}$;　(4) $\dfrac{Mx+N}{(x^2+px+q)^k}$.

由代数学知识,有理函数有下列性质:

(1) 一个有理假分式可以表示成一个多项式与一个有理真分式之和;

(2) 一个有理真分式可以分解成有限个最简分式之和.

由于多项式的积分我们已经会求,所以,有理函数的积分就归结为有理真分式的积分,而有理真分式的积分问题又归结为最简分式的积分问题. 因此,需要讨论下面两个问题:

(1) 如何将一个有理真分式分解成有限个最简分式之和;

(2) 最简分式的积分方法.

1. 有理真分式的分解

一般地,用待定系数法对有理真分式函数进行分解,这里不作一般性讨论,举例说明.

例 1　分解有理真分式 $\dfrac{x+3}{x^2-5x+6}$.

解　令 $\dfrac{x+3}{x^2-5x+6} = \dfrac{x+3}{(x-2)(x-3)} = \dfrac{A}{x-2} + \dfrac{B}{x-3}$,

因为 $$x+3 = A(x-3)+B(x-2),$$

所以 $$x+3 = (A+B)x-(3A+2B),$$

则

$$\begin{cases} A+B=1, \\ -(3A+2B)=3, \end{cases}$$

解得

$$\begin{cases} A=-5, \\ B=6, \end{cases}$$

所以

$$\frac{x+3}{x^2-5x+6} = \frac{-5}{x-2} + \frac{6}{x-3}.$$

例 2 分解有理真分式 $\dfrac{1}{x(x-1)^2}$.

解 令

$$\frac{1}{x(x-1)^2} = \frac{A}{x} + \frac{B}{(x-1)^2} + \frac{C}{x-1},$$

整理得

$$1 = A(x-1)^2 + Bx + Cx(x-1),$$

代入特殊值来确定系数 A,B,C.

取 $x=0$,得 $A=1$;取 $x=1$,得 $B=1$;取 $x=2$,并将 A,B 值代入得 $C=-1$,

所以

$$\frac{1}{x(x-1)^2} = \frac{1}{x} + \frac{1}{(x-1)^2} - \frac{1}{x-1}.$$

例 3 分解有理真分式 $\dfrac{1}{(1+2x)(1+x^2)}$.

解 令

$$\frac{1}{(1+2x)(1+x^2)} = \frac{A}{1+2x} + \frac{Bx+C}{1+x^2},$$

将上式去分母得

$$1 = A(1+x^2) + (Bx+C)(1+2x),$$

整理得

$$1 = (A+2B)x^2 + (B+2C)x + C+A,$$

所以

$$\begin{cases} A+2B=0, \\ B+2C=0, \\ A+C=1, \end{cases}$$

解得

$$A=\frac{4}{5}, B=-\frac{2}{5}, C=\frac{1}{5},$$

所以

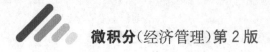

$$\frac{1}{(1+2x)(1+x^2)} = \frac{\frac{4}{5}}{1+2x} + \frac{-\frac{2}{5}x + \frac{1}{5}}{1+x^2}.$$

2. 有理真分式的积分

例4 求 $\displaystyle\int \frac{x+3}{x^2-5x+6}\mathrm{d}x$.

解 $\displaystyle\int \frac{x+3}{x^2-5x+6}\mathrm{d}x = \int \left(\frac{-5}{x-2} + \frac{6}{x-3}\right)\mathrm{d}x$

$$= \int \frac{-5}{x-2}\mathrm{d}x + \int \frac{6}{x-3}\mathrm{d}x$$

$$= -5\ln|x-2| + 6\ln|x-3| + C.$$

例5 求 $\displaystyle\int \frac{1}{x(x-1)^2}\mathrm{d}x$.

解 $\displaystyle\int \frac{1}{x(x-1)^2}\mathrm{d}x = \int \left[\frac{1}{x} + \frac{1}{(x-1)^2} - \frac{1}{x-1}\right]\mathrm{d}x$

$$= \int \frac{1}{x}\mathrm{d}x + \int \frac{1}{(x-1)^2}\mathrm{d}x - \int \frac{1}{x-1}\mathrm{d}x$$

$$= \ln|x| - \frac{1}{x-1} - \ln|x-1| + C.$$

例6 求 $\displaystyle\int \frac{1}{(1+2x)(1+x^2)}\mathrm{d}x$.

解 $\displaystyle\int \frac{1}{(1+2x)(1+x^2)}\mathrm{d}x = \int \frac{\frac{4}{5}}{1+2x}\mathrm{d}x + \int \frac{-\frac{2}{5}x + \frac{1}{5}}{1+x^2}\mathrm{d}x$

$$= \frac{2}{5}\ln|1+2x| - \frac{1}{5}\int \frac{2x}{1+x^2}\mathrm{d}x + \frac{1}{5}\int \frac{1}{1+x^2}\mathrm{d}x$$

$$= \frac{2}{5}\ln|1+2x| - \frac{1}{5}\ln(1+x^2) + \frac{1}{5}\arctan x + C.$$

二、三角函数有理式的积分

由三角函数和常数经过有限次四则运算构成的函数称为三角有理函数,记为 $R(\sin x, \cos x)$. 三角函数有理式的积分方法的基本思想是通过适当的变换,将三角函数的积分化为有理函数的积分. 这里主要使用的是三角函数"万能公式":

$$\sin x = 2\sin \frac{x}{2}\cos \frac{x}{2} = \frac{2\tan \frac{x}{2}}{\sec^2 \frac{x}{2}} = \frac{2\tan \frac{x}{2}}{1+\tan^2 \frac{x}{2}},$$

$$\cos x = \cos^2 \frac{x}{2} - \sin^2 \frac{x}{2} = \frac{1-\tan^2 \frac{x}{2}}{\sec^2 \frac{x}{2}} = \frac{1-\tan^2 \frac{x}{2}}{1+\tan^2 \frac{x}{2}},$$

可以令 $u=\tan\dfrac{x}{2}$，$x=2\arctan u$（万能置换公式），从而有

$$\sin x=\frac{2u}{1+u^2},\cos x=\frac{1-u^2}{1+u^2},\mathrm{d}x=\frac{2}{1+u^2}\mathrm{d}u,$$

$$\int R(\sin x,\cos x)\mathrm{d}x=\int R\left(\frac{2u}{1+u^2},\frac{1-u^2}{1+u^2}\right)\frac{2}{1+u^2}\mathrm{d}u.$$

例 7 求 $\displaystyle\int\frac{\sin x}{1+\sin x+\cos x}\mathrm{d}x$.

解 由万能置换公式

$$\sin x=\frac{2u}{1+u^2},\cos x=\frac{1-u^2}{1+u^2},\mathrm{d}x=\frac{2}{1+u^2}\mathrm{d}u,u=\tan\frac{x}{2},$$

得

$$\int\frac{\sin x}{1+\sin x+\cos x}\mathrm{d}x=\int\frac{2u}{(1+u)(1+u^2)}\mathrm{d}u=\int\frac{2u+1+u^2-1-u^2}{(1+u)(1+u^2)}\mathrm{d}u$$

$$=\int\frac{(1+u)^2-(1+u^2)}{(1+u)(1+u^2)}\mathrm{d}u=\int\frac{1+u}{1+u^2}\mathrm{d}u-\int\frac{1}{1+u}\mathrm{d}u$$

$$=\arctan u+\frac{1}{2}\ln(1+u^2)-\ln|1+u|+C$$

$$=\frac{x}{2}+\ln\left|\sec\frac{x}{2}\right|-\ln\left|1+\tan\frac{x}{2}\right|+C.$$

例 8 求 $\displaystyle\int\frac{1}{\sin^4 x}\mathrm{d}x$.

解法 1 令 $\quad u=\tan\dfrac{x}{2}$，$\sin x=\dfrac{2u}{1+u^2}$，$\mathrm{d}x=\dfrac{2}{1+u^2}\mathrm{d}u$，

则

$$\int\frac{1}{\sin^4 x}\mathrm{d}x=\int\frac{1+3u^2+3u^4+u^6}{8u^4}\mathrm{d}u=\frac{1}{8}\left(-\frac{1}{3u^3}-\frac{3}{u}+3u+\frac{u^3}{3}\right)+C$$

$$=-\frac{1}{24\tan^3\dfrac{x}{2}}-\frac{3}{8\tan\dfrac{x}{2}}+\frac{3}{8}\tan\frac{x}{2}+\frac{1}{24}\tan^3\frac{x}{2}+C.$$

解法 2 修改万能置换公式，令

$$u=\tan x,\sin x=\frac{u}{\sqrt{1+u^2}},\mathrm{d}x=\frac{1}{1+u^2}\mathrm{d}u,$$

则

$$\int\frac{1}{\sin^4 x}\mathrm{d}x=\int\frac{1}{\left(\dfrac{u}{\sqrt{1+u^2}}\right)^4}\cdot\frac{1}{1+u^2}\mathrm{d}u=\int\frac{1+u^2}{u^4}\mathrm{d}u$$

$$=-\frac{1}{3u^3}-\frac{1}{u}+C=-\frac{1}{3}\cot^3 x-\cot x+C.$$

解法3 可以不用万能置换公式.

$$\int \frac{1}{\sin^4 x} dx = \int \csc^2 x (1 + \cot^2 x) dx = \int \csc^2 x dx + \int \cot^2 x \csc^2 x dx$$

$$= -\cot x - \frac{1}{3} \cot^3 x + C.$$

注 比较以上三种解法,便知利用万能置换公式不一定是最佳方法,故三角函数有理式的计算中先考虑其他手段,不得已才用万能置换公式.

习 题 5.4

1. 求下列不定积分:

(1) $\int \frac{3}{x^3+1} dx$;

(2) $\int \frac{x+1}{(x-1)^3} dx$;

(3) $\int \frac{3x+2}{x(x+1)^3} dx$;

(4) $\int \frac{x dx}{(x+2)(x+3)^2}$;

(5) $\int \frac{x dx}{(x^2+1)(x^2+4)^2}$;

(6) $\int \frac{x dx}{(x+1)(x+2)(x+3)}$;

(7) $\int \frac{x^2+1}{(x+1)^2(x-1)} dx$;

(8) $\int \frac{1}{x(x^2+1)} dx$.

2. 求下列不定积分:

(1) $\int \frac{dx}{3+\sin^2 x}$;

(2) $\int \frac{1}{3+\cos x} dx$;

(3) $\int \frac{1}{2+\sin x} dx$;

(4) $\int \frac{1}{1+\tan x} dx$;

(5) $\int \frac{dx}{1+\sin x+\cos x}$;

(6) $\int \frac{dx}{2\sin x-\cos x+5}$.

第五章自测题 A

1. 单项选择题:

(1) 函数 $2(e^{2x}-e^{-2x})$ 的原函数有(　　).

A. $2(e^x-e^{-x})$　　B. $(e^x-e^{-x})^2$　　C. e^x+e^{-x}　　D. $4(e^{2x}+e^{-2x})$

(2) $\int a^x dx \ (a>0, a \neq 1) = ($　　$)$.

A. $a^x \ln a + C$　　B. $\int a^x dx + C$　　C. $\frac{a^x}{\ln a} + C$　　D. $a^x + \ln a + C$

(3) 设 $f(x)$ 有连续的导函数,且 $a \neq 0,1$,则下列命题正确的是(　　).

A. $\int f'(ax) dx = \frac{1}{a} f(ax) + C$　　　　B. $\int f'(ax) dx = f(ax) + C$

C. $\left(\int f'(ax)\mathrm{d}x\right)' = af(ax)$　　　　D. $\int f'(ax)\mathrm{d}x = f(x) + C$

(4) $\int f(x)\mathrm{d}x = 3\mathrm{e}^{\frac{x}{3}} + C$，则 $f(x) = ($　　$)$.

A. $3\mathrm{e}^{\frac{x}{3}}$　　　　B. $9\mathrm{e}^{\frac{x}{3}}$　　　　C. $\mathrm{e}^{\frac{x}{3}} + C$　　　D. $\mathrm{e}^{\frac{x}{3}}$

(5) $\int \dfrac{\mathrm{e}^{\sqrt{x}}}{\sqrt{x}}\mathrm{d}x = ($　　$)$.

A. $\mathrm{e}^{\sqrt{x}} + C$　　　B. $\dfrac{1}{2}\mathrm{e}^{\sqrt{x}} + C$　　　C. $2\mathrm{e}^{\sqrt{x}} + C$　　　D. $2\mathrm{e}^{x} + C$

2. 求下列不定积分：

(1) $\int \tan^2 x\,\mathrm{d}x$；　　　　　　　　(2) $\int \cos^3 x\sin x\,\mathrm{d}x$；

(3) $\int x^2\ln x\,\mathrm{d}x$；　　　　　　　　(4) $\int \dfrac{x^2}{\sqrt{1-x^2}}\mathrm{d}x$；

(5) $\int \dfrac{5x-1}{x^2-x-2}\mathrm{d}x$；　　　　　(6) $\int \dfrac{\sin x\,\mathrm{d}x}{\sin x + \cos x}$；

(7) $\int \dfrac{\arcsin x}{\sqrt{1-x^2}}\mathrm{d}x$.

3. 生产某产品 Q 个单位的总成本 C 为产量 Q 的函数. 已知边际成本函数为 $MC = 15 - 12Q + 3Q^2$，固定成本为 10000 元，试求总成本 C 与产量 Q 的函数关系.

第五章自测题 B

1. 单项选择题：

(1) 若 $\int f(x)\mathrm{d}x = x^2\mathrm{e}^{2x} + C$，则 $f(x) = ($　　$)$.

A. $2x\mathrm{e}^{2x}$　　　　B. $2x^2\mathrm{e}^{2x}$　　　　C. $x\mathrm{e}^{2x}$　　　　D. $2x\mathrm{e}^{2x}(1+x)$

(2) $\int \mathrm{e}^x\mathrm{d}(\mathrm{e}^{-\frac{x}{2}}) = ($　　$)$.

A. $-\dfrac{1}{2}\mathrm{e}^{2x} + C$　　　　　　　　B. $-\mathrm{e}^{\frac{x}{2}} + C$

C. $\int_{-1}^{1}(x+\sin x)\mathrm{d}x$　　　　　　　D. $\int_{-1}^{1}(x+\mathrm{e}^x)\mathrm{d}x$

(3) 若 $\int f(x)\mathrm{d}x = x^2 + C$，则 $\int xf(1-x^2)\mathrm{d}x = ($　　$)$.

A. $2(1-x^2)^2 + C$　　　　　　　B. $-2(1-x^2)^2 + C$

C. $\dfrac{1}{2}(1-x^2)^2 + C$　　　　　　D. $-\dfrac{1}{2}(1-x^2)^2 + C$

(4) $\int f'(ax+b)\mathrm{d}x = ($　　$)$.

A. $f(x)+C$ B. $f(ax+b)+C$

C. $\dfrac{1}{b}f(ax+b)+C$ D. $\dfrac{1}{a}f(ax+b)+C$

(5) 设 e^x 是 $f(x)$ 的一个原函数，则 $\int xf(x)\mathrm{d}x=($).

A. $e^x(1-x)+C$ B. $e^x(1+x)+C$

C. $e^x(x-1)+C$ D. $-e^x(1+x)+C$

2. 求下列不定积分：

(1) $\displaystyle\int \frac{1+\ln x}{1+(x\ln x)^2}\mathrm{d}x$;   (2) $\displaystyle\int \frac{\ln x}{x}\mathrm{d}x$;

(3) $\displaystyle\int \frac{1}{\sqrt{(x^2-1)^3}}\mathrm{d}x$;   (4) $\displaystyle\int \frac{1}{x^2\sqrt{4x^2-1}}\mathrm{d}x$ $(x>0)$;

(5) $\displaystyle\int \cos\sqrt{x}\,\mathrm{d}x$;   (6) $\displaystyle\int \frac{x+3}{(x+1)^2}\mathrm{d}x$;

(7) $\displaystyle\int \frac{1}{\sqrt[3]{(1+x)^2}\sqrt{1+x}}\mathrm{d}x$.

3. 某商品的需求量 Q 为价格 P 的函数，该商品的最大需求量为 1000（即 $P=0$ 时，$Q=1000$），已知需求量的变化率函数为

$$Q'(P)=2(P-100),$$

求该商品的需求函数 $Q(P)$.

第六章 定积分及其应用

本章将讨论积分学的另一个基本问题——定积分. 定积分起源于求图形的面积和体积等实际问题. 本章将从两个实际问题引出定积分的概念,然后讨论它的性质与计算方法,最后介绍定积分的应用.

第一节 定积分的概念

引 对于一些规则的图形,如三角形、矩形、梯形等,我们已经会求其面积. 但是如图 6-1 所示,该图形由连续曲线 $y=f(x)$ ($f(x)\geqslant0$)、x 轴与两条直线 $x=a$、$x=b$ 所围成的,我们称之为**曲边梯形**,如何求曲边梯形的面积呢?

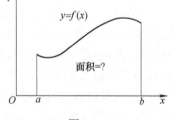

图 6-1

一、问题的提出

1. 曲边梯形的面积

我们知道,矩形的面积=底×高,而曲边梯形在底边上各点处的高是变动的,故它的面积不能直接按矩形的面积公式来计算. 然而,曲边梯形的高 $f(x)$ 在区间 $[a,b]$ 上是连续变化的,在很小一段区间上变化很小,因此,如果把区间 $[a,b]$ 划分为许多小区间,在每个小区间上用其中某一点处的高来近似代替同一小区间的窄曲边梯形的高,那么每个窄曲边梯形就可以近似看成窄矩形,我们就可以将所有这些窄矩形的面积之和作为曲边梯形的近似值. 当把区间 $[a,b]$ 无限细分下去,使每个小区间的长度都趋于零,这时所有窄矩形面积之和的极限就可以定义为曲边梯形的面积. 这个定义同时也给出了计算曲边梯形面积的方法,现具体描述如下.

大化小(分割) 在区间 $[a,b]$ 内插入若干个分点

$$a=x_0<x_1<x_2<\cdots<x_{n-1}<x_n=b,$$

把区间 $[a,b]$ 分成 n 个小区间 $[x_{i-1},x_i]$,长度为 $\Delta x_i=x_i-x_{i-1}$,$i=1,2,\cdots,n$.

常代变 如图 6-2 所示,经过每一个分点作平行于 y 轴的直线段把曲边梯形分成 n 个窄曲边梯形. 在每个小区间 $[x_{i-1},x_i]$ 上任取一点 ξ_i,以 $[x_{i-1},x_i]$ 为底,$f(\xi_i)$ 为高的窄矩形近似代替第 i 个窄曲边梯形,则第 i 个窄曲边梯形的面积近似为 $f(\xi_i)\Delta x_i(i=1,2,\cdots,n)$.

近似和 将这样得到的 n 个窄矩形面积之和作为所求曲边梯形面积的近似

值
$$A \approx \sum_{i=1}^{n} f(\xi_i) \Delta x_i.$$

取极限　当分割无限加细，即小区间的最大
长度 $\lambda = \max\{\Delta x_1, \Delta x_2, \cdots, \Delta x_n\}$ 趋于零 $(\lambda \to 0)$
时，取上述和式的极限，便得到曲边梯形的面积

$$A = \lim_{\lambda \to 0} \sum_{i=1}^{n} f(\xi_i) \Delta x_i.$$

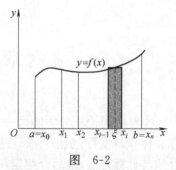

图 6-2

2. 变速直线运动的路程

设某物体作直线运动，已知速度 $v = v(t)$ 是时间间隔 $[T_1, T_2]$ 上 t 的一个连续
函数，且 $v(t) \geqslant 0$，求物体在这段时间内所经过的路程.

我们知道，对于匀速直线运动，有下列公式：

$$\text{路程} = \text{速度} \times \text{时间}.$$

但是，在这个问题中，速度随时间而变化，因此，所求路程不能直接按匀速直
线运动的公式来计算. 然而，物体运动的速度函数 $v = v(t)$ 是连续变化的，在很短
一段时间内，速度变化很小，近似于匀速. 因此，如果把时间间隔分割，在小段时间
内，以匀速运动代替变速运动，那么就可以算出部分路程的近似值；再求和，得到
整个路程的近似值；最后，把时间间隔无限细分，这时所有部分路程的近似值之和
的极限，就是所求变速直线运动的路程的精确值. 具体计算步骤如下.

大化小　在时间间隔 $[T_1, T_2]$ 内任意插入若干个分点

$$T_1 = t_0 < t_1 < t_2 < \cdots < t_{n-1} < t_n = T_2,$$

把区间 $[T_1, T_2]$ 分成 n 个小区间 $[t_{i-1}, t_i]$，长度为 $\Delta t_i = t_i - t_{i-1}$，$i = 1, 2, \cdots, n$.
相应地，在各段时间内物体经过的路程依次为 $\Delta s_1, \Delta s_2, \cdots, \Delta s_n$.

常代变　在每个小时间段 $[t_{i-1}, t_i]$ 上任取一点 τ_i，以时刻 τ_i 的速度 $v(\tau_i)$ 来代
替 $[t_{i-1}, t_i]$ 上各时刻的速度，得到部分路程 Δs_i 的近似值，即

$$\Delta s_i = v(\tau_i) \Delta t_i \quad (i = 1, 2, \cdots, n).$$

近似和　将得到的 n 个小时间段上路程的近似值之和作为所求变速直线运
动路程的近似值，即

$$s \approx \sum_{i=1}^{n} v(\tau_i) \Delta t_i.$$

取极限　记 $\lambda = \max\{\Delta t_1, \Delta t_2, \cdots, \Delta t_n\}$，则路程的精确值

$$s = \lim_{\lambda \to 0} \sum_{i=1}^{n} v(\tau_i) \Delta t_i.$$

二、定积分的定义

还有许多实际问题的计算都可以通过"大化小、常代变、近似和、取极限"的方

法求解.把处理这类问题的数学思维方法加以概括和抽象,便得到定积分的定义.

定义　设函数 $f(x)$ 在 $[a,b]$ 上有界,在 $[a,b]$ 中任意插入若干个分点

$$a=x_0<x_1<x_2<\cdots<x_{n-1}<x_n=b,$$

把区间 $[a,b]$ 分成 n 个小区间,各小区间的长度依次为 $\Delta x_i=x_i-x_{i-1}(i=1,2,\cdots)$,在各小区间上任取一点 $\xi_i(\xi_i\in[x_{i-1},x_i])$,作乘积 $f(\xi_i)\Delta x_i(i=1,2,\cdots)$ 并作和

$$S=\sum_{i=1}^{n}f(\xi_i)\Delta x_i,$$

记 $\lambda=\max\{\Delta x_1,\Delta x_2,\cdots,\Delta x_n\}$,如果不论对 $[a,b]$ 怎样的分法,也不论在小区间 $[x_{i-1},x_i]$ 上点 ξ_i 怎样的取法,只要当 $\lambda\to0$ 时,和 S 总趋于确定的极限 I,我们称这个极限 I 为函数 $f(x)$ 在区间 $[a,b]$ 上的**定积分**,记为

$$\int_a^b f(x)\mathrm{d}x=\lim_{\lambda\to0}\sum_{i=1}^{n}f(\xi_i)\Delta x_i.$$

其中,函数 $f(x)$ 称为**被积函数**,$f(x)\mathrm{d}x$ 称为**被积表达式**,x 称为**积分变量**,a 称为**积分下限**,b 称为**积分上限**,$[a,b]$ 称为**积分区间**.

关于定积分的几点说明.

(1) 定积分 $\int_a^b f(x)\mathrm{d}x$ 是和式的极限,它是一个确定的常数,仅与被积函数及积分区间有关,而与积分变量的字母无关. 即

$$\int_a^b f(x)\mathrm{d}x=\int_a^b f(t)\mathrm{d}t=\int_a^b f(u)\mathrm{d}u=\cdots.$$

(2) 定义中区间的分法和 ξ_i 的取法是任意的.

(3) 当函数 $f(x)$ 在区间 $[a,b]$ 上的定积分存在时,称 $f(x)$ 在区间 $[a,b]$ 上可积.

关于定积分,还有一个重要的问题,函数 $f(x)$ 在 $[a,b]$ 上满足怎样的条件,就可使 $f(x)$ 在 $[a,b]$ 上一定可积? 这个问题,我们不作深入的讨论,只给出下面两个定理.

定理 1　若函数 $f(x)$ 在区间 $[a,b]$ 上连续,则 $f(x)$ 在区间 $[a,b]$ 上可积.

定理 2　若函数 $f(x)$ 在区间 $[a,b]$ 上有界,且只有有限个间断点,则 $f(x)$ 在区间 $[a,b]$ 上可积.

三、定积分的几何意义

根据定积分的定义,本节的两个引例可以简洁地表述为:

(1) 由连续曲线 $y=f(x)(f(x)\geqslant0)$、直线 $x=a$、$x=b$ 及 x 轴所围成的曲边梯形的面积 A 等于函数 $f(x)$ 在区间 $[a,b]$ 上的定积分,即

$$A = \int_a^b f(x)\mathrm{d}x.$$

(2) 以变速 $v = v(t)(v(t) \geqslant 0)$ 作直线运动的物体,从时刻 $t = T_1$ 到时刻 $t = T_2$ 所经过的路程 s 等于函数 $v(t)$ 在时间间隔 $[T_1, T_2]$ 上的定积分,即

$$s = \int_{T_1}^{T_2} v(t)\mathrm{d}t.$$

上述(1)正好说明了**定积分的几何意义**:在区间 $[a,b]$ 上,当 $f(x) \geqslant 0$ 时,定积分 $\int_a^b f(x)\mathrm{d}x$ 在几何上表示由曲线 $y = f(x)$、直线 $x = a$、$x = b$ 及 x 轴所围成的曲边梯形的面积;在区间 $[a,b]$ 上,当 $f(x) \leqslant 0$ 时,定积分 $\int_a^b f(x)\mathrm{d}x$ 在几何上表示由曲线 $y = f(x)$、直线 $x = a$、$x = b$ 及 x 轴所围成的曲边梯形的面积的负值;一般情况下,函数 $f(x)$ 在区间 $[a,b]$ 上既取得正值又取得负值,函数 $y = f(x)$ 的图形有些在 x 轴的上方,其余部分在

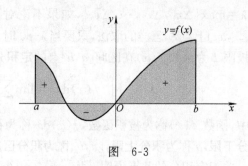

图 6-3

x 轴的下方,此时,定积分 $\int_a^b f(x)\mathrm{d}x$ 表示 x 轴上方图形面积减去 x 轴下方的图形面积所得之差.

例 利用定义计算定积分 $\int_0^1 x^2 \mathrm{d}x$.

解 将 $[0,1]$ n 等分,分点为 $x_i = \dfrac{i}{n}$,$(i = 1,2,\cdots,n)$,小区间 $[x_{i-1},x_i]$ 的长度 $\Delta x_i = \dfrac{1}{n}$,$(i = 1,2,\cdots,n)$ 取 $\xi_i = x_i$,$i = 1,2,\cdots,n$,则有

$$\sum_{i=1}^n f(\xi_i)\Delta x_i = \sum_{i=1}^n \xi_i^2 \Delta x_i = \sum_{i=1}^n x_i^2 \Delta x_i$$

$$= \sum_{i=1}^n \left(\frac{i}{n}\right)^2 \cdot \frac{1}{n} = \frac{1}{n^3}\sum_{i=1}^n i^2$$

$$= \frac{1}{6}\left(1 + \frac{1}{n}\right)\left(2 + \frac{1}{n}\right)$$

$$= \frac{1}{n^3} \cdot \frac{n(n+1)(2n+1)}{6}.$$

当 $\lambda \to 0$ 时,有 $n \to \infty$,则

$$\int_0^1 x^2 \mathrm{d}x = \lim_{\lambda \to 0}\sum_{i=1}^n \xi_i^2 \Delta x_i = \lim_{n \to \infty}\frac{1}{6}\left(1 + \frac{1}{n}\right)\left(2 + \frac{1}{n}\right) = \frac{1}{3}.$$

习 题 6.1

1. 利用定积分的定义计算下列积分：

(1) $\displaystyle\int_a^b x\mathrm{d}x\ (a<b)$；　　　　　　(2) $\displaystyle\int_0^1 \mathrm{e}^x\mathrm{d}x$．

2. 利用定积分的几何意义，证明下列等式：

(1) $\displaystyle\int_0^1 2x\mathrm{d}x=1$；　　　　　　(2) $\displaystyle\int_0^1 \sqrt{1-x^2}\mathrm{d}x=\dfrac{\pi}{4}$；

(3) $\displaystyle\int_{-\pi}^{\pi} \sin x\mathrm{d}x=0$；　　　　　　(4) $\displaystyle\int_{-\frac{\pi}{2}}^{\frac{\pi}{2}} \cos x\mathrm{d}x=2\int_0^{\frac{\pi}{2}} \cos x\mathrm{d}x$．

第二节 定积分的基本性质

引 我们已经学习了定积分的定义，下面我们进一步研究定积分，首先看看定积分有什么基本性质．

由定积分的定义以及极限的运算法则与性质，可以得到定积分的几个简单性质．在讨论定积分的性质之前，对定积分作以下两点补充规定：

(1) 当 $a=b$ 时，$\displaystyle\int_a^b f(x)\mathrm{d}x=0$；

(2) 当 $a>b$ 时，$\displaystyle\int_a^b f(x)\mathrm{d}x=-\int_b^a f(x)\mathrm{d}x$．

根据上述规定，交换定积分的上、下限，其绝对值不变而符号相反．因此，在下面的性质中，假定定积分都存在，且不考虑积分上、下限的大小．

性质 1 $\displaystyle\int_a^b [f(x)\pm g(x)]\mathrm{d}x=\int_a^b f(x)\mathrm{d}x\pm\int_a^b g(x)\mathrm{d}x$．

证 $\displaystyle\int_a^b [f(x)\pm g(x)]\mathrm{d}x=\lim_{\lambda\to 0}\sum_{i=1}^n [f(\xi_i)\pm g(\xi_i)]\Delta x_i$

$\displaystyle\qquad\qquad\qquad\qquad=\lim_{\lambda\to 0}\sum_{i=1}^n f(\xi_i)\Delta x_i\pm\lim_{\lambda\to 0}\sum_{i=1}^n g(\xi_i)\Delta x_i$

$\displaystyle\qquad\qquad\qquad\qquad=\int_a^b f(x)\mathrm{d}x\pm\int_a^b g(x)\mathrm{d}x$．

注 此性质可以推广到有限多个函数的情形．

性质 2 $\displaystyle\int_a^b kf(x)\mathrm{d}x=k\int_a^b f(x)\mathrm{d}x$ （k 为常数）．

证 $\displaystyle\int_a^b kf(x)\mathrm{d}x=\lim_{\lambda\to 0}\sum_{i=1}^n kf(\xi_i)\Delta x_i=\lim_{\lambda\to 0}k\sum_{i=1}^n f(\xi_i)\Delta x_i$

$$= k \lim_{\lambda \to 0} \sum_{i=1}^{n} f(\xi_i) \Delta x_i = k \int_a^b f(x) \mathrm{d}x.$$

性质 3 $\displaystyle\int_a^b f(x)\mathrm{d}x = \int_a^c f(x)\mathrm{d}x + \int_c^b f(x)\mathrm{d}x.$

证 先证 $a<c<b$ 的情形.

由被积函数 $f(x)$ 在 $[a,b]$ 上可积性可知, 对 $[a,b]$ 无论怎样划分, 积分和的极限总是不变的. 所以我们总可以把 c 取作一个分点, 于是, 在 $[a,b]$ 上的积分和等于 $[a,c]$ 上的积分和加上 $[c,b]$ 上的积分和, 即

$$\sum_{[a,b]} f(\xi_i) \Delta x_i = \sum_{[a,c]} f(\xi_i) \Delta x + \sum_{[c,b]} f(\xi_i) \Delta x.$$

令 $\lambda \to 0$, 上式两端取极限, 即得

$$\int_a^b f(x)\mathrm{d}x = \int_a^c f(x)\mathrm{d}x + \int_c^b f(x)\mathrm{d}x.$$

再证 $a<b<c$ 的情形. 此时, 点 b 位于 a,c 之间, 有

$$\int_a^c f(x)\mathrm{d}x = \int_a^b f(x)\mathrm{d}x + \int_b^c f(x)\mathrm{d}x.$$

即

$$\int_a^b f(x)\mathrm{d}x = \int_a^c f(x)\mathrm{d}x - \int_b^c f(x)\mathrm{d}x = \int_a^c f(x)\mathrm{d}x + \int_c^b f(x)\mathrm{d}x.$$

同理可证 $c<a<b$ 的情形. 即不论 a,b,c 相对位置如何, 性质 3 总成立.

注 性质 3 表明, 定积分对于积分区间具有可加性.

性质 4 $\displaystyle\int_a^b 1 \cdot \mathrm{d}x = \int_a^b \mathrm{d}x = b - a.$

这个性质请读者自己证明.

性质 5 如果在区间 $[a,b]$ 上 $f(x) \geqslant 0$, 则 $\displaystyle\int_a^b f(x)\mathrm{d}x \geqslant 0 \quad (a<b).$

证 因为 $f(x) \geqslant 0$ 所以 $f(\xi_i) \geqslant 0, (i=1,2,\cdots,n)$, 又因为 $\Delta x_i \geqslant 0$, 所以

$$\sum_{i=1}^{n} f(\xi_i) \Delta x_i \geqslant 0,$$

令 $\lambda = \max\{\Delta x_1, \Delta x_2, \cdots, \Delta x_n\}$, 便有

$$\lim_{\lambda \to 0} \sum_{i=1}^{n} f(\xi_i) \Delta x_i = \int_a^b f(x)\mathrm{d}x \geqslant 0.$$

推论 1 如果在区间 $[a,b]$ 上 $f(x) \leqslant g(x)$, 则

$$\int_a^b f(x)\mathrm{d}x \leqslant \int_a^b g(x)\mathrm{d}x \quad (a<b).$$

证 因为 $f(x) \leqslant g(x)$, 所以 $g(x) - f(x) \geqslant 0$, 所以

$$\int_a^b [g(x) - f(x)]\mathrm{d}x \geqslant 0,$$

又

$$\int_a^b g(x)\mathrm{d}x - \int_a^b f(x)\mathrm{d}x \geqslant 0,$$

于是

$$\int_a^b f(x)\mathrm{d}x \leqslant \int_a^b g(x)\mathrm{d}x.$$

推论 2 $\left|\int_a^b f(x)\mathrm{d}x\right| \leqslant \int_a^b |f(x)|\mathrm{d}x \quad (a < b).$

证 因为 $-|f(x)| \leqslant f(x) \leqslant |f(x)|$，所以由推论 1 及性质 2 可得

$$-\int_a^b |f(x)|\mathrm{d}x \leqslant \int_a^b f(x)\mathrm{d}x \leqslant \int_a^b |f(x)|\mathrm{d}x,$$

即

$$\left|\int_a^b f(x)\mathrm{d}x\right| \leqslant \int_a^b |f(x)|\mathrm{d}x.$$

例 1 比较积分值 $\int_0^{-2} \mathrm{e}^x\mathrm{d}x$ 和 $\int_0^{-2} x\mathrm{d}x$ 的大小.

解 令 $f(x) = \mathrm{e}^x - x, x \in [-2, 0]$.

因为 $f(x) > 0$，所以 $\int_{-2}^0 (\mathrm{e}^x - x)\mathrm{d}x > 0$，即得

$$\int_{-2}^0 \mathrm{e}^x\mathrm{d}x > \int_{-2}^0 x\mathrm{d}x,$$

于是

$$\int_0^{-2} \mathrm{e}^x\mathrm{d}x < \int_0^{-2} x\mathrm{d}x.$$

性质 6 设 M 及 m 分别是函数 $f(x)$ 在区间 $[a,b]$ 上的最大值及最小值，则

$$m(b-a) \leqslant \int_a^b f(x)\mathrm{d}x \leqslant M(b-a).$$

证 因为 $m \leqslant f(x) \leqslant M$，所以

$$\int_a^b m\mathrm{d}x \leqslant \int_a^b f(x)\mathrm{d}x \leqslant \int_a^b M\mathrm{d}x,$$

即

$$m(b-a) \leqslant \int_a^b f(x)\mathrm{d}x \leqslant M(b-a).$$

注 此性质可用于估计积分值的大致范围.

例 2 估计积分 $\int_0^\pi \dfrac{1}{3+\sin^3 x}\mathrm{d}x$ 的值.

解 令 $f(x) = \dfrac{1}{3+\sin^3 x}$，则任取 $x \in [0, \pi]$,

$$\frac{1}{4} \leqslant \frac{1}{3+\sin^3 x} \leqslant \frac{1}{3},$$

所以

$$\int_0^\pi \frac{1}{4}\mathrm{d}x \leqslant \int_0^\pi \frac{1}{3+\sin^3 x}\mathrm{d}x \leqslant \int_0^\pi \frac{1}{3}\mathrm{d}x,$$

则

$$\frac{\pi}{4} \leqslant \int_0^\pi \frac{1}{3+\sin^3 x}\mathrm{d}x \leqslant \frac{\pi}{3}.$$

例3 估计积分 $\int_{\frac{\pi}{4}}^{\frac{\pi}{2}} \frac{\sin x}{x}\mathrm{d}x$ 的值.

解 令 $f(x)=\dfrac{\sin x}{x}, x\in\left[\dfrac{\pi}{4},\dfrac{\pi}{2}\right],$

$$f'(x)=\frac{x\cos x-\sin x}{x^2}=\frac{\cos x(x-\tan x)}{x^2}.$$

$f(x)$ 在 $\left[\dfrac{\pi}{4},\dfrac{\pi}{2}\right]$ 上单调下降,故 $x=\dfrac{\pi}{4}$ 为极大点,$x=\dfrac{\pi}{2}$ 为极小点,

$$M=f\left(\frac{\pi}{4}\right)=\frac{2\sqrt{2}}{\pi}, m=f\left(\frac{\pi}{2}\right)=\frac{2}{\pi}.$$

因为 $b-a=\dfrac{\pi}{2}-\dfrac{\pi}{4}=\dfrac{\pi}{4}$,所以

$$\frac{2}{\pi}\cdot\frac{\pi}{4} \leqslant \int_{\frac{\pi}{4}}^{\frac{\pi}{2}} \frac{\sin x}{x}\mathrm{d}x \leqslant \frac{2\sqrt{2}}{\pi}\cdot\frac{\pi}{4},$$

所以

$$\frac{1}{2} \leqslant \int_{\frac{\pi}{4}}^{\frac{\pi}{2}} \frac{\sin x}{x}\mathrm{d}x \leqslant \frac{\sqrt{2}}{2}.$$

性质7(定积分中值定理) 如果函数 $f(x)$ 在闭区间 $[a,b]$ 上连续,则在积分区间 $[a,b]$ 上至少存在一个点 ξ,使 $\int_a^b f(x)\mathrm{d}x = f(\xi)(b-a)$ $(a\leqslant\xi\leqslant b)$.

证 因为 $m(b-a)\leqslant \int_a^b f(x)\mathrm{d}x \leqslant M(b-a)$,

所以

$$m \leqslant \frac{1}{b-a}\int_a^b f(x)\mathrm{d}x \leqslant M.$$

由闭区间上连续函数的介值定理知,在区间 $[a,b]$ 上至少存在一个点 ξ,使得

$$f(\xi) = \frac{1}{b-a}\int_a^b f(x)\mathrm{d}x,$$

即

$$\int_a^b f(x)\mathrm{d}x = f(\xi)(b-a) \quad (a\leqslant\xi\leqslant b).$$

注 积分中值公式的几何解释:在区间 $[a,b]$ 上至少存在一个点 ξ,使得以区

间 $[a,b]$ 为底边,以曲线 $y=f(x)$ 为曲边的曲边梯形的面积等于同一底边而高为 $f(\xi)$ 的一个矩形的面积,如图 6-4 所示.

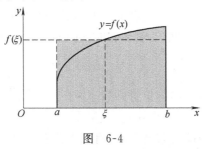

图　6-4

习　题　6.2

1. 不计算定积分值,直接比较下列各组积分值的大小:

(1) $\displaystyle\int_0^1 x\mathrm{d}x$ 与 $\displaystyle\int_0^1 x^2\mathrm{d}x$;

(2) $\displaystyle\int_2^4 x\mathrm{d}x$ 与 $\displaystyle\int_2^4 x^2\mathrm{d}x$;

(3) $\displaystyle\int_0^1 \mathrm{e}^x\mathrm{d}x$ 与 $\displaystyle\int_0^1 \mathrm{e}^{x^2}\mathrm{d}x$;

(4) $\displaystyle\int_{-\frac{\pi}{2}}^0 \sin x\mathrm{d}x$ 与 $\displaystyle\int_0^{\frac{\pi}{2}} \sin x\mathrm{d}x$;

(5) $\displaystyle\int_0^{\frac{\pi}{2}} x\mathrm{d}x$ 与 $\displaystyle\int_0^{\frac{\pi}{2}} \sin x\mathrm{d}x$;

(6) $\displaystyle\int_0^1 \mathrm{e}^x\mathrm{d}x$ 与 $\displaystyle\int_0^1 (1+x)\mathrm{d}x$.

2. 估计下列积分的值:

(1) $\displaystyle\int_1^4 (x^2+1)\mathrm{d}x$;

(2) $\displaystyle\int_{\frac{\pi}{4}}^{\frac{5\pi}{4}} (1+\sin^2 x)\mathrm{d}x$;

(3) $\displaystyle\int_{\frac{1}{\sqrt{3}}}^{\sqrt{3}} x\arctan x\mathrm{d}x$;

(4) $\displaystyle\int_2^0 \mathrm{e}^{x^2-x}\mathrm{d}x$;

(5) $\displaystyle\int_1^2 \frac{x}{1+x^2}\mathrm{d}x$;

(6) $\displaystyle\int_0^{-2} x\mathrm{e}^x\mathrm{d}x$.

3. 证明　$\dfrac{1}{2}\leqslant\displaystyle\int_0^2 \dfrac{1}{2+x}\mathrm{d}x\leqslant 1$.

第三节　微积分学基本定理

引　积分学中要解决两个问题:第一个问题是原函数的求法问题,我们在第 5 章中已经对它做了讨论;第二个问题就是定积分的计算问题.如果我们要按定积分的定义来计算定积分,将会十分困难.我们知道,不定积分作为原函数的概念与定积分作为积分和的极限的概念是两个完全不相干的概念.但是,牛顿和莱布尼茨不仅发现而且找到了这两个概念之间存在着的内在联系,提出了"微积分学基本定理",从而使微分学与积分学一起构成微积分学.

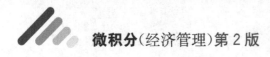

一、问题的提出

设某物体作直线运动,已知速度 $v=v(t)$ 是时间间隔 $[T_1,T_2]$ 上 t 的一个连续函数,且 $v(t)\geqslant 0$,由第一节知道,物体在时间间隔 $[T_1,T_2]$ 内经过的路程为

$$s = \int_{T_1}^{T_2} v(t)\mathrm{d}t.$$

另一方面,这段路程又可表示为位置函数 $s(t)$ 在 $[T_1,T_2]$ 上的增量

$$s(T_2) - s(T_1).$$

所以,位置函数 $s(t)$ 与速度函数 $v=v(t)$ 有如下关系

$$\int_{T_1}^{T_2} v(t)\mathrm{d}t = s(T_2) - s(T_1).$$

因为 $s'(t)=v(t)$. 即位置函数 $s(t)$ 是速度函数 $v=v(t)$ 的原函数. 所以,求速度函数 $v(t)$ 在时间间隔 $[T_1,T_2]$ 内的定积分就化为求 $v(t)$ 的原函数 $s(t)$ 在 $[T_1,T_2]$ 上的增量.

这个结论对一般的函数定积分具有普遍意义.

二、积分上限函数及其导数

设函数 $f(x)$ 在区间 $[a,b]$ 上连续,并且设 x 为 $[a,b]$ 上的一点,考察定积分

$$\int_a^x f(x)\mathrm{d}x = \int_a^x f(t)\mathrm{d}t.$$

如果上限 x 在区间 $[a,b]$ 上任意变动,则对于每一个取定的 x 值,定积分有一个对应值,所以它在 $[a,b]$ 上定义了一个函数,所以称函数 $\Phi(x) = \int_a^x f(t)\mathrm{d}t$ 为**积分上限函数**(或变上限积分).

定理 1 设 $f(x)$ 在 $[a,b]$ 上连续,则积分上限的函数

$$\Phi(x) = \int_a^x f(t)\mathrm{d}t \quad (a\leqslant x\leqslant b)$$

在 $[a,b]$ 上可导,且它的导数是

$$\Phi'(x) = \frac{\mathrm{d}}{\mathrm{d}x}\int_a^x f(t)\mathrm{d}t = f(x) \quad (a\leqslant x\leqslant b).$$

证 设 $x\in[a,b]$, $\Delta x\neq 0$ 且 $x+\Delta x\in[a,b]$,则有

$$\Delta\Phi = \Phi(x+\Delta x) - \Phi(x) = \int_a^{x+\Delta x} f(t)\mathrm{d}t - \int_a^x f(t)\mathrm{d}t$$

$$= \int_a^x f(t)\mathrm{d}t + \int_x^{x+\Delta x} f(t)\mathrm{d}t - \int_a^x f(t)\mathrm{d}t = \int_x^{x+\Delta x} f(t)\mathrm{d}t,$$

由积分中值定理得 $\Delta\Phi = f(\xi)\Delta x, \xi\in[x,x+\Delta x]$.

由函数 $f(x)$ 在 x 处连续可得

$$\varPhi'(x) = \lim_{\Delta x \to 0}\frac{\Delta \varPhi}{\Delta x} = \lim_{\Delta x \to 0}f(\xi) = f(x).$$

注　如果 $f(t)$ 连续, $a(x)$、$b(x)$ 可导, 则 $F(x) = \displaystyle\int_{a(x)}^{b(x)}f(t)\mathrm{d}t$ 的导数 $F'(x)$ 为

$$F'(x) = \frac{\mathrm{d}}{\mathrm{d}x}\int_{a(x)}^{b(x)}f(t)\mathrm{d}t = f(b(x))b'(x) - f(a(x))a'(x)$$

证　$F(x) = \left(\displaystyle\int_{a(x)}^{0} + \int_{0}^{b(x)}\right)f(t)\mathrm{d}t = \int_{0}^{b(x)}f(t)\mathrm{d}t - \int_{0}^{a(x)}f(t)\mathrm{d}t,$

所以

$$F'(x) = f(b(x))b'(x) - f(a(x))a'(x).$$

例 1　求 $\dfrac{\mathrm{d}}{\mathrm{d}x}\left[\displaystyle\int_{0}^{x}\cos^2 t\,\mathrm{d}t\right].$

解　$\dfrac{\mathrm{d}}{\mathrm{d}x}\left[\displaystyle\int_{0}^{x}\cos^2 t\,\mathrm{d}t\right] = \cos^2 x.$

例 2　求 $\dfrac{\mathrm{d}}{\mathrm{d}x}\left[\displaystyle\int_{1}^{x^3}\mathrm{e}^{t^2}\mathrm{d}t\right].$

解　这里 $\displaystyle\int_{1}^{x^3}\mathrm{e}^{t^2}\mathrm{d}t$ 是 x^3 的函数, 因而是 x 的复合函数, 根据复合函数的求导法则, 有

$$\frac{\mathrm{d}}{\mathrm{d}x}\left[\int_{1}^{x^3}\mathrm{e}^{t^2}\mathrm{d}t\right] = \mathrm{e}^{(x^3)^2} \cdot 3x^2 = 3x^2\mathrm{e}^{x^6}.$$

例 3　求 $\displaystyle\lim_{x \to 0}\dfrac{\displaystyle\int_{\cos x}^{1}\mathrm{e}^{-t^2}\mathrm{d}t}{x^2}.$

分析　这是 $\dfrac{0}{0}$ 型不定式, 应用洛必达法则.

解　$\dfrac{\mathrm{d}}{\mathrm{d}x}\displaystyle\int_{\cos x}^{1}\mathrm{e}^{-t^2}\mathrm{d}t = -\frac{\mathrm{d}}{\mathrm{d}x}\int_{1}^{\cos x}\mathrm{e}^{-t^2}\mathrm{d}t = -\mathrm{e}^{-\cos^2 x} \cdot (\cos x)' = \sin x \cdot \mathrm{e}^{-\cos^2 x},$

所以　$\displaystyle\lim_{x \to 0}\dfrac{\displaystyle\int_{\cos x}^{1}\mathrm{e}^{-t^2}\mathrm{d}t}{x^2} = \lim_{x \to 0}\frac{\sin x \cdot \mathrm{e}^{-\cos^2 x}}{2x} = \frac{1}{2\mathrm{e}}.$

定理 2(原函数存在定理)　如果 $f(x)$ 在 $[a,b]$ 上连续, 则积分上限的函数

$$\varPhi(x) = \int_{a}^{x}f(t)\mathrm{d}t$$

就是 $f(x)$ 在 $[a,b]$ 上的一个原函数.

注　定理 2 的重要意义在于: 一方面, 肯定了连续函数的原函数是存在的; 另一方面, 初步揭示了积分学中的定积分与原函数之间的联系.

三、牛顿-莱布尼茨公式

定理 3(微积分基本公式)　如果 $F(x)$ 是连续函数 $f(x)$ 在区间 $[a,b]$ 上的一

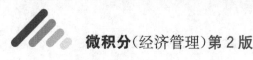

个原函数,则

$$\int_a^b f(x)\mathrm{d}x = F(b) - F(a).$$

上式称为**牛顿-莱布尼茨公式**.

证 已知 $F(x)$ 是 $f(x)$ 的一个原函数,又因为 $\Phi(x) = \int_a^x f(t)\mathrm{d}t$ 也是 $f(x)$ 的

一个原函数,故与 $F(x)$ 最多相差一个常数,即

$$F(x) - \Phi(x) = C, \ x \in [a,b].$$

将 $x=a$ 代入上式得到 $F(a) - \Phi(a) = C$,又

$$\Phi(a) = \int_a^a f(t)\mathrm{d}t = 0,$$

所以 $F(a) = C$ 故

$$\int_a^x f(t)\mathrm{d}t = F(x) - F(a).$$

令 $x=b$,代入上式,得

$$\int_a^b f(x)\mathrm{d}x = F(b) - F(a) = \left[F(x)\right]_a^b$$

注 根据上节定积分的补充规定可知,当 $a>b$ 时,$\int_a^b f(x)\mathrm{d}x = F(b) - F(a)$ 仍成立.

微积分基本公式表明 一个连续函数在区间 $[a,b]$ 上的定积分等于它的任意一个原函数在区间 $[a,b]$ 上的增量. 求定积分的问题转化为求原函数的问题.

例 4 求 $\int_1^e \frac{1}{x}\mathrm{d}x$.

解 $\int_1^e \frac{1}{x}\mathrm{d}x = \ln x \Big|_1^e = \ln e - \ln 1 = 1$.

例 5 求 $\int_0^{\frac{\pi}{2}}(2\cos x + \sin x - 1)\mathrm{d}x$.

解 $\int_0^{\frac{\pi}{2}}(2\cos x + \sin x - 1)\mathrm{d}x = \left[2\sin x - \cos x - x\right]_0^{\frac{\pi}{2}} = 3 - \frac{\pi}{2}$.

例 6 设 $f(x) = \begin{cases} 2x, & 0 \leqslant x \leqslant 1 \\ 5, & 1 < x \leqslant 2, \end{cases}$ 求 $\int_0^2 f(x)\mathrm{d}x$

解 $\int_0^2 f(x)\mathrm{d}x = \int_0^1 f(x)\mathrm{d}x + \int_1^2 f(x)\mathrm{d}x$

$\qquad = \int_0^1 2x\mathrm{d}x + \int_1^2 5\mathrm{d}x = 6$.

例 7 计算曲线 $y = \sin x$ 在 $[0,\pi]$ 上与 x 轴所围成的平面图形的面积(见图6-5).

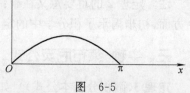

图 6-5

解 面积 $A = \int_0^\pi \sin x \mathrm{d}x = [-\cos x]_0^\pi = 2$.

习 题 6.3

1. 设 $y = \int_0^x \sin t \mathrm{d}t$，求 $y'(0), y'\left(\dfrac{\pi}{4}\right)$.

2. 计算下列导数：

(1) $\dfrac{\mathrm{d}}{\mathrm{d}x} \int_0^{x^2} \sqrt{1+t^2} \, \mathrm{d}t$；

(2) $\dfrac{\mathrm{d}}{\mathrm{d}x} \int_{x^2}^{x^3} \dfrac{\mathrm{d}t}{\sqrt{1+t^4}}$；

(3) $\dfrac{\mathrm{d}}{\mathrm{d}x} \int_{\sin x}^{\cos x} \cos(\pi t^2) \, \mathrm{d}t$；

(4) $\dfrac{\mathrm{d}}{\mathrm{d}x} \int_{\sqrt{x}}^{x^2} \dfrac{\sin t}{t} \, \mathrm{d}t$.

3. 求下列极限：

(1) $\lim\limits_{x \to 0} \dfrac{\displaystyle\int_0^x \cos t^2 \, \mathrm{d}t}{x}$；

(2) $\lim\limits_{x \to 0} \dfrac{\displaystyle\int_0^x \arctan t \, \mathrm{d}t}{x^2}$；

(3) $\lim\limits_{x \to 0} \dfrac{\displaystyle\int_0^{x^2} \sqrt{1+t^2} \, \mathrm{d}t}{x^2}$；

(4) $\lim\limits_{x \to 0} \dfrac{\left(\displaystyle\int_0^x \mathrm{e}^{t^2} \, \mathrm{d}t\right)^2}{\displaystyle\int_0^x t \mathrm{e}^{2t^2} \, \mathrm{d}t}$.

4. 求函数 $F(x) = \int_0^x t(t-4) \mathrm{d}t$ 在 $[-1,5]$ 上的最大值与最小值.

5. 计算下列定积分：

(1) $\int_1^2 \left(x^2 + \dfrac{1}{x^4}\right) \mathrm{d}x$；

(2) $\int_4^9 \sqrt{x}(1+\sqrt{x}) \, \mathrm{d}x$；

(3) $\int_0^{\sqrt{3}a} \dfrac{\mathrm{d}x}{a^2+x^2}$；

(4) $\int_{-\frac{1}{2}}^{\frac{1}{2}} \dfrac{\mathrm{d}x}{\sqrt{1-x^2}}$；

(5) $\int_{-1}^0 \dfrac{3x^4+3x^2+1}{x^2+1} \mathrm{d}x$；

(6) $\int_0^{\frac{\pi}{4}} \tan^2 \theta \mathrm{d}\theta$；

(7) $\int_0^\pi \cos^2 \left(\dfrac{x}{2}\right) \mathrm{d}x$；

(8) $\int_{-1}^2 |2x| \, \mathrm{d}x$；

(9) $\int_0^{2\pi} |\sin x| \, \mathrm{d}x$；

(10) $\int_{\frac{\pi}{4}}^{\frac{3\pi}{4}} \sqrt{1+\cos 2x} \, \mathrm{d}x$.

(11) $\int_0^2 f(x) \mathrm{d}x$，其中，$f(x) = \begin{cases} x+1, & 0 \leqslant x \leqslant 1, \\ \dfrac{1}{2}x^2, & 1 < x \leqslant 2. \end{cases}$

第四节 定积分的换元积分法和分部积分法

引 由牛顿-莱布尼茨公式我们知道，求定积分 $\int_a^b f(x) \mathrm{d}x$ 的问题可以转化为

求被积函数 $f(x)$ 的原函数在区间 $[a,b]$ 上的增量问题,那么在求不定积分时应用的换元法和分部积分法在求定积分时仍适用吗?

一、定积分的换元积分法

定理1 设函数 $f(x)$ 在 $[a,b]$ 上连续,函数 $x=\varphi(t)$ 满足条件:

(1) $\varphi(t)$ 在 $[\alpha,\beta]$(或 $[\beta,\alpha]$)上是单值的且有连续导数;

(2) 当 t 在区间 $[\alpha,\beta]$(或 $[\beta,\alpha]$)上变化时,$x=\varphi(t)$ 的值在 $[a,b]$ 上变化,且 $\varphi(\alpha)=a,\varphi(\beta)=b$.

则有

$$\int_a^b f(x)\mathrm{d}x = \int_\alpha^\beta f(\varphi(t))\varphi'(t)\mathrm{d}t.$$

证 因为函数 $f(x)$ 在 $[a,b]$ 上连续,故它在 $[a,b]$ 上可积,且原函数存在. 设 $F(x)$ 是 $f(x)$ 的一个原函数,则

$$\int_a^b f(x)\mathrm{d}x = F(b)-F(a),$$

又因为 $\Phi(t)=F(\varphi(t))$,则

$$\Phi'(t) = \frac{\mathrm{d}F}{\mathrm{d}x}\cdot\frac{\mathrm{d}x}{\mathrm{d}t} = f(x)\varphi'(t) = f(\varphi(t))\varphi'(t),$$

即 $\Phi(t)$ 是 $f(\varphi(t))\varphi'(t)$ 的一个原函数. 从而

$$\int_\alpha^\beta f(\varphi(t))\varphi'(t)\mathrm{d}t = \Phi(\beta)-\Phi(\alpha),$$

因为 $\varphi(\alpha)=a,\varphi(\beta)=b$,则

$$\Phi(\beta)-\Phi(\alpha) = F(\varphi(\beta))-F(\varphi(\alpha)) = F(b)-F(a),$$

$$\int_a^b f(x)\mathrm{d}x = F(b)-F(a) = \Phi(\beta)-\Phi(\alpha) = \int_\alpha^\beta f(\varphi(t))\varphi'(t)\mathrm{d}t.$$

注 应用定积分换元积分法时应注意以下两点.

1. 换元必须换限. 用 $x=\varphi(t)$ 把变量 x 换成新变量 t 时,积分限也相应改变.

2. 求出 $f(\varphi(t))\varphi'(t)$ 的一个原函数 $\Phi(t)$ 后,不必像计算不定积分那样再要把 $\Phi(t)$ 变换成原变量 x 的函数,而只要把新变量 t 的上、下限分别代入 $\Phi(t)$ 然后相减就行了.

例1 计算 $\int_0^{\frac{\pi}{2}}\cos^5 x\sin x\mathrm{d}x$.

解 令 $t=\cos x,\mathrm{d}t=-\sin x\mathrm{d}x$,当 $x=\dfrac{\pi}{2}$ 时,$t=0$;当 $x=0$ 时,$t=1$. 则

$$\int_0^{\frac{\pi}{2}}\cos^5 x\sin x\mathrm{d}x = -\int_1^0 t^5\mathrm{d}t = \frac{t^6}{6}\bigg|_0^1 = \frac{1}{6}.$$

例 2 计算 $\displaystyle\int_0^\pi \sqrt{\sin^3 x - \sin^5 x}\,dx$.

解 因为 $f(x) = \sqrt{\sin^3 x - \sin^5 x} = |\cos x|(\sin x)^{\frac{3}{2}}$，所以

$$\int_0^\pi \sqrt{\sin^3 x - \sin^5 x}\,dx = \int_0^\pi |\cos x|(\sin x)^{\frac{3}{2}}\,dx$$

$$= \int_0^{\frac{\pi}{2}} \cos x(\sin x)^{\frac{3}{2}}\,dx - \int_{\frac{\pi}{2}}^\pi \cos x(\sin x)^{\frac{3}{2}}\,dx$$

$$= \int_0^{\frac{\pi}{2}} (\sin x)^{\frac{3}{2}}\,d\sin x - \int_{\frac{\pi}{2}}^\pi (\sin x)^{\frac{3}{2}}\,d\sin x$$

$$= \frac{2}{5}(\sin x)^{\frac{5}{2}}\Big|_0^{\frac{\pi}{2}} - \frac{2}{5}(\sin x)^{\frac{5}{2}}\Big|_{\frac{\pi}{2}}^\pi = \frac{4}{5}.$$

注 用凑微分法完成的积分，如果没有引入新的变量，则上、下限不必变动.

例 3 计算 $\displaystyle\int_0^a \frac{1}{x + \sqrt{a^2 - x^2}}\,dx \quad (a > 0)$.

解 令 $x = a\sin t$，$dx = a\cos t\,dt$，当 $x = a$ 时，$t = \dfrac{\pi}{2}$；当 $x = 0$ 时，$t = 0$.

$$\text{原式} = \int_0^{\frac{\pi}{2}} \frac{a\cos t}{a\sin t + \sqrt{a^2(1-\sin^2 t)}}\,dt = \int_0^{\frac{\pi}{2}} \frac{\cos t}{\sin t + \cos t}\,dt$$

$$= \frac{1}{2}\int_0^{\frac{\pi}{2}} \left(1 + \frac{\cos t - \sin t}{\sin t + \cos t}\right)dt = \frac{1}{2}\cdot\frac{\pi}{2} + \frac{1}{2}\big[\ln|\sin t + \cos t|\big]_0^{\frac{\pi}{2}}$$

$$= \frac{\pi}{4}.$$

例 4 当 $f(x)$ 在 $[-a, a]$ 上连续，且有

1) $f(x)$ 为偶函数，则 $\displaystyle\int_{-a}^a f(x)\,dx = 2\int_0^a f(x)\,dx$；

2) $f(x)$ 为奇函数，则 $\displaystyle\int_{-a}^a f(x)\,dx = 0$.

证 因为 $\displaystyle\int_{-a}^a f(x)\,dx = \int_{-a}^0 f(x)\,dx + \int_0^a f(x)\,dx$，

在 $\displaystyle\int_{-a}^0 f(x)\,dx$ 中令 $x = -t$，则有

$$\int_{-a}^0 f(x)\,dx = -\int_a^0 f(-t)\,dt = \int_0^a f(-t)\,dt.$$

1) 当 $f(x)$ 为偶函数，有 $f(-t) = f(t)$，则

$$\int_{-a}^a f(x)\,dx = \int_{-a}^0 f(x)\,dx + \int_0^a f(x)\,dx = 2\int_0^a f(t)\,dt;$$

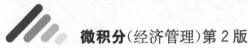

2) 当 $f(x)$ 为奇函数，有 $f(-t)=-f(t)$ 则

$$\int_{-a}^{a} f(x)\mathrm{d}x = \int_{-a}^{0} f(x)\mathrm{d}x + \int_{0}^{a} f(x)\mathrm{d}x = 0.$$

注 我们可以用"偶倍奇零"来总结例 4 的结论，可以很方便的用于求解奇函数或偶函数在对称区间上的积分.

例 5 计算 $\int_{-1}^{1} (|x| + \sin x)x^2\mathrm{d}x$.

解 因为积分区间关于原点对称，且 $|x|x^2$ 为偶函数，$\sin x \cdot x^2$ 为奇函数，所以

$$\int_{-1}^{1} (|x| + \sin x)x^2\mathrm{d}x = \int_{-1}^{1} |x|x^2\mathrm{d}x = 2\int_{0}^{1} x^3\mathrm{d}x = 2 \cdot \frac{x^4}{4}\Big|_{0}^{1} = \frac{1}{2}.$$

二、定积分的分部积分法

定理 1 设函数 $u(x)$、$v(x)$ 在区间 $[a,b]$ 上具有连续导数，则有定积分分部积分公式

$$\int_{a}^{b} u\mathrm{d}v = [uv]_{a}^{b} - \int_{a}^{b} v\mathrm{d}u.$$

证 因为 $(uv)' = u'v + uv'$，则等式两边同时积分得

$$\int_{a}^{b} (uv)'\mathrm{d}x = [uv]_{a}^{b} = \int_{a}^{b} u'v\mathrm{d}x + \int_{a}^{b} uv'\mathrm{d}x,$$

移项得

$$\int_{a}^{b} u\mathrm{d}v = [uv]_{a}^{b} - \int_{a}^{b} v\mathrm{d}u.$$

例 6 计算 $\int_{0}^{\frac{1}{2}} \arcsin x\mathrm{d}x$.

解
$$\int_{0}^{\frac{1}{2}} \arcsin x\mathrm{d}x = \left[x \arcsin x\right]_{0}^{\frac{1}{2}} - \int_{0}^{\frac{1}{2}} \frac{x\mathrm{d}x}{\sqrt{1-x^2}}$$

$$= \frac{1}{2} \cdot \frac{\pi}{6} + \frac{1}{2}\int_{0}^{\frac{1}{2}} \frac{1}{\sqrt{1-x^2}}\mathrm{d}(1-x^2)$$

$$= \frac{\pi}{12} + \left[\sqrt{1-x^2}\right]_{0}^{\frac{1}{2}} = \frac{\pi}{12} + \frac{\sqrt{3}}{2} - 1.$$

例 7 计算 $\int_{0}^{\pi} x\cos x\mathrm{d}x$.

解
$$\int_{0}^{\pi} x\cos x\mathrm{d}x = \int_{0}^{\pi} x\mathrm{d}\sin x = x\sin x\Big|_{0}^{\pi} - \int_{0}^{\pi} \sin x\mathrm{d}x = \cos x\Big|_{0}^{\pi} = -2.$$

例 8 计算 $\int_{0}^{\frac{\pi}{4}} \frac{x\mathrm{d}x}{1 + \cos 2x}$.

解　$\displaystyle\int_0^{\frac{\pi}{4}}\frac{x\mathrm{d}x}{1+\cos 2x}=\int_0^{\frac{\pi}{4}}\frac{x\mathrm{d}x}{2\cos^2 x}=\int_0^{\frac{\pi}{4}}\frac{x}{2}\mathrm{d}(\tan x)$

$\displaystyle\qquad\qquad\quad=\frac{1}{2}\Big[x\tan x\Big]_0^{\frac{\pi}{4}}-\frac{1}{2}\int_0^{\frac{\pi}{4}}\tan x\mathrm{d}x$

$\displaystyle\qquad\qquad\quad=\frac{\pi}{8}-\frac{1}{2}\Big[\ln\sec x\Big]_0^{\frac{\pi}{4}}=\frac{\pi}{8}-\frac{\ln 2}{4}.$

例 9　计算 $\displaystyle\int_0^4\mathrm{e}^{\sqrt{x}}\mathrm{d}x$.

解　令 $\sqrt{x}=t$，则 $x=t^2$，$\mathrm{d}x=2t\mathrm{d}t$，当 $x=4$ 时 $t=2$，当 $x=0$ 时 $t=0$，所以

$\displaystyle\int_0^4\mathrm{e}^{\sqrt{x}}\mathrm{d}x=2\int_0^2 t\mathrm{e}^t\mathrm{d}t=2\int_0^2 t\mathrm{d}\mathrm{e}^t=2t\mathrm{e}^t\Big|_0^2-2\int_0^2\mathrm{e}^t\mathrm{d}t=4\mathrm{e}^2-2\mathrm{e}^t\Big|_0^2=2\mathrm{e}^2+2.$

例 10　证明定积分公式

$$I_n=\int_0^{\frac{\pi}{2}}\sin^n x\mathrm{d}x=\int_0^{\frac{\pi}{2}}\cos^n x\mathrm{d}x$$

$$=\begin{cases}\dfrac{n-1}{n}\cdot\dfrac{n-3}{n-2}\cdot\cdots\cdot\dfrac{3}{4}\cdot\dfrac{1}{2}\cdot\dfrac{\pi}{2}, & n\text{ 为正偶数},\\[2mm]\dfrac{n-1}{n}\cdot\dfrac{n-3}{n-2}\cdot\cdots\cdot\dfrac{4}{5}\cdot\dfrac{2}{3}, & n\text{ 为大于 }1\text{ 的正奇数}.\end{cases}$$

证　由分部积分法，设 $u=\sin^{n-1}x$，$\mathrm{d}v=\sin x\mathrm{d}x$，$\mathrm{d}u=(n-1)\sin^{n-2}x\cos x\mathrm{d}x$，$v=-\cos x$，则有

$$I_n=\Big[-\sin^{n-1}x\cos x\Big]_0^{\frac{\pi}{2}}+(n-1)\int_0^{\frac{\pi}{2}}\sin^{n-2}x\cos^2 x\mathrm{d}x,$$

再由　$\displaystyle I_n=(n-1)\int_0^{\frac{\pi}{2}}\sin^{n-2}x\mathrm{d}x-(n-1)\int_0^{\frac{\pi}{2}}\sin^n x\mathrm{d}x$

$\displaystyle\qquad\quad=(n-1)I_{n-2}-(n-1)I_n,$

则可得 $I_n=\dfrac{n-1}{n}I_{n-2}$，这是积分 I_n 关于下标的递推公式.

继续推导有 $I_{n-2}=\dfrac{n-3}{n-2}I_{n-4}$，$\cdots$，直到下标减到 0 或 1 为止. 则有

$$I_{2m}=\frac{2m-1}{2m}\cdot\frac{2m-3}{2m-2}\cdot\cdots\cdot\frac{5}{6}\cdot\frac{3}{4}\cdot\frac{1}{2}I_0\quad(m=1,2,\cdots),$$

$$I_{2m+1}=\frac{2m}{2m+1}\cdot\frac{2m-2}{2m-1}\cdot\cdots\cdot\frac{6}{7}\cdot\frac{4}{5}\cdot\frac{2}{3}I_1\quad(m=1,2,\cdots),$$

而 $\displaystyle I_0=\int_0^{\frac{\pi}{2}}\mathrm{d}x=\frac{\pi}{2}$，$I_1=\int_0^{\frac{\pi}{2}}\sin x\mathrm{d}x=1$，

于是　$\displaystyle I_{2m}=\frac{2m-1}{2m}\cdot\frac{2m-3}{2m-2}\cdot\cdots\cdot\frac{5}{6}\cdot\frac{3}{4}\cdot\frac{1}{2}\cdot\frac{\pi}{2},$

$$I_{2m+1}=\frac{2m}{2m+1}\cdot\frac{2m-2}{2m-1}\cdot\cdots\cdot\frac{6}{7}\cdot\frac{4}{5}\cdot\frac{2}{3}.$$

习 题 6.4

1. 用定积分的换元法计算下列定积分:

(1) $\int_1^5 \dfrac{\sqrt{x-1}}{x} dx$;

(2) $\int_0^4 \dfrac{du}{1+\sqrt{u}}$;

(3) $\int_0^1 \dfrac{x^2}{(1+x^2)^3} dx$;

(4) $\int_0^2 \dfrac{dx}{\sqrt{x+1}+\sqrt{(x+1)^3}}$;

(5) $\int_{-2}^{-1} \dfrac{1}{x\sqrt{x^2-1}} dx$;

(6) $\int_0^a x^2\sqrt{a^2-x^2} dx$;

(7) $\int_0^1 (1+x^2)^{-\frac{3}{2}} dx$;

(8) $\int_1^2 \dfrac{\sqrt{x^2-1}}{x} dx$;

(9) $\int_{\frac{\pi}{6}}^{\frac{\pi}{2}} \cos^2 u du$;

(10) $\int_1^2 \dfrac{e^{1/x}}{x^2} dx$;

(11) $\int_1^{e^2} \dfrac{dx}{x\sqrt{1+\ln x}}$;

(12) $\int_{-\frac{\pi}{2}}^{\frac{\pi}{2}} \sin x\cos 2x dx$;

(13) $\int_{-\frac{\pi}{2}}^{\frac{\pi}{2}} \sqrt{\cos x-\cos^3 x} dx$;

(14) $\int_{-1}^1 \dfrac{x dx}{\sqrt{5-4x}}$;

(15) $\int_{\frac{3}{4}}^1 \dfrac{dx}{\sqrt{1-x}-1}$;

(16) $\int_0^1 \dfrac{\sqrt{x}}{2-\sqrt{x}} dx$;

(17) $\int_{\sqrt{e}}^e \dfrac{dx}{x\sqrt{\ln x(1-\ln x)}}$.

2. 用分部积分法计算下列定积分:

(1) $\int_0^1 xe^{-x} dx$;

(2) $\int_1^e x\ln x dx$;

(3) $\int_0^1 x\arctan x dx$;

(4) $\int_1^e \sin(\ln x) dx$;

(5) $\int_0^{\frac{\pi}{2}} x\sin 2x dx$;

(6) $\int_0^{2\pi} x\cos^2 x dx$;

(7) $\int_{\frac{1}{2}}^1 e^{\sqrt{2x-1}} dx$;

(8) $\int_0^{\pi} (x\sin x)^2 dx$;

(9) $\int_1^4 \dfrac{\ln x}{\sqrt{x}} dx$;

(10) $\int_{\frac{\pi}{4}}^{\frac{\pi}{3}} \dfrac{x}{\sin^2 x} dx$;

(11) $\int_{\frac{1}{e}}^e |\ln x| dx$;

(12) $\int_0^{\sqrt{\ln 2}} x^3 e^{x^2} dx$;

(13) $\int_0^{\frac{\pi}{4}} \dfrac{x\sec^2 x}{(1+\tan^2 x)^2} dx$;

(14) $\int_0^{\frac{\pi}{2}} e^{2x}\cos x dx$;

(15) $\displaystyle\int_0^2 \ln(x+\sqrt{x^2+1})\mathrm{d}x$;　　　(16) $\displaystyle\int_0^1 \dfrac{\ln(1+x)}{(2-x)^2}\mathrm{d}x$.

3. 计算下列定积分:

(1) $\displaystyle\int_{-\pi}^{\pi} x^4\sin x\mathrm{d}x$;　　　　　(2) $\displaystyle\int_{-\frac{\pi}{2}}^{\frac{\pi}{2}} 4\cos^4 x\mathrm{d}x$;

(3) $\displaystyle\int_{-\frac{1}{2}}^{\frac{1}{2}} \dfrac{(\arcsin x)^2}{\sqrt{1-x^2}}\mathrm{d}x$;　　　(4) $\displaystyle\int_{-5}^{5} \dfrac{x^3\sin^2 x\mathrm{d}x}{x^4+2x^2+1}$;

(5) $\displaystyle\int_{-\sqrt{3}}^{\sqrt{3}} |\arctan x|\,\mathrm{d}x$;　　　(6) $\displaystyle\int_{-2}^{2} \dfrac{x+|x|}{2+x^2}\mathrm{d}x$.

第五节　广 义 积 分

引 我们前面介绍的定积分有两个最基本的约束条件:积分区间的有限性和被积函数的有界性.但在某些实际问题中,常常需要突破这些约束条件.因此,在定积分的计算中,我们还要研究无穷区间上的积分和无界函数的积分.这两类积分通称为广义积分或反常积分,如何求解广义积分呢?

一、无穷限的广义积分

定义 1 设函数 $f(x)$ 在区间 $[a,+\infty)$ 上连续,取 $b>a$,如果极限

$$\lim_{b\to+\infty}\int_a^b f(x)\mathrm{d}x$$

存在,则称此极限为函数 $f(x)$ 在无穷区间 $[a,+\infty)$ 上的**广义积分**,记作 $\displaystyle\int_a^{+\infty} f(x)\mathrm{d}x$.即

$$\int_a^{+\infty} f(x)\mathrm{d}x = \lim_{b\to+\infty}\int_a^b f(x)\mathrm{d}x.$$

此时称广义积分 $\displaystyle\int_a^{+\infty} f(x)\mathrm{d}x$ **收敛**;如果极限 $\displaystyle\lim_{b\to+\infty}\int_a^b f(x)\mathrm{d}x$ 不存在,称广义积分 $\displaystyle\int_a^{+\infty} f(x)\mathrm{d}x$ **发散**.

类似地,设函数 $f(x)$ 在区间 $(-\infty,b]$ 上连续,取 $a<b$,如果极限

$$\lim_{a\to-\infty}\int_a^b f(x)\mathrm{d}x$$

存在,则称此极限为函数 $f(x)$ 在无穷区间 $(-\infty,b]$ 上的**广义积分**,记作 $\displaystyle\int_{-\infty}^{b} f(x)\mathrm{d}x$.

即

$$\int_{-\infty}^{b} f(x)\mathrm{d}x = \lim_{a \to -\infty} \int_{a}^{b} f(x)\mathrm{d}x$$

当极限存在时,称广义积分**收敛**;当极限不存在时,称广义积分**发散**.

设函数 $f(x)$ 在区间 $(-\infty, +\infty)$ 上连续,如果广义积分 $\int_{-\infty}^{0} f(x)\mathrm{d}x$ 和 $\int_{0}^{+\infty} f(x)\mathrm{d}x$ 都收敛,则称上述两广义积分之和为函数 $f(x)$ 在无穷区间 $(-\infty, +\infty)$ 上的**广义积分**,记作 $\int_{-\infty}^{+\infty} f(x)\mathrm{d}x$. 即

$$\int_{-\infty}^{+\infty} f(x)\mathrm{d}x = \int_{-\infty}^{0} f(x)\mathrm{d}x + \int_{0}^{+\infty} f(x)\mathrm{d}x$$

$$= \lim_{a \to -\infty} \int_{a}^{0} f(x)\mathrm{d}x + \lim_{b \to +\infty} \int_{0}^{b} f(x)\mathrm{d}x$$

极限存在称广义积分**收敛**;否则称广义积分**发散**.

例 1 计算广义积分 $\int_{0}^{+\infty} \mathrm{e}^{-x}\mathrm{d}x$.

解 对任意的 $b > 0$,有

$$\int_{0}^{b} \mathrm{e}^{-x}\mathrm{d}x = -\mathrm{e}^{-x}\Big|_{0}^{b} = -\mathrm{e}^{-b} - (-1) = 1 - \mathrm{e}^{-b}.$$

于是
$$\lim_{b \to +\infty} \int_{a}^{b} \mathrm{e}^{-x}\mathrm{d}x = \lim_{b \to +\infty} (1 - \mathrm{e}^{-b}) = 1 - 0 = 1,$$

所以
$$\int_{0}^{+\infty} \mathrm{e}^{-x}\mathrm{d}x = \lim_{b \to +\infty} \int_{0}^{b} \mathrm{e}^{-x}\mathrm{d}x = 1.$$

注 在理解广义积分的实质后,上述求解过程也可直接写成

$$\int_{0}^{+\infty} \mathrm{e}^{-x}\mathrm{d}x = -\mathrm{e}^{-x}\Big|_{0}^{+\infty} = 0 - (-1) = 1.$$

例 2 计算广义积分 $\int_{-\infty}^{+\infty} \dfrac{\mathrm{d}x}{1 + x^2}$.

解
$$\int_{-\infty}^{+\infty} \frac{\mathrm{d}x}{1 + x^2} = \int_{-\infty}^{0} \frac{\mathrm{d}x}{1 + x^2} + \int_{0}^{+\infty} \frac{\mathrm{d}x}{1 + x^2}$$

$$= \lim_{a \to -\infty} \int_{a}^{0} \frac{1}{1 + x^2}\mathrm{d}x + \lim_{b \to +\infty} \int_{0}^{b} \frac{1}{1 + x^2}\mathrm{d}x$$

$$= \lim_{a \to -\infty} [\arctan x]_{a}^{0} + \lim_{b \to +\infty} [\arctan x]_{0}^{b}$$

$$= -\lim_{a \to -\infty} \arctan a + \lim_{b \to +\infty} \arctan b$$

$$= -\left(-\frac{\pi}{2}\right) + \frac{\pi}{2} = \pi.$$

例 3 计算广义积分 $\int_{\frac{2}{\pi}}^{+\infty} \dfrac{1}{x^2} \sin \dfrac{1}{x}\mathrm{d}x$.

解 $\int_{\frac{2}{\pi}}^{+\infty} \frac{1}{x^2} \sin\frac{1}{x} \mathrm{d}x = -\int_{\frac{2}{\pi}}^{+\infty} \sin\frac{1}{x} \mathrm{d}\left(\frac{1}{x}\right) = -\lim_{b\to+\infty}\int_{\frac{2}{\pi}}^{b} \sin\frac{1}{x} \mathrm{d}\left(\frac{1}{x}\right)$

$$= \lim_{b\to+\infty}\left[\cos\frac{1}{x}\right]_{\frac{2}{\pi}}^{b} = \lim_{b\to+\infty}\left[\cos\frac{1}{b} - \cos\frac{\pi}{2}\right] = 1.$$

例 4 证明广义积分 $\int_{1}^{+\infty} \frac{1}{x^p} \mathrm{d}x$ 当 $p>1$ 时收敛,当 $p\le 1$ 时发散.

证 当 $p=1$ 时,有

$$\int_{1}^{+\infty} \frac{1}{x^p} \mathrm{d}x = \int_{1}^{+\infty} \frac{1}{x} \mathrm{d}x = [\ln x]_{1}^{+\infty} = +\infty,$$

当 $p\ne 1$ 时,有

$$\int_{1}^{+\infty} \frac{1}{x^p} \mathrm{d}x = \left[\frac{x^{1-p}}{1-p}\right]_{1}^{+\infty} = \begin{cases} +\infty, & p<1, \\ \dfrac{1}{p-1}, & p>1. \end{cases}$$

因此当 $p>1$ 时,该广义积分收敛,其值为 $\dfrac{1}{p-1}$;当 $p\le 1$ 时,该广义积分发散.

二、无界函数的广义积分

定义 2 设函数 $f(x)$ 在区间 $(a,b]$ 上连续,而在点 a 的右邻域内无界. 取 $\varepsilon>0$,如果极限

$$\lim_{\varepsilon\to 0^+}\int_{a+\varepsilon}^{b} f(x)\mathrm{d}x$$

存在,则称此极限为函数 $f(x)$ 在区间 $(a,b]$ 上的**广义积分**,记作 $\int_{a}^{b} f(x)\mathrm{d}x$. 即

$$\int_{a}^{b} f(x)\mathrm{d}x = \lim_{\varepsilon\to 0^+}\int_{a+\varepsilon}^{b} f(x)\mathrm{d}x$$

当极限存在时,称广义积分 $\int_{a}^{b} f(x)\mathrm{d}x$ **收敛**;当极限不存在时,称广义积分 $\int_{a}^{b} f(x)\mathrm{d}x$ **发散**.

类似地,设函数 $f(x)$ 在区间 $[a,b)$ 上连续,而在点 b 的左邻域内无界. 取 $\varepsilon>0$,如果极限

$$\lim_{\varepsilon\to 0^+}\int_{a}^{b-\varepsilon} f(x)\mathrm{d}x$$

存在,则称此极限为函数 $f(x)$ 在区间 $[a,b)$ 上的**广义积分**,记作

$$\int_{a}^{b} f(x)\mathrm{d}x = \lim_{\varepsilon\to 0^+}\int_{a}^{b-\varepsilon} f(x)\mathrm{d}x.$$

当极限存在时,称广义积分 $\int_{a}^{b} f(x)\mathrm{d}x$ **收敛**;当极限不存在时,称广义积分 $\int_{a}^{b} f(x)\mathrm{d}x$ **发散**.

设函数 $f(x)$ 在区间 $[a,b]$ 上除点 $c(a<c<b)$ 外连续,而在点 c 的邻域内无界. 如果两个广义积分 $\int_a^c f(x)\mathrm{d}x$ 和 $\int_c^b f(x)\mathrm{d}x$ 都收敛,则定义

$$\int_a^b f(x)\mathrm{d}x = \int_a^c f(x)\mathrm{d}x + \int_c^b f(x)\mathrm{d}x = \lim_{\varepsilon \to 0^+}\int_a^{c-\varepsilon} f(x)\mathrm{d}x + \lim_{\varepsilon' \to 0^+}\int_{c+\varepsilon'}^b f(x)\mathrm{d}x.$$

当上式右端两个极限都存在时,称广义积分 $\int_a^b f(x)\mathrm{d}x$ **收敛**;否则,称广义积分 $\int_a^b f(x)\mathrm{d}x$ **发散**.

无界函数的广义积分又称为**瑕积分**. 定义中函数的无界间断点称为**瑕点**.

例 5 计算广义积分 $\int_0^1 \dfrac{\mathrm{d}x}{\sqrt{x}}$.

解 $\int_0^1 \dfrac{\mathrm{d}x}{\sqrt{x}} = \lim_{\tau \to 0^+}\int_\tau^1 \dfrac{\mathrm{d}x}{\sqrt{x}} = \lim_{\tau \to 0^+} 2\sqrt{x}\,\big|_\tau^1 = \lim_{\tau \to 0^+}(2 - 2\sqrt{\tau}) = 2.$

例 6 计算广义积分 $\int_0^a \dfrac{\mathrm{d}x}{\sqrt{a^2-x^2}}\quad(a>0)$.

解 因为 $\lim\limits_{x \to a-0} \dfrac{1}{\sqrt{a^2-x^2}} = +\infty$,所以 $x=a$ 为被积函数的无穷间断点.

$$\int_0^a \frac{\mathrm{d}x}{\sqrt{a^2-x^2}} = \lim_{\varepsilon \to 0^+}\int_0^{a-\varepsilon} \frac{\mathrm{d}x}{\sqrt{a^2-x^2}} = \lim_{\varepsilon \to 0^+}\left[\arcsin \frac{x}{a}\right]_0^{a-\varepsilon}$$

$$= \lim_{\varepsilon \to 0^+}\left[\arcsin \frac{a-\varepsilon}{a} - 0\right] = \frac{\pi}{2}.$$

例 7 证明广义积分 $\int_0^1 \dfrac{1}{x^q}\mathrm{d}x$ 当 $q<1$ 时收敛,当 $q \geqslant 1$ 时发散.

证 当 $q=1$ 时,有

$$\int_0^1 \frac{1}{x^q}\mathrm{d}x = \int_0^1 \frac{1}{x}\mathrm{d}x = [\ln x]_0^1 = +\infty,$$

当 $q \neq 1$ 时,有 $\displaystyle\int_0^1 \frac{1}{x^q}\mathrm{d}x = \left[\frac{x^{1-q}}{1-q}\right]_0^1 = \begin{cases} +\infty, & q>1, \\ \dfrac{1}{1-q}, & q<1. \end{cases}$

因此,当 $q<1$ 时广义积分收敛,其值为 $\dfrac{1}{1-q}$;当 $q \geqslant 1$ 时广义积分发散.

例 8 计算广义积分 $\int_1^2 \dfrac{\mathrm{d}x}{x\ln x}$.

解 $\displaystyle\int_1^2 \frac{\mathrm{d}x}{x\ln x} = \lim_{\varepsilon \to 0^+}\int_{1+\varepsilon}^2 \frac{\mathrm{d}x}{x\ln x} = \lim_{\varepsilon \to 0^+}\int_{1+\varepsilon}^2 \frac{\mathrm{d}(\ln x)}{\ln x}$

$\displaystyle = \lim_{\varepsilon \to 0^+}[\ln(\ln x)]_{1+\varepsilon}^2 = \lim_{\varepsilon \to 0^+}[\ln(\ln 2) - \ln(\ln(1+\varepsilon))] = \infty.$

故原广义积分发散.

习 题 6.5

1. 求下列广义积分：

(1) $\int_1^{+\infty} \dfrac{1}{\sqrt{x}} dx$；

(2) $\int_0^{+\infty} x e^{-x} dx$；

(3) $\int_2^{+\infty} \dfrac{1}{x(\ln x)^k} dx \quad (k > 1)$；

(4) $\int_0^{+\infty} e^{-\sqrt{x}} dx$；

(5) $\int_2^{+\infty} \dfrac{1}{x^2 + x - 2} dx$.

2. 判断下列广义积分的敛散性：

(1) $\int_1^{+\infty} \dfrac{e^x}{x} dx$；

(2) $\int_0^{+\infty} \dfrac{1}{1 + x^3} dx$；

(3) $\int_1^{+\infty} \dfrac{1}{x^3 \sqrt{x^2 + 1}} dx$；

(4) $\int_2^{+\infty} \dfrac{1 - \ln x}{x^2} dx$.

3. 计算下列广义积分：

(1) $\int_0^1 \dfrac{1}{\sqrt{1 - x}} dx$；

(2) $\int_{-1}^1 \dfrac{1}{\sqrt{1 - x^2}} dx$；

(3) $\int_0^1 \ln\left(\dfrac{1}{1 - x^2}\right) dx$；

(4) $\int_0^1 \dfrac{\arcsin x}{\sqrt{1 - x^2}} dx$.

4. 讨论广义积分 $\int_1^2 \dfrac{1}{(x - 1)^a} dx \quad (\alpha > 0)$ 的敛散性，若收敛，试求其值.

第六节 定积分的几何应用

引 从定积分的定义可知，定积分可以用于求解曲边梯形的面积. 那么定积分在几何上还有其他方面的应用吗？定积分应用的一般方法和步骤是什么呢？

一、定积分的元素法

首先，回顾一下曲边梯形求面积的问题. 曲边梯形由连续曲线 $y = f(x)$（$f(x) \geqslant 0$）、x 轴与两条直线 $x = a$、$x = b$ 所围成. 其面积

$$A = \int_a^b f(x) dx.$$

曲边梯形面积表示为定积分的步骤如下.

1. 大化小（分割） 把区间 $[a, b]$ 分成 n 个长度为 Δx_i 的小区间，相应的曲边

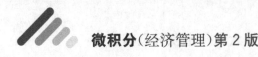

梯形被分为 n 个小窄曲边梯形, 第 i 个小窄曲边梯形的面积为 ΔA_i, 则

$$A = \sum_{i=1}^{n} \Delta A_i.$$

2. 常代变 计算 ΔA_i 的近似值为

$$\Delta A_i \approx f(\xi_i) \Delta x_i, \ \xi_i \in \Delta x_i.$$

3. 近似和 A 的近似值 $A \approx \sum_{i=1}^{n} f(\xi_i) \Delta x_i$.

4. 求极限 A 的精确值 $A = \lim_{\lambda \to 0} \sum_{i=1}^{n} f(\xi_i) \Delta x_i = \int_{a}^{b} f(x) \mathrm{d}x$.

对上述分析过程, 在实用中可略去其下标, 改写如下.

1. 大化小 把区间 $[a, b]$ 分成 n 个小区间, 任取其中一个小区间 $[x, x+\mathrm{d}x]$ (区间微元), 用 ΔA 表示任一小区间 $[x, x+\mathrm{d}x]$ 上的窄曲边梯形的面积, 于是, 所求面积

$$A = \sum \Delta A.$$

2. 常代变 取 $[x, x+\mathrm{d}x]$ 的左端点 x 为 ξ, 以点 x 处的函数值 $f(x)$ 为高、$\mathrm{d}x$ 为底的小矩形面积 $\mathrm{d}A = f(x)\mathrm{d}x$ (面积微元) 作为 ΔA 的近似值, 即

$$\Delta A \approx \mathrm{d}A = f(x)\mathrm{d}x.$$

3. 近似和 面积 A 的近似值

$$A \approx \sum \mathrm{d}A = \sum f(x)\mathrm{d}x.$$

4. 求极限 A 的精确值

$$A = \lim \sum f(x)\mathrm{d}x = \int_{a}^{b} f(x)\mathrm{d}x.$$

这种求曲边梯形面积的思想也就是利用定积分求解实际问题的基本思想. 我们可以抽象出在应用学科中广泛采用的将所求量 U(总量)表示为定积分的方法——微元法, 这个方法的主要步骤如下(见图 6-6).

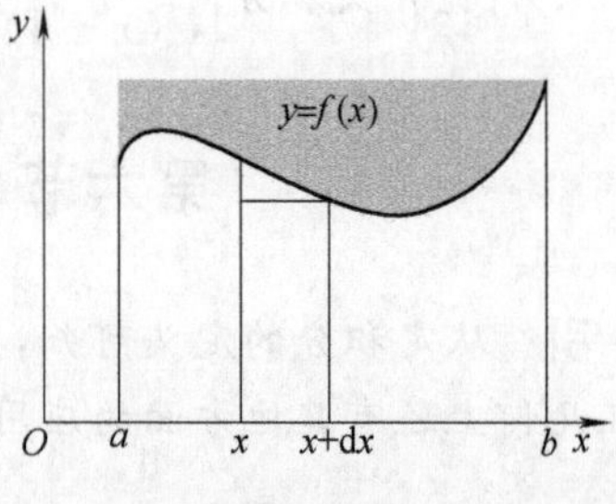

1. 根据问题的具体情况, 选取一个变量, 例如 x 为积分变量, 并确定它的变化区间 $[a, b]$.

图 6-6

2. 设想把区间 $[a, b]$ 分成 n 个小区间, 取其中任一小区间并记为 $[x, x+\mathrm{d}x]$, 求出相应于该小区间的部分量 ΔU 的近似值. 如果 ΔU 能近似地表示为 $[a, b]$ 上的一个连续函数在 x 处的值 $f(x)$ 与 $\mathrm{d}x$ 的乘积, 就把 $f(x)\mathrm{d}x$ 称为量 U 的元素且记作 $\mathrm{d}U$, 即

$$\mathrm{d}U = f(x)\mathrm{d}x.$$

3. 以所求量 U 的元素 $f(x)\mathrm{d}x$ 为被积表达式,在区间 $[a,b]$ 上作定积分,得到总量 U 的定积分表达式

$$U = \int_a^b f(x)\mathrm{d}x.$$

总结 微元法的实质简单的概括为"**化整为零,积零为整**".

"**化整为零**"就是把所求的量 U 化为零碎的很小的微元 $\mathrm{d}U$;

"**积零为整**"就是将零碎的微元 $\mathrm{d}U$ 在自变量变化区间内积分.

如果所求量 U 符合下列条件,就可以考虑用定积分来表达.

(1) U 是与一个变量 x 的变化区间 $[a,b]$ 有关的量;

(2) U 对于区间 $[a,b]$ 具有可加性,就是说,如果把区间 $[a,b]$ 分成许多部分区间,则 U 相应地分成许多部分量,而 U 等于所有部分量之和;

(3) 部分量 ΔU_i 的近似值可表示为 $f(\xi_i)\Delta x_i$.

二、定积分在几何上的应用

1. 平面图形的面积

设有连续函数 $f(x),g(x)$,满足

$$g(x) \leqslant f(x) \qquad x \in [a,b].$$

求曲线 $y=f(x),y=g(x)$ 及直线 $x=a,x=b$ 所围成的图形面积(见图 6-7).

第一步 化整为零

取其中任一小区间 $[x,x+\mathrm{d}x]$,对应小区间 $[x,x+\mathrm{d}x]$ 的面积 Δs 可用小矩形面积近似,该小矩形以 $f(x)-g(x)$ 为高,以 $\mathrm{d}x$ 为底,于是微元

$$\mathrm{d}s = [f(x)-g(x)]\mathrm{d}x.$$

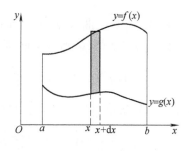

图 6-7

第二步 积零为整

以微元 $\mathrm{d}s=[f(x)-g(x)]\mathrm{d}x$ 为被积表达式,在区间 $[a,b]$ 上的定积分即为面积 S,即

$$S = \int_a^b [f(x)-g(x)]\mathrm{d}x.$$

例 1 计算由两条抛物线 $y^2=x$ 和 $y=x^2$ 所围成的图形的面积.

解 如图 6-8 所示,两曲线的交点为 $(0,0)$ 和 $(1,1)$,选 x 为积分变量 $x \in [0,1]$,面积元素 $\mathrm{d}A=(\sqrt{x}-x^2)\mathrm{d}x$,则

$$S = \int_0^1 (\sqrt{x}-x^2)\mathrm{d}x = \left[\frac{2}{3}x^{\frac{3}{2}} - \frac{x^3}{3}\right]_0^1 = \frac{1}{3}.$$

例 2　求由抛物线 $\sqrt{y}=x$，直线 $y=-x$ 及 $y=1$ 围成的平面图形的面积.

解　如图 6-9 所示.先求出图形边界曲线的交点,可得 $(0,0)$，$(-1,1)$ 及 $(1,1)$.选取 y 为积分变量,它的变化区间为 $[0,1]$,任取一个代表小区间 $[y,y+\mathrm{d}y]$,由微元法,可得面积元素为

$$\mathrm{d}A=(\sqrt{y}+y)\mathrm{d}y.$$

在区间 $[0,1]$ 上积分即得所求图形的面积为

$$A=\int_0^1\mathrm{d}A=\int_0^1(\sqrt{y}+y)\mathrm{d}y=\frac{7}{6}.$$

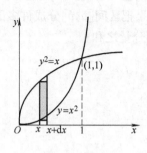

图 6-8

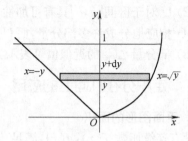

图 6-9

例 3　计算由曲线 $y^2=2x$ 和直线 $y=x-4$ 所围成的图形的面积.

解　如图 6-10 所示,求两曲线的交点,由

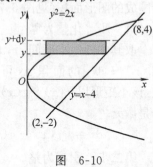

图 6-10

$$\begin{cases}y^2=2x,\\y=x-4,\end{cases}$$ 可解得交点为 $(2,-2)$ 和 $(8,4)$.

选 y 为积分变量, $y\in[-2,4]$,面积元素为

$$\mathrm{d}A=\left(y+4-\frac{y^2}{2}\right)\mathrm{d}y,$$

则

$$A=\int_{-2}^4\mathrm{d}A=18.$$

2. 旋转体的体积

设旋转体是由连续曲线 $y=f(x)$、直线 $x=a$、$x=b$ 及 x 轴所围成的曲边梯形绕 x 轴旋转一周而成的立体,求这个旋转体的体积.

下面计算上述旋转体的体积,步骤如下.

第一步　化整为零

如图 6-11 所示,取积分变量为 x, $x\in[a,b]$,在 $[a,b]$ 上任取小区间 $[x,x+\mathrm{d}x]$,取以 $\mathrm{d}x$ 为底的窄边梯形绕 x 轴旋转而成的薄片的体积为体积元素

$$\mathrm{d}V=\pi[f(x)]^2\mathrm{d}x.$$

第二步　积零为整

以 $dV = \pi[f(x)]^2 dx$ 为被积表达式,对它在闭区间 $[a,b]$ 上作定积分,便得所求旋转体的体积为

$$V = \int_a^b \pi[f(x)]^2 dx.$$

类似地,如图 6-12 所示,如果旋转体是由连续曲线 $x = \varphi(y)$、直线 $y = c$、$y = d$ 及 y 轴所围成的曲边梯形绕 y 轴旋转一周而成的立体,体积为

$$V = \int_c^d \pi[\varphi(y)]^2 dy.$$

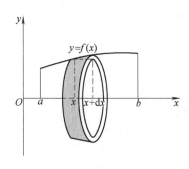

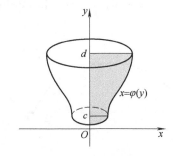

图　6-11　　　　　　　　　　　　　图　6-12

例 4　连接坐标原点 O 及点 $P(h,r)$ 的直线、直线 $x = h$ 及 x 轴围成一个直角三角形. 将它绕 x 轴旋转构成一个底半径为 r、高为 h 的圆锥体,如图 6-13 所示,计算圆锥体的体积.

解　直线 OP 的方程为 $y = \dfrac{r}{h}x$,取积分变量为 $x, x \in [0, h]$.

在 $[a,b]$ 上任取小区间 $[x, x+dx]$,以 dx 为底的窄边梯形绕 x 轴旋转而成的薄片的体积为

$$dV = \pi\left(\frac{r}{h}x\right)^2 dx.$$

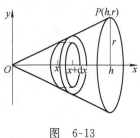

图　6-13

圆锥体的体积

$$V = \int_0^h \pi\left(\frac{r}{h}x\right)^2 dx = \frac{\pi r^2}{h^2}\left[\frac{x^3}{3}\right]_0^h = \frac{\pi h r^2}{3}.$$

例 5　求摆线 $x = a(t-\sin t), y = a(1-\cos t)$ 的一拱与 $y = 0$ 所围成的图形分别绕 x 轴、y 轴旋转构成的旋转体的体积.

解　如图 6-14 所示,绕 x 轴旋转的旋转体体积

$$V_x = \int_0^{2\pi a} \pi y^2(x)\mathrm{d}x = \pi \int_0^{2\pi} a^2(1-\cos t)^2 \cdot a(1-\cos t)\mathrm{d}t$$

$$= \pi a^3 \int_0^{2\pi} (1 - 3\cos t + 3\cos^2 t - \cos^3 t)\mathrm{d}t = 5\pi^2 a^3.$$

如图 6-15 所示,绕 y 轴旋转的旋转体体积可看做平面图形 $OABC$ 与 OBC 分别绕 y 轴旋转构成的旋转体的体积之差.

$$V_y = \int_0^{2a} \pi x_2^2(y)\mathrm{d}y - \int_0^{2a} \pi x_1^2(y)\mathrm{d}y$$

$$= \pi \int_{2\pi}^{\pi} a^2(t-\sin t)^2 \cdot a\sin t\mathrm{d}t - \pi \int_0^{\pi} a^2(t-\sin t)^2 \cdot a\sin t\mathrm{d}t$$

$$= -\pi a^3 \int_0^{2\pi} (t-\sin t)^2 \sin t\mathrm{d}t = 6\pi^3 a^3.$$

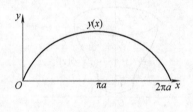

图 6-14

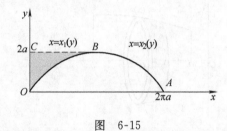

图 6-15

习 题 6.6

1. 求下列平面图形的面积:

(1) 三次抛物线 $y = x^3$ 与直线 $y = 2x$ 所围成的平面图形;

(2) 曲线 $xy = 1$ 及直线 $y = x$ 和 $y = 2$ 所围成的平面图形;

(3) 曲线 $y = |\lg x|$ 与直线 $x = 0.1, x = 10$ 和 x 轴所围成的平面图形;

(4) 曲线 $y = \cos x$ 在 $[0, 2\pi]$ 内与 x 轴、y 轴及直线 $x = 2\pi$ 所围成的平面图形.

2. 求下列旋转体的体积:

(1) 曲线 $y = \sqrt{x}$ 与直线 $x = 1, x = 4$ 和 x 轴所围成的平面图形分别绕 x 轴和 y 轴旋转而得的旋转体;

(2) 曲线 $y = e^{-x}$ 与直线 $y = 0$ 之间位于第一象限内的平面图形绕 x 轴旋转而得的旋转体;

(3) 曲线 $y = \sin x$ 和 $y = \cos x$ 与 x 轴在区间 $\left[0, \dfrac{\pi}{2}\right]$ 上所围成的平面图形绕 x 轴旋转而得的旋转体;

(4) 曲线 $y=x^2$ 与 $x=y^2$ 所围成的平面图形分别绕 x 轴和 y 轴旋转而得的旋转体.

3. 计算底面是半径为 R 的圆,而垂直于底面上一条固定直径的所有截面都是等边三角形的立体体积.

第七节　定积分在经济管理方面的应用

引　上面一节我们介绍了定积分应用的微元法,并且我们之前已经了解了导数与微分在经济管理方面的应用,那么定积分在经济管理方面有哪些应用呢?

一、由边际函数求原函数

按照定积分的微元分析思路,可知:

(1) 已知某产品总产量 Q 的变化率为
$$\frac{\mathrm{d}Q}{\mathrm{d}t} = f(t),$$
则该产品在时间 $[a,b]$ 内的总产量为
$$Q = \int_a^b f(t)\mathrm{d}t.$$

(2) 已知某产品总成本 $C_T(Q)$ 的边际成本为
$$\frac{\mathrm{d}C_T(Q)}{\mathrm{d}Q} = C_M(Q),$$
则该产品从产量 a 到产量 b 的总成本为
$$C_T(Q) = \int_a^b C_M(Q)\mathrm{d}Q.$$

(3) 已知某商品的总收益 $R_T(Q)$ 的边际收益为
$$\frac{\mathrm{d}R_T(Q)}{\mathrm{d}Q} = R_M(Q),$$
则销售 N 个单位产品的总收益为
$$R_T(Q) = \int_0^N R_M(Q)\mathrm{d}Q.$$

例 1　已知某种产品生产 Q 单位时的总收入变化率 $r(Q) = \left(100 - \frac{Q}{10}\right)$ 元/单位,生产 1000 个这种产品时的总收入及平均单位收入各是多少?

解　因为总收入是其边际收入的原函数,所以生产 Q 单位时的总收入为
$$R(Q) = \int_0^Q \left(100 - \frac{t}{10}\right)\mathrm{d}t = 100Q - \frac{Q^2}{20}.$$
由于总收入 $R(Q)$ 等于平均单位收入 $\overline{R}$ 与产量 Q 的乘积,故有 $R(Q) = \overline{R}Q$,即平均

单位收入为

$$\overline{R} = \frac{R(Q)}{Q} = 100 - \frac{Q^2}{20}.$$

所以当生产 1000 个单位时,总收入为

$$R(1000) = 100 \times 1000 - \frac{1000^2}{20} = 50000(元).$$

平均单位收入为

$$\overline{R}(1000) = \frac{50000}{1000} = 50(元).$$

例 2 已知某公司的边际收益(万元/年)为 $R'(t) = 9 - t^{\frac{1}{3}}$,而边际成本为 $C'(t) = 1 + 3t^{\frac{1}{3}}$,试判断该公司应连续生产多少年,并求停止开发时该公司获得的总利润是多少?

解 当 $C'(t) = R'(t)$ 时为最佳中止时间,即

$$1 + 3t^{\frac{1}{3}} = 9 - t^{\frac{1}{3}},$$

求得 $t = 8$,即该公司应连续生产 8 年.

当 $t = 8$ 时,公司的总利润为

$$L(t) = \int_0^8 [R'(t) - C'(t)]\mathrm{d}t = \int_0^8 [9 - t^{\frac{1}{3}} - 1 - 3t^{\frac{1}{3}}]\mathrm{d}t = 16 \ (万元).$$

例 3 已知某产品的边际成本(元/件)为 $C'(Q) = 2$,固定成本为 1500 元;边际收入(元/件)为 $R'(Q) = 20 - 0.02Q$. 求

(1) 总成本函数 $C(Q)$,总收入函数 $R(Q)$,总利润函数 $L(Q)$;

(2) 产量 Q 为多少时,利润最大? 最大利润是多少?

(3) 在最大利润基础上再生产 40 件,利润会发生怎样的变化?

解 (1) $C(Q) = \int_0^Q C'(x)\mathrm{d}x + C_0 = \int_0^Q 2\mathrm{d}x + 1500 = 2Q + 1500$,

$$R(Q) = \int_0^Q R'(x)\mathrm{d}x = \int_0^Q (20 - 0.02x)\mathrm{d}x = 20Q - 0.01Q^2,$$

$$L(Q) = R(Q) - C(Q) = -0.01Q^2 + 18Q - 1500.$$

(2) 边际利润为

$$L'(Q) = [R(Q) - C(Q)]' = R'(Q) - C'(Q) = 18 - 0.02Q.$$

令 $L'(Q) = 18 - 0.02Q = 0$,得 $Q = 900$. 又 $L''(Q) = -0.02 < 0$,所以 $Q = 900$ 为 $L(Q)$ 唯一的极值点,即最大值点.

于是,当产量为 900 件时可获得最大利润,且最大利润 $L(900) = 6600$ 元.

(3) 当产量从 900 件增加到 940 件时,总利润的改变量为

$$\Delta L = \int_{900}^{940} L'(Q)\mathrm{d}Q = \int_{900}^{940} (18 - 0.02Q)\mathrm{d}Q = -16,$$

说明再生产 40 件,总利润反而减少 16 元.

二、投资问题

对于一个正常运营的企业而言,其资金的收入与支出往往是分散地在一定时期中发生的,特别是对大型企业,其收入和支出更是频繁进行. 在实际分析过程中为了计算的方便,我们将它近似的看做是连续发生的,并称之为资金流.

我们设在时间区间$[0,T]$内t时刻的单位时间收入为$f(t)$,称此为收入率,若按年利率为r计算,则在时间区间$[t,t+\mathrm{d}t]$内的收入为$f(t)\mathrm{d}t$,相应收入的现值为$f(t)\mathrm{e}^{-rt}\mathrm{d}t$. 按照定积分的微元法分析思路,则在时间区间$[0,T]$内得到的总收入现值为

$$y = \int_0^T f(t)\mathrm{e}^{-rt}\mathrm{d}t.$$

例 4 有一个大型投资项目,投资成本为$A=10000$(万元),投资年利率为5%,每年的均匀收入率$f(t)=2000$(万元),求该投资为无限期时的纯收入的现值.

解 无限期的投资的总收入的现值为

$$y = \int_0^{+\infty} f(t)\mathrm{e}^{-rt}\mathrm{d}t = \int_0^{+\infty} 2000\mathrm{e}^{-0.05t}\mathrm{d}t$$

$$= \lim_{b\to+\infty}\int_0^b 2000\mathrm{e}^{-0.05t}\mathrm{d}t$$

$$= \lim_{b\to+\infty}\frac{2000}{0.05}[1-\mathrm{e}^{-0.05b}]$$

$$= 40000,$$

从而投资为无限期时的纯收入的现值为

$$R = y - A = 40000 - 10000 = 30000,$$

即投资为无限期时的纯收入的现值为30000万元.

例 5 假设某工厂准备采购一台机器,其使用寿命为10年,购置此机器需资金8.5万元;而如果租用此机器每月需付租金1000元. 若资金的年利率为6%,按连续复利计算,请你为该工厂做决策:购进机器与租用机器哪种方式更合算?

解 将10年租金总值的现值与购进费用相比较,即可做出选择.

由于每月租金为1000元,所以每年租金为12000元,故$f(t)=12000$,于是租金流总量的现值为

$$y = \int_0^{10} f(t)\mathrm{e}^{-rt}\mathrm{d}t = \int_0^{10} 12000\mathrm{e}^{-0.06t}\mathrm{d}t$$

$$= -\frac{12000}{0.06}\mathrm{e}^{-0.06t}\Big|_0^{10} = 200000(1-\mathrm{e}^{-0.6})$$

$$= 90238,$$

因此与购进费用8.5万元相比,购进机器比较合算.

习 题 6.7

1. 设某产品产量随时间的变化率 $f(t)=at-b$, 其中, t 为时间, a,b 为常数, 试求在时间区间 $[2,4]$ 内该产品的产量.

2. 已知某产品总产量的变化率是时间 t(年)的函数: $f(t)=2t+6\geqslant0$. 求第一个五年和第二个五年的总产量各为多少?

3. 已知某产品生产 Q 个单位时, 边际收益为

$$R_M(Q)=200-\frac{Q}{100} \qquad (Q\geqslant0),$$

(1) 求生产了 50 个单位时的总收益 R_T;

(2) 如果已经生产了 50 个单位, 求如果再生产 50 个单位则总收益将是多少?

4. 设某商店售出 x 台录像机时的边际利润(百元/台)为

$$L'(x)=12.5-\frac{x}{80} \qquad (x\geqslant0),$$

且已知 $L(0)=0$, 试求:

(1) 售出 40 台时的总利润 L;

(2) 售出 60 台时, 前 30 台的平均利润和后 30 台的平均利润.

5. 某工厂生产某产品 Q 百台时的总成本 $C_T(Q)$(单位: 万元)的边际成本为 $C_M(Q)=2$(单位: 万元/百台), 设固定成本为零), 总收入(单位: 万元)的边际收入为 $R_M(Q)=7-2Q$(单位: 万元/百台), 求:

(1) 生产量 Q 为多少时总利润为最大?

(2) 在利润最大的生产量基础上又生产了 50 台, 则总利润减少了多少?

6. 设某商品的需求函数是 $D=\frac{1}{5}(28-P)$, 其中, D 是需求量, P 是价格, 总成本函数为

$$C_T(D)=D^2+4D,$$

且产量即为销量, 问生产多少单位的产品时利润最大?

第六章自测题 A

1. 选择题:

(1) 下列等式正确的是( ).

A. $\dfrac{\mathrm{d}}{\mathrm{d}x}\displaystyle\int_a^b f(x)\mathrm{d}x=f(x)$

B. $\dfrac{\mathrm{d}}{\mathrm{d}x}\displaystyle\int f(x)\mathrm{d}x=f(x)+C$

C. $\dfrac{\mathrm{d}}{\mathrm{d}x}\displaystyle\int_a^x f(x)\mathrm{d}x=f(x)$

D. $\dfrac{\mathrm{d}}{\mathrm{d}x}\displaystyle\int f'(x)\mathrm{d}x=f(x)$

(2) $\int_0^1 f'(2x)\,dx = ($ 　　 $).$

A. $2[f(2)-f(0)]$ 　　　　　　　B. $2[f(1)-f(0)]$

C. $\dfrac{1}{2}[f(2)-f(0)]$ 　　　　　D. $\dfrac{1}{2}[f(1)-f(0)]$

(3) 下列定积分的值为负的是(　　).

A. $\int_0^{\frac{\pi}{2}} \sin x\,dx$ 　　　　　　B. $\int_{-\frac{\pi}{2}}^0 \cos x\,dx$

C. $\int_{-3}^{-2} x^3\,dx$ 　　　　　　　D. $\int_{-5}^{-2} x^2\,dx$

(4) 设函数 $f(x)$ 是区间 $[a,b]$ 上的连续函数,则下列论断不正确的是(　　).

A. $\int_a^b f(x)\,dx$ 是 $f(x)$ 的一个原函数

B. $\int_a^x f(t)\,dt$ 在 (a,b) 内是 $f(x)$ 的一个原函数

C. $\int_x^b f(t)\,dt$ 在 (a,b) 内是 $-f(x)$ 的一个原函数

D. $f(x)$ 在 $[a,b]$ 上可积.

(5) 下列广义积分发散的是(　　).

A. $\int_1^{+\infty} \dfrac{1}{x^2}\,dx$ 　　　　　　B. $\int_1^{+\infty} \dfrac{1}{x\ln^2 x}\,dx$

C. $\int_{+\infty}^0 e^x\,dx$ 　　　　　　　D. $\int_{+\infty}^0 e^{-x}\,dx$

2. 填空题:

(1) $\dfrac{d}{dx}\int_0^x \ln(1+\sin t)\,dt = \underline{\hspace{2cm}}.$

(2) 设 $f(x)=\begin{cases} x, & x\geqslant 0, \\ 1, & x<0, \end{cases}$ 则 $\int_{-1}^2 f(x)\,dx = \underline{\hspace{2cm}}.$

(3) $\int_{-\frac{\pi}{2}}^{\frac{\pi}{2}} \cos^3 x\,dx = \underline{\hspace{2cm}}.$

(4) 两曲线 $y=x^2$ 与 $y=Cx^3\,(C>0)$ 围成的图形面积为 $\dfrac{2}{3}$,则 $C=$

$\underline{\hspace{2cm}}.$

(5) 曲线 $y=x^2$ 与 $x=y^2$ 所围平面图形绕 x 轴旋转所得旋转体的体积为

$\underline{\hspace{2cm}}.$

3. 求极限 $\lim\limits_{x\to 0} \dfrac{\int_0^x \ln(1+t)\,dt}{x^2}.$

4. 计算下列定积分:

(1) $\int_0^{\frac{1}{2}} \dfrac{1+x}{\sqrt{1-x^2}} \mathrm{d}x$;

(2) $\int_1^{e^2} \dfrac{\mathrm{d}x}{x\sqrt{1+\ln x}}$;

(3) $\int_1^3 \arctan\sqrt{x}\,\mathrm{d}x$;

(4) $\int_{\frac{1}{2}}^1 e^{\sqrt{2x-1}}\,\mathrm{d}x$;

(5) $\int_{-\infty}^{+\infty} \dfrac{2x\mathrm{d}x}{1+x^2}$;

(6) $\int_0^{+\infty} x^2 e^{-x}\,\mathrm{d}x$.

5. 计算 $\int_{-2}^2 f(x)\mathrm{d}x$，其中，$f(x) = \begin{cases} 1, & |x| \leqslant 1, \\ x^2, & |x| > 1. \end{cases}$

6. 求由曲线 $y = x^2$ 与直线 $y = x$，$y = 2x$ 所围成的图形的面积.

7. 求由曲线 $y = x^2+1$，$y = x+1$ 所围成的图形分别绕 x 轴、y 轴旋转所得旋转体的体积.

8. 设生产某种产品的固定成本为 50，产量为 x 单位时的边际成本函数为 $C'(x) = x^2 - 14x + 111$，边际收入函数为 $R'(x) = 100 - 2x$，求：

(1) 总利润函数；

(2) 产量为多少时，总利润最大？

第六章自测题 B

1. 选择题：

(1) 函数 $f(x)$ 在区间 $[a,b]$ 上连续，则 $\left(\int_x^b f(t)\mathrm{d}t\right)' = ($ $)$.

A. $f(x)$ B. $-f(x)$

C. $f(b) - f(x)$ D. $f(b) + f(x)$

(2) 设 $y = \int_0^x (t-1)(t-2)\mathrm{d}t$，则 $y'(0) = ($ $)$.

A. -2 B. -1 C. 1   D. 2

(3) 设 $f(x)$ 在区间 $[a,b]$ 上连续，则下列各式中不成立的是(   ).

A. $\int_a^b f(x)\mathrm{d}x = \int_a^b f(t)\mathrm{d}t$ B. $\int_a^b f(x)\mathrm{d}x = -\int_b^a f(x)\mathrm{d}x$

C. $\int_a^a f(x)\mathrm{d}x = 0$ D. 若 $\int_a^b f(x)\mathrm{d}x = 0$，则 $f(x) = 0$

(4) $\int_{-a}^a x[f(x) + f(-x)]\mathrm{d}x = ($ $)$.

A. $4\int_0^a f(x)\mathrm{d}x$ B. $2\int_0^a x[f(x) + f(-x)]\mathrm{d}x$

C. 0   D. 以上都不正确

(5) 下列广义积分收敛的是(   ).

A. $\int_0^{+\infty} e^x \, dx$

B. $\int_e^{+\infty} \dfrac{1}{x \ln x} \, dx$

C. $\int_1^{+\infty} \dfrac{1}{\sqrt{x}} \, dx$

D. $\int_1^{+\infty} x^{-\frac{3}{2}} \, dx$

2. 填空题：

(1) 已知函数 $y = \int_0^x t e^t \, dt$，则 $y''(0) = $ _____.

(2) $\lim\limits_{x \to 0} \dfrac{\int_0^x \sin t \, dt}{x^2} = $ _____.

(3) 曲线 $y = \dfrac{1}{x}$ 与直线 $y = x$，$x = 2$ 围成的图形的面积为 _____.

(4) 曲线 $y = \sqrt{x}$ 与直线 $x = 1$，$x = 4$ 和 x 轴所围成的图形绕 x 轴旋转所得旋转体的体积为 _____.

(5) 若 $\int_0^{+\infty} e^{-kx} \, dx = 2$，则 $k = $ _____.

3. 求极限 $\lim\limits_{x \to \frac{\pi}{2}} \dfrac{\int_{\frac{\pi}{2}}^x \sin^2 t \, dt}{x - \dfrac{\pi}{2}}$.

4. 计算下列定积分：

(1) $\int_0^1 \dfrac{dx}{1 + e^x}$；

(2) $\int_4^7 \dfrac{x}{\sqrt{x-3}} \, dx$；

(3) $\int_0^2 \sqrt{4 - x^2} \, dx$；

(4) $\int_{-\pi}^{\pi} x^2 \cos 2x \, dx$；

(5) $\int_0^{+\infty} e^{\sqrt{x}} \, dx$；

(6) $\int_1^{+\infty} \dfrac{dx}{x(1 + \ln^2 x)}$.

5. 计算 $\int_0^2 f(x-1) \, dx$，其中，$f(x) = \begin{cases} \dfrac{1}{1+x}, & x \geqslant 0, \\ 1 + e^x, & x < 0. \end{cases}$

6. 求由曲线 $y = \sqrt{1-x}$ 与 x 轴、y 轴所围成的图形的面积.

7. 求由 $y = \ln x$，$y = 0$，$x = e$ 所围成的图形分别绕 x 轴、y 轴旋转所得旋转体的体积.

8. 某产品在产量为 x（百台）时的边际成本 $C'(x) = 2 + 0.4x$（万元/百台），固定成本为 3 万元，若该产品的售价 $P = 10 - \dfrac{x}{5}$，且产品可以全部售出，求：

(1) 总成本函数；

(2) 产量为多少时，总利润最大？最大利润为多少？

第七章 向量与空间解析几何初步

在平面解析几何中我们通过引进坐标系把平面上的点和一对有序数对对应起来,把平面上的曲线图形和方程对应起来,从而可以用代数方法来研究几何问题. 空间解析几何也是按照同样的方法建立起来的. 本章首先建立空间直角坐标系,引进向量的概念及向量的运算,然后介绍空间的曲面和曲线,并以向量为工具来讨论空间的平面和直线,最后介绍二次曲面.

第一节 空间直角坐标系

引 我们学过平面直角坐标系,平面上的点都对应平面直角坐标系上的一个二维坐标. 那么,在空间中,如何建立坐标系,以表示空间中的点呢?

一、空间直角坐标系及点的坐标

为了沟通空间图形与方程的关系,需要建立空间点与有序数组之间的联系. 为此,我们引进空间直角坐标系.

过空间一个定点 O,作三条互相垂直的数轴,它们都以 O 为原点,一般具有相同的长度单位. 这三条轴分别称为 x 轴(横轴)、y 轴(纵轴)和 z 轴(竖轴),统称为坐标轴. 通常把 x 轴和 y 轴配置在水平面上,而 z 轴则是铅直的,它们的正方向符合右手规则,即以右手握住 Z 轴,当右手的四个手指从 x 轴的正向以 $\frac{\pi}{2}$ 角转向 y 轴正向时大拇指的方向就是 z 轴的正方向. 这样的三条坐标轴就组成了一个空间直角坐标系,记作 $Oxyz$,点 O 叫做坐标原点(图 7-1). x 轴和 y 轴所确定的平面叫做 xOy 面,y 轴和 z 轴所确定的平面叫做 yOz 面,x 轴和 z 轴所确定的平面叫做 xOz 面,它们统称为坐标面. 三个坐标面将空间分成八个部分,每一部分叫做卦限. 含有 x 轴、y 轴和 z 轴正半轴的那个卦限叫做第一卦限,第二、三、四卦限均在 xOy 面的上方,按逆时针方向确定. 第五、六、七、八卦限在 xOy 面的下方,依次位于第一、二、三、四卦限之下(如图 7-2),这八个卦限分别用罗马数字 Ⅰ、Ⅱ、Ⅲ、Ⅳ、Ⅴ、Ⅵ、Ⅶ、Ⅷ表示.

取定了空间直角坐标系之后,就可以建立空间中点与有序数组之间的一一对应关系. 设 M 是空间中的一个点,过点 M 作三个平面分别垂直于 x 轴、y 轴、z 轴,它们与坐标轴的交点依次为 P,Q,R(图 7-3),这三个点在三个坐标轴上的坐标依

次为 x,y,z. 于是空间中一点 M 就唯一地确定了一个有序数组 (x,y,z)；反之，已知一个有序数组 (x,y,z)，我们在 x 轴，y 轴，z 轴上找到坐标分别为 x,y,z 的三个点 P,Q,R，过这三个点各作一平面分别垂直于所属的坐标轴，这三个平面就唯一地确定了一个交点 M. 这样，空间中的点 M 就与有序数组 (x,y,z) 之间建立了一一对应关系. 这个有序数组 (x,y,z) 叫做点 M 的坐标，其中，x,y,z 依次称为点 M 的横坐标、纵坐标及竖坐标，此时点 M 记作 $M(x,y,z)$.

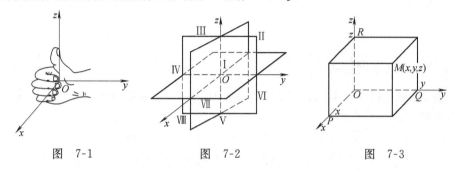

图　7-1　　　　　　　图　7-2　　　　　　　图　7-3

原点、坐标面上和坐标轴上的点，其坐标各有一定特点，如坐标原点的坐标为 $(0,0,0)$，x 轴上点的坐标为 $(x,0,0)$，y 轴上点的坐标为 $(0,y,0)$，z 轴上点的坐标为 $(0,0,z)$，xOy 面上点的坐标为 $(x,y,0)$，yOz 面上点的坐标为 $(0,y,z)$，xOz 面上点的坐标为 $(x,0,z)$.

二、两点间的距离公式

设 $M_1(x_1,y_1,z_1)$，$M_2(x_2,y_2,z_2)$ 为空间两点，过 M_1，M_2 两点作六个与坐标轴垂直的平面，这六个面围成一个以 M_1M_2 为对角线的长方体（图 7-4）. 由于 $\triangle M_1NM_2$ 为直角三角形，$\angle M_1NM_2$ 为直角，所以

$$d^2 = |M_1M_2|^2 = |M_1N|^2 + |NM_2|^2.$$

又 $\triangle M_1PN$ 也是直角三角形，且 $|M_1N|^2 = |M_1P|^2 + |PN|^2$，所以

$$d^2 = |M_1M_2|^2 = |M_1P|^2 + |PN|^2 + |NM_2|^2.$$

图　7-4

由于 $|M_1P| = |P_1P_2| = |x_2 - x_1|$，
$|PN| = |Q_1Q_2| = |y_2 - y_1|$，
$$|NM_2| = |R_1R_2| = |z_2 - z_1|,$$
所以

$$d = |M_1M_2| = \sqrt{(x_2 - x_1)^2 + (y_2 - y_1)^2 + (z_2 - z_1)^2} \qquad (7\text{-}1)$$

这就是**空间两点间的距离公式**.

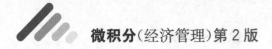

特殊地,点 $M(x,y,z)$ 与坐标原点 $O(0,0,0)$ 的距离为

$$d = |OM| = \sqrt{x^2 + y^2 + z^2}. \tag{7-2}$$

例1 在 z 轴上求与点 $A(-4,1,7)$ 和 $B(3,5,-2)$ 等距离的点.

解 因为所求的点 M 在 z 轴上,所以设该点为 $M(0,0,z)$,依题意有

$$\sqrt{(0+4)^2 + (0-1)^2 + (z-7)^2} = \sqrt{(3-0)^2 + (5-0)^2 + (-2-z)^2}$$

去根号解得

$$z = \frac{14}{9},$$

所以,所求的点为 $M\left(0,0,\frac{14}{9}\right)$.

例2 求证以 $M_1(4,3,1)$,$M_2(7,1,2)$,$M_3(5,2,3)$ 为顶点的三角形是一个等腰三角形.

解 $|M_1M_2|^2 = (7-4)^2 + (1-3)^2 + (2-1)^2 = 14,$

$|M_2M_3|^2 = (5-7)^2 + (2-1)^2 + (3-2)^2 = 6,$

$|M_3M_1|^2 = (4-5)^2 + (3-2)^2 + (1-3)^2 = 6,$

所以 $|M_2M_3| = |M_3M_1|$,结论成立.

习 题 7.1

1. 求点 $(4,-3,5)$ 到各坐标轴的距离.

2. 在 yOz 平面上,求与三个已知点 $(3,1,2)$,$(4,-2,-2)$,$(0,5,1)$ 等距离的点.

3. 一动点与两定点 $(2,3,1)$ 和 $(4,5,6)$ 等距离,求该动点的轨迹方程.

第二节　向量及其运算

引 在物理学、力学等学科中,经常会遇到既有大小又有方向的量,如力、速度、力矩等,这类量称为向量(或矢量).那么如何表示向量?如何定义向量的运算呢?

一、向量的概念

在数学上,通常用有向线段来形象地表示向量.有向线段的长度表示向量的大小,有向线段的方向表示向量的方向.这时向量所表示的实际物理意义就不再考虑了.以点 M_1 为始点,点 M_2 为终点的有向线段所表示的向量记作 $\overrightarrow{M_1M_2}$(图7-5),也可以用一个粗体字母或用上方加箭头的字母表示,如 $\boldsymbol{e},\boldsymbol{r},\vec{a},\vec{b},\overrightarrow{OM}$,等等.

向量的大小又叫向量的**模**. 向量$\overrightarrow{AB}$、a 的模分别记作 $|\overrightarrow{AB}|$、$|a|$. 模为 1 的向量称为**单位向量**,模为 0 的向量叫做**零向量**,记作$\mathbf{0}$或$\overrightarrow{0}$,零向量的方向可以任意取定. 与 a 的模相等、方向相反的向量叫做 a 的**负向量**,记作$-a$.

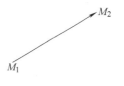

图 7-5

在实际问题中,有的向量与它的始点位置有关,有的向量与它的始点位置无关. 由于向量的共同特性是它们都有大小和方向. 所以在数学上只考虑与始点无关的向量并称为**自由向量**,简称向量.

对于两个向量 a 和 b,如果它们的模相等,且方向相同,就说向量 a 和 b 是**相等**的,记为 $a=b$. 两个向量相等,则经过平行移动后它们能够完全重合.

二、向量的线性运算

1. 向量的加减法

根据物理学中关于力和速度的合成法则,我们用平行四边形法则来确定向量的加法运算.

对任意两个向量 a 和 b,将它们的始点放在一起,并以 a 和 b 为邻边,作一平行四边形,则与 a,b 有共同始点的对角线向量 c(图 7-6)就叫做向量 a 与 b 的**和**,记作

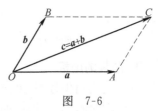

图 7-6

$$c = a + b.$$

在图 7-6 中有$\overrightarrow{OB}=\overrightarrow{AC}$所以

$$c = \overrightarrow{OC} = \overrightarrow{OA} + \overrightarrow{AC}.$$

由此可知,以 a 的终点为始点作向量 b,则以 a 的始点为始点,以 b 的终点为终点的向量 c 就是向量 a 与 b 的和,这一法则叫三角形法则.

按三角形法则,可以确定任意有限个向量的和.

容易证明向量的加法具有下列运算规律.

交换律:$a+b=b+a$;

结合律:$(a+b)+c=a+(b+c)$;

零向量 $\mathbf{0}$:$a+0=a$;

负向量$-a$:$a+(-a)=\mathbf{0}$.

有了负向量便可以用向量的加法确定向量的减法运算:

设 a 与 b 为任意两向量,则称 $a+(-b)$为向量 a 与 b 的**差**,记作

$$a - b = a + (-b).$$

a 与 b 的差向量 $a-b$ 实际上是以 b 的终点为始点,a 的终点为终点的向量(图 7-7).

2. 向量与数的乘法

设 λ 为任意实数,定义 λ 与向量 a 的乘积 $\lambda a\,(=a\lambda\,)$ 是这样的一个向量:它的模 $|\lambda a|=|\lambda||a|$,当 $\lambda>0$ 时,λa 与 a 同向;当 $\lambda<0$ 时,λa 与 a 反向;当 $\lambda=0$ 时,$\lambda a=0$(图 7-8).

　　向量与数的乘法具有下列运算规律.

　　结合律:$\lambda(\mu a)=\mu(\lambda a)=(\lambda\mu)a$;

　　向量与数的分配律:$(\lambda+\mu)a=\lambda a+\mu a$;

　　数与向量的分配律:$\lambda(a+b)=\lambda a+\lambda b$.

　　设 a 为非零向量,a^0 为与 a 同向的单位向量,则有

$$a=|a|a^0 \ \text{或} \ a^0=\frac{a}{|a|}.$$

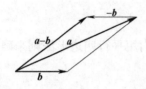　　　　　　　　　　　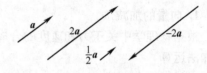

　　　　　　图　7-7　　　　　　　　　　　　　　　图　7-8

3. 向量的坐标

　　在空间直角坐标系 $Oxyz$ 的 x 轴、y 轴和 z 轴上分别取方向与坐标轴正向一致的单位向量 i,j,k,这些向量叫做空间直角坐标系的**基本单位向量**.

　　设 $M(x,y,z)$ 为任意一点,$P(x,0,0)$,$Q(0,y,0)$,$R(0,0,z)$ 分别为 x 轴、y 轴、z 轴上的对应的点(图 7-9),则

$$\overrightarrow{OM}=\overrightarrow{ON}+\overrightarrow{NM}=\overrightarrow{OP}+\overrightarrow{OQ}+\overrightarrow{OR}$$
$$=xi+yj+zk.$$

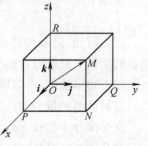

　　一般地,如果向量 a 可表示为

$$a=a_x i+a_y j+a_z k. \qquad (7\text{-}3)$$

则称此式为向量 a 按基本单位向量的分解式,$a_x i$,

图　7-9

$a_y j$,$a_z k$ 分别为向量 a 在三个坐标方向的分向量,a_x,a_y,a_z 分别为向量 a 在三个坐标轴上的**投影**,也称为向量 a 的**坐标**.式(7-3)也记为 $a=\{a_x,a_y,a_z\}$.

　　设 $a=\{a_x,a_y,a_z\}$,$b=\{b_x,b_y,b_z\}$ 则

$$|a|=\sqrt{a_x^2+a_y^2+a_z^2}.$$

$$a+b=(a_x i+a_y j+a_z k)+(b_x i+b_y j+b_z k)$$

$$= (a_x + b_x)\boldsymbol{i} + (a_y + b_y)\boldsymbol{j} + (a_z + b_z)\boldsymbol{k}.$$

$$\lambda\boldsymbol{a} = \lambda(a_x\boldsymbol{i} + a_y\boldsymbol{j} + a_z\boldsymbol{k}) = \lambda a_x\boldsymbol{i} + \lambda a_y\boldsymbol{j} + \lambda a_z\boldsymbol{k}.$$

即

$$\{a_x, a_y, a_z\} + \{b_x, b_y, b_z\} = \{a_x + b_x, a_y + b_y, a_z + b_z\},$$

$$\lambda\{a_x, a_y, a_z\} = \{\lambda a_x, \lambda a_y, \lambda a_z\}.$$

由此,引入向量的坐标后,向量间的线性运算成为对其坐标的线性运算.

设 $M_1(x_1, y_1, z_1)$, $M_2(x_2, y_2, z_2)$ 为任意两点,作向量 $\overrightarrow{OM_1} = \{x_1, y_1, z_1\}$, $\overrightarrow{OM_2} = \{x_2, y_2, z_2\}$,则有 $\overrightarrow{OM_1} + \overrightarrow{M_1M_2} = \overrightarrow{OM_2}$ 即

$$\overrightarrow{M_1M_2} = \overrightarrow{OM_2} - \overrightarrow{OM_1} = \{x_2, y_2, z_2\} - \{x_1, y_1, z_1\}$$

$$= \{x_2 - x_1, y_2 - y_1, z_2 - z_1\}.$$

例1 设 $A\{x_1, y_1, z_1\}$, $B\{x_2, y_2, z_2\}$ 为两已知点,而在直线 AB 上的点 M 分有向线段 $\overrightarrow{AB}$ 为两个有向线段 $\overrightarrow{AM}$ 与 $\overrightarrow{MB}$,使它们的长度的比等于某数 λ $(\lambda \neq -1)$(图 7-10). 即

$$\overrightarrow{AM} = \lambda\overrightarrow{MB}.$$

求分点 M 的坐标.

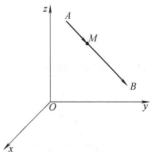

图 7-10

解 设分点为 $M(x, y, z)$,则

$$\overrightarrow{AM} = \{x - x_1, y - y_1, z - z_1\},$$

$$\overrightarrow{MB} = \{x_2 - x, y_2 - y, z_2 - z\},$$

因此有

$$\{x - x_1, y - y_1, z - z_1\} = \lambda\{x_2 - x, y_2 - y, z_2 - z\}.$$

即

$$x - x_1 = \lambda(x_2 - x), \quad y - y_1 = \lambda(y_2 - y),$$

$$z - z_1 = \lambda(z_2 - z).$$

解得

$$x = \frac{x_1 + \lambda x_2}{1 + \lambda}, \quad y = \frac{y_1 + \lambda y_2}{1 + \lambda}, \quad z = \frac{z_1 + \lambda z_2}{1 + \lambda}.$$

点 M 叫做有向线段 $\overrightarrow{AB}$ 的定比分点. 当 $\lambda = 1$ 时,点 M 是有向线段 $\overrightarrow{AB}$ 的中点,其坐标为

$$x = \frac{x_1 + x_2}{2}, y = \frac{y_1 + y_2}{2}, z = \frac{z_1 + z_2}{2}.$$

4. 向量的方向余弦

设有两个非零向量,将它们的起点平移到同一点 O,作 $\overrightarrow{OA} = \boldsymbol{a}$,$\overrightarrow{OB} = \boldsymbol{b}$ 我们称位于 0 与 π 之间的 $\angle AOB$ 为向量 $\boldsymbol{a}$ 与 $\boldsymbol{b}$ 的**夹角**(图 7-11),记为 $\widehat{(\boldsymbol{a}, \boldsymbol{b})}$ 或 $\widehat{(\boldsymbol{b}, \boldsymbol{a})}$. 以 θ 表示 $\boldsymbol{a}$ 与 $\boldsymbol{b}$ 的夹角,则 $\theta = \widehat{(\boldsymbol{a}, \boldsymbol{b})}$ $(0 \leqslant \theta \leqslant \pi)$.

如果 a 与 b 中有一个是零向量，则规定它们的夹角可在 0 与 π 之间任意取值.

类似地可定义向量与轴的夹角.

设向量 a 与三个坐标轴正向间的夹角分别为 α,β,γ（图 7-12），则称角 α,β,γ 为向量 a 的**方向角**，它们的余弦 $\cos\alpha,\cos\beta,\cos\gamma$ 称为向量 a 的**方向余弦**. 易知

$$\cos\alpha=\frac{a_x}{|a|}=\frac{a_x}{\sqrt{a_x^2+a_y^2+a_z^2}},$$

$$\cos\beta=\frac{a_y}{|a|}=\frac{a_y}{\sqrt{a_x^2+a_y^2+a_z^2}},$$

$$\cos\gamma=\frac{a_z}{|a|}=\frac{a_z}{\sqrt{a_x^2+a_y^2+a_z^2}},$$

由此有

$$\cos^2\alpha+\cos^2\beta+\cos^2\gamma=1.$$

与向量 a 方向一致的单位向量为 $a^0=\{\cos\alpha,\cos\beta,\cos\gamma\}$.

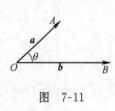

图 7-11

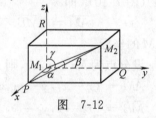

图 7-12

例 2 设已知两点 $A(2,2,\sqrt{2})$ 和 $B(1,3,0)$，计算向量 $\overrightarrow{AB}$ 的模、方向余弦和方向角.

解
$$\overrightarrow{AB}=\{1-2,3-2,0-\sqrt{2}\}=\{-1,1,-\sqrt{2}\},$$
$$|\overrightarrow{AB}|=\sqrt{(-1)^2+1^2+(-\sqrt{2})^2}=\sqrt{4}=2,$$
$$\cos\alpha=-\frac{1}{2},\ \cos\beta=\frac{1}{2},\ \cos\gamma=-\frac{\sqrt{2}}{2},$$
$$\alpha=\frac{2\pi}{3},\beta=\frac{\pi}{3},\gamma=\frac{3\pi}{4}.$$

三、向量的数量积

1. 数量积的概念

一般地，设有两个向量 a 与 b，它们的夹角为 θ，则称

$$|a||b|\cos\theta$$

为向量 a 与向量 b 的**数量积**，记作 $a\cdot b$，即 $a\cdot b=|a||b|\cos\theta$.

由定义可知

$$a \cdot a = |a|^2 \quad \text{或} \quad |a| = \sqrt{a \cdot a}.$$

对于两个非零向量 a 与 b，它们的夹角 θ 的余弦为

$$\cos \theta = \frac{a \cdot b}{|a||b|}.$$

由此可得，两个非零向量 a 与 b 垂直的充分必要条件是：它们的数量积等于零，$a \cdot b = 0$.

可以证明（证明从略）数量积符合下列运算规律：

(1) $a \cdot b = b \cdot a$；

(2) $(a+b) \cdot c = a \cdot c + b \cdot c$；

(3) $\lambda(a \cdot b) = (\lambda a) \cdot b = a \cdot (\lambda b)$　（λ 为数）.

2. 数量积的坐标表示

设向量 $a = \{a_x, a_y, a_z\}$，$b = \{b_x, b_y, b_z\}$，根据数量积的运算规律，有

$$\begin{aligned}
a \cdot b &= (a_x i + a_y j + a_z k) \cdot (b_x i + b_y j + b_z k) \\
&= a_x i \cdot (b_x i + b_y j + b_z k) + a_y j \cdot (b_x i + b_y j + b_z k) + \\
&\quad a_z k \cdot (b_x i + b_y j + b_z k) \\
&= a_x b_x i \cdot i + a_x b_y i \cdot j + a_x b_z i \cdot k + a_y b_x j \cdot i + \\
&\quad a_y b_y j \cdot j + a_y b_z j \cdot k + a_z b_x k \cdot i + a_z b_y k \cdot j + a_z b_z k \cdot k.
\end{aligned}$$

由于 i, j, k 互相垂直，故 $i \cdot j = j \cdot i = i \cdot k = k \cdot i = j \cdot k = k \cdot j = 0$，而 i, j, k 为单位向量，故 $i \cdot i = j \cdot j = k \cdot k = 1$，所以

$$a \cdot b = a_x b_x + a_y b_y + a_z b_z.$$

此式为两个向量的数量积的**坐标表示式**.

当 a, b 都不是零向量时，有

$$\cos \theta = \frac{a \cdot b}{|a||b|} = \frac{a_x b_x + a_y b_y + a_z b_z}{\sqrt{a_x^2 + a_y^2 + a_z^2} \cdot \sqrt{b_x^2 + b_y^2 + b_z^2}}.$$

所以两个向量 a 与 b 互相垂直的充分必要条件是

$$a_x b_x + a_y b_y + a_z b_z = 0.$$

例 3　求向量 $a = \{1, 1, -4\}$，$b = \{1, -2, 2\}$ 之间的夹角.

解　$\cos \theta = \dfrac{a \cdot b}{|a||b|} = \dfrac{1 \cdot 1 + 1 \cdot (-2) + (-4) \cdot 2}{\sqrt{1 + 1 + (-4)^2} \cdot \sqrt{1 + (-2)^2 + 2^2}} = -\dfrac{1}{\sqrt{2}}$，

所以向量 a 与 b 的夹角为 $\dfrac{3\pi}{4}$.

习　题　7.2

1. 已知三点 A, B, C 的坐标分别为 $(1, 0, 0)$，$(1, 1, 0)$，$(1, 1, 1)$，求 D 点的坐

标,使 $ABCD$ 成一平行四边形.

2. 设 $a=i+2j+3k, b=2i-2j+3k$,求(1)$a+b$;(2)$a-b$;(3)$2a-3b$.

3. 设点 $A(1,-1,2)$,$B(4,1,3)$,求

(1) $\overrightarrow{AB}$ 在三个坐标轴上的坐标和分向量;

(2) $\overrightarrow{AB}$ 的方向余弦.

4. 设 $\overrightarrow{AB}$ 为一单位向量,它在 x 轴和 y 轴上的投影(即 x 轴上,y 轴上坐标)分别为 $-\dfrac{1}{2}$,$\dfrac{1}{2}$,求 $\overrightarrow{AB}$ 与 z 轴正向的夹角.

5. 求与 $\overrightarrow{AB}=\{1,-2,3\}$ 平行且 $\overrightarrow{AB}\cdot b=28$ 的向量 b.

6. 计算(1)$(2i-j)\cdot j$;(2)$(2i+3j+4k)\cdot k$;(3)$(i+5j)\cdot i$.

7. 验证 $a=i+3j-k$ 与 $b=2i-j-k$ 垂直.

8. 设 $a=\{3,5,-2\}$,$b=\{2,1,4\}$,问 λ 与 μ 有怎样的关系,能使得 $\lambda a+\mu b$ 与 k 垂直?

9. 求同时垂直于两向量 $a=2i-j+k$ 及 $b=i+2j-k$ 的单位向量.

第三节 曲面及其方程

引 在日常生活中,我们常常会看到各种曲面,例如,水桶的表面、台灯的罩子面等.如何建立空间曲面的方程?一些特殊形状的空间曲面,其方程是什么?

一、曲面方程的概念

类似于在平面解析几何中把平面曲线看做是动点的轨迹那样,在空间解析几何中,曲面也可看做是具有某些性质的动点的轨迹.

定义1 在空间直角坐标系中,如果曲面 S 与三元方程 $F(x,y,z)=0$ 有下述关系:

(1) 曲面 S 上任一点的坐标都满足方程 $F(x,y,z)=0$;

(2)不在曲面 S 上的点的坐标都不满足方程 $F(x,y,z)=0$;

则称方程 $F(x,y,z)=0$ 为**曲面 S 的方程**,而曲面 S 称为**方程** $F(x,y,z)=0$ **的图形**.

例1 建立球心在点 $M_0(x_0,y_0,z_0)$、半径为 R 的球面方程.

解 设 $M(x,y,z)$ 是球面上任一点,

根据题意有 $|MM_0|=R$,故

$$\sqrt{(x-x_0)^2+(y-y_0)^2+(z-z_0)^2}=R,$$

所求方程为

$$(x-x_0)^2+(y-y_0)^2+(z-z_0)^2=R^2.$$

特殊地,球心在原点时方程为 $x^2+y^2+z^2=R^2$.

二、母线平行于坐标轴的柱面

先看一个简单的例子.

方程 $x^2+y^2=R^2$ 表示怎样一个曲面? 在平面解析几何中,它表示 xOy 面上圆心在原点,半径为 R 的一个圆. 但在空间坐标系中,情形完全不同. 设 x_0,y_0 满足方程 $x^2+y^2=R^2$,则点 (x_0,y_0,z) 对任意的 $z\in(-\infty,+\infty)$ 也满足此方程. 这说明过点 $(x_0,y_0,0)$ 平行于 z 轴的直线上的点都满足此方程,因而都在曲面 $x^2+y^2=R^2$ 上. 因此该曲面可以看成是由平行于 z 轴的直线 L 沿 xOy 面上的圆 $x^2+y^2=R^2$ 移动而成的,该曲面叫做**圆柱面**(图 7-13),xOy 面上的圆 $x^2+y^2=R^2$ 叫做它的**准线**,平行于 z 轴的直线 L 叫做它的**母线**.

一般地,平行于定直线并沿定曲线 C 移动的直线 L 所形成的点的轨迹叫做**柱面**. 定曲线 C 叫做柱面的**准线**,动直线 L 叫做柱面的**母线**.

从上面讨论可看出,若方程 $F(x,y)=0$ 在 xOy 面上表示曲线 C,则它在空间坐标系中表示以曲线 C 为准线,母线平行于 z 轴的柱面(图 7-14). 例如,平面(柱面)$x-y=0$,抛物柱面 $y^2=2x$. 它们的图形如图 7-15、图 7-16 所示.

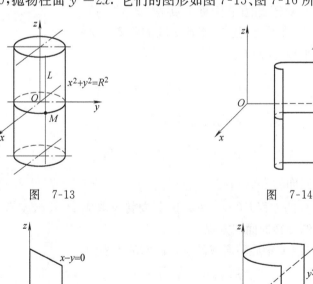

图　7-13

图　7-14

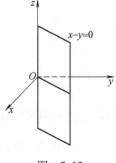

图　7-15

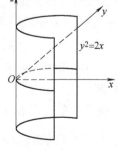

图　7-16

同理,一个不含横坐标 x 的方程 $G(y,z)=0$ 在空间中表示母线平行于 x 轴的柱面,一个不含纵坐标 y 的方程 $H(x,z)=0$ 表示母线平行于 y 轴的柱面. 例如,方程 $\dfrac{x^2}{a^2}+\dfrac{z^2}{b^2}=1$ 表示准线是 xOz 面上的椭圆,母线平行于 y 轴的椭圆柱面.

三、旋转曲面

一条平面曲线 C 绕其所在平面上的一条定直线旋转一周所成的曲面叫做**旋转曲面**,这条定直线叫做旋转曲面的**轴**.

设 C 为 yOz 面上的一条已知曲线,它的方程为

$$F(y,z)=0,$$

将 C 绕 z 轴一周,则得一以 z 轴为轴的旋转曲面(图 7-17).

设 $M_1(0,y_1,z_1)$ 为曲线 C 上的任意一点,则有

$$F(y_1,z_1)=0. \tag{7-4}$$

当曲线 C 绕 z 轴旋转时,点 M_1 的轨迹是旋转面上的一个圆周. 对于此圆上任意一点 $M(x,y,z)$,竖坐标 $z=z_1$ 保持不变,且点 M 到 z 轴的距离就是上述圆周的半径,因而有

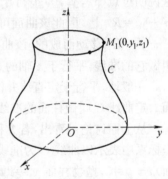

图 7-17

$$\sqrt{x^2+y^2}=|y_1|,\text{即 } y_1=\pm\sqrt{x^2+y^2}.$$

将 $z_1=z,y_1=\pm\sqrt{x^2+y^2}$ 代入式 (7-4) 得

$$F(\pm\sqrt{x^2+y^2},z)=0. \tag{7-5}$$

这就是所求旋转曲面的方程.

可见在曲线 C 的方程 $F(y,z)=0$ 中,只要将 y 改成 $\pm\sqrt{x^2+y^2}$ 就得到曲线 C 绕 z 轴旋转所成的旋转曲面的方程.

同理,曲线 C 绕 y 轴旋转所成的旋转曲面的方程为

$$F(y,\pm\sqrt{x^2+z^2})=0. \tag{7-6}$$

下面看几个特殊的旋转面.

1. 圆锥面

直线 C 绕另一条与 C 相交的直线旋转一周,所得旋转曲面叫做**圆锥面**. 两直线的交点叫做圆锥面的顶点,两直线的夹角 $\alpha\left(0\leqslant\alpha\leqslant\dfrac{\pi}{2}\right)$ 叫做圆锥面的半顶角.

设 C 为 yOz 面的直线 $z=ky(k>0)$,将 C 绕 z 轴旋转一周,所得顶点为 $O(0,$

$0,0)$，半顶角 $\cot \alpha = k$ 的圆锥面(图 7-18)的方程为

$$z = \pm k \sqrt{x^2 + y^2} \text{ 或 } z^2 = k^2(x^2 + y^2).$$

而方程 $z = k \sqrt{x^2 + y^2}$ 表示 xOy 面上方的部分锥面，$z = -k \sqrt{x^2 + y^2}$ 表示 xOy 面下方的部分锥面．

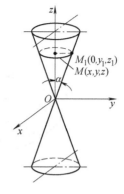

2. 旋转椭球面与椭球面

将 xOy 面上的椭圆

$$\frac{x^2}{a^2} + \frac{y^2}{b^2} = 1,$$

绕 x 轴旋转一周所产生的旋转面的方程为

图 7-18

$$\frac{x^2}{a^2} + \frac{y^2 + z^2}{b^2} = 1, \text{或} \frac{x^2}{a^2} + \frac{y^2}{b^2} + \frac{z^2}{b^2} = 1.$$

它与 xOy 面和 xOz 面的交线以及与它们平行的平面的交线都是椭圆，与 yOz 面以及与它平行的平面的交线都是圆．

类似的，将椭圆

$$\frac{x^2}{a^2} + \frac{y^2}{b^2} = 1$$

绕 y 轴旋转一周所产生的旋转曲面的方程为

$$\frac{x^2 + z^2}{a^2} + \frac{y^2}{b^2} = 1 \quad \text{或} \quad \frac{x^2}{a^2} + \frac{y^2}{b^2} + \frac{z^2}{a^2} = 1.$$

上述这两个旋转曲面都叫做**旋转椭球面**．

一般地，称方程

$$\frac{x^2}{a^2} + \frac{y^2}{b^2} + \frac{z^2}{c^2} = 1.$$

所表示的曲面为椭球面，图形如图 7-19 所示，它和三个坐标面及其与它们平行的平面的交线都是椭圆，显然 $|x| \leqslant a, |y| \leqslant b, |z| \leqslant c$，椭球面与三个坐标轴的交点叫做顶点．

3. 旋转抛物面与椭圆抛物面

将 yOz 面上的抛物线

$$y^2 = 2pz \quad (p > 0)$$

绕对称轴 z 轴旋转一周，所产生的曲面叫做旋转抛物面(图 7-20)，其方程为

$$x^2 + y^2 = 2pz.$$

这个曲面与 yOz 面及 xOz 面的交线都是抛物线，而与垂直于 z 轴的平面的交线为圆$(z \geqslant 0)$．

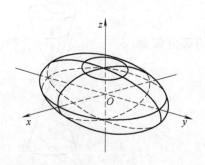

图　7-19　　　　　　　　　　　图　7-20

4. 旋转双曲面和双曲面

把 yOz 面上的双曲线

$$\frac{y^2}{b^2} - \frac{z^2}{c^2} = 1$$

绕着 y 轴旋转一周，所产生的旋转曲面的方程为

$$\frac{y^2}{b^2} - \frac{x^2 + z^2}{c^2} = 1 \quad 或 \quad -\frac{x^2}{c^2} + \frac{y^2}{b^2} - \frac{z^2}{c^2} = 1.$$

这个曲面称为**旋转双叶双曲面**(图 7-21)，它与 yOz 面及 xOy 面的交线都是双曲线，与同 y 轴垂直的平面的交线为圆($|y| > b$).

把这条双曲线绕 z 轴旋转一周，所产生的曲面的方程为

$$\frac{x^2 + y^2}{b^2} - \frac{z^2}{c^2} = 1 \quad 或 \quad \frac{x^2}{b^2} + \frac{y^2}{b^2} - \frac{z^2}{c^2} = 1.$$

这个曲面叫做**旋转单叶双曲面**(图 7-22)，它与 yOz 面及 xOz 面的交线都是双曲线，与 xOy 面的交线是圆.

这两个旋转面都叫做**旋转双曲面**.

一般地，方程

$$-\frac{x^2}{a^2} + \frac{y^2}{b^2} - \frac{z^2}{c^2} = 1$$

表示的曲面称为**双叶双曲面**，而方程

$$\frac{x^2}{a^2} + \frac{y^2}{b^2} - \frac{z^2}{c^2} = 1$$

表示的曲面称为**单叶双曲面**，它们统称为**双曲面**.

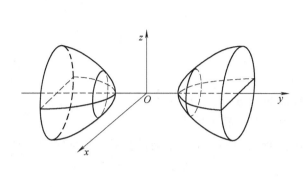

图 7-21

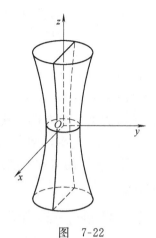

图 7-22

习 题 7.3

1. 画出下列各方程所表示的曲面:

(1) $\left(x-\dfrac{a}{2}\right)^2+y^2=\dfrac{a^2}{4}$;　　　　(2) $-\dfrac{x^2}{4}+\dfrac{y^2}{9}=1$;

(3) $y^2-z=0$;　　　　　　　　(4) $z=2-x^2$.

2. 将 xOy 坐标面上的抛物线 $y^2=5x$ 绕 x 轴旋转一周,求所生成的旋转曲面的方程.

3. 将 xOz 坐标面上的圆 $x^2+z^2=9$ 绕 z 轴旋转一周,求所生成的旋转曲面的方程.

4. 将 xOy 坐标面上的双曲线 $4x^2-9y^2=36$ 分别绕 x 轴及 y 轴旋转一周,求所生成的旋转曲面的方程.

第四节　平面及其方程

引　平面是空间中最简单而且是最重要的曲面,空间平面方程的形式是什么呢?

本节我们将在空间直角坐标系中建立平面方程,并进一步讨论有关平面的一些基本性质.

一、平面的点法式方程

如果一非零向量垂直于一平面,该向量就叫做该平面的**法线向量**.法线向量垂直于平面内的任一向量.

如图 7-23 所示,已知平面 Π 过点 $M_0(x_0,y_0,z_0)$ 且以 $n=\{A,B,C\}$ 为法向量,设平面 Π 上的任一点为 $M(x,y,z)$,则必有 $\overrightarrow{M_0M} \perp n$,即有 $\overrightarrow{M_0M} \cdot n = 0$.

因为 $\overrightarrow{M_0M}=\{x-x_0,y-y_0,z-z_0\}$,

所以 $A(x-x_0)+B(y-y_0)+C(z-z_0)=0$

即为**平面的点法式方程**.其中,法向量 $n=\{A,B,C\}$,点 (x_0,y_0,z_0) 为已知点,平面上的点都满足该方程,不在平面上的点都不满足该方程,该方程称为**平面的方程**,平面称为方程的图形.

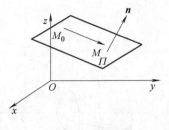

图 7-23

二、平面的一般方程

由平面的点法式方程

$$A(x-x_0)+B(y-y_0)+C(z-z_0)=0,$$

可以化简得

$$Ax+By+Cz-(Ax_0+By_0+Cz_0)=0.$$

所以,任意三元一次方程 $Ax+By+Cz+D=0$ 总是一个平面方程.称为**平面的一般方程**,其法向量 $n=\{A,B,C\}$.

平面一般方程的几种特殊情况:

(1) 若 $D=0$,则方程为 $Ax+By+Cz=0$,该平面通过坐标原点;

(2) 若 $A=0$,则方程为 $By+Cz+D=0$,该平面平行于 x 轴;类似地,可讨论 $B=0$,$C=0$ 情形.

(3) $A=B=0$,则方程为 $Cz+D=0$,该平面平行于 xOy 坐标面;类似地,可讨论 $A=C=0$,$B=C=0$ 的情形.

例 1 设平面过原点及点 $(6,-3,2)$,且与平面 $4x-y+2z=8$ 垂直,求此平面方程.

解 设平面为 $Ax+By+Cz+D=0$,由平面过原点知 $D=0$,由平面过点 $(6,-3,2)$ 知

$$6A-3B+2C=0,$$

因为 $n \perp \{4,-1,2\}$,所以

$$4A-B+2C=0.$$

故 $A=B=-\dfrac{2}{3}C$,所求平面方程为 $2x+2y-3z=0$.

例 2 设平面与 x,y,z 三轴分别交于 $P(a,0,0)$,$Q(0,b,0)$,$R(0,0,c)$(其中,$a \neq 0, b \neq 0, c \neq 0$),求此平面方程.

解　设平面为 $Ax+By+Cz+D=0$,

将三点坐标代入得
$$\begin{cases} aA+D=0, \\ bB+D=0, \\ cC+D=0, \end{cases}$$

解得　$A=-\dfrac{D}{a}, B=-\dfrac{D}{b}, C=-\dfrac{D}{c}$. 代入所设方程得此平面方程为

$$\frac{x}{a}+\frac{y}{b}+\frac{z}{c}=1.$$

注　称该形式的平面方程为平面的**截距式方程**,其中,a 表示平面在 x 轴上的截距,b 表示平面在 y 轴上的截距,c 表示平面在 z 轴上的截距.

习　题　7.4

1. 一平面过点 $(5,-7,4)$ 且在各坐标轴上截距相等,试求该平面方程.

2. 求下列平面方程:

(1) 过 z 轴和点 $(-3,1,-2)$;

(2) 平行于 x 轴且过两点 $(4,0,-2),(5,1,7)$;

(3) 垂直于平面 $x-4y+5z-1=0$ 且过原点和点 $(-2,7,3)$.

3. 求平面 $x+3y+z-1=0,2x-y-z=0$ 和 $-x+2y+2z=3$ 的交点.

第五节　空间曲线及其方程

引　空间中除了曲面和平面之外,还存在曲线,曲线如何用方程表示呢?

一、空间曲线的一般方程

如图 7-24 所示,空间曲线可看做空间两曲面的交线. 设 $F(x,y,z)=0$, $G(x,y,z)=0$ 是两个曲面方程,它们的交线为 C. 因为曲线 C 上的任一点都同时在这两个曲面上,所以曲线 C 上的所有点的坐标都满足这两个曲面方程. 反之,坐标同时满足这两个曲面方程的点一定在它们的交线上. 从而把这两个方程联立起来,所得到的方程组

$$\begin{cases} F(x,y,z)=0, \\ G(x,y,z)=0, \end{cases}$$

就称为空间曲线的**一般方程**.

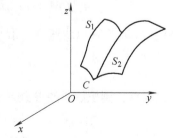

图　7-24

例 1　方程组 $\begin{cases} z = \sqrt{a^2 - x^2 - y^2} \\ \left(x - \dfrac{a}{2}\right)^2 + y^2 = \dfrac{a^2}{4} \end{cases}$ 表示怎样的曲线？

解　方程 $z = \sqrt{a^2 - x^2 - y^2}$ 表示球心在原点,半径为 $|a|$ 的上半球面,方程 $\left(x - \dfrac{a}{2}\right)^2 + y^2 = \dfrac{a^2}{4}$ 表示母线平行于 z 轴的圆柱面,它的准线为 xOy 面上的圆,于是题中方程组表示的是上述半球面与柱面的交线.

二、空间曲线的参数方程

在空间直角坐标系中,空间曲线可以用参数方程表示,即把曲线上的点的直角坐标 x, y, z 分别表示为 t 的函数,其一般形式为

$$\begin{cases} x = x(t), \\ y = y(t), \\ z = z(t). \end{cases}$$

这个方程组称为空间曲线的**参数方程**.当给定 $t = t_1$ 时,就得到曲线上的一个点 (x_1, y_1, z_1),随着参数的变化可得到曲线上的全部点.

例 2　如果空间一点 M 在圆柱面 $x^2 + y^2 = a^2$ 上以角速度 ω 绕 z 轴旋转,同时又以线速度 v 沿平行于 z 轴的正方向上升(其中,ω 和 v 都是常数),那么点 M 构成的图形叫做螺旋线.试建立其参数方程.

解　如图 7-25 所示,取时间 t 为参数,动点从 A 点出发,经过 t 时间,运动到 M 点,设 M 在 xOy 面的投影为 $M'(x, y, 0)$.因为动点在圆柱上以角速度 ω 绕 z 轴旋转,所以经过时间 t 后,$\angle AOM' = \omega t$,从而

$$x = |OM'| \cos \omega t = a \cos \omega t,$$

$$y = |OM'| \sin \omega t = a \sin \omega t.$$

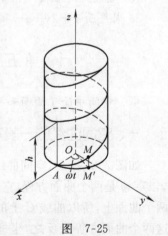

图 7-25

同时,动点 M 以线速度 v 沿平行于 z 轴的正方向上升,所以

$$z = |MM'| = vt.$$

这样就得到螺旋线的参数方程

$$\begin{cases} x = |OM'| \cos \omega t = a \cos \omega t, \\ y = |OM'| \sin \omega t = a \sin \omega t, \\ z = |MM'| = vt. \end{cases}$$

三、空间曲线在坐标面上的投影

设空间曲线 C 的一般方程为

$$\begin{cases} F(x,y,z) = 0, \\ G(x,y,z) = 0, \end{cases} \tag{7-7}$$

消去变量 z 后得到方程

$$H(x,y) = 0. \tag{7-8}$$

则点 M 满足方程(7-8)时,也一定满足方程(7-7),这说明曲线 C 完全落在方程(7-8)所表示的曲面上. 方程(7-8)表示的是一个母线平行于 z 轴的柱面,这个柱面包含着曲线 C.

称以曲线 C 为准线、母线平行于 z 轴的柱面为曲线关于 xOy 面的**投影柱面**. 这个投影柱面与 xOy 面的交线称为空间曲线 C 在 xOy 面上的**投影**(曲线). 即空间曲线 C 在 xOy 面上的投影曲线方程为

$$\begin{cases} H(x,y) = 0, \\ z = 0. \end{cases}$$

类似地,空间曲线在 yOz 面上的投影曲线和 xOz 面上的投影曲线分别为

$$\begin{cases} R(y,z) = 0, \\ x = 0, \end{cases} \qquad \begin{cases} T(x,z) = 0, \\ y = 0. \end{cases}$$

例 3 求曲线 $\begin{cases} x^2 + y^2 + z^2 = 1, \\ z = \dfrac{1}{2} \end{cases}$ 在三个坐标面上的投影方程.

解 从题中曲线方程组中消去变量 z 后,得 $x^2 + y^2 = \dfrac{3}{4}$,

于是,曲线在 xOy 面上的投影为

$$\begin{cases} x^2 + y^2 = \dfrac{3}{4}, \\ z = 0. \end{cases}$$

因为曲线在平面 $z = \dfrac{1}{2}$ 上,所以在 xOz 面上的投影为线段,其方程为

$$\begin{cases} z = \dfrac{1}{2}, \\ y = 0, \end{cases} \quad |x| \leqslant \dfrac{\sqrt{3}}{2};$$

同理,在 yOz 面上的投影也为线段,其方程为

$$\begin{cases} z = \dfrac{1}{2}, \\ x = 0, \end{cases} \quad |y| \leqslant \dfrac{\sqrt{3}}{2}.$$

例 4 设有一个立体，由上半球面 $z = \sqrt{4 - x^2 - y^2}$ 和 $z = \sqrt{3(x^2 + y^2)}$ 所围成，求它在 xOy 面上的投影.

解 半球面和锥面的交线为

$$C: \begin{cases} z = \sqrt{4 - x^2 - y^2}, \\ z = \sqrt{3(x^2 + y^2)}. \end{cases}$$

消去 z 得投影柱面

$$x^2 + y^2 = 1.$$

则交线 C 在 xOy 面上的投影为一个圆，其方程为

$$\begin{cases} x^2 + y^2 = 1, \\ z = 0. \end{cases}$$

故所求立体在 xOy 面上的投影为 $x^2 + y^2 \leqslant 1$.

习 题 7.5

1. 求曲线 $\begin{cases} y^2 + z^2 - 2x = 0, \\ z = 3 \end{cases}$ 在 xOy 面上的投影曲线方程，并指出原曲线是什么曲线.

2. 求曲线 $\begin{cases} z = 2 - x^2 - y^2, \\ z = (x-1)^2 + (y-1)^2 \end{cases}$ 在三个坐标面上的投影曲线的方程.

第六节 空间直线及其方程

引 在平面中，我们讨论了直线的方程问题，那么空间中直线的方程是怎样的呢？

一、空间直线的一般方程

空间直线可看成两平面的交线. 设有两个相交平面的方程分别为

$$\Pi_1 : A_1 x + B_1 y + C_1 z + D_1 = 0,$$
$$\Pi_2 : A_2 x + B_2 y + C_2 z + D_2 = 0.$$

记它们的交线为 L，如图 7-26 所示，则 L 上任一点的坐标应同时满足这两个平面的方程，即应满足方程组

$$\begin{cases} A_1 x + B_1 y + C_1 z + D_1 = 0, \\ A_2 x + B_2 y + C_2 z + D_2 = 0. \end{cases} \tag{7-9}$$

该方程组称为**空间直线的一般方程**.

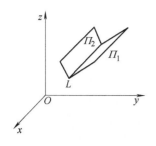

图 7-26

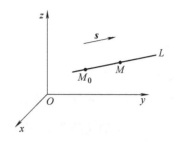

图 7-27

二、空间直线的对称式方程与参数方程

如图 7-27 所示,设直线 L 通过点 $M_0(x_0, y_0, z_0)$,在 L 上取一点 $M(x, y, z)$ 作向量

$$\overrightarrow{M_0M} = \{x - x_0, y - y_0, z - z_0\},$$

向量 $s = \{m, n, p\}$ 满足 $\overrightarrow{M_0M} /\!/ s$,则

$$\frac{x - x_0}{m} = \frac{y - y_0}{n} = \frac{z - z_0}{p}. \tag{7-10}$$

式(7-10)就是直线 L 的方程,由于方程在形式上对称,称之为**直线的对称式方程**.

由于向量 $s = \{m, n, p\}$ 确定了直线的方向,我们称 s 为直线 L 的**方向向量**.

由直线的对称式方程容易导出直线的参数方程,可令

$$\frac{x - x_0}{m} = \frac{y - y_0}{n} = \frac{z - z_0}{p} = t,$$

得到**直线的参数方程**

$$\begin{cases} x = x_0 + mt, \\ y = y_0 + nt, \\ z = z_0 + pt. \end{cases}$$

例 1 一直线过点 $(2, -3, 4)$,且和 y 轴垂直相交,求其方程.

解 因为直线和 y 轴垂直相交,所以交点为 $B(0, -3, 0)$,取 $s = \overrightarrow{BA} = \{2, 0, 4\}$,故所求直线方程为

$$\frac{x - 2}{2} = \frac{y + 3}{0} = \frac{z - 4}{4}.$$

三、两直线的位置关系

设两直线方程分别为

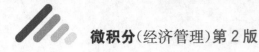

直线 L_1:$$\frac{x-x_1}{m_1}=\frac{y-y_1}{n_1}=\frac{z-z_1}{p_1},$$

直线 L_2:$$\frac{x-x_2}{m_2}=\frac{y-y_2}{n_2}=\frac{z-z_2}{p_2}.$$

则有两直线的位置关系:

(1) $L_1 \perp L_2$ 的充分必要条件是 $m_1 m_2 + n_1 n_2 + p_1 p_2 = 0$;

(2) $L_1 /\!/ L_2$ 的充分必要条件是 $\dfrac{m_1}{m_2}=\dfrac{n_1}{n_2}=\dfrac{p_1}{p_2}$.

例2 求过点 $M(2,1,3)$ 且与直线 $\dfrac{x+1}{3}=\dfrac{y-1}{2}=\dfrac{z}{-1}$ 垂直相交的直线方程.

解 先作一过点 M 且与已知直线垂直的平面

$$\Pi: 3(x-2)+2(y-1)-(z-3)=0,$$

再求已知直线与该平面的交点 N,

令 $\dfrac{x+1}{3}=\dfrac{y-1}{2}=\dfrac{z}{-1}=t$,得参数方程为 $\begin{cases} x=3t-1, \\ y=2t+1, \\ z=-t. \end{cases}$

代入平面方程得 $t=\dfrac{3}{7}$,得交点 $N\left(\dfrac{2}{7},\dfrac{13}{7},-\dfrac{3}{7}\right)$.

取所求直线的方向向量为 $\overrightarrow{MN}$,则

$$\overrightarrow{MN} = \left\{ \frac{2}{7}-2, \frac{13}{7}-1, -\frac{3}{7}-3 \right\} = \left\{ -\frac{12}{7}, \frac{6}{7}, -\frac{24}{7} \right\},$$

则所求直线方程为

$$\frac{x-2}{2}=\frac{y-1}{-1}=\frac{z-3}{4}.$$

习 题 7.6

1. 求过点 $(1,1,1)$ 且平行于直线 $\dfrac{x-1}{2}=y+2=\dfrac{z-2}{\sqrt{2}}$ 的直线方程.

2. 用对称式方程表示直线 $\begin{cases} x-y+z=1, \\ 2x+y+z=4. \end{cases}$

3. 求过点 $(2,0,-3)$ 且与直线

$$\begin{cases} x-2y+4z-7=0, \\ 3x+5y-2z+1=0 \end{cases}$$

垂直的平面方程.

4. 求过点 $(3,1,-2)$ 且通过直线 $\dfrac{x-4}{5}=\dfrac{y+3}{2}=\dfrac{z}{1}$ 的平面方程.

5. 确定下列各组中的直线和平面的关系.

(1) $\dfrac{x+3}{-2}=\dfrac{y+4}{-7}=\dfrac{z}{3}$ 和 $4x-2y-2z=3$;

(2) $\dfrac{x}{3}=\dfrac{y}{-2}=\dfrac{z}{7}$ 和 $3x-2y+7z=8$;

(3) $\dfrac{x-2}{3}=\dfrac{y+2}{1}=\dfrac{z-3}{-4}$ 和 $x+y+z=3$.

第七章自测题 A

1. 选择题:

(1) 已知向量 $\overrightarrow{PQ}=\{4,-4,7\}$ 的终点为 $Q(2,-1,7)$,则起点 P 的坐标为 (　　).

A. $(-2,3,0)$　　　B. $(2,-3,0)$　　　C. $(4,-5,14)$　　　D. $(-4,5,14)$

(2) 通过点 $M(-5,2,-1)$ 且平行于 yOz 平面的平面方程为(　　).

A. $x+5=0$　　　B. $y-2=0$　　　C. $z+1=0$　　　D. $x-1=0$

(3) 曲面 $z=\sqrt{x+y^2}$ 的图形关于(　　).

A. yOz 平面对称　B. xOy 平面对称　C. xOz 平面对称　 D. 原点对称

(4) 零向量的方向(　　).

A. 是一定的　　　　　　　　B. 是任意的

C. 与坐标轴间的夹角相等　　D. 以上结论都不对

(5) $2x+3y+4z=1$ 在 x,y,z 轴上的截距分别为(　　).

A. $2,3,4$　　　　　　　　B. $\dfrac{1}{2},\dfrac{1}{3},\dfrac{1}{4}$

C. $1,\dfrac{3}{2},2$　　　　　　　D. $\dfrac{1}{2},\dfrac{1}{5},\dfrac{1}{4}$

2. 填空题:

(1) 设向量 $\boldsymbol{a}=2\boldsymbol{i}-\boldsymbol{j}+\boldsymbol{k},\boldsymbol{b}=4\boldsymbol{i}-2\boldsymbol{j}+\lambda\boldsymbol{k}$,当 $\lambda=$ ＿＿＿＿＿＿时,$\boldsymbol{a}$ 与 $\boldsymbol{b}$ 相互垂直.

(2) 曲线 $L:\begin{cases}x^2+y^2+z^2=1,\\ z^2=3(x^2+y^2)\end{cases}$ 在 xOy 平面上的投影曲线方程为＿＿＿＿＿.

(3) 旋转曲面 $z=2-\sqrt{x^2+y^2}$ 是由曲线＿＿＿＿＿＿＿＿或＿＿＿＿＿＿＿绕 z 轴旋转一周而得.

(4) 已知 $|\boldsymbol{a}|=3,|\boldsymbol{b}|=5,|\boldsymbol{a}+\boldsymbol{b}|=6$,则 $|\boldsymbol{a}-\boldsymbol{b}|=$ ＿＿＿＿＿.

(5) 柱面 $y=2x^2$ 的母线与＿＿＿＿轴平行,其准线为＿＿＿＿＿＿＿.

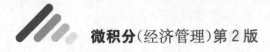

3. 计算题：

(1) 已知向量 $a=xi+2j-k$ 与 $b=i+j+zk$ 相互垂直，且 $|a|=3$，求 x,z.

(2) 求经过点 $(2,-3,5)$ 且垂直于平面 $9x-4y+2z-11=0$ 的直线方程.

(3) 求经过点 $(2,-3,5)$ 且与直线 $\dfrac{x+2}{3}=\dfrac{y-4}{-1}=\dfrac{z-1}{5}$ 平行的直线方程.

(4) 求球面 $x^2+y^2+z^2=9$ 与平面 $x+z=1$ 的交线在 xOy 面上的投影的方程.

第七章自测题 B

1. 选择题：

(1) 设向量 a 与 b 平行但方向相反，且 $|a|>|b|>0$ 则下列式子正确的是（　　）.

A. $|a+b|<|a|-|b|$ 　　　 B. $|a+b|>|a|-|b|$

C. $|a+b|=|a|+|b|$ 　　　 D. $|a+b|=|a|-|b|$

(2) 设球面方程为 $x^2+(y-1)^2+(z+2)^2=2$，则下列点在球面内部的是（　　）.

A. $(1,2,3)$ 　　 B. $(0,1,-1)$ 　 C. $(0,1,1)$ 　　 D. $(1,1,1)$

(3) 在空间直角坐标系下，方程 $3x+5y=0$ 的图形为（　　）.

A. 通过原点的直线 　　　 B. 垂直于 z 轴的直线

C. 垂直于 z 轴的平面 　　 D. 通过 z 轴的平面

(4) $a=\{a_x,a_y,a_z\},b=\{b_x,b_y,b_z\}$，若 $a/\!/b$，则（　　）.

A. $a_xb_x+a_yb_y+a_zb_z=0$

B. $\dfrac{a_x}{b_x}=\dfrac{a_y}{b_y}=\dfrac{a_z}{b_z}$

C. $a_x=\lambda_1b_x,a_y=\lambda_2b_y,a_z=\lambda_3b_z$ 　（$\lambda_1\neq\lambda_2\neq\lambda_3$）

D. $\lambda_1a_xb_x+\lambda_2a_yb_y+\lambda_3a_zb_z=0$

(5) 方程 $\begin{cases}x=1\\y=2\end{cases}$ 在空间直角坐标系里表示（　　）.

A. 一个点 　　　　　 B. 两条直线

C. 两个平面的交线，即直线 　 D. 两个点

2. 填空题：

(1) 设向量 $a=2i-j+k,b=4i-2j+\lambda k$，当 $\lambda=$ _____ 时，a 与 b 相互平行.

(2) 已知曲面 $x^2+y^2+z^2=2$ 和 $z=x^2+y^2$，它们的交线在 xOy 平面上的投影曲线方程为 _____ .

（3）当直线 $2x=3y=z-1$ 平行于平面 $4x+\lambda y+z=0$ 时，$\lambda=$ ＿＿＿＿＿＿＿.

（4）xOy 平面上的曲线 $\begin{cases} y=e^x, \\ z=0 \end{cases}$ 绕 x 轴旋转的旋转面方程为 ＿＿＿＿＿＿＿.

（5）曲面 $y=x^2+z^2$ 是 yOz 平面上的曲线 ＿＿＿＿＿＿ 绕 ＿＿＿＿＿＿ 轴旋转的旋转曲面.

3. 计算题：

（1）若向量 a 与 $b=2i-j+2k$ 共线，且满足 $a \cdot b=18$，求向量 a.

（2）在 y 轴上求与点 $A(1,-3,7)$ 和点 $B(5,7,-5)$ 等距离的点.

（3）求过直线 $L_1: \dfrac{x-3}{2}=\dfrac{y+1}{-2}=\dfrac{z}{1}$ 且平行于直线 $L_2: \begin{cases} x-3y+1=0 \\ 2x-y+z=6 \end{cases}$ 的平面方程.

（4）求曲线 $\begin{cases} 6x-6y-z+16=0, \\ 2x+5y+2z+3=0 \end{cases}$ 在三个坐标面上的投影方程.

第八章　多元函数微分学

本章的研究对象是多元函数,研究多元函数的概念、性质、极限以及连续性等,并针对多元函数研究可偏导、全微分以及几何性质,最后讨论多元函数的极值与最值的求法并介绍了最小二乘法.

第一节　二元函数的概念、极限与连续性

引　我们对三角函数 $y=\sin x (x\in \mathbf{R})$ 的基本性质和图像十分熟悉,但是对函数 $z=\sin(xy),(x,y)\in \mathbf{R}^2$ 了解多少?函数 $z=\sin(xy),(x,y)\in \mathbf{R}^2$ 的图像如何?(图 8-1).函数 $z=\sin(xy),(x,y)\in \mathbf{R}^2$ 有 x,y 两个自变量,称为二元函数.下面讨论二元函数的概念、极限与连续性.

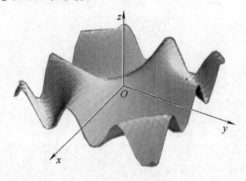

图　8-1

一、二元函数的概念

为引入多元函数的概念,先看如下的例子.

例1　已知矩形长 x、宽 y,则该矩形的面积 $S=xy$,其中,x,y 是两个独立的自变量,对于 x 与 y 在一定的范围 $(x>0,y>0)$ 内每一组数值,都有一个确定的值 S 与之对应.

例2　设 Z 表示居民人均消费收入,Y 表示国民收入总额,P 表示人口数,则

$$Z=S_1 S_2 \frac{Y}{P}$$

其中,S_1 表示国民收入中用于消费的比例,S_2 表示消费总额中用于居民消费的比例.显然 Y,P 取一定值时,Z 也被确定了.

由上述的例子,对照一元函数的概念,可以给出二元函数的定义.

定义 1 设 D 是平面上的一个点集,如果对每个点 $P(x,y) \in D$,按照某一对应规则 f,变量 z 都有一个值与之对应,则称 z 是变量 x,y 的**二元函数**,记为

$$z = f(x,y) \text{ 或 } z = f(P).$$

点集 D 称为**定义域**,x,y 称为**自变量**,z 称为**因变量**.

当 $(x_0, y_0) \in D$ 时,与之对应的数值 $z_0 = f(x_0, y_0)$ 称为**函数值**,所有函数值的集合

$$Z = \{z \mid z = f(x,y), (x,y) \in D\}$$

称为函数的**值域**.

与一元函数类似,根据实际问题所提出的多元函数,应根据实际情况来确定函数的定义域.

例 3 求函数 $z = \sqrt{1 - (x^2 + y^2)}$ 的定义域.

解 函数的定义域应该是满足条件 $1 - (x^2 + y^2) \geqslant 0$ 的点 (x,y) 的全体,如图 8-2 阴影部分所示,即平面点集

$$\{(x,y) \mid x^2 + y^2 \leqslant 1\}.$$

例 4 求函数 $z = \dfrac{1}{\sqrt{1 - |x| - |y|}}$ 的定义域.

解 函数的定义域应该是满足条件

$$1 - |x| - |y| > 0$$

的点 (x,y) 的全体,如图 8-3 阴影部分所示,即平面点集

$$D = \{(x,y) \mid |x| + |y| < 1\}.$$

类似地,可以定义三元函数 $u = f(x,y,z)$,其中,$(x,y,z) \in \Omega$ 为空间一个点集,类似地也可以定义 n 元函数 $u = f(x_1, x_2, \cdots, x_n)$,其中,$x_1, x_2, \cdots, x_n \in \mathbf{R}^n$.

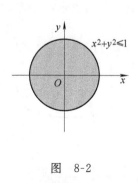

图 8-2

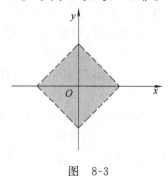

图 8-3

二、常见的多元经济函数

1. 多元需求函数与供给函数

设商品的需求量为 Q_d,影响 Q_d 的因素有该商品的价格 p;与此商品有关的其余 n 种商品的价格 $p_1,p_2,\cdots,p_n$;消费者的收入 M,消费者对商品价格的预期 p_e 等,若影响的诸因素发生变化,则 Q_d 发生变化,即

$$Q_d = f(p;p_1,p_2,\cdots,p_n;M;p_e).$$

厂商对商品的供给量 Q_s,除商品的价格 p 外,影响 Q_s 的因素还有:相关商品的价格 $p_1,p_2,\cdots,p_n$,生产要素的价格 C,生产技术参数 ρ 及厂商对商品的预期价格 p_e,于是供给量 Q_s 的函数为

$$Q_s = f(p;p_1,p_2,\cdots,p_n;C;\rho;p_e)$$

例如 某商品的需求函数为

$$Q_d = 10p^{-\frac{1}{2}}p_1^{\frac{1}{3}}M^{\frac{1}{4}},$$

其中,商品的需求量为 Q_d,相关商品的价格为 p_1 消费者的收入为 M.

2. 多元成本函数与利润函数

在经济上,许多厂家生产的产品是多样的,并且生产各个产品的成本、价格、生产及销售量相互影响,成本函数、收益函数与利润函数的影响因素可能很多,因此它们都是多元函数.

例如 某企业生产 A,B 两种产品,产量分别为 Q_1,Q_2,企业成本函数与产量有关,即

$$C = f(Q_1,Q_2).$$

已知 A,B 两种产品的价格分别为 p_1,p_2,于是企业的利润函数

$$L = g(Q_1,Q_1;p_1,p_2).$$

三、二元函数的几何意义

设函数 $z=f(x,y)$ 的定义域为 D,对于任意取定的点 $P(x_0,y_0)\in D$,对应唯一的一个 $z_0=f(x_0,y_0)$,在空间直角坐标系中,(x_0,y_0,z_0) 表示一个点,当 (x,y) 取遍 D 上一切点时,得到一个空间点集

$$\{(x,y,z)\,|\,z=f(x,y),(x,y)\in D\},$$

该点集称为二元函数 $z=f(x,y)$ 的**图形**. 如图 8-4 所示.

二元函数的**几何意义**:二元函数在空间解析几何中表示空间曲面.

例如,函数 $z=1-x-y$ 表示平面,函数 $z=\sqrt{1-x^2-y^2}$ 表示上半球面等.

四、二元函数的极限

类似一元函数,二元函数也有极限的概

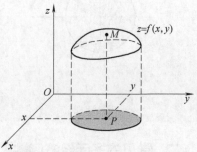

图 8-4

念:

定义 2 设二元函数 $z=f(x,y)$ 在点 $P_0(x_0,y_0)$ 的某一空心邻域内有定义,点 $P(x,y)$ 为该空心邻域中异于 P_0 的任意一点,当 $(x,y)\to(x_0,y_0)$,即 $P\to P_0$ 时,函数 $f(x,y)$ 无限趋于某个常数 A,则称常数 A 为函数 $f(x,y)$ 当 $x\to x_0,y\to y_0$ 时的**极限**. 记为:

$$\lim_{\substack{x\to x_0\\y\to y_0}}f(x,y)=A \text{ 或 } \lim_{P\to P_0}f(x,y)=A.$$

为了区别于一元函数的极限,我们把二元函数的极限称为**二重极限**.

注 在一元函数 $y=f(x)$ 极限的定义中,点 x 只是沿着 x 轴趋向于 x_0,二元函数极限的定义中,要求平面上的点 $P(x,y)$ 趋向于 $P_0(x_0,y_0)$ 的过程可以任意方式、任意路径. 因此,如果点 $P(x,y)$ 只取某些特殊方式,例如,沿平行于坐标轴的直线趋向于 $P_0(x_0,y_0)$,即使这时函数趋于某一常数,我们也不能断定函数极限就一定存在.

例 5 讨论 $f(x,y)=\begin{cases}\dfrac{xy}{x^2+y^2}, & x^2+y^2\neq 0,\\ 0, & x^2+y^2=0\end{cases}$ 在 $(0,0)$ 处的极限.

解 当 P 点沿 x 轴趋向于原点时,即当 $y=0,x\to 0$ 时有

$$\lim_{\substack{x\to 0\\y=0}}f(x,y)=\lim_{x\to 0}f(x,0)=0.$$

当 P 点沿 y 轴趋向于原点时,即当 $x=0,y\to 0$ 时有

$$\lim_{\substack{x=0\\y\to 0}}f(x,y)=\lim_{y\to 0}f(0,y)=0.$$

它们的极限均存在且相等.

但是,当 P 点沿 $y=kx$ 轴趋向于原点时,即当 $y=kx,x\to 0$ 时,有

$$\lim_{\substack{y=kx\\x\to 0}}f(x,y)=\lim_{x\to 0}\frac{k}{1+k^2}.$$

二元函数值与 k 值有关且随 k 变化而变化,说明点 $P(x,y)$ 以不同方式趋于原点时,二元函数不趋于同一个常数,故函数极限不存在.

总结 二元函数的极限 $\lim\limits_{\substack{x\to x_0\\y\to y_0}}f(x,y)$ 存在,即要求点 $P(x,y)$ 以任意方式趋于 $P_0(x_0,y_0)$ 时,函数 $f(x,y)$ 极限不仅要存在,而且都要相等. 则若当点 $P(x,y)$ 趋向于 $P_0(x_0,y_0)$ 时,

(1) 任何路径下函数极限值恒为定值,极限存在;

(2) 特殊路径下函数极限值不相等,极限不存在;

(3) 特殊路径下函数极限值相等,极限不一定存在.

相比较而言上述三点中较实用的是第(2)种情况,可用来判断二元函数极限

不存在．一般判断方法如下：令 $P(x,y)$ 沿 $y=kx$ 趋向于 $P_0(x_0,y_0)$，若二元函数的值与 k 有关，则函数的极限不存在．

例 6　求极限 $\lim\limits_{\substack{x\to0\\y\to0}}(x^2+y^2)\sin\dfrac{1}{x^2+y^2}$．

解　令 $u=x^2+y^2$，则

$$\lim_{\substack{x\to0\\y\to0}}(x^2+y^2)\sin\frac{1}{x^2+y^2}=\lim_{u\to0}u\sin\frac{1}{u}=0.$$

例 7　求极限 $\lim\limits_{\substack{x\to\infty\\y\to\infty}}\dfrac{x+y}{x^2+y^2}$．

解　当 $xy\neq0$ 时有

$$0\leqslant\left|\frac{x+y}{x^2+y^2}\right|\leqslant\frac{|x|+|y|}{2|xy|}=\frac{1}{2}\left(\frac{1}{|y|}+\frac{1}{|x|}\right)\to0(x\to\infty,y\to\infty)$$

所以　　　　　　　　　　　　　$\lim\limits_{\substack{x\to\infty\\y\to\infty}}\dfrac{x+y}{x^2+y^2}=0.$

例 8　求极限 $\lim\limits_{\substack{x\to0\\y\to0}}\dfrac{xy}{\sqrt{xy+1}-1}$．

解　　　　$\lim\limits_{\substack{x\to0\\y\to0}}\dfrac{xy}{\sqrt{xy+1}-1}=\lim\limits_{\substack{x\to0\\y\to0}}\dfrac{xy(\sqrt{xy+1}+1)}{xy}=2.$

例 9　求极限 $\lim\limits_{\substack{x\to\infty\\y\to0}}\left(1+\dfrac{1}{x}\right)^{\frac{x^2}{x+y}}$．

解　$\lim\limits_{\substack{x\to\infty\\y\to0}}\left(1+\dfrac{1}{x}\right)^{\frac{x^2}{x+y}}=\lim\limits_{\substack{x\to\infty\\y\to0}}\left[\left(1+\dfrac{1}{x}\right)^x\right]^{\frac{x}{x+y}}=\mathrm{e}.$

五、二元函数的连续性

1. 二元函数连续的概念

定义 3　若

(1)函数 $f(x,y)$ 在 (x_0,y_0) 的邻域内有定义；

(2)$\lim\limits_{\substack{x\to x_0\\y\to y_0}}f(x,y)$ 极限存在；

(3)$\lim\limits_{\substack{x\to x_0\\y\to y_0}}f(x,y)=f(x_0,y_0)$；

则称 $f(x,y)$ 在点 (x_0,y_0) 处 **连续**．若 $f(x,y)$ 在区域 D 内每一点皆连续，则称 $f(x,y)$ 在 D 内连续．在区域 D 上连续的函数，其几何图形为空间中一张连续的曲面．

注　定义 3 中的三个条件中只要有一个条件不满足，则 $f(x,y)$ 在点 (x_0,y_0)

处间断.

例如　例 6 中的函数在原点是不连续的或间断的；函数 $f(x,y)=\dfrac{1}{x-y^2}$ 在抛物线 $x-y^2=0$ 上的点均是间断点.

定理 1　如果函数 $f(x,y)$ 与 $g(x,y)$ 在区域 D 上为连续函数，则 $f(x,y)\pm g(x,y)$，$f(x,y)g(x,y)$，$f(x,y)/g(x,y)$（$g(x,y)\neq0$）均为区域 D 上的连续函数.

定理 2　连续函数的复合函数仍为连续函数.

2. 闭区域上连续函数的性质

与一元函数类似地，二元函数有以下性质.

定理 3（有界性定理）　设 $f(x,y)$ 在闭区域 D 上连续，则 $f(x,y)$ 在 D 上一定有界.

定理 4（最大值最小值定理）　设 $f(x,y)$ 在闭区域 D 上连续，则 $f(x,y)$ 在 D 上一定有最大值和最小值.

$$\max_{(x,y)\in D}f(x,y)=M\text{（最大值）}，\quad \min_{(x,y)\in D}f(x,y)=m\text{（最小值）}.$$

定理 5（介值定理）　设 $f(x,y)$ 在闭区域 D 上连续，M 为最大值，m 为最小值. 若 $m\leqslant C\leqslant M$，则存在 $(x_0,y_0)\in D$，使得 $f(x_0,y_0)=C$.

习　题　8.1

1. 求下列函数的定义域：

(1) $z=\ln(y^2-2x+1)$；

(2) $z=\dfrac{1}{\sqrt{x+y}}+\dfrac{1}{\sqrt{x-y}}$；

(3) $z=\arcsin\dfrac{x^2+y^2}{4}$；

(4) $z=\sqrt{x-\sqrt{y}}$；

(5) $z=x^2+y^2$；

(6) $z=\sqrt{xy}$；

(7) $z=\arcsin\dfrac{x}{y}$；

(8) $u=\sqrt{R^2-x^2-y^2-z^2}+\dfrac{1}{\sqrt{x^2+y^2+z^2-r^2}}$　$(R>r>0)$.

2. 若 $f(x,y)=\dfrac{x-2y}{2x-y}$，求 $f(2,1)$ 和 $f(3,-1)$.

3. 已知 $f(x,y)=\ln x\ln y$，试证：$f(xy,uv)=f(x,u)+f(x,v)+f(y,u)+f(y,v)$.

4. 求下列极限：

(1) $\lim\limits_{\substack{x\to 0 \\ y\to 0}} \dfrac{x^2+y^2}{\sqrt{x^2+y^2-1}}$；

(2) $\lim\limits_{\substack{x\to 0 \\ y\to 1}} \dfrac{1-xy}{x^2+y^2}$；

(3) $\lim\limits_{\substack{x\to 0 \\ y\to 2}} \dfrac{\sin(xy)}{x}$；

(4) $\lim\limits_{\substack{x\to \infty \\ y\to k}} \left(1+\dfrac{y}{x}\right)^x \ (k\neq 0)$；

(5) $\lim\limits_{\substack{x\to 1 \\ y\to 0}} \dfrac{\ln(x+e^y)}{\sqrt{x^2+y^2}}$；

(6) $\lim\limits_{\substack{x\to 0 \\ y\to 0}} \dfrac{2-\sqrt{xy+4}}{xy}$.

5. 证明下列极限不存在：

(1) $\lim\limits_{\substack{x\to 0 \\ y\to 0}} \dfrac{x+y}{x-y}$；

(2) $\lim\limits_{\substack{x\to 0 \\ y\to 0}} \dfrac{x^3 y}{x^6+y^2}$.

6. 讨论函数 $f(x,y)=\dfrac{y^2+2x}{y^2-2x}$ 的连续性.

第二节　多元函数的偏导数

引　一元函数 $y=f(x)$ 的导数 $f'(x)=\lim\limits_{\Delta x\to 0}\Delta y/\Delta x$ 表示函数增量与自变量增量比值的极限，$y=f'(x_0)$ 表示在 $x=x_0$ 处曲线 $y=f(x)$ 的切线斜率；对于二元函数，有两个自变量，如何刻画函数增量与各个自变量增量比值的极限及几何意义？

一、偏导数

1. 函数的增量

对于二元函数 $z=f(x,y)$，在区域 D 内的点 (x_0,y_0) 处，函数增量的形式有三种(记 $\Delta x=x-x_0$，$\Delta y=y-y_0$)，即：

$$f(x_0+\Delta x,y_0)-f(x_0,y_0),$$
$$f(x_0,y_0+\Delta y)-f(x_0,y_0),$$
$$f(x_0+\Delta x,y_0+\Delta y)-f(x_0,y_0).$$

前两种都是一个变量变化而引起的函数值的变化，称为函数的**偏增量**，分别记为 $\Delta_x z$，$\Delta_y z$；第三种是两个变量变化引起的函数变化，称之为函数的**全增量**，记为 Δz.

2. 偏导数

定义 1　设函数 $z=f(x,y)$ 在点 (x_0,y_0) 的某邻域内有定义，若极限

$$\lim_{\Delta x \to 0} \frac{\Delta_x z}{\Delta x} = \lim_{\Delta x \to 0} \frac{f(x_0 + \Delta x, y_0) - f(x_0, y_0)}{\Delta x}$$

存在,则称此极限为函数 $z = f(x,y)$ 在点 (x_0, y_0) 处**对 x 的偏导数**,记作

$$f_x(x_0, y_0) \text{或} \frac{\partial z}{\partial x}\bigg|_{(x_0, y_0)} \text{或} z_x\bigg|_{(x_0, y_0)}.$$

同理,若

$$\lim_{\Delta y \to 0} \frac{\Delta_y z}{\Delta y} = \lim_{\Delta y \to 0} \frac{f(x_0, y_0 + \Delta y) - f(x_0, y_0)}{\Delta y}$$

存在,则称此极限为函数 $z = f(x,y)$ 在点 (x_0, y_0) 处**对 y 的偏导数**,记作

$$f_y(x_0, y_0) \text{或} \frac{\partial z}{\partial y}\bigg|_{(x_0, y_0)} \text{或} z_y\bigg|_{(x_0, y_0)}.$$

如果函数 $z = f(x,y)$ 在区域 D 内每一点 (x,y) 处对 x 的偏导数都存在,那么这个偏导数就是 x, y 的函数,称之为函数 $z = f(x,y)$ 对自变量 x 的**偏导函数**,记作

$$\frac{\partial z}{\partial x}, \frac{\partial f}{\partial x}, z_x, f_x(x,y).$$

类似地,可以定义函数 $z = f(x,y)$ 对自变量 y 的**偏导函数**,记作

$$\frac{\partial z}{\partial y}, \frac{\partial f}{\partial y}, z_y, f_y(x,y).$$

3. 偏导数的计算

(1) 多元函数偏导数的求法:在求多元函数对某个自变量的偏导数时,只需要把其余自变量看成常数,然后直接利用一元函数的求导法则及复合函数的求导法则来计算.

(2) 多元函数在某点处偏导数:

$$\frac{\partial z}{\partial x}\bigg|_{(x_0, y_0)} = \frac{\mathrm{d}}{\mathrm{d}x}f(x, y_0)\bigg|_{x = x_0}; \frac{\partial z}{\partial y}\bigg|_{(x_0, y_0)} = \frac{\mathrm{d}}{\mathrm{d}y}f(x_0, y)\bigg|_{y = y_0}.$$

先求偏导数,然后求在点 (x_0, y_0) 处函数值.

偏导数的概念可推广到三元及三元以上函数,如 $u = f(x, y, z)$ 的偏导数:

$$f_x(x, y, z) = \lim_{\Delta x \to 0} \frac{f(x + \Delta x, y, z) - f(x, y, z)}{\Delta x},$$

$$f_y(x, y, z) = \lim_{\Delta y \to 0} \frac{f(x, y + \Delta y, z) - f(x, y, z)}{\Delta y},$$

$$f_z(x, y, z) = \lim_{\Delta z \to 0} \frac{f(x, y, z + \Delta z) - f(x, y, z)}{\Delta z}.$$

例 1 求函数 $z = x^2 + 3xy + y^2$ 在点 $(1,2)$ 处的偏导数.

解 首先求 $f_x(1,2)$,先将 $y = 2$ 代入函数中得

$$f(x, 2) = x^2 + 6x + 4.$$

233

于是,$f_x(1,2)=f'(x,2)|_{x=1}=(x^2+6x+4)'|_{x=1}=(2x+6)|_{x=1}=8$;

同理 $f_y(1,2)=f'(1,y)|_{y=2}=(y^2+3y+1)'|_{y=2}=(2y+3)|_{y=2}=7$.

例 2 设 $z=x^y$ $(x>0,x\neq 1)$,求证

$$\frac{x}{y}\frac{\partial z}{\partial x}+\frac{1}{\ln x}\frac{\partial z}{\partial y}=2z.$$

证 因为 $\dfrac{\partial z}{\partial x}=yx^{y-1}$,$\dfrac{\partial z}{\partial y}=x^y\ln x$,所以

$$\frac{x}{y}\frac{\partial z}{\partial x}+\frac{1}{\ln x}\frac{\partial z}{\partial y}=\frac{x}{y}yx^{y-1}+\frac{1}{\ln x}x^y\ln x=x^y+x^y=2z.$$

例 3 求三元函数 $u=\sin(x+y^2-e^z)$ 的偏导数.

解 把 y,z 看成常数,对 x 求导,得

$$\frac{\partial u}{\partial x}=\cos(x+y^2-e^z);$$

把 x,z 看成常数,对 y 求导,得

$$\frac{\partial u}{\partial y}=2y\cos(x+y^2-e^z);$$

把 x,y 看成常数,对 z 求导,得

$$\frac{\partial u}{\partial z}=-e^z\cos(x+y^2-e^z).$$

注 关于多元函数偏导数,有几点说明:

(1) 偏导数 $\dfrac{\partial u}{\partial x}$ 是一个整体记号,不能拆分;

(2) 分界点、不连续点处的偏导数要用定义求.

例 4 设 $z=f(x,y)=\sqrt{|xy|}$,求 $f_x(0,0),f_y(0,0)$.

解 $f_x(0,0)=\lim\limits_{x\to 0}\dfrac{\sqrt{|x\cdot 0|}-0}{x}=0=f_y(0,0)$.

(3) 偏导数存在与连续的关系

在一元函数中,函数若在某点 x_0 处可导,则函数必在该点 x_0 处连续;但是在多元函数中,若多元函数在某点 (x_0,y_0) 处偏导数存在,函数不一定在点 (x_0,y_0) 连续.

例如,函数 $f(x,y)=\begin{cases}\dfrac{xy}{x^2+y^2}, & x^2+y^2\neq 0,\\ 0, & x^2+y^2=0\end{cases}$ 根据定义知在 $(0,0)$ 处有

$$f_x(0,0)=\lim_{x\to 0}\frac{f(x,0)-f(0,0)}{x}=0,$$

同理

$$f_y(0,0)=f_x(0,0)=0.$$

但函数在该点处并不连续.

二、偏导数的意义

1. 偏导数的几何意义

如图 8-5 所示,$f_x(x_0,y_0)$ 表示曲面 $z=f(x,y)$ 与平面 $y=y_0$ 的截线在点 $(x_0,y_0,f(x_0,y_0))$ 处的切线关于 x 轴的斜率;$f_y(x_0,y_0)$ 表示曲面 $z=f(x,y)$ 与平面 $x=x_0$ 的截线在点 $(x_0,y_0,f(x_0,y_0))$ 处的切线关于 y 轴的斜率.

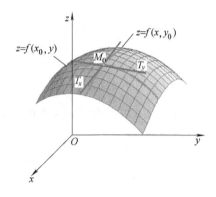

图 8-5

2. 经济函数的偏导数的意义

设两种相关商品甲和乙的需求函数为:
$$Q_1=f_1(p_1,p_2),\quad Q_2=f_2(p_1,p_2).$$

其中,Q_1 和 Q_2 为甲、乙商品需求量,p_1 和 p_2 分别表示甲和乙的价格.需求量 Q_1 和 Q_2 的偏导数为边际需求函数.

$\dfrac{\partial Q_1}{\partial p_1}$ 表示乙商品的价格 p_2 保持不变的情况下,甲商品的价格 p_1 变化时,甲商品需求量 Q_1 的变化率,称其为甲商品关于自身价格 p_1 的边际需求.

$\dfrac{\partial Q_1}{\partial p_2}$ 表示甲商品的价格 p_1 保持不变的情况下,乙商品的价格 p_2 变化时,甲商品需求量 Q_1 的变化率,称其为甲商品关于相关价格 p_2 的边际需求.

$\dfrac{\partial Q_2}{\partial p_1},\dfrac{\partial Q_2}{\partial p_2}$ 的边际解释与 $\dfrac{\partial Q_1}{\partial p_1},\dfrac{\partial Q_1}{\partial p_2}$ 的边际解释类似.

三、高阶偏导数

设 $z=f(x,y)$ 的偏导数为 $f_x(x,y)$ 和 $f_y(x,y)$,那么它们的偏导数就称为 $z=f(x,y)$ 的二阶偏导数,共有四种:

$$\frac{\partial}{\partial x}\left(\frac{\partial z}{\partial x}\right)=\frac{\partial^2 z}{\partial x^2}=f_{xx}(x,y);\quad \frac{\partial}{\partial y}\left(\frac{\partial z}{\partial x}\right)=\frac{\partial^2 z}{\partial x\partial y}=f_{xy}(x,y);$$

$$\frac{\partial}{\partial x}\left(\frac{\partial z}{\partial y}\right)=\frac{\partial^2 z}{\partial y\partial x}=f_{yx}(x,y);\quad \frac{\partial}{\partial y}\left(\frac{\partial z}{\partial y}\right)=\frac{\partial^2 z}{\partial y^2}=f_{yy}(x,y).$$

其中,$\dfrac{\partial^2 z}{\partial x\partial y},\dfrac{\partial^2 z}{\partial y\partial x}$ 为混合偏导数.若 $\dfrac{\partial^2 z}{\partial x\partial y},\dfrac{\partial^2 z}{\partial y\partial x}$ 在 (x,y) 处连续,则 $\dfrac{\partial^2 z}{\partial x\partial y}=\dfrac{\partial^2 z}{\partial y\partial x}$,

也就是说在这种情况下混合偏导数与求导的次序无关.

例 5 设 $z = x^3 y^2 - 3xy^3 - xy + 1$，求 $\dfrac{\partial^2 z}{\partial x^2}, \dfrac{\partial^2 z}{\partial y \partial x}, \dfrac{\partial^2 z}{\partial x \partial y}, \dfrac{\partial^2 z}{\partial y^2}$ 及 $\dfrac{\partial^3 z}{\partial x^3}$.

解 因为 $\dfrac{\partial z}{\partial x} = 3x^2 y^2 - 3y^3 - y, \dfrac{\partial z}{\partial y} = 2x^3 y - 9xy^2 - x$，则

$$\frac{\partial^2 z}{\partial x^2} = 6xy^2, \frac{\partial^3 z}{\partial x^3} = 6y^2, \frac{\partial^2 z}{\partial y^2} = 2x^3 - 18xy,$$

$$\frac{\partial^2 z}{\partial x \partial y} = 6x^2 y - 9y^2 - 1, \frac{\partial^2 z}{\partial y \partial x} = 6x^2 y - 9y^2 - 1.$$

类似地，可以讨论二元函数的三阶及 n 阶偏导数.

习 题 8.2

1. 求下列函数的偏导数：

(1) $z = xy + \dfrac{x}{y}$; (2) $z = x^2 \ln(x^2 + y^2)$;

(3) $z = (1 + xy)^y$; (4) $z = x e^{-xy}$;

(5) $z = \arctan \dfrac{y}{x}$; (6) $s = \dfrac{u^2 + v^2}{uv}$;

(7) $z = \displaystyle\int_0^{xy} e^{-t^2} \, dt$; (8) $z = \sqrt{\ln(xy)}$;

(9) $z = \sin(xy) + \cos^2(xy)$; (10) $z = \ln \tan \dfrac{x}{y}$;

(11) $u = x^{\frac{y}{z}}$; (12) $u = \arctan(x - y)^z$.

2. 设 $f(x, y) = x^2 y^2 - 2y$，求 $f_x(2, 3)$.

3. 设 $f(x, y) = x + (y - 1) \arcsin \sqrt{\dfrac{x}{y}}$，求 $f_x(x, 1)$.

4. 设 $z = \ln(\sqrt{x} + \sqrt{y})$，证明：$x \dfrac{\partial z}{\partial x} + y \dfrac{\partial z}{\partial y} = \dfrac{1}{2}$.

5. 求下列函数的二阶偏导数：

(1) $z = x^4 + y^4 - 4x^2 y^2$; (2) $z = 4x^3 + 3x^2 y - 3xy^2 - x + y$;

(3) $z = y^x$; (4) $z = \sin^2(ax + by)$;

(5) $z = x \ln(x + y)$; (6) $z = x \sin(x + y) + y \cos(x + y)$.

6. 验证 $z = \ln \sqrt{x^2 + y^2}$ 满足方程 $\dfrac{\partial^2 z}{\partial x^2} + \dfrac{\partial^2 z}{\partial y^2} = 0$.

7. 验证 $z = 2\cos^2\left(x - \dfrac{t}{2}\right)$ 满足方程 $2\dfrac{\partial^2 z}{\partial t^2} + \dfrac{\partial^2 z}{\partial x \partial t} = 0$.

第三节　全　微　分

引　一工厂有 x 名技术工人和 y 名非技术工人,每天可生产的产量为
$$Q = x^2 y.$$
工厂现有 16 名技术工人和 32 名非技术工人,若厂长计划再雇一名技术工人,问:如何调整非技术工人的人数,可使产量没有大的变化?

一、全微分的定义

由一元函数微分学中增量与微分的关系得
$$f(x + \Delta x, y) - f(x, y) \approx f_x(x, y)\Delta x,$$
$$f(x, y + \Delta y) - f(x, y) \approx f_y(x, y)\Delta y.$$

如果函数 $z = f(x, y)$ 在点 (x, y) 的某邻域内有定义,并设点 $P'(x + \Delta x, y + \Delta y)$ 为该邻域内的任意一点,则称这两点的函数值之差 $f(x + \Delta x, y + \Delta y) - f(x, y)$ 为函数在点 P 对应于自变量增量 $\Delta x, \Delta y$ 的**全增量**,记为 Δz,即 $\Delta z = f(x + \Delta x, y + \Delta y) - f(x, y)$.

定义　如果函数 $z = f(x, y)$ 在点 (x, y) 的全增量
$$\Delta z = f(x + \Delta x, y + \Delta y) - f(x, y)$$
可以表示为 $\Delta z = A\Delta x + B\Delta y + o(\rho)$,其中,$A, B$ 不依赖于 $\Delta x, \Delta y$ 而仅与 x, y 有关,$\rho = \sqrt{(\Delta x)^2 + (\Delta y)^2}$,则称函数 $z = f(x, y)$ 在点 (x, y) 可微分,$A\Delta x + B\Delta y$ 称为函数 $z = f(x, y)$ 在点 (x, y) 的**全微分**,记为 $\mathrm{d}z$,即
$$\mathrm{d}z = A\Delta x + B\Delta y.$$
函数若在某区域 D 内各点处处可微分,则称该函数在 D 内可微分.

注　如果函数 $z = f(x, y)$ 在点 (x, y) 可微分,则函数在该点连续.

事实上,$\Delta z = A\Delta x + B\Delta y + o(\rho)$,$\lim\limits_{\rho \to 0} \Delta z = 0$,且
$$\lim_{\substack{\Delta x \to 0 \\ \Delta y \to 0}} f(x + \Delta x, y + \Delta y) = \lim_{\rho \to 0}[f(x, y) + \Delta z] = f(x, y).$$
故函数 $z = f(x, y)$ 在点 (x, y) 处连续.

二、可微的条件

定理 1(必要条件)　如果函数 $z=f(x,y)$ 在点 (x,y) 可微分，则该函数在点 (x,y) 的偏导数 $\dfrac{\partial z}{\partial x}$ 和 $\dfrac{\partial z}{\partial y}$ 必存在，且函数 $z=f(x,y)$ 在点 (x,y) 的全微分为

$$dz=\frac{\partial z}{\partial x}\Delta x+\frac{\partial z}{\partial y}\Delta y.$$

证　如果函数 $z=f(x,y)$ 在点 $P(x,y)$ 可微分，则

$$\Delta z = A\Delta x + B\Delta y + o(\rho).$$

令 $\Delta y=0$ 时，$\Delta_x z=A\Delta x+o(\Delta x)$，即

$$\frac{\Delta_x z}{\Delta x}=A+\frac{o(\Delta x)}{\Delta x}.$$

所以，$\lim\limits_{\Delta x\to 0}\dfrac{\Delta_x z}{\Delta x}=A$，即 $\dfrac{\partial z}{\partial x}=A$.

同理令 $\Delta x=0$，可得 $B=\dfrac{\partial z}{\partial y}$.

由此可见，$z=f(x,y)$ 在 D 内的全微分可记为

$$dz=\frac{\partial z}{\partial x}dx+\frac{\partial z}{\partial y}dy.$$

例 1　计算函数 $z=e^{xy}$ 在点 $(2,1)$ 处的全微分.

解　因为 $\dfrac{\partial z}{\partial x}=ye^{xy}$，$\dfrac{\partial z}{\partial y}=xe^{xy}$，则

$$\frac{\partial z}{\partial x}\bigg|_{(2,1)}=e^2,\ \frac{\partial z}{\partial y}\bigg|_{(2,1)}=2e^2,$$

所求全微分为

$$dz=e^2\,dx+2e^2\,dy.$$

例 2　求函数 $z=y\cos(x-2y)$，当 $x=\dfrac{\pi}{4}$，$y=\pi$，$dx=\dfrac{\pi}{4}$，$dy=\pi$ 时的全微分.

解

$$\frac{\partial z}{\partial x}=-y\sin(x-2y),$$

$$\frac{\partial z}{\partial y}=\cos(x-2y)+2y\sin(x-2y),$$

所以全微分　$dz\bigg|_{(\frac{\pi}{4},\pi)}=\dfrac{\partial z}{\partial x}\bigg|_{(\frac{\pi}{4},\pi)}dx+\dfrac{\partial z}{\partial y}\bigg|_{(\frac{\pi}{4},\pi)}dy=\dfrac{\sqrt{2}}{8}\pi(4+7\pi)$.

例 3　计算函数 $u=x+\sin\dfrac{y}{2}+e^{yz}$ 的全微分.

解　因为 $\dfrac{\partial u}{\partial x}=1$，$\dfrac{\partial u}{\partial y}=\dfrac{1}{2}\cos\dfrac{y}{2}+ze^{yz}$，$\dfrac{\partial u}{\partial z}=ye^{yz}$，

所求全微分 $\qquad du=dx+\left(\dfrac{1}{2}\cos\dfrac{y}{2}+ze^{yz}\right)dy+ye^{yz}dz.$

例 4 一工厂有 x 名技术工人和 y 名非技术工人,每天可生产的产量为

$$Q=x^2y$$

(1) 求全微分 dQ;

(2) 工厂现有 16 名技术工人和 32 名非技术工人,若厂长计划再雇一名技术工人,问如何调整非技术工人的人数,可使产量没有大的变化($dQ=0$)?

解 (1) $dQ=\dfrac{\partial Q}{\partial x}dx+\dfrac{\partial Q}{\partial y}dy=2xydx+x^2dy$;

(2) 当 $x=16$,$y=32$ 时,$Q=16^2\times32=8192$. 产量没有大的变化即为:$dQ=0$ 取 $dx=1$,代入上式中得 $dy=-4$,因此厂长应少雇佣 4 名非技术工人.

我们知道,一元函数在某点的导数存在是微分存在的充分必要条件. 但对于多元函数来说,各偏导数的存在只是全微分存在的必要条件而不是充分条件. 例如,函数

$$f(x,y)=\begin{cases}\dfrac{xy}{\sqrt{x^2+y^2}}, & x^2+y^2\neq0,\\[2mm]0, & x^2+y^2=0\end{cases}$$

在点 $(0,0)$ 处有 $f_x(0,0)=0$ 及 $f_y(0,0)=0$,所以

$$\Delta z-[f_x(0,0)\cdot\Delta x+f_y(0,0)\cdot\Delta y]=\dfrac{\Delta x\cdot\Delta y}{\sqrt{(\Delta x)^2+(\Delta y)^2}}.$$

如果考虑点 z 沿着直线 $y=x$ 趋近于 $(0,0)$ 点,则

$$\dfrac{\dfrac{\Delta x\cdot\Delta y}{\sqrt{(\Delta x)^2+(\Delta y)^2}}}{\rho}=\dfrac{\Delta x\cdot\Delta y}{(\Delta x)^2+(\Delta y)^2}=\dfrac{\Delta x\cdot\Delta x}{(\Delta x)^2+(\Delta x)^2}=\dfrac{1}{2},$$

它不能随 $\rho\to0$ 而趋于 0,这表示 $\Delta z-[f_x(0,0)\cdot\Delta x+f_y(0,0)\cdot\Delta y]$ 并不是一个比 ρ 较高阶的无穷小,因此函数在点 $(0,0)$ 处的全微分并不存在,即函数在点 $(0,0)$ 处是不可微分的.

但是,如果函数的偏导数存在且连续,则可以证明函数是可微分的,即有下面的定理.

定理 2(充分条件) 如果函数 $z=f(x,y)$ 的偏导数 $\dfrac{\partial z}{\partial x}$ 和 $\dfrac{\partial z}{\partial y}$ 在点 (x,y) 连续,则该函数在点 (x,y) 可微分.

习 题 8.3

1. 求下列函数的全微分:

(1) $z=xy+\dfrac{x}{y}$;　　　　　(2) $z=\sin(x^2+y)$;

(3) $f(x,y)=\dfrac{y}{\sqrt{x^2+y^2}}$;　　(4) $f(x,y,z)=x^{yz}$;

(5) $u=x^{y^2}$;　　　　　　(6) $z=a^y-\sqrt{a^2-x^2-y^2}$　$(a>0)$;

(7) $u=\left(\dfrac{x}{y}\right)^z$;　　　　(8) $z=\mathrm{e}^{ax^2+by^2}$　$(a,b$ 为常数$)$.

2. 求函数 $z=\ln(1+x^2+y^2)$ 当 $x=1,y=2$ 时的全微分.

3. 求函数 $u=z^4-3xz+x^2+y^2$ 在点 $(1,1,1)$ 处的全微分.

4. 设 $u(x,y)=\dfrac{x+y}{1+y}$, 求 $\mathrm{d}u(-1,2)$.

5. 求函数 $z=\dfrac{y}{x}$ 当 $x=2$, $y=1$, $\Delta x=0.1$, $\Delta y=-0.2$ 时的全增量和全微分.

6. 证明函数 $f(x,y)=\sqrt{|xy|}$ 在点 $(0,0)$ 处的两个偏导数都存在, 但函数 $f(x,y)$ 在点 $(0,0)$ 处不可微.

第四节　多元复合函数的求导法则

引　一元复合函数的求导用的是"剥壳"法, 效果很好. 根据多元函数的求偏导数法则, 多元复合函数该如何求偏导数? 本节介绍"链式法则".

一、链式法则

1. 链式结构图

若函数 $z=f(u,v)$ 是 u, v 的函数, 而 $u=\varphi(x,y)$ 及 $v=\psi(x,y)$ 都是关于 x, y 的函数, 则 $z=f(\varphi(x,y),\psi(x,y))$ 是关于 x, y 的复合函数, 称 u, v 为中间变量. 其结构如图 8-6 所示.

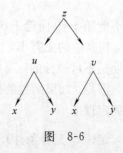

图 8-6

这种结构是一般的情况, 还有函数有一个中间变量, 或多个中间变量; 或中间变量为一元函数或多元函数（如不同函数的复合构成的复合函数）, 其链式结构不同.

2. 链式法则

定理 1　如果函数 $u=\varphi(x,y)$, $v=\psi(x,y)$ 在点 (x,y) 有偏导数, 函数 $z=f(u,v)$ 在对应点 (u,v) 可微, 那么复合函数 $z=f(\varphi(x,y),\psi(x,y))$ 在点 (x,y) 有对 x 及 y 的偏导数, 并且它们可由下列公式来计算

$$\frac{\partial z}{\partial x}=\frac{\partial z}{\partial u}\frac{\partial u}{\partial x}+\frac{\partial z}{\partial v}\frac{\partial v}{\partial x}, \tag{8-1}$$

$$\frac{\partial z}{\partial y}=\frac{\partial z}{\partial u}\frac{\partial u}{\partial y}+\frac{\partial z}{\partial v}\frac{\partial v}{\partial y}. \tag{8-2}$$

证明略.

定理2 如果函数 $u=\varphi(x,y)$，在点 (x,y) 有偏导数，函数 $z=f(u)$ 在对应点 u 可微，其结构如图 8-7 所示. 那么复合函数 $z=f(\varphi(x,y))$ 在点 (x,y) 有对 x 及 y 的偏导数，并且它们可由下列公式来计算

$$\frac{\partial z}{\partial x}=\frac{\mathrm{d}z}{\mathrm{d}u}\frac{\partial u}{\partial x}, \tag{8-3}$$

$$\frac{\partial z}{\partial y}=\frac{\mathrm{d}z}{\mathrm{d}u}\frac{\partial u}{\partial y}. \tag{8-4}$$

证明略.

图 8-7 图 8-8

定理3 如果函数 $u=\varphi(t)$ 及 $v=\psi(t)$ 都在点 t 可导，函数 $z=f(u,v)$ 在对应点 (u,v) 具有连续偏导数，其结构如图 8-8 所示. 则复合函数 $z=f(\varphi(t),\psi(t))$ 在对应点 t 可导，且其导数可用下列公式计算

$$\frac{\mathrm{d}z}{\mathrm{d}t}=\frac{\partial z}{\partial u}\frac{\mathrm{d}u}{\mathrm{d}t}+\frac{\partial z}{\partial v}\frac{\mathrm{d}v}{\mathrm{d}t}. \tag{8-5}$$

证明略.

由上述定理，链式法则可以形象地概括为：分段用乘，分叉用加，单路全导，叉路偏导.

上述三个定理，只是几个特殊的复合函数情形，还可以推广到一般多元函数的求偏导数，步骤如下.

(1) 写出多元函数的链式结构，分清变量之间的关系；

(2) 链式法则："分段用乘，分叉用加，单路全导，叉路偏导".

例1 设 $z=\mathrm{e}^u\sin v$，而 $u=xy$，$v=x+y$，求 $\frac{\partial z}{\partial x}$ 和 $\frac{\partial z}{\partial y}$.

解
$$\frac{\partial z}{\partial x}=\frac{\partial z}{\partial u}\cdot\frac{\partial u}{\partial x}+\frac{\partial z}{\partial v}\cdot\frac{\partial v}{\partial x}$$
$$=\mathrm{e}^u\sin v\cdot y+\mathrm{e}^u\cos v\cdot 1=\mathrm{e}^u(y\sin v+\cos v),$$

$$\frac{\partial z}{\partial y}=\frac{\partial z}{\partial u}\cdot\frac{\partial u}{\partial y}+\frac{\partial z}{\partial v}\cdot\frac{\partial v}{\partial y}$$

$$=\mathrm{e}^u\sin v\cdot x+\mathrm{e}^u\cos v\cdot 1=\mathrm{e}^u(x\sin v+\cos v).$$

例 2　设 $z=uv+\sin t$, 而 $u=\mathrm{e}^t$, $v=\cos t$, 求全导数 $\dfrac{\mathrm{d}z}{\mathrm{d}t}$.

解　$\dfrac{\mathrm{d}z}{\mathrm{d}t}=\dfrac{\partial z}{\partial u}\cdot\dfrac{\mathrm{d}u}{\mathrm{d}t}+\dfrac{\partial z}{\partial v}\cdot\dfrac{\mathrm{d}v}{\mathrm{d}t}+\dfrac{\partial z}{\partial t}=v\mathrm{e}^t-u\sin t+\cos t$

$$=\mathrm{e}^t\cos t-\mathrm{e}^t\sin t+\cos t=\mathrm{e}^t(\cos t-\sin t)+\cos t.$$

例 3　设 $z=[\sin(x-y)]\mathrm{e}^{x+y}$, 求 $\dfrac{\partial z}{\partial x}$, $\dfrac{\partial z}{\partial y}$.

解　设 $u=x+y$, $v=x-y$, 则 $z=\mathrm{e}^u\sin v$.

因为　$\dfrac{\partial z}{\partial u}=\mathrm{e}^u\sin v$, $\dfrac{\partial z}{\partial v}=\mathrm{e}^u\cos v$, $\dfrac{\partial u}{\partial x}=1$, $\dfrac{\partial u}{\partial y}=1$, $\dfrac{\partial v}{\partial x}=1$, $\dfrac{\partial v}{\partial y}=-1$,

故有　$\dfrac{\partial z}{\partial x}=\mathrm{e}^u\sin v\cdot 1+\mathrm{e}^u\cos v\cdot 1$

$$=[\sin(x-y)+\cos(x-y)]\mathrm{e}^{x+y},$$

$$\frac{\partial z}{\partial y}=\mathrm{e}^u\sin v\cdot 1+\mathrm{e}^u\cos v\cdot(-1)$$

$$=[\sin(x-y)-\cos(x-y)]\mathrm{e}^{x+y}.$$

例 4　设 $w=f(x+y+z,xyz)$, f 具有二阶连续偏导数, 求 $\dfrac{\partial w}{\partial x}$ 和 $\dfrac{\partial^2 w}{\partial x\partial z}$.

解　令 $u=x+y+z$, $v=xyz$.

记 $f_1'=\dfrac{\partial f(u,v)}{\partial u}$, $f_{12}''=\dfrac{\partial^2 f(u,v)}{\partial u\partial v}$, 同理有 $f_2'=\dfrac{\partial f(u,v)}{\partial v}$, $f_{11}''=\dfrac{\partial^2 f(u,v)}{\partial u^2}$, $f_{22}''=\dfrac{\partial^2 f(u,v)}{\partial v^2}$.

故有　$\dfrac{\partial w}{\partial x}=\dfrac{\partial f}{\partial u}\cdot\dfrac{\partial u}{\partial x}+\dfrac{\partial f}{\partial v}\cdot\dfrac{\partial v}{\partial x}=f_1'+yzf_2'$;

$$\frac{\partial^2 w}{\partial x\partial z}=\frac{\partial}{\partial z}(f_1'+yzf_2')=\frac{\partial f_1'}{\partial z}+yf_2'+yz\frac{\partial f_2'}{\partial z};$$

又　$\dfrac{\partial f_1'}{\partial z}=\dfrac{\partial f_1'}{\partial u}\cdot\dfrac{\partial u}{\partial z}+\dfrac{\partial f_1'}{\partial v}\cdot\dfrac{\partial v}{\partial z}=f_{11}''+xyf_{12}''$;

$$\frac{\partial f_2'}{\partial z}=\frac{\partial f_2'}{\partial u}\cdot\frac{\partial u}{\partial z}+\frac{\partial f_2'}{\partial v}\cdot\frac{\partial v}{\partial z}=f_{21}''+xyf_{22}''$$;

于是　$\dfrac{\partial^2 w}{\partial x\partial z}=f_{11}''+xyf_{12}''+yf_2'+yz(f_{21}''+xyf_{22}'')$

$$=f_{11}''+y(x+z)f_{12}''+xy^2zf_{22}''+yf_2'.$$

例 5　设 $Q=f(x,xy,xyz)$, 且 f 存在一阶连续偏导数, 求函数 Q 的一阶偏导数.

解 设 $u=x$, $v=xy$, $w=xyz$, 则
$$Q=f(u,v,w).$$
于是

$$\frac{\partial Q}{\partial x}=\frac{\partial f}{\partial u}\frac{\partial u}{\partial x}+\frac{\partial f}{\partial v}\frac{\partial v}{\partial x}+\frac{\partial f}{\partial w}\frac{\partial w}{\partial x}=f_1'+yf_2'+yzf_3',$$

$$\frac{\partial Q}{\partial y}=\frac{\partial f}{\partial u}\frac{\partial u}{\partial y}+\frac{\partial f}{\partial v}\frac{\partial v}{\partial y}+\frac{\partial f}{\partial w}\frac{\partial w}{\partial y}=xf_2'+xzf_3',$$

$$\frac{\partial Q}{\partial z}=\frac{\partial f}{\partial u}\frac{\partial u}{\partial z}+\frac{\partial f}{\partial v}\frac{\partial v}{\partial z}+\frac{\partial f}{\partial w}\frac{\partial w}{\partial z}=xyf_3'.$$

在这个例子中, 我们用 f_1' 表示函数 $f(u,v,w)$ 对第一个变量 u 的偏导数, 即 $f_1'=\frac{\partial f}{\partial u}$. 类似地, 记 $f_2'=\frac{\partial f}{\partial v}$, $f_3'=\frac{\partial f}{\partial w}$, $f_{12}''=\frac{\partial^2 f(u,v,w)}{\partial u \partial v}$ 等. 这种表示法不依赖于中间变量具体用什么符号表示, 简洁而且含义清楚, 是偏导数运算中常用的一种表示法.

二、全微分形式不变性

设函数 $z=f(u,v)$ 具有连续偏导数, 则有全微分 $\mathrm{d}z=\frac{\partial z}{\partial u}\mathrm{d}u+\frac{\partial z}{\partial v}\mathrm{d}v$; 当 $u=\varphi(x,y)$、$v=\psi(x,y)$ 时, 有 $\mathrm{d}z=\frac{\partial z}{\partial x}\mathrm{d}x+\frac{\partial z}{\partial y}\mathrm{d}y$. 这就是全微分的形式不变性.

全微分形式不变形的实质是, 无论 z 是自变量 u、v 的函数或中间变量 u、v 的函数, 它的全微分形式是一样的.

$$\mathrm{d}z=\frac{\partial z}{\partial x}\mathrm{d}x+\frac{\partial z}{\partial y}\mathrm{d}y=\left(\frac{\partial z}{\partial u}\cdot\frac{\partial u}{\partial x}+\frac{\partial z}{\partial v}\cdot\frac{\partial v}{\partial x}\right)\mathrm{d}x+\left(\frac{\partial z}{\partial u}\cdot\frac{\partial u}{\partial y}+\frac{\partial z}{\partial v}\cdot\frac{\partial v}{\partial y}\right)\mathrm{d}y$$

$$=\frac{\partial z}{\partial u}\left(\frac{\partial u}{\partial x}\mathrm{d}x+\frac{\partial u}{\partial y}\mathrm{d}y\right)+\frac{\partial z}{\partial v}\left(\frac{\partial v}{\partial x}\mathrm{d}x+\frac{\partial v}{\partial y}\mathrm{d}y\right)$$

$$=\frac{\partial z}{\partial u}\mathrm{d}u+\frac{\partial z}{\partial v}\mathrm{d}v.$$

例6 已知 $\mathrm{e}^{-xy}-2z+\mathrm{e}^z=0$, 求 $\frac{\partial z}{\partial x}$ 和 $\frac{\partial z}{\partial y}$.

解 因为
$$\mathrm{d}(\mathrm{e}^{-xy}-2z+\mathrm{e}^z)=0,$$
所以
$$\mathrm{e}^{-xy}\mathrm{d}(-xy)-2\mathrm{d}z+\mathrm{e}^z\mathrm{d}z=0,$$
$$(\mathrm{e}^z-2)\mathrm{d}z=\mathrm{e}^{-xy}(x\mathrm{d}y+y\mathrm{d}x),$$
$$\mathrm{d}z=\frac{y\mathrm{e}^{-xy}}{(\mathrm{e}^z-2)}\mathrm{d}x+\frac{x\mathrm{e}^{-xy}}{(\mathrm{e}^z-2)}\mathrm{d}y,$$
$$\frac{\partial z}{\partial x}=\frac{y\mathrm{e}^{-xy}}{\mathrm{e}^z-2},\quad \frac{\partial z}{\partial y}=\frac{x\mathrm{e}^{-xy}}{\mathrm{e}^z-2}.$$

例 7　设 $z = e^u \sin v$，$u = xy$，$v = x + y$，利用全微分形式不变性求 $\dfrac{\partial z}{\partial x}$，$\dfrac{\partial z}{\partial y}$.

解　　　　　$dz = d(e^u \sin v) = e^u \sin v \, du + e^u \cos v \, dv,$

$$du = d(xy) = y \, dx + x \, dy,$$

$$dv = d(x + y) = dx + dy,$$

代入后归并含 dx 及 dy 的项, 得

$$dz = (e^u \sin v \cdot y + e^u \cos v) \, dx + (e^u \sin v \cdot x + e^u \cos v) \, dy,$$

即　$\dfrac{\partial z}{\partial x} dx + \dfrac{\partial z}{\partial y} dy = e^{xy} [y \sin(x+y) + \cos(x+y)] dx + e^{xy} [x \sin(x + y) + \cos(x + y)] dy.$

比较上式两边的 dx 和 dy 的系数, 就同时得到两个偏导数 $\dfrac{\partial z}{\partial x}$ 和 $\dfrac{\partial z}{\partial y}$. 即

$$\frac{\partial z}{\partial x} = e^{xy} [y \sin(x + y) + \cos(x + y)],$$

$$\frac{\partial z}{\partial y} = e^{xy} [x \sin(x + y) + \cos(x + y)].$$

习　题　8.4

1. 求下列复合函数的导数:

(1) $z = u^2 \ln v$, $u = \dfrac{y}{x}$, $v = x^2 + y^2$, 求 $\dfrac{\partial z}{\partial x}$, $\dfrac{\partial z}{\partial y}$;

(2) $z = e^{uv}$, $u = \ln \sqrt{x^2 + y^2}$, $v = \arctan \dfrac{y}{x}$, 求 $\dfrac{\partial z}{\partial x}$, $\dfrac{\partial z}{\partial y}$;

(3) $z = e^{x - 2y}$, $x = \sin t$, $y = t^3$, 求 $\dfrac{dz}{dt}$;

(4) $z = u^3$, $u = y^x$ 求 $\dfrac{\partial z}{\partial x}$, $\dfrac{\partial z}{\partial y}$;

(5) 设 $z = ue^v$, 其中, $u = x^2 + y^2$, $v = \dfrac{x^2 + y^2}{xy}$, 求 $\dfrac{\partial z}{\partial x}$;

(6) 设 $z = \arctan(xy)$, 而 $y = e^x$, 求 $\dfrac{dz}{dx}$;

(7) 设 $u = e^{x^2 + y^2 + z^2}$, 而 $z = x^2 \sin y$, 求 $\dfrac{\partial u}{\partial x}$, $\dfrac{\partial u}{\partial y}$;

(8) 设 $z = \dfrac{x}{y}$, $x = ct$, $y = \ln t$, 求 $\dfrac{dz}{dt}$　(c 为常数).

2. 设 f 可微, 求下列函数的一阶偏导数:

(1) $w = f(x^2 - y^2, e^{xy})$;　　　　(2) $w = f\left(\dfrac{x}{y}, \dfrac{y}{z}\right)$;

(3) $z=f\left(x+\dfrac{1}{y},\ y+\dfrac{1}{x}\right)$;　　　(4) $z=f\left(xy+\dfrac{y}{x}\right)$.

3. 设 $f(u,v)$ 具有二阶连续偏导数，求下列函数的偏导数 $\dfrac{\partial^2 z}{\partial x^2}$, $\dfrac{\partial^2 z}{\partial x\partial y}$, $\dfrac{\partial^2 z}{\partial y^2}$：

(1) $z=f(xy,y)$;　　　　　(2) $z=x^2 f\left(\dfrac{y}{x}\right)$.

4. 设 $z=xy+xf(u)$, $u=\dfrac{y}{x}$, $f(u)$ 可导，试证 $x\dfrac{\partial z}{\partial x}+y\dfrac{\partial z}{\partial y}=xy+z$.

5. 设 $z=\arctan\dfrac{x}{y}$, 而 $x=u+v$, $y=u-v$, 验证 $\dfrac{\partial z}{\partial u}+\dfrac{\partial z}{\partial v}=\dfrac{u-v}{u^2+v^2}$.

6. 设 $z=f(u,v,w)+g(u,w)$, 其中, f, g 均有连续偏导数，而 $u=\varphi(x,y)$, $v=\psi(x,y)$, $w=F(x)$ 均可导，求 $\dfrac{\partial z}{\partial x}$.

7. 设 $f(u,v)$ 有连续偏导数，$z=\mathrm{e}^x f(u,v)$, $u=x^3+y^3$, $v=x\mathrm{e}^y$, 求 $\dfrac{\partial z}{\partial x}$, $\dfrac{\partial z}{\partial y}$.

8. 设 $z=[f(x)]^{g(y)}$, 其中, $f>0$, g 都可导，求 $\dfrac{\partial z}{\partial x}$, $\dfrac{\partial z}{\partial y}$.

9. 设 $f(1,1)=1$, $f_1(1,1)=a$, $f_2(1,1)=b$, $\varphi(x)=f[x,f(x,f(x,x))]$, 求 $\varphi(1)$, $\varphi'(1)$.

第五节　隐函数的求导公式

引　考虑由方程 $x+y-z=\mathrm{e}^z$ 能否确定 $z=z(x,y)$? 如果 z 是关于 x, y 的多元函数，如何去求偏导数 $\dfrac{\partial z}{\partial x}$, $\dfrac{\partial z}{\partial y}$?

本节讲述仅由一个方程确定的隐函数的求导法则.

1. $F(x,y)=0$ 形式的隐函数

定理 1　设函数 $F(x,y)$ 在点 $P(x_0,y_0)$ 的某一邻域内具有连续的偏导数，且 $F(x_0,y_0)=0$, $F_y(x_0,y_0)\neq 0$, 则方程 $F(x,y)=0$ 在点 $P(x_0,y_0)$ 的某一邻域内恒能唯一确定一个单值连续且具有连续导数的函数 $y=f(x)$, 它满足条件 $y_0=f(x_0)$, 并有

$$\frac{\mathrm{d}y}{\mathrm{d}x}=-\frac{F_x}{F_y}. \tag{8-6}$$

证　因为 $y=f(x)$ 是由 $F(x,y)=0$ 确定的隐函数，故有恒等式 $F(x,f(x))\equiv 0$, 在此等式两边同时对 x 求导，由式(8-1)得

$$\frac{\partial F}{\partial x}+\frac{\partial F}{\partial y}\frac{\mathrm{d}y}{\mathrm{d}x}=0.$$

由于 F_y 连续，且 $F_y(x_0,y_0)\neq 0$, 所以存在点 (x_0,y_0) 的一个邻域，在这个邻域内

$F_y \neq 0$,于是得

$$\frac{dy}{dx} = -\frac{F_x}{F_y}.$$

例 1 验证方程 $x^2 + y^2 - 1 = 0$ 在点 $(0,1)$ 的某邻域内能唯一确定一个单值可导、当 $x=0$ 时 $y=1$ 的隐函数 $y=f(x)$,并求该函数的一阶和二阶导数在 $x=0$ 时的值.

解 令 $F(x,y) = x^2 + y^2 - 1$,则 $F_x = 2x$,$F_y = 2y$,

$$F(0,1) = 0, F_y(0,1) = 2 \neq 0.$$

依定理 1 知,方程 $x^2 + y^2 - 1 = 0$ 在点 $(0,1)$ 的某邻域内能唯一确定一个单值可导、当 $x=0$ 时 $y=1$ 的函数 $y=f(x)$. 函数的一阶和二阶导数为

$$\frac{dy}{dx} = -\frac{F_x}{F_y} = -\frac{x}{y}, \quad \frac{dy}{dx}\Big|_{x=0} = 0,$$

$$\frac{d^2y}{dx^2} = -\frac{y - xy'}{y^2} = -\frac{y - x\left(-\dfrac{x}{y}\right)}{y^2} = -\frac{1}{y^3},$$

$$\frac{d^2y}{dx^2}\Big|_{x=0} = -1.$$

例 2 已知 $\ln\sqrt{x^2+y^2} = \arctan\dfrac{y}{x}$,求 $\dfrac{dy}{dx}$.

解 令 $F(x,y) = \ln\sqrt{x^2+y^2} - \arctan\dfrac{y}{x}$,

则 $F_x(x,y) = \dfrac{x+y}{x^2+y^2}$, $F_y(x,y) = \dfrac{y-x}{x^2+y^2}$,

$$\frac{dy}{dx} = -\frac{F_x}{F_y} = -\frac{x+y}{y-x}.$$

例 3 求由方程 $\sin y + e^x - xy^2 = 0$ 所确定的隐函数 $y = y(x)$ 的导数 $\dfrac{dy}{dx}$.

解 设 $F(x,y) = \sin y + e^x - xy^2$,则有

$$\frac{\partial F}{\partial x} = e^x - y^2, \quad \frac{\partial F}{\partial y} = \cos y - 2xy.$$

于是,由式(8-6)得

$$\frac{dy}{dx} = \frac{y^2 - e^x}{\cos y - 2xy}.$$

2. $F(x,y,z) = 0$ 形式的隐函数

定理 2 设函数 $F(x,y,z)$ 在点 $P(x_0, y_0, z_0)$ 的某一邻域内有连续的偏导数,且 $F(x_0, y_0, z_0) = 0$,$F_z(x_0, y_0, z_0) \neq 0$,则方程 $F(x,y,z) = 0$ 在点 $P(x_0, y_0, z_0)$ 的某一邻域内恒能唯一确定一个单值连续且具有连续偏导数的函数 $z = f(x,y)$,它满足条件 $z_0 = f(x_0, y_0)$,并有

$$\frac{\partial z}{\partial x}=-\frac{F_x}{F_z},\ \frac{\partial z}{\partial y}=-\frac{F_y}{F_z}. \tag{8-7}$$

证　因为 $F(x,y,f(x,y))\equiv0$，在上式两端分别对 x 和 y 求导，应用复合函数求导法则得

$$F_x+F_z\frac{\partial z}{\partial x}=0,\ F_y+F_z\frac{\partial z}{\partial y}=0.$$

因为 F_z 连续，且 $F_z(x_0,y_0,z_0)\neq0$，所以存在点 (x_0,y_0,z_0) 的一个邻域，在这个邻域内 $F_z\neq0$，于是得

$$\frac{\partial z}{\partial x}=-\frac{F_x}{F_z},\ \frac{\partial z}{\partial y}=-\frac{F_y}{F_z}.$$

例 4　设 $x^2+y^2+z^2-4z=0$，求 $\dfrac{\partial^2 z}{\partial x^2}$.

解　令 $F(x,y,z)=x^2+y^2+z^2-4z$，

则
$$F_x=2x,\ F_z=2z-4,\ \frac{\partial z}{\partial x}=-\frac{F_x}{F_z}=\frac{x}{2-z},$$

$$\frac{\partial^2 z}{\partial x^2}=\frac{(2-z)+x\dfrac{\partial z}{\partial x}}{(2-z)^2}=\frac{(2-z)+x\cdot\dfrac{x}{2-z}}{(2-z)^2}=\frac{(2-z)^2+x^2}{(2-z)^3}.$$

例 5　设 $z=f(x+y+z,xyz)$，求 $\dfrac{\partial z}{\partial x},\ \dfrac{\partial x}{\partial y},\ \dfrac{\partial y}{\partial z}$.

分析　把 z 看成 x,y 的函数对 x 求偏导数得 $\dfrac{\partial z}{\partial x}$，把 x 看成 z,y 的函数对 y 求偏导数得 $\dfrac{\partial x}{\partial y}$，把 y 看成 x,z 的函数对 z 求偏导数得 $\dfrac{\partial y}{\partial z}$.

解　令 $u=x+y+z,v=xyz$，则 $z=f(u,v)$.

把 z 看成 x,y 的函数对 x 求偏导数得

$$\frac{\partial z}{\partial x}=f_u\cdot\left(1+\frac{\partial z}{\partial x}\right)+f_v\cdot\left(yz+xy\frac{\partial z}{\partial x}\right),$$

整理得

$$\frac{\partial z}{\partial x}=\frac{f_u+yzf_v}{1-f_u-xyf_v}.$$

把 x 看成 z,y 的函数对 y 求偏导数得

$$0=f_u\cdot\left(\frac{\partial x}{\partial y}+1\right)+f_v\cdot\left(xz+yz\frac{\partial x}{\partial y}\right),$$

整理得

$$\frac{\partial x}{\partial y}=-\frac{f_u+xzf_v}{f_u+yzf_v}.$$

把 y 看成 x,z 的函数对 z 求偏导数得

$$1=f_u \cdot \left(\frac{\partial y}{\partial z}+1\right)+f_v \cdot \left(xy+xz\frac{\partial y}{\partial z}\right),$$

整理得

$$\frac{\partial y}{\partial z}=\frac{1-f_u-xyf_v}{f_u+xzf_v}.$$

习 题 8.5

1. 设 $\frac{x}{z}=\ln \frac{z}{y}$,求 $\frac{\partial z}{\partial x},\frac{\partial z}{\partial y}$.

2. 设函数 $z=z(x,y)$ 由 $\sin(y-z)+\mathrm{e}^{x-z}=2$ 所确定,试求 $\frac{\partial z}{\partial x}$, $\frac{\partial z}{\partial y}$.

3. 设 $y=y(x,z)$ 由方程 $\mathrm{e}^x+\mathrm{e}^y+\mathrm{e}^z=3xyz$ 所确定,试求 $\frac{\partial y}{\partial x}$, $\frac{\partial y}{\partial z}$.

4. 设 $z=z(x,y)$ 由方程 $x+y^2+z^3-xy=2z$ 所确定,试求 $\frac{\partial z}{\partial x}$, $\frac{\partial z}{\partial y}$.

5. 设 $z=z(x,y)$ 由 $2z+y^2=\int_0^{z+y-x}\cos t^2\mathrm{d}t$ 所确定,试求 $\frac{\partial z}{\partial x}$.

6. 设 $z=z(x,y)$ 由 $x=\mathrm{e}^{yz}+z^2$ 所确定,试求 $\mathrm{d}z$.

7. 设 $z=z(x,y)$ 由方程 $xy\sin z=2z$ 所确定,求全微分 $\mathrm{d}z$.

8. 设 $u=u(x,y)$ 由方程 $\frac{x}{u}=\ln(yu)$ 所确定,求 $\frac{\partial u}{\partial x}$, $\frac{\partial u}{\partial y}$.

9. 设 $z=z(x,y)$ 由方程 $\mathrm{e}^z-xy^2z^3=1$ 所确定,试求 $z_x|_{(1,1,0)}$,$z_y|_{(1,1,0)}$.

10. 设 $z=z(x,y)$ 由方程 $x^2+2xy-z^2=2z$ 所确定,求 $\frac{\partial z}{\partial x}$, $\frac{\partial z}{\partial y}$.

11. 证明由 $2\sin(x+2y-3z)=x+2y-3z$ 确定的隐函数 z 满足 $\frac{\partial z}{\partial x}+\frac{\partial z}{\partial y}=1$.

12. 设 $z=z(x,y)$ 是由 $F\left(\frac{1}{x}-\frac{1}{y}-\frac{1}{z}\right)=\frac{1}{z}$ 确定的隐函数,其中,F 可微,试证 $x^2\frac{\partial z}{\partial x}+y^2\frac{\partial z}{\partial y}=0$.

13. 设 $F(u,v)$ 具有连续偏导数,$z=z(x,y)$ 是由 $F(cx-az,cy-bz)=0$ 确定的隐函数,试证 $a\frac{\partial z}{\partial x}+b\frac{\partial z}{\partial y}=c$.

第六节　多元微分学在几何上的应用

引　已知空间曲线方程 $\begin{cases}x=\varphi(t),\\y=\psi(t),\\z=\omega(t),\end{cases}$ 如图 8-9 所示,如何表示曲线 Γ 上某一点

M 的切线方程和法平面方程?

若已知空间曲面 $F(x,y,z)=0$,如图 8-10 所示,如何表示曲面上一点的法线方程和切平面方程?

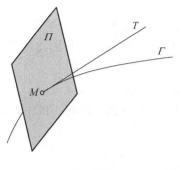

图 8-9

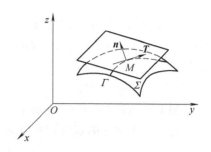

图 8-10

一、空间曲线的切线与法平面

空间曲线的表示方式常用的有两种,一种是参数式,即 $x=\varphi(t),y=\psi(t),z=\omega(t)$;另外一种形式则是两个曲面方程联立,即 $\begin{cases} F(x,y,z)=0, \\ G(x,y,z)=0. \end{cases}$

对于空间曲线的方程

$$\begin{cases} x=\varphi(t), \\ y=\psi(t), \\ z=\omega(t), \end{cases} \tag{8-8}$$

其中,式(8-8)中的三个函数均可导.

考虑曲线 Γ 上对应于 $t=t_0$ 的一点 $M(x_0,y_0,z_0)$ 及对应于 $t=t_0+\Delta t$ 的邻近一点 $M'(x_0+\Delta x,y_0+\Delta y,z_0+\Delta z)$. 根据解析几何,曲线的割线 MM' 的方程是

$$\frac{x-x_0}{\Delta x}=\frac{y-y_0}{\Delta y}=\frac{z-z_0}{\Delta z}.$$

当 M' 沿着 Γ 趋于 M 时,割线 MM' 的极限位置 MT 就是曲线 Γ 在点 M 处的切线(图 8-11). 用 Δt 除上式的各分母,得

$$\frac{x-x_0}{\dfrac{\Delta x}{\Delta t}}=\frac{y-y_0}{\dfrac{\Delta y}{\Delta t}}=\frac{z-z_0}{\dfrac{\Delta z}{\Delta t}}$$

图 8-11

令 $M'\to M$(这时 $\Delta t\to 0$),通过对上式取极限,即得曲线在点 M 处的切线方程为

$$\frac{x-x_0}{\varphi'(t_0)}=\frac{y-y_0}{\psi'(t_0)}=\frac{z-z_0}{\omega'(t_0)}. \tag{8-9}$$

这里当然要假定 $\varphi'(t_0),\psi'(t_0)$ 及 $\omega'(t_0)$ 不能都为零. 如果个别为零,则应按空间解析几何中有关直线的对称式方程的说明来理解.

切线的方向向量称为曲线的切向量. 向量 $\boldsymbol{T}=\{\varphi'(t_0),\psi'(t_0),\omega'(t_0)\}$ 就是曲线 Γ 在点 M 处的一个切向量.

通过点 M 而与切线垂直的平面称为曲线 Γ 在点 M 处的法平面,它是通过点 $M(x_0,y_0,z_0)$ 而以 $\boldsymbol{T}=\{\varphi'(t_0),\psi'(t_0),\omega'(t_0)\}$ 为法向量的平面,因此该法平面的方程为

$$\varphi'(t_0)(x-x_0)+\psi'(t_0)(y-y_0)+\omega'(t_0)(z-z_0)=0. \tag{8-10}$$

例 1 求曲线 $x=2t$, $y=\ln t$, $z=t^2$ 在对应于 $t=1$ 的点的切线和法平面方程.

解 $t=1$ 对应的点的切向量为

$$\boldsymbol{T}=\left\{2,\frac{1}{t},2t\right\}\bigg|_{t=1}=\{2,1,2\},$$

当 $t=1$ 时对应于曲线上点为 $(2,0,1)$,故所求切线方程是

$$\frac{x-2}{2}=\frac{y}{1}=\frac{z-1}{2},$$

而法平面方程是 $\qquad 2(x-2)+(y-0)+2(z-1)=0,$

即 $\qquad\qquad\qquad 2x+y+2z-6=0.$

例 2 求曲线 Γ: $x=\displaystyle\int_0^t \mathrm{e}^u\cos u\,\mathrm{d}u,y=2\sin t+\cos t,z=1+\mathrm{e}^{3t}$ 在 $t=0$ 处的切线和法平面方程.

解 当 $t=0$ 时,$x=0,y=1,z=2$,

$$x'=\mathrm{e}^t\cos t,y'=2\cos t-\sin t,z'=3\mathrm{e}^{3t},$$

所以 $\qquad\qquad x'(0)=1,y'(0)=2,z'(0)=3.$

切线方程为

$$\frac{x-0}{1}=\frac{y-1}{2}=\frac{z-2}{3},$$

法平面方程为

$$x+2(y-1)+3(z-2)=0,$$

即 $\qquad\qquad\qquad x+2y+3z-8=0.$

特殊地,如果空间曲线 Γ 的方程以

$$\begin{cases}y=\varphi(x),\\z=\psi(x),\end{cases}$$

的形式给出,取 x 为参数,它就可以表为参数方程的形式

$$\begin{cases}x=x,\\y=\varphi(x),\\z=\psi(x).\end{cases}$$

若 $\varphi(x),\psi(x)$ 都在 $x=x_0$ 处可导,那么根据上面的讨论可知切向量 $\boldsymbol{T}=\{1,\varphi'(x_0),\psi'(x_0)\}$,因此曲线 Γ 在点 $M(x_0,y_0,z_0)$ 处的切线方程为

$$\frac{x-x_0}{1}=\frac{y-y_0}{\varphi'(x_0)}=\frac{z-z_0}{\psi'(x_0)}, \tag{8-11}$$

在点 $M(x_0,y_0,z_0)$ 处的法平面方程为

$$(x-x_0)+\varphi'(x_0)(y-y_0)+\psi'(x_0)(z-z_0)=0. \tag{8-12}$$

对于空间曲线方程为 $\begin{cases}F(x,y,z)=0,\\G(x,y,z)=0,\end{cases}$ 确定了 $z=\psi(x)$ 和 $y=\varphi(x)$,于是方程组两边同时对 x 求导,即

$$\begin{cases}F_x+F_y\dfrac{\mathrm{d}y}{\mathrm{d}x}+F_z\dfrac{\mathrm{d}z}{\mathrm{d}x}=0,\\[2mm]G_x+G_y\dfrac{\mathrm{d}y}{\mathrm{d}x}+G_z\dfrac{\mathrm{d}z}{\mathrm{d}x}=0.\end{cases} \tag{8-13}$$

由方程组(8-13)解得 $\dfrac{\mathrm{d}y}{\mathrm{d}x},\dfrac{\mathrm{d}z}{\mathrm{d}x}$,于是经过曲线 $x=x_0$ 点的切向量

$$\begin{aligned}\boldsymbol{T}&=\left\{1,\frac{\mathrm{d}y}{\mathrm{d}x},\frac{\mathrm{d}z}{\mathrm{d}x}\right\}\Big|_{x=x_0}\\&=\left\{1,\frac{F_zG_x-F_xG_z}{F_yG_z-F_zG_y},\frac{F_xG_y-F_yG_x}{F_yG_z-F_zG_y}\right\}\Big|_{x=x_0}\\&\triangleq\{1,A,B\}\big|_{x=x_0}\end{aligned}$$

因此曲线 Γ 在点 $M(x_0,y_0,z_0)$ 处的切线方程为

$$\frac{x-x_0}{1}=\frac{y-y_0}{A}=\frac{z-z_0}{B}, \tag{8-14}$$

法平面方程为

$$(x-x_0)+A(y-y_0)+B(z-z_0)=0. \tag{8-15}$$

例 3 求曲线 $x^2+y^2+z^2=6,x+y+z=0$ 在点 $(1,-2,1)$ 处的切线及法平面方程.

解 1 直接利用公式;

解 2 将所给方程的两边对 x 求导并移项,得

$$\begin{cases}y\dfrac{\mathrm{d}y}{\mathrm{d}x}+z\dfrac{\mathrm{d}z}{\mathrm{d}x}=-x,\\[2mm]\dfrac{\mathrm{d}y}{\mathrm{d}x}+\dfrac{\mathrm{d}z}{\mathrm{d}x}=-1,\end{cases}\quad 解得 \frac{\mathrm{d}y}{\mathrm{d}x}=\frac{z-x}{y-z},\frac{\mathrm{d}z}{\mathrm{d}x}=\frac{x-y}{y-z},$$

所以

$$\frac{\mathrm{d}y}{\mathrm{d}x}\Big|_{(1,-2,1)}=0,\frac{\mathrm{d}z}{\mathrm{d}x}\Big|_{(1,-2,1)}=-1.$$

由此得切向量

$$\boldsymbol{T}=\{1,0,-1\},$$

251

所求切线方程为

$$\frac{x-1}{1}=\frac{y+2}{0}=\frac{z-1}{-1},$$

法平面方程为

$$(x-1)+0 \cdot (y+2)-(z-1)=0,$$

即

$$x-z=0.$$

二、曲面的切平面与法线

设曲面 Σ 由方程 $F(x,y,z)=0$ 给出，$M(x_0,y_0,z_0)$ 是曲面 Σ 上的一点，并设函数 $F(x,y,z)$ 的偏导数在该点连续且不同时为零.

设曲面方程为 $F(x,y,z)=0$，在曲面上任取一条通过点 M 的曲线

$$\Gamma: \begin{cases} x=\varphi(t), \\ y=\psi(t), \\ z=\omega(t). \end{cases}$$

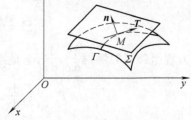

图 8-12

曲线在点 M 处的切向量 $\boldsymbol{T}=\{\varphi'(t_0),\psi'(t_0),\omega'(t_0)\}$，令

$$\boldsymbol{n}=\{F_x(x_0,y_0,z_0),F_y(x_0,y_0,z_0),F_z(x_0,y_0,z_0)\},$$

则 $\boldsymbol{n}\perp\boldsymbol{T}$，由于曲线是曲面上通过点 M 的任意一条曲线，它们在 M 的切线都与同一向量 $\boldsymbol{n}$ 垂直，故曲面上通过 M 的一切曲线在点 M 的切线都在同一平面上，这个平面称为曲面在点 M 的**切平面**（见图 8-12）.

切平面方程为

$$F_x(x_0,y_0,z_0)(x-x_0)+F_y(x_0,y_0,z_0)(y-y_0)+F_z(x_0,y_0,z_0)(z-z_0)=0.$$
$$(8\text{-}16)$$

通过点 $M(x_0,y_0,z_0)$ 且垂直于切平面的直线称为曲面在该点的法线.

法线方程为

$$\frac{x-x_0}{F_x(x_0,y_0,z_0)}=\frac{y-y_0}{F_y(x_0,y_0,z_0)}=\frac{z-z_0}{F_z(x_0,y_0,z_0)}, \qquad (8\text{-}17)$$

垂直于曲面上切平面的向量称为曲面的**法向量**. 曲面在点 M 处的法向量即

$$\boldsymbol{n}=\{F_x(x_0,y_0,z_0),F_y(x_0,y_0,z_0),F_z(x_0,y_0,z_0)\}. \qquad (8\text{-}18)$$

特别地，空间曲面方程形为 $z=f(x,y)$.

令

$$F(x,y,z)=f(x,y)-z,$$

曲面在点 M 处的切平面方程为

$$f_x(x_0,y_0)(x-x_0)+f_y(x_0,y_0)(y-y_0)=z-z_0,$$

曲面在点 M 处的法线方程为

$$\frac{x-x_0}{f_x(x_0,y_0)}=\frac{y-y_0}{f_y(x_0,y_0)}=\frac{z-z_0}{-1}.$$

例 4　求旋转抛物面 $z=x^2+y^2-1$ 在点 $(2,1,4)$ 处的切平面及法线方程.

解　$f(x,y)=x^2+y^2-1-z,\boldsymbol{n}\,|_{(2,1,4)}=\{2x,2y,-1\}|_{(2,1,4)}=\{4,2,-1\}$,

切平面方程为 $4(x-2)+2(y-1)-(z-4)=0$,整理得 $4x+2y-z-6=0$,

法线方程为 $\qquad\dfrac{x-2}{4}=\dfrac{y-1}{2}=\dfrac{z-4}{-1}.$

例 5　求曲面 $z-e^z+2xy=3$ 在点 $(1,2,0)$ 处的切平面及法线方程.

解　令 $F(x,y,z)=z-e^z+2xy-3$,

$$F'_x\,|_{(1,2,0)}=2y\,|_{(1,2,0)}=4,F'_y\,|_{(1,2,0)}=2x\,|_{(1,2,0)}=2,$$
$$F'_z\,|_{(1,2,0)}=1-e^z\,|_{(1,2,0)}=0,$$

切平面方程为

$$4(x-1)+2(y-2)+0\cdot(z-0)=0,$$

即 $\qquad\qquad 2x+y-4=0,$

法线方程为 $\qquad\dfrac{x-1}{2}=\dfrac{y-2}{1}=\dfrac{z-0}{0}.$

例 6　求曲面 $x^2+2y^2+3z^2=21$ 平行于平面 $x+4y+6z=0$ 的各切平面方程.

解　设 (x_0,y_0,z_0) 为曲面上的切点,

则切平面方程为

$$2x_0(x-x_0)+4y_0(y-y_0)+6z_0(z-z_0)=0.$$

依题意,切平面方程平行于已知平面,得

$$\frac{2x_0}{1}=\frac{4y_0}{4}=\frac{6z_0}{6},得\ 2x_0=y_0=z_0.$$

因为点 (x_0,y_0,z_0) 是曲面上的切点,故

$$x_0=\pm 1,$$

所求切点为

$$(1,2,2),(-1,-2,-2),$$

对应的切平面方程为

$$2(x-1)+8(y-2)+12(z-2)=0\Rightarrow x+4y+6z=21,$$

和

$$-2(x+1)-8(y+2)-12(z+2)=0\Rightarrow x+4y+6z=-21.$$

习　题　8.6

1. 求曲线 $x=2t^3-3t,y=-3t^2+2,z=4t-1$ 在点 $(-1,-1,3)$ 处的切线方

程和法平面方程.

2. 求曲线 $x=\tan^2 t, y=\cot^2 t, z=\sin 2t$ 在对应于点 $t=\dfrac{\pi}{3}$ 处的切线方程和法平面方程.

3. 求曲线 $x=a\cos t, y=b\sin t, z=c$ 在对应于点 $t=\dfrac{\pi}{6}$ 处的切线方程和法平面方程 $(a\neq 0, b\neq 0, c\neq 0)$.

4. 求曲线 $x=\cos(t-1), y=(t-1)^2, z=\sqrt{1+3t^2}$ 在点 $(1,0,2)$ 处的切线方程和法平面方程.

5. 求曲线 $x=\mathrm{e}^{2t}, y=2t, z=-\mathrm{e}^{-3t}$ 在对应于点 $t=0$ 处的切线及法平面方程.

6. 求曲面 $2x^3-y\mathrm{e}^z=\ln(z+1)$ 在点 $(1,2,0)$ 处的切平面和法线方程.

7. 求旋转抛物面 $z=2x^2+2y^2$ 在点 $\left(-1,\dfrac{1}{2},\dfrac{5}{2}\right)$ 处的切平面和法线方程.

8. 求曲面 $x^2 z^3+2y^2 z+4=0$ 在点 $(2,0,-1)$ 处的切平面和法线方程.

9. 求曲面 $\dfrac{x^2}{a^2}+\dfrac{y^2}{b^2}-\dfrac{z^2}{c^2}=1$ 在点 (x_0, y_0, z_0) 处的切平面方程.

10. 求曲面 $x^2-y^2-z^2+6=0$ 垂直于直线 $\dfrac{x-3}{2}=y-1=\dfrac{z-2}{-3}$ 的切平面方程.

11. 求曲面 $z=x^2+y^2$ 上与直线 $\begin{cases} x+2y=2, \\ 2y-z=4 \end{cases}$ 垂直的切平面方程.

12. 在椭圆抛物面 $z=x^2+2y^2$ 上求一点，使曲面在该点处的切平面垂直于直线 $\begin{cases} 2x+y=0, \\ y+3z=0, \end{cases}$ 并写出曲面在该点处的法线方程.

第七节　二元函数的极值与最值

引　商店卖两种牌子的果汁 A 和 B，果汁 A 和 B 每瓶进价分别为 1 和 2 元，店主估计，如果果汁 A 和 B 每瓶分别卖 x 元和 y 元，则每天可卖出 $70-4x+3y$ 瓶和 $80+6x-4y$ 瓶，问：店主每天以什么价格卖果汁 A 和 B 可取得最大收益？

一、二元函数极值的定义

与一元函数类似，二元函数的最大值、最小值与极大值、极小值有联系，所以下面先讨论极大值、极小值问题.

定义　设函数 $z=f(x,y)$ 在点 (x_0, y_0) 的某邻域内有定义. 如果对该邻域内异于 (x_0, y_0) 的点 (x,y)，恒有不等式

$$f(x_0, y_0) > f(x,y) \quad (\text{或 } f(x_0, y_0) < f(x,y))$$

成立,则称函数 $f(x,y)$ 在点 (x_0,y_0) 处取得**极大值**(或**极小值**) $f(x_0,y_0)$,并称 (x_0,y_0) 为 $f(x,y)$ 的**极大值点**(或**极小值点**).函数 $f(x,y)$ 的极大值与极小值统称为**极值**,极大值点极小值点统称为**极值点**.

注　与一元函数极值类似,二元函数极值也是一个局部性的概念.

例如,函数 $z=3x^2+4y^2$ 在点 $(0,0)$ 处有极小值;函数 $z=-\sqrt{x^2+y^2}$ 在点 $(0,0)$ 处有极大值;函数 $z=xy$ 在点 $(0,0)$ 处既不取极大值也不取极小值,因为 $f(0,0)=0$,而在点 $(0,0)$ 的任何邻域内, $z=xy$ 既可取大于 0 的值也可以取小于 0 的值.

定理 1(极值存在的必要条件)　设函数 $z=f(x,y)$ 在点 (x_0,y_0) 处的一阶偏导数存在,且点 (x_0,y_0) 为该函数的极值点,则必有

$$f_x(x_0,y_0)=0,$$
$$f_y(x_0,y_0)=0.$$

证　不妨设 $z=f(x,y)$ 在点 (x_0,y_0) 处取极大值,依定义,对点 (x_0,y_0) 某邻域内异于点 (x_0,y_0) 的任何点 (x,y),恒有

$$f(x,y)<f(x_0,y_0),$$

特别对该邻域内的点 $(x,y_0)\neq(x_0,y_0)$,有

$$f(x,y_0)<f(x_0,y_0),$$

这表明,一元函数 $f(x,y_0)$ 在点 $x=x_0$ 处取极大值,由一元函数取极值的必要条件,可知

$$f_x(x_0,y_0)=0,$$

类似地,可证

$$f_y(x_0,y_0)=0.$$

注　极值点有可能是一阶偏导数等于零的点,也有可能是一阶偏导数不存在的点.例如,上面提到的函数 $z=-\sqrt{x^2+y^2}$,在点 $(0,0)$ 处取极大值,但该函数在点 $(0,0)$ 处的一阶偏导数不存在.另一方面,一阶偏导数等于零的点,也有可能不是极值点.例如,上面提到的函数 $z=xy$,点 $(0,0)$ 不是极值点,但显然有 $z_x(0,0)=z_y(0,0)=0$.

通常称一阶偏导数等于零的点为二元函数 $z=f(x,y)$ 的**驻点**.由定理 1 和上面的讨论可知,函数 $z=f(x,y)$ 的极值点可以是驻点和一阶偏导数不存在的点.那么,如何判定一个驻点是否是极值点?我们有如下的充分性定理.

定理 2(判定极值的充分条件)　设函数 $z=f(x,y)$ 在点 (x_0,y_0) 的某邻域内连续且存在二阶连续偏导数,且

$$f_x(x_0,y_0)=f_y(x_0,y_0)=0,$$

记　$A=f_{xx}(x_0,y_0),B=f_{xy}(x_0,y_0),C=f_{yy}(x_0,y_0),H=AC-B^2$,则

(1) 当 $H>0$ 时, (x_0,y_0) 为极值点.且 $A<0$ 时为极大值点, $A>0$ 时为极小值点;

(2) 当 $H<0$ 时, (x_0,y_0) 不是极值点;

(3) 当 $H=0$ 时,(x_0, y_0) 是否为极值点需另行讨论.

例 1 求函数 $f(x,y)=y^3-x^2+6x-12y+5$ 的极值.

解 先解方程组 $\begin{cases} f_x(x,y)=-2x+6=0, \\ f_y(x,y)=3y^2-12=0, \end{cases}$

得驻点 $(3,2)$,$(3,-2)$. 再求出二阶偏导数

$$f_{xx}(x,y)=-2, f_{xy}(x,y)=0, f_{yy}(x,y)=6y.$$

在点 $(3,2)$ 处,$H=AC-B^2=-24<0$,所以 $f(3,2)$ 不是极值.

在点 $(3,-2)$ 处,$H=AC-B^2=24>0$,且 $A=-2<0$,所以函数在点 $(3,-2)$ 处有极大值,且极大值为 $f(3,-2)=30$.

在实际问题中函数的最大(小)值点往往在区域 D 的内部,故求这类问题的最大(小)值就化为求函数的极值. 而通常所遇到的应用问题,函数在区域 D 内又只有一个驻点,那么就可以肯定该驻点处的函数值就是函数在 D 上的最大(小)值.

例 2 某厂要用铁板做成一个容积为 $2\mathrm{m}^3$ 的有盖长方体水箱,问当长、宽、高各取怎样的尺寸时,才能使用料最省(不计铁板厚度).

解 设箱子的长、宽、高分别为 x, y, z,表面积为 S,则有

$$S=2(xy+yz+zx).$$

由于

$$xyz=2,$$

即

$$z=\frac{2}{xy},$$

所以

$$S=2\left(xy+\frac{2}{x}+\frac{2}{y}\right) \quad (x>0, y>0).$$

可见材料面积 S 是 x 和 y 的二元函数.

令

$$S_x=2\left(y-\frac{2}{x^2}\right)=0, S_y=2\left(x-\frac{2}{y^2}\right)=0,$$

解得

$$x=\sqrt[3]{2}, y=\sqrt[3]{2},$$

这时

$$z=\sqrt[3]{2}.$$

因函数 S 在区域 D:$(x>0, y>0)$ 内只有唯一的驻点 $(\sqrt[3]{2}, \sqrt[3]{2})$,因此可断定当 $x=\sqrt[3]{2}, y=\sqrt[3]{2}$ 时,S 取得最小值. 就是说,当水箱的长为 $\sqrt[3]{2}$、宽为 $\sqrt[3]{2}$、高为 $\sqrt[3]{2}$ 时,水箱所用的材料最省.

总结 利用定理 2 求函数 $z=f(x,y)$ 极值的一般步骤:

第一步,解方程组 $f_x(x,y)=0, f_y(x,y)=0$ 求出实数解,得驻点.

第二步,对于每一个驻点 (x_0, y_0),求出二阶偏导数的值 A、B、C.

第三步,定出 $AC-B^2$ 的符号,再判定是否是极值.

二、条件极值

上面讨论的极值问题,自变量在定义域内可以任意取值,未受其他任何限制,

通常称为无条件极值. 在实际问题中,求极值或最值时,对自变量的取值往往要附加一定的约束条件,这类附有约束条件的极值称为条件极值. 条件极值问题的约束条件分为等式约束条件和不等式约束条件两类. 我们这里仅讨论等式约束条件下的条件极值问题.

求解条件极值问题的常用方法是**拉格朗日乘数法**,下面我们以求解函数 $z=f(x,y)$ 在满足约束条件 $\varphi(x,y)=0$ 时的条件极值为例,介绍拉格朗日乘数法.

如果函数 $z=f(x,y)$ 在 (x_0,y_0) 取得极值,那么点 (x_0,y_0) 必须满足约束条件,即

$$\varphi(x_0,y_0)=0. \tag{8-19}$$

我们假定在 (x_0,y_0) 的某一邻域内 $f(x,y)$ 与 $\varphi(x,y)$ 均有连续的一阶偏导数,而 $\varphi_y(x_0,y_0)\neq0$,由隐函数存在定理可知,方程 $\varphi(x,y)=0$ 确定一个单值且有连续导数的函数 $y=\psi(x)$,将其代入 $z=f(x,y)$ 中,结果得到一个变量 x 的函数

$$z=f(x,\psi(x)).$$

于是函数 $z=f(x,y)$ 在 (x_0,y_0) 取得所求的极值,也就是相当于一元函数 $z=f(x,\psi(x))$ 在 $x=x_0$ 取得极值. 由一元可导函数取得极值的必要条件知道

$$\frac{\mathrm{d}z}{\mathrm{d}x}\bigg|_{x=x_0}=f_x(x_0,y_0)+f_y(x_0,y_0)\frac{\mathrm{d}y}{\mathrm{d}x}\bigg|_{x=x_0}=0.$$

而由 $\varphi(x,y)=0$ 用隐函数求导公式有

$$\frac{\mathrm{d}y}{\mathrm{d}x}\bigg|_{x=x_0}=-\frac{\varphi_x(x_0,y_0)}{\varphi_y(x_0,y_0)}.$$

因此

$$f_x(x_0,y_0)-f_y(x_0,y_0)\frac{\varphi_x(x_0,y_0)}{\varphi_y(x_0,y_0)}=0. \tag{8-20}$$

式(8-19)、式(8-20)就是函数 $z=f(x,y)$ 在条件 $\varphi(x,y)=0$ 下,在点 (x_0,y_0) 取得极值的必要条件.

设 $\dfrac{f_y(x_0,y_0)}{\varphi_y(x_0,y_0)}=-\lambda$,上述必要条件就变为

$$\begin{cases} f_x(x_0,y_0)+\lambda\varphi_x(x_0,y_0)=0, \\ f_y(x_0,y_0)+\lambda\varphi_y(x_0,y_0)=0, \\ \varphi(x_0,y_0)=0. \end{cases} \tag{8-21}$$

容易看出,式(8-21)中的前两式的左端正是函数 $L(x,y)=f(x,y)+\lambda\varphi(x,y)$ 的两个一阶偏导数在 (x_0,y_0) 的值,其中,λ 是一个待定常数.

由以上讨论,我们得到求条件极值的一种方法.

拉格朗日乘数法 要找函数 $z=f(x,y)$ 在附加条件 $\varphi(x,y)=0$ 下的可能极值点,步骤如下:

(1) 构造辅助函数(称为**拉格朗日函数**)
$$L = L(x, y, \lambda) = f(x, y) + \lambda\varphi(x, y),$$
其中,λ 为待定常数,称为拉格朗日乘数.

(2) 解方程组
$$\begin{cases} F_x = f_x + \lambda\varphi_x = 0, \\ F_y = f_y + \lambda\varphi_y = 0, \\ F'_\lambda = \varphi(x, y) = 0. \end{cases}$$
求出可能的极值点 (x, y) 和乘数 λ.

至于求出的 (x, y) 是否为极值点,通常由实际问题的实际意义判定.

当然,上述条件极值也可采用如下的方法求解:先由方程 $\varphi(x, y) = 0$ 解出 $y = \psi(x)$,并将其代入 $f(x, y)$,得 x 的一元函数 $z = f(x, \psi(x))$,然后再求此一元函数的无条件极值.例如,求函数 $z = xy$ 在约束条件 $x + y = 1$ 下的极值,可由 $x + y = 1$ 解出 $y = 1 - x$,从而 $z = x(1 - x)$,再求 $z = x(1 - x)$ 的(无条件)极值即可.不过一般来说化条件极值为无条件极值并不都如此简单.多数情形下还是用拉格朗日乘数法比较方便.

例 3 用拉格朗日乘数法求解例 2.

解 即求 $S = 2(xy + yz + zx)$ 在条件 $xyz = 2$ 下的极值.

构造拉格朗日函数
$$L = 2(xy + yz + zx) + \lambda(xyz - 2),$$
解方程组
$$\begin{cases} L_x = 2(y + z) + \lambda yz = 0, \\ L_y = 2(x + z) + \lambda xz = 0, \\ L_z = 2(y + x) + \lambda xy = 0, \\ xyz = 2. \end{cases}$$
消去 λ 解得唯一可能的极值点:
$$x = y = z = \sqrt[3]{2}.$$
显然,S 应有最小值,故长、宽、高都为 $\sqrt[3]{2}$ 时用料最省.这与例 2 的结论是相同的.

三、二元函数的最值

与一元函数类似,我们可以利用函数的极值来求函数的最大值和最小值.

求最值的一般方法:将函数在 D 内的所有驻点处的函数值及在 D 的边界上的最大值和最小值相互比较,其中,最大者即为最大值,最小者即为最小值.

例 4 求二元函数 $z = f(x, y) = x^2 y(4 - x - y)$ 在直线 $x + y = 6$,x 轴和 y 轴所围成的闭区域 D 上的最大值与最小值.

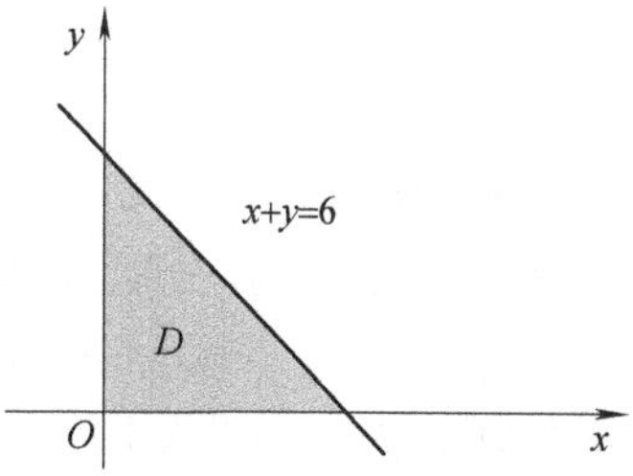

解　如图 8-13 所示,先求函数在 D 内的驻点,
解方程组

$$\begin{cases} f_x(x,y)=2xy(4-x-y)-x^2y=0, \\ f_y(x,y)=x^2(4-x-y)-x^2y=0, \end{cases}$$

得区域 D 内唯一驻点 $(2,1)$,且 $f(2,1)=4$.

再求 $f(x,y)$ 在 D 边界上的最值

(1) 在边界 $x=0$ 和 $y=0$ 上 $f(x,y)=0$,

(2) 在边界 $x+y=6$ 上(即 $y=6-x$),于是

$$f(x,y)=x^2(6-x)(-2).$$

由 　　　　　　　 $f_x=4x(x-6)+2x^2=0$,

得 $x_1=0$,$x_2=4$,则 $y=6-x|_{x=4}=2$,$f(4,2)=-64$,

比较后可知 $f(2,1)=4$ 为最大值,$f(4,2)=-64$ 为最小值.

图　8-13

习　题　8.7

1. 求下列函数的极值:

(1) $f(x,y)=x^2+xy+y^2-4x-2y+5$;

(2) $f(x,y)=x^3-4x^2+2xy-y^2$;

(3) $f(x,y)=e^{2x}(x+y^2+2y)$;

(4) $f(x,y)=(6x-x^2)(4y-y^2)$;

(5) $z=x(y^3-3y-2x)$.

2. 求在给定条件 $\dfrac{1}{x}+\dfrac{1}{y}=1$,$x>0$,$y>0$ 下,函数 $z=x+y$ 的条件极值.

3. 求 $z=x^2+y^2-xy-x-y$ 在区域 D:$x\geqslant0$,$y\geqslant0$,$x+y\leqslant3$ 上的最值.

4. 从斜边长为 a 的直角三角形中求有最大周长的直角三角形.

5. 求内接于椭圆 $x^2+3y^2=12$,底边平行于长轴的等腰三角形的最大面积.

6. 求内接于半径为 a 的球且有最大体积的长方体.

第八节　多元函数最值在经济学上的应用

引　在经济活动分析中,常常要求我们求出一个多元函数在某些约束条件下的最大值或最小值,其实质是多元函数的求最值的问题.

本节主要介绍一些常见的经济函数求最值的问题,比如利润最大值问题,成本最小值问题,等等,主要的方法是多元函数求极值的方法和有条件极值的拉格朗日乘数法;此外,多元函数的极值在经济上的重要应用是最小二乘法.

一、最大值问题

1. 利润最大值

例 1   设 D_1, D_2 分别为商品 X_1, X_2 的需求量,需求函数为

$$D_1 = 8 - P_1 + 2P_2, D_2 = 10 + 2P_1 - 5P_2,$$

总成本函数为 $C_T = 3D_1 + 2D_2$,其中 P_1, P_2 分别为商品 X_1, X_2 的价格,试问价格 P_1, P_2 取何值时可使利润最大?

解   根据经济理论,总利润=总收入-总成本,由题意:
总收益函数为

$$R_T = P_1D_1 + P_2D_2 = P_1(8 - P_1 + 2P_2) + P_2(10 + 2P_1 - 5P_2),$$

总利润函数为

$$L_T = R_T - C_T = (P_1 - 3)(8 - P_1 + 2P_2) + (P_2 - 2)(10 + 2P_1 - 5P_2).$$

为了使得总利润最大,解方程租

$$\frac{\partial L_T}{\partial P_1} = 7 - 2P_1 + 4P_2 = 0,$$

$$\frac{\partial L_T}{\partial P_2} = 14 + 4P_1 - 10P_2 = 0.$$

得驻点 $P_1 = \dfrac{63}{2}, P_2 = 14$,又因为在点 $\left(\dfrac{63}{2}, 14\right)$ 处

$$A = \frac{\partial^2 L_T}{\partial P_1^2} = -2, B = \frac{\partial^2 L_T}{\partial P_1 \partial P_2} = 4, C = \frac{\partial^2 L_T}{\partial P_2^2} = -10,$$

所以 $A < 0, B^2 - AC = -4 < 0$,因此点 $\left(\dfrac{63}{2}, 14\right)$ 是极大值点,由于只是唯一的驻点,

且实际问题是存在最大利润的,故当价格为 $P_1 = \dfrac{63}{2}, P_2 = 14$ 时可获最大利润,最大利润为

$$L_T = \left(\frac{63}{2} - 3\right)\left(8 - \frac{63}{2} + 2 \times 14\right) + (14 - 2)\left(10 + 2 \times \frac{63}{2} - 5 \times 14\right) = 164.25.$$

2. 采购数量最大值

例 2   某工厂生产甲产品的数量 $S(t)$ 与所用两种原材料 A, B 的数量 $x, y(t)$ 间的关系式为

$$S(x, y) = 0.005x^2y.$$

现准备向银行贷款 150 万元购原料,已知 A, B 原料的单价分别为 1 万元/t 和 2 万元/t,问怎样购进两种原材料,才能使得生产的数量最多?

解   根据题意可归结为求函数 $S(x, y) = 0.005x^2y$ 在约束条件 $x + 2y = 150$ 下的最大值,故可用拉格朗日乘数法求解. 作拉格朗日函数

$$F(x, y, \lambda) = 0.005x^2y + \lambda(x + 2y - 150).$$

求 F 的各一阶偏导数,并令

$$F_x=0.01xy+\lambda=0,$$
$$F_y=0.005x^2+2\lambda=0,$$
$$F_\lambda=x+2y-150=0,$$

解得

$$x=100, y=25, \lambda=-25.$$

因为只有唯一的驻点,且实际问题的最大值是存在的,因此驻点 $(100,25)$ 是函数 $S(x,y)=0.005x^2y$ 的最大值点,最大值为

$$S(x,y)=0.005\times100^2\times25=1250.$$

即购进 A 原料 100t,B 原料 25t 时,可使生产量达到最大值 1250t.

二、最小值问题

1. 成本最小化

例 3 某工厂生产两种型号的机床,其产量分别为 x 台和 y 台,总成本函数

$$C(x,y)=x^2+2y^2-xy(万元)$$

若根据市场调查预测,共需要这两种机床 8 台,如何合理安排生产,才能使得总成本最小?

解法 1 由 $x+y=8$ 解出 $y=8-x$,代入总成本函数 $C(x,y)$ 得

$$C(x)=x^2+2(8-x)^2-x(8-x)=4x^2-40x+128.$$

这样就将问题转化为一元函数的无条件极值问题,故由一元函数极值存在的必要条件得

$$C'(x)=8x-40=0.$$

所以 $x=5, y=3$. 再求二阶导数,得

$$C_{xx}=8>0,$$

因此是极小值点,由于是唯一的驻点,而问题的本身有最小值,因此当两种型号的机器各生产 5 台和 3 台时,其总成本最小. 这时总成本是

$$C(5,3)=5^2+2\times3^2-5\times3=28.$$

解法 2 根据题意可归结为求函数 $C(x,y)=x^2+2y^2-xy$ 在约束条件 $x+y=8$ 下的最小值,故可用拉格朗日乘数法求解. 作拉格朗日函数

$$F(x,y,\lambda)=x^2+2y^2-xy+\lambda(x+y-8).$$

求 F 的各一阶偏导数,并令

$$F_x=2x-y+\lambda=0,$$
$$F_y=4y-x+\lambda=0,$$
$$F_\lambda=x+y-8=0,$$

解得 $x=5, y=3, \lambda=-7.$

因为只有唯一的驻点,且实际问题的最小值是存在的,因此驻点 $(5,3)$ 是函数

$C(x,y)=x^2+2y^2-xy$ 的最小值点,因此当两种型号的机器各生产 5 台和 3 台时,其总成本最小.最小值为

$$C(5,3)=5^2+2\times3^2-5\times3=28.$$

2. 费用最小化

例 4 某农场欲围一个面积为 60m^2 的矩形场地,正面的材料造价为 $10\text{m}/$元,其余三面造价 $5\text{m}/$元,求场地长、宽各多少时,所用的材料费最少?

解 设场地长和宽分别为 $x\text{m}$ 和 $y\text{m}$,则总造价为

$$f(x,y)=10x+5(2y+x),$$

约束条件为

$$xy=60.$$

于是问题可归结为求函数 $f(x,y)=10x+5(2y+x)$ 在约束条件 $xy=60$ 下的最小值,故可用拉格朗日乘数法求解.作拉格朗日函数

$$F(x,y,\lambda)=15x+10y+\lambda(xy-60),$$

求 F 的各一阶偏导数,并令

$$F_x=15+\lambda y=0,$$
$$F_y=10+\lambda x=0,$$
$$F_\lambda=xy-60=0,$$

解得 $x=2\sqrt{10},y=3\sqrt{10},\lambda=-\dfrac{1}{2}\sqrt{10}.$

因为只有唯一的驻点,且实际问题的最小值是存在的,因此驻点 $(2\sqrt{10},3\sqrt{10})$ 是函数最小值点,最小值为

$$f(2\sqrt{10},3\sqrt{10})=15\times2\sqrt{10}+10\times3\sqrt{10}=60\sqrt{10}\approx189.74(元).$$

三、最小二乘法

社会经济现象是相互联系的,其发展变化受到各种因素的制约,例如,市场的需求量取决于消费者的可支配收入和商品的价格,生产费用由所生产的产品的数量及各种生产投入要素的价格构成,等等.为了减少盲目性,增强科学性,人们要求在长期的实践中观察并掌握大量的统计资料和数据,在此基础上,认识和掌握经济发展的规律,比如研究市场需求量与商品价格的关系,就需要对依存关系的经济变量建立数学方程,这个方程中通常代表原因的为自变量,代表结果的为因变量.这种根据大量的统计资料和数据所建立的方程称为经验公式.建立经验公式的一个常用方法就是**最小二乘法**.下面用两个变量的线性关系的情况来说明.

通过试验或调查,得到两个变量的一组 n 个数据:$(x_1,y_1),(x_2,y_2),\cdots,(x_n,y_n)$.将这些数据在直角坐标平面 xOy 中画出来,如图 8-14.假设数据表示的点几乎分布于某一条直线周围,经验认为变量 x,y 有线性关系,设其关系式为

$$y = a + bx,$$

其中,a,b 是待定系数.

在直线上,横坐标为 x_i 的点的纵坐标为

$$\hat{y_i} = a + bx_i,$$

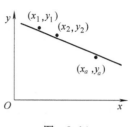

图　8-14

误差为 $\varepsilon_i = y_i - \hat{y_i} = y_i - (a + bx_i)$,该误差称为实际值
与理论值的误差.

现求一组合适的 a,b,使得误差的平方和达到最小,这种方法叫做**最小二乘法**.
即已知

$$E = \sum_{i=1}^{n} \varepsilon_i^2 = \sum_{i=1}^{n} [y_i - (a + bx_i)]^2,$$

要求 E 的极小值,有

$$\frac{\partial E}{\partial a} = 2\sum_{i=1}^{n} [y_i - (a + bx_i)](-1),$$

$$\frac{\partial E}{\partial b} = 2\sum_{i=1}^{n} [y_i - (a + bx_i)](-x_i),$$

令 $\dfrac{\partial E}{\partial a} = 0, \dfrac{\partial E}{\partial b} = 0$,并化简方程组

$$\begin{cases} na + b\sum\limits_{i=1}^{n} x_i = \sum\limits_{i=1}^{n} y_i, \\ a\sum\limits_{i=1}^{n} x_i + b\sum\limits_{i=1}^{n} x_i^2 = \sum\limits_{i=1}^{n} x_i y_i, \end{cases}$$

从而求得驻点是

$$b = \frac{\sum\limits_{i=1}^{n} x_i y_i - \dfrac{1}{n}\sum\limits_{i=1}^{n} x_i \sum\limits_{i=1}^{n} y_i}{\sum\limits_{i=1}^{n} x_i^2 - \dfrac{1}{n}\left(\sum\limits_{i=1}^{n} x_i\right)^2}, \quad a = \frac{1}{n}\sum\limits_{i=1}^{n} y_i - b\frac{1}{n}\sum\limits_{i=1}^{n} x_i$$

即为 a,b 的最小二乘估计量.

例 5　某企业 2008 年度的 1~12 月份维修成本的历史数据如表 8-1 所示:

表　8-1

i	1	2	3	4	5	6	7	8	9	10	11	12
x_i	1200	1300	1150	1050	900	800	700	800	950	1100	1250	1400
y_i	900	910	840	850	820	730	720	780	750	890	920	930

其中,x 表示机器工作时间,y 表示维修的成本,试求维修成本函数.

解　由题意可知,设经验公式为 $y = bx + a$.

根据题目中的数据算出相关数据,结果如下(见表 8-2):

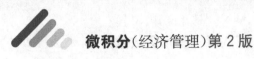

表 8-2

i	x_i	y_i	$x_i y_i$	x_i^2
1	1 200	900	1 080 000	1 440 000
2	1 300	910	1 183 000	1 690 000
3	1 150	840	966 000	1 322 500
4	1 050	850	892 500	1 102 500
5	900	820	738 000	810 000
6	800	730	584 000	640 000
7	700	720	504 000	490 000
8	800	780	624 000	640 000
9	950	750	712 500	902 500
10	1 100	890	979 000	1 210 000
11	1 250	920	1 150 000	1 562 500
12	1 400	930	1 302 000	1 960 000
Σ	12 600	10040	10 715 000	13 770 000

代入数据得

$$b = \frac{\sum_{i=1}^{n} x_i y_i - \frac{1}{n} \sum_{i=1}^{n} x_i \sum_{i=1}^{n} y_i}{\sum_{i=1}^{n} x_i^2 - \frac{1}{n} \left(\sum_{i=1}^{n} x_i \right)^2} = 0.32,$$

$$a = \frac{1}{n} \sum_{i=1}^{n} y_i - b \frac{1}{n} \sum_{i=1}^{n} x_i = 500.67,$$

所以经验公式为 $\quad y = 0.32x + 500.67.$

习 题 8.8

1. 某厂生产 A 产品需要两种原料,其单位价格分别为 2 万元/kg 和 1 万元/kg,当这两种原料的投入量分别为 X kg 和 Y kg 时,可以生产出 A 产品 Z kg,且有 $Z = 20 - X^2 + 10X - 2Y^2 + 5Y$. 若 A 产品的单位价格为 5 万元/kg,试确定投入量使得利润最大.

2. 设某厂生产两种产品,产量为 X 和 Y,总成本函数为
$$C = 8X^2 + 6Y^2 - 2XY - 40X - 42Y + 180,$$
求最小成本.

3. 设有需求函数 $D_1 = 26 - P_1, D_2 = 10 - \frac{1}{4} P_2$,其中,$D_1, D_2$ 分别是对两种商

品的需求量，P_1，P_2 是相应的价格，生产两种商品的总成本函数为 $K = D_1^2 + 2D_1 D_2 + D_2^2$，问两种商品生产多少时可获得最大利润？

4. 某厂为促销某种产品需要作两种手段的广告宣传，当广告费分别为 X，Y 时，销售量 $Q = \dfrac{200X}{X+5} + \dfrac{100Y}{Y+10}$，若销售产品所得利润 $L = \dfrac{1}{5}Q - (X+Y)$，两种手段的广告费共 25(千元)，问如何安排分配两种手段的广告费才能使得利润最大？

5. 某公司生产甲、乙两种产品，生产 x 单位的甲产品与生产 y 单位的乙产品的总成本为 $C(x,y) = 20\,000 + 30x + 20y + x^2 + xy + 2y^2$，产品甲、乙的销售单价分别为 350 元和 600 元.

(1) 如果生产的产品全部售出，那么两种产品的产量定为多少时，总利润最大？

(2) 若已知每单位的甲产品消耗原材料 60kg. 每单位的乙产品消耗原材料 100kg，现有该原材料 14 800kg，问两种产品各生产多少单位时，总利润最大？

6. 某市某银行统计出去年各个营业所储蓄人数 X 和存款额 Y 的数据如表 8-3：

表 8-3

营业所	储蓄人数 X/人	存款额 Y/万元	营业所	储蓄人数 X/人	存款额 Y/万元
1	2900	270	7	722	64
2	5100	490	8	1100	171
3	1200	135	9	476	60
4	1300	119	10	780	103
5	1250	140	11	5300	515
6	920	84			

试用最小二乘法建立储蓄人数 X 和存款额 Y 的经验公式 $Y = a + bX$.

第八章自测题 A

1. 选择题：

(1) 函数 $f(x,y) = \begin{cases} \dfrac{xy}{\sqrt{x^2 + y^2}}, & x^2 + y^2 \neq 0, \\ 0, & x^2 + y^2 = 0, \end{cases}$ 下面说法正确的是（ ）.

A. 处处连续 B. 处处有极限，但不连续

C. 仅在点 (0,0) 连续 D. 除点 (0,0) 外处处连续

(2) 函数 $z = f(x,y)$ 在点 (x_0, y_0) 处具有偏导数是它在该点存在全微分的（ ）.

A. 充分必要条件   B. 充分而非必要条件

C. 必要而非充分条件   D. 既非充分又非必要条件

(3) 设 $z=y^x$,则 $\left(\dfrac{\partial z}{\partial x}+\dfrac{\partial z}{\partial y}\right)_{(2,1)}=($).

A. 2   B. $1+\ln 2$ C. 0   D. 1

(4) 设 $f(x,y)=\arcsin\sqrt{\dfrac{y}{x}}$,则 $f_x(2,1)=($).

A. $\dfrac{1}{2}$ B. $\dfrac{1}{4}$ C. $-\dfrac{1}{2}$ D. $-\dfrac{1}{4}$

(5) 曲线 $x=t,y=4\sqrt{t},z=t^2$ 在点 $(4,8,16)$ 处的法平面方程为(   ).

A. $x-y-8z=-132$ B. $x+y+8z=140$

C. $x-y+8z=124$ D. $x+y-8z=116$

2. 填空题:

(1) 函数 $z=\dfrac{\ln(x+y)}{\sqrt{x}}$ 的定义域为_____.

(2) 极限 $\lim\limits_{\substack{x\to 0\\y\to\pi}}\dfrac{\sin(xy)}{x}=$_____.

(3) 设 $f(x,y)=\begin{cases}\dfrac{\tan(x^2+y^2)}{x^2+y^2}, & (x,y)\neq(0,0),\\ A, & (x,y)=(0,0),\end{cases}$ 要使 $f(x,y)$ 在点 $(0,0)$ 处

连续,则 $A=$_____.

(4) 设 $f(x,y)=\sqrt{x^2+y^2}$,则 $f_y(0,1)=$_____.

3. 设函数 $f(x,y)=|x-y|\varphi(x,y)$,其中,$\varphi(x,y)$ 在点 $(0,0)$ 处连续,问:

(1) $\varphi(x,y)$ 应满足什么条件,才能使偏导数 $f_x(0,0),f_y(0,0)$ 存在.

(2) 在上述条件下,$f(x,y)$ 在点 $(0,0)$ 处是否可微?

4. 求下列函数的一阶偏导数:

(1) $z=\ln(x+\ln y)$;   (2) $z=\sqrt{x^2+y^2}$;

(3) $u=\ln(x^a+y^a+z^a)$ $(a>0)$;   (4) $z=\cos e^{x+y}$;

(5) $z=\sin\dfrac{x}{y}+xe^{-xy}$;   (6) $u=\arccos\dfrac{x}{\sqrt{x^2+y^2}}$.

5. 求下列函数的全微分:

(1) 已知 $z=\ln(2x-3y)$,求 dz.

(2) 已知 $z=\dfrac{y}{x}$,$x=2,y=3,\Delta x=0.1,\Delta y=-0.2$,求 dz.

(3) 已知 $z=e^{xy}$,求 $dz\big|_{\substack{x=1\\y=2}}$.

6. 某厂生产容积为 $0.176\pi m^3$,形状为圆柱体的盒子,其顶部、底部和侧面用不同的材料制成,它们价格分别为 4 元/m^2,1.5 元/m^2 和 2 元/m^2,问应如何设计才能使盒子成本最小?

7. 求曲面 $z=3+\sqrt{x^2+y^2}$ 在点 $(3,4,8)$ 处的切平面方程.

8. 函数 $z=z(x,y)$ 由方程 $x-az=\varphi(y-bz)$ 所确定,其中,$\varphi(u)$ 具有连续导数,a,b 是不全为零的常数,试证 $a\dfrac{\partial z}{\partial x}+b\dfrac{\partial z}{\partial y}=1$.

第八章自测题 B

1. 选择题:

(1) 函数 $f(x,y)=\begin{cases}\dfrac{\sin(xy)}{x}, & x\neq 0,\\ y, & x=0,\end{cases}$ 不连续的点集为(　　).

A. y 轴上的所有点　　　　B. 空集

C. $x>0$ 且 $y=0$ 的点集　　D. $x<0$ 且 $y=0$ 的点集

(2) 曲线 $x=e^{2t},y=\ln t,z=t^2$ 在对应于点 $t=2$ 处的切线方程是(　　).

A. $\dfrac{x-e^4}{2e^4}=\dfrac{y-\ln 2}{1}=\dfrac{z-4}{4}$　　B. $\dfrac{x-e^4}{2e^4}=\dfrac{y-\ln 2}{\dfrac{1}{2}}=\dfrac{z-4}{4}$

C. $\dfrac{x+e^4}{2e^4}=\dfrac{y+\dfrac{1}{2}-\ln 2}{\dfrac{1}{2}}=\dfrac{z}{4}$　　D. $\dfrac{x+e^4}{e^4}=\dfrac{y+\dfrac{1}{2}-\ln 2}{\dfrac{1}{2}}=\dfrac{z}{4}$

(3) 设函数 $z=2x^2-3y^2$,则(　　).

A. 函数 z 在点 $(0,0)$ 处取得极大值

B. 函数 z 在点 $(0,0)$ 处取得极小值

C. 点 $(0,0)$ 不是函数 z 的极值点

D. 点 $(0,0)$ 是函数 z 的最大值点或最小值点,但不是极值点

(4) $z_x(x_0,y_0)=0$ 和 $z_y(x_0,y_0)=0$ 是函数 $z=z(x,y)$ 在点 (x_0,y_0) 处取得极大值或极小值的(　　).

A. 必要条件但非充分条件　　B. 充分条件但非必要条件

C. 充要条件　　　　　　　　D. 既非必要条件也非充分条件

(5) 设函数 $F(u,v)$ 具有一阶连续偏导数,且 $F_u(0,1)=2,F_v(0,1)=-3$,则曲面 $F(x-y+z,xy-yz+zx)=0$ 在点 $(2,1,-1)$ 处的切平面方程为(　　).

A. $2x+y-z+6=0$　　　　B. $2x-11y-z+8=0$

C. $2x+y-z+8=0$　　　　D. $2x-11y-z+6=0$

2. 填空题：

(1) 设函数 $f(x,y)=x^2+y^2, \varphi(x,y)=xy$, 则 $f\big(f(x,y),\varphi(x,y)\big)=$ (   ).

(2) 设 $z=\sin(3x-y)+y$, 则 $\dfrac{\partial z}{\partial x}\Big|_{\substack{x=2\\y=1}}=$ _____ .

(3) 设函数 $z=z(x,y)$ 由方程 $xy^2z=x+y+z$ 所确定, 则 $\dfrac{\partial z}{\partial y}=$ _____ .

(4) 函数 $z=x^2+4xy-y^2+6x-8y+12$ 的驻点是 _____ .

3. 讨论函数 $f(x,y)=\begin{cases}\sqrt{x^2+y^2}\sin\dfrac{1}{x^2+y^2}, & (x,y)\neq(0,0)\\ 0, & (x,y)=(0,0)\end{cases}$ 在点 $(0,0)$ 处的连续性、可导性和可微性.

4. 求下列复合函数的导数：

(1) 设 $z=u^3, u=y^x$, 求 $\dfrac{\partial z}{\partial x}, \dfrac{\partial z}{\partial y}$.

(2) 设 $z=f(x,u,v), u=2x+y, v=xy, f$ 具有一阶连续偏导数, 求 $\dfrac{\partial z}{\partial x}, \dfrac{\partial z}{\partial y}$.

5. 求下列隐函数的导数：

(1) 设 $z=z(x,y)$ 由方程 $z^2+2\ln z=xy^2$ 所确定, 求 $\dfrac{\partial z}{\partial x}, \dfrac{\partial z}{\partial y}$.

(2) 设 $y=y(x)$ 由方程 $\arctan(xy)-2y=0$ 所确定, 求 $\dfrac{\mathrm{d}y}{\mathrm{d}x}$.

(3) 设函数 $z=z(x,y)$ 由方程 $2x+\cos(x+z)=y+2z$ 所确定, 求 $\dfrac{\partial z}{\partial x}, \dfrac{\partial z}{\partial y}$.

6. 求曲线 $x=t^3+t^2+t, y=t^3-t^2+t, z=t^3$ 在点 $(-1,-3,-1)$ 处的切线及法平面方程.

7. 修建一座形状为长方体的仓库, 已知仓库顶的造价为 300 元 $/m^2$, 墙壁的造价为 200 元 $/m^2$, 地面的造价为 100 元 $/m^2$, 其他的固定费用为 2 万元, 现投资 14 万元, 问如何设计方能使仓库的容积最大?

第九章 二重积分

一元函数定积分是某种确定形式的和式极限,若将这种和式极限的概念推广到多元函数的情形,便得到重积分的概念.本章介绍二重积分的概念、性质、计算及其应用.

第一节 二重积分的概念与性质

引 设曲顶柱体(如图 9-1 所示)的顶部所在的曲面方程为 $z=f(x,y)$,曲顶柱体的体积为 V,柱体的投影为 D,其面积为 S,则 $V=?$

一、二重积分的概念

1. 曲顶柱体的体积

所谓曲顶柱体是指这样一个立体,它的底是 xOy 平面上的有界区域 D,侧面是以 D 的边界曲线为准线,母线平行于 z 轴的柱面,顶部则是以 D 为定义域的取正值的二元函数 $z=f(x,y)$ 所表示的连续曲面(见图 9-1).

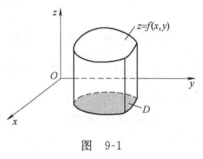

图 9-1

我们知道,对于平顶柱体其高为恒定的常数,体积的计算公式为

$$体积＝底面积×高.$$

现在曲顶柱体的顶是曲面,它的高 $f(x,y)$ 在 D 上是变量,因此不能直接用来计算.但是不妨仿照求曲边梯形面积的思路,采用"分割、近似、求和和取极限"的方法,把 D 分割成若干小块区域,由于 $f(x,y)$ 在 D 上为连续的曲面,因此它在每个小块区域上的变化很小,相应在每一小块区域上的小的曲顶柱体的体积就可以用平顶柱体的体积来近似代替,且分割越细,近似值的精确度就越高,于是通过求和、取极限得到整个曲顶柱体的体积.具体的步骤如下:

(1) **大化小**(分割) 把区域 D 分割成 n 个小区域 $\Delta\sigma_1,\Delta\sigma_2,\cdots,\Delta\sigma_n$,并仍用 $\Delta\sigma_i$ 表示第 i 个小区域的面积,作以这些小区域的边界曲线为准线,母线平行于 z 轴的柱面,这些柱面把曲顶柱体划分成 n 个小曲顶柱体(图 9-2).

(2) **常代变** 由于 $f(x,y)$ 连续,在 $\Delta\sigma_i$ 很小的情况下可以把相应的小曲顶柱体近似看成平顶柱体.在 $\Delta\sigma_i$ 内任取一点 (ξ_i,η_i),则第 i 个小曲顶柱体的高近似为 $f(\xi_i,\eta_i)$,体积 ΔV_i 就可以用底面积为 $\Delta\sigma_i$ 的平顶柱体的体积 $f(\xi_i,\eta_i)\Delta\sigma_i$ 近似表

示. 即

$$\Delta V_i \approx f(\xi_i, \eta_i) \Delta \sigma_i.$$

（3）**近似和** 把这些小平顶柱体的体积加起来，就得到了所求曲顶柱体体积的近似值

$$V = \sum_{i=1}^{n} \Delta V_i \approx \sum_{i=1}^{n} f(\xi_i, \eta_i) \Delta \sigma_i.$$

（4）**取极限** D 分得越细，上述和式就越接近于曲顶柱体的体积. 如果把 $\Delta \sigma_i$ 中任意两点间距离的最大值称为 $\Delta \sigma_i$ 的直径，并记为 $d(\Delta \sigma_i)$，则当 $\lambda = \max\limits_{1 \leqslant i \leqslant n} d(\Delta \sigma_i) \rightarrow 0$ 时，上述近似值就充分地接近于精确值. 因此，可以把 $\lambda \rightarrow 0$ 时，上述和式的极限定义为曲顶柱体的体积，即

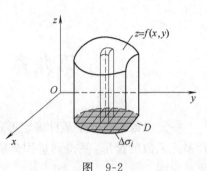

图 9-2

$$V = \lim_{\lambda \to 0} \sum_{i=1}^{n} f(\xi_i, \eta_i) \Delta \sigma_i.$$

在物理、力学、几何、工程技术中，有许多量都可以归纳为求形如和式 $\sum_{i=1}^{n} f(\xi_i, \eta_i) \Delta \sigma_i$ 的极限问题，它们的实际含义虽然不同，但解决问题的方法完全相同，将它们的共同点加以抽象，我们引入二重积分的概念.

2. 二重积分的概念

定义 设 $z = f(x, y)$ 是定义在有界闭区域 D 上的有界函数，将区域 D 任意分成 n 个小闭区域 $\Delta \sigma_1, \Delta \sigma_2, \cdots, \Delta \sigma_n$（第 i 个小区域 $\Delta \sigma_i$ 的面积仍记为 $\Delta \sigma_i$），记 $\Delta \sigma_i$ 的直径为 $d(\Delta \sigma_i)$，$\lambda = \max\limits_{1 \leqslant i \leqslant n} d(\Delta \sigma_i)$，在每个 $\Delta \sigma_i$ 上任取一点 $(\xi_i, \eta_i)(i = 1, 2, \cdots, n)$，作和式

$$\sum_{i=1}^{n} f(\xi_i, \eta_i) \Delta \sigma_i.$$

如果不论对 D 作怎样的划分，也不论点 (ξ_i, η_i) 在 $\Delta \sigma_i$ 上如何选取，只要 $\lambda \rightarrow 0$ 时，这个和式的极限总存在，则称这个极限为函数 $z = f(x, y)$ 在闭区域 D 上的**二重积分**，记作 $\iint\limits_{D} f(x, y) \mathrm{d}\sigma$. 即

$$\iint\limits_{D} f(x, y) \mathrm{d}\sigma = \lim_{\lambda \to 0} \sum_{i=1}^{n} f(\xi_i, \eta_i) \Delta \sigma_i. \tag{9-1}$$

其中，D 称为积分区域，$f(x, y)$ 称为**被积函数**，$f(x, y)\mathrm{d}\sigma$ 称为**被积表达式**，$\mathrm{d}\sigma$ 称为**面积元素**，x, y 称为**积分变量**. 当式（9-1）中极限存在时，也称 $z = f(x, y)$ 在闭区域 D 上是可积的.

在直角坐标系中，我们常用平行于 x 轴和 y 轴的直线把矩形区域 D 分成 n 个

小矩形,它们的边长是 $\Delta x_i, \Delta y_i$,因而有 $\Delta \sigma_i = \Delta x_i \Delta y_i$. 这样,在直角坐标系中面积元素可写成 $d\sigma = dxdy$,因而二重积分常记作 $\iint\limits_D f(x,y)dxdy$.

这里我们要指出,当 $f(x,y)$ 在闭区域 D 上连续时,式(9-1)右端的极限必存在,也就是说,连续函数 $f(x,y)$ 在闭区域 D 上的二重积分必定存在.

根据这个定义,前面曲顶柱体的体积 V 可用二重积分表示为 $V = \iint\limits_D f(x,y)d\sigma$.

二重积分的**几何意义**:一般地,二元函数 $z = f(x,y)$ 可以看成是空间的曲面,如果在区域 D 上 $f(x,y) \geqslant 0$,则二重积分 $\iint\limits_D f(x,y)d\sigma$ 的几何意义是曲顶柱体的体积;如果在区域 D 上 $f(x,y) \leqslant 0$,柱体就在 xOy 面的下方,二重积分 $\iint\limits_D f(x,y)d\sigma$ 就是曲顶柱体体积的负值. 如果在区域 D 中 $f(x,y)$ 可正可负,二重积分 $\iint\limits_D f(x,y)d\sigma$ 就等于曲顶柱体体积的代数和.

二、二重积分的性质

二重积分具有与定积分类似的性质,证明的方法也相同. 下面列出二重积分的性质. 假定 D 为有界闭区域,所讨论的函数均在 D 上可积.

性质 1 被积函数中的常数因子可以提到二重积分号的外面,即

$$\iint\limits_D kf(x,y)d\sigma = k\iint\limits_D f(x,y)d\sigma \quad (k \text{ 为常数}).$$

性质 2 函数和(差)的二重积分等于各函数二重积分的和(差),即

$$\iint\limits_D [f(x,y) \pm g(x,y)]d\sigma = \iint\limits_D f(x,y)d\sigma \pm \iint\limits_D g(x,y)d\sigma.$$

性质 3 若 D 被分成两个区域 D_1 和 D_2,则函数在 D 上的二重积分等于它在 D_1 与 D_2 上的二重积分之和,即

$$\iint\limits_D f(x,y)d\sigma = \iint\limits_{D_1} f(x,y)d\sigma + \iint\limits_{D_2} f(x,y)d\sigma.$$

性质 4 若在 D 上有 $f(x,y) \leqslant g(x,y)$,则有 $\iint\limits_D f(x,y)d\sigma \leqslant \iint\limits_D g(x,y)d\sigma$.

特别地,

$$\left|\iint\limits_D f(x,y)d\sigma\right| \leqslant \iint\limits_D |f(x,y)|d\sigma.$$

上式说明函数二重积分的绝对值不大于该函数绝对值的二重积分.

性质 5 若在区域 D 上 $f(x,y) \equiv 1, \sigma$ 为区域 D 的面积,则 $\iint\limits_D d\sigma = \sigma$.

这个性质的几何意义是明显的:高为 1 的平顶柱体的体积等于该柱体的底面积.

性质 6(估值定理) 设 M,m 分别为 $f(x,y)$ 在闭区域 D 上的最大值和最小值,σ 为 D 的面积,则有 $m\sigma \leqslant \iint\limits_{D} f(x,y)\mathrm{d}\sigma \leqslant M\sigma$ (这个性质可由性质 4 得到).

例 1 不求二重积分,估计积分的值.

$$I = \iint\limits_{D} \frac{\mathrm{d}x\mathrm{d}y}{100+\cos^2 x+\cos^2 y},\ D:\ |x|+|y| \leqslant 10.$$

解 D 的面积为 $\sigma = 2 \cdot 10^2 = 200$.

由于

$$\frac{1}{102} \leqslant \frac{1}{100+\cos^2 x+\cos^2 y} \leqslant \frac{1}{100}$$

于是

$$\frac{200}{102} \leqslant I \leqslant \frac{200}{100}.$$

性质 7(中值定理) 若函数 $f(x,y)$ 在有界闭区域 D 上连续,则必存在一点 $(\xi,\eta)\in D$,使得

$$\iint\limits_{D} f(x,y)\mathrm{d}\sigma = f(\xi,\eta)\sigma.$$

这个性质的几何意义是:任意一个曲顶柱体都存在与它同底,高等于曲顶上某点的竖坐标的平顶柱体,该平顶柱体的体积与曲顶柱体的体积相等.

习 题 9.1

1. 不经过计算,确定下列二重积分的符号:

(1) $\iint\limits_{x^2+y^2\leqslant 1} x^2\mathrm{d}\sigma$;   (2) $\iint\limits_{|x|+|y|\leqslant 1} \ln(x^2+y^2)\mathrm{d}\sigma$;

(3) $\iint\limits_{1\leqslant x^2+y^2\leqslant 4} \sqrt[3]{1-x^2-y^2}\mathrm{d}\sigma$;   (4) $\iint\limits_{0\leqslant x+y\leqslant 1} \arcsin(x+y)\mathrm{d}\sigma$.

2. 根据二重积分的性质,比较下列二重积分的大小:

(1) $I_1 = \iint\limits_{D} (x+y)^2\mathrm{d}\sigma$, $I_2 = \iint\limits_{D} (x+y)^3\mathrm{d}\sigma$,

其中,D 是由 x 轴、y 轴以及直线 $x+y=1$ 所围成的三角形;

(2) $I_1 = \iint\limits_{D} (x+y)^2\mathrm{d}\sigma$, $I_2 = \iint\limits_{D} (x+y)^3\mathrm{d}\sigma$,

其中,$D = \{(x,y)\mid (x-2)^2+(y-2)^2 \leqslant 2\}$;

(3) $I_1 = \iint\limits_{D} \ln(x+y)\mathrm{d}\sigma$, $I_2 = \iint\limits_{D} \ln^2(x+y)\mathrm{d}\sigma$,

其中,D 为以点$(1,0),(1,1),(2,0)$为顶点的三角形;

(4) $I_1 = \iint\limits_{D} \ln(x+y) \mathrm{d}\sigma$, $I_2 = \iint\limits_{D} \ln^2(x+y) \mathrm{d}\sigma$,

其中,$D=\{(x,y)\,|\,3{\leqslant}x{\leqslant}5,0{\leqslant}y{\leqslant}1\}$.

3. 利用二重积分的性质,估计下列积分值:

(1) $I = \iint\limits_{D} xy(x+y) \mathrm{d}\sigma$,其中,$D=\{(x,y)\,|\,0{\leqslant}x{\leqslant}1,0{\leqslant}y{\leqslant}1\}$;

(2) $I = \iint\limits_{D} \sin^2 x \sin^2 y \mathrm{d}\sigma$,其中,$D=\{(x,y)\,|\,0{\leqslant}x{\leqslant}\pi,0{\leqslant}y{\leqslant}\pi\}$;

(3) $I = \iint\limits_{D} \mathrm{e}^{x^2+y^2} \mathrm{d}\sigma$,其中,$D = \left\{(x,y)\,\Big|\,x^2+y^2 \leqslant \dfrac{1}{4}\right\}$;

(4) $I = \iint\limits_{D} (x+y+1) \mathrm{d}\sigma$,其中,$D = \{(x,y)\,|\,0 \leqslant x \leqslant 1,0 \leqslant y \leqslant 2\}$;

(5) $I = \iint\limits_{D} \dfrac{1}{100+\cos^2 x+\cos^2 y} \mathrm{d}\sigma$,其中,$D = \{(x,y)\,|\,|x|+|y| \leqslant 10\}$;

(6) $I = \iint\limits_{D} (x^2+4y^2+9) \mathrm{d}\sigma$,其中,$\{(x,y)\,|\,x^2+y^2{\leqslant}4\}$.

第二节　直角坐标系下二重积分的计算

引　一元函数定积分可以利用换元法、分部积分法等求解,那么如何计算二重积分呢? 能否将二重积分化为定积分求解?

由上一节知道,当被积函数 $f(x,y){\geqslant}0$ 时,二重积分 $\iint\limits_{D} f(x,y)\mathrm{d}x\mathrm{d}y$ 的值等于以 D 为底,以曲面 $z=f(x,y)$ 为顶的曲顶柱体(图 9-1)的体积. 下面用"切片法"来计算这个体积.

一、投影区域 D 的分类

1. X 型区域

形如:$D=\{(x,y)\,|\,a{\leqslant}x{\leqslant}b,\varphi_1(x){\leqslant}y{\leqslant}\varphi_2(x)\}$,这种区域称为 X 型区域(图 9-3).X 型区域 D 的特点是:穿过 D 内部且平行于 y 轴的直线与 D 的边界相交不多于两点.

例1　画出直线 $y=x+2$ 及抛物线 $y=x^2$ 所围成的区域,并写出它的表达式.

解　如图 9-4 所示,它是 X 型区域,可表示为
$$D = \{(x,y)\,|-1 \leqslant x \leqslant 2, x^2 \leqslant y \leqslant x+2\}.$$

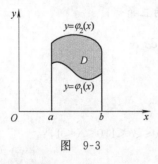

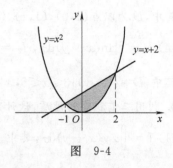

图 9-3　　　　　　　　　　　　　图 9-4

2. Y 型区域

形如:$D = \{(x,y) \mid c \leqslant y \leqslant d, \phi_1(y) \leqslant x \leqslant \psi_2(y)\}$,这种区域称为**Y 型区域**(图 9-5). Y 型区域的特点是:穿过 D 内部且平行于 x 轴的直线与 D 的边界相交不多于两点.

例2　画出直线 $y = 2, y = x$ 及双曲线 $y = \dfrac{1}{x}$ 所围成的区域,并写出它的表达式.

解　如图 9-6 所示,它是 Y 型区域,可表示为

$$D = \{(x,y) \mid 1 \leqslant y \leqslant 2, \frac{1}{y} \leqslant x \leqslant y\}.$$

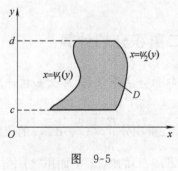

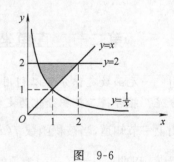

图 9-5　　　　　　　　　　　　　图 9-6

3. 复合型区域

所谓复合型区域就是指将区域分割成若干个 X 型区域或 Y 型区域,而不能直接将区域看成 X 型区域或 Y 型区域.

一般而言,各个类型的区域都能最终分割为 X 型区域或 Y 型区域.

二、重积分的计算

计算重主要的思想,是将二重积分的计算化为二次定积分来计算.

1. 区域 D 为 X 型区域

假设整个区域 D 是 X 型区域,由两条平行线 $x = a, x = b$ 与两条连续曲线 $y = \varphi_1(x), y = \varphi_2(x)$,所围成(图 9-3).即

$$D = \{(x,y) \mid a \leqslant x \leqslant b, \varphi_1(x) \leqslant y \leqslant \varphi_2(x)\}.$$

用平行于坐标平面 yOz 的平面 $x=x_0$ 去截曲顶柱体,得一截面(图 9-7 阴影部分),它是一个以区间 $[\varphi_1(x_0), \varphi_2(x_0)]$ 为底,以 $z=f(x_0,y)$ 为曲边的曲边梯形. 其面积为

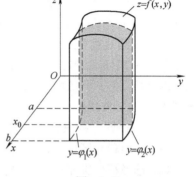

图 9-7

$$A(x_0) = \int_{\varphi_1(x_0)}^{\varphi_2(x_0)} f(x_0,y)\mathrm{d}y.$$

一般来说,过区间 $[a,b]$ 上任一点 x 且平行于 yOz 平面的平面与曲顶柱体相交所得的截面面积为

$$A(x) = \int_{\varphi_1(x)}^{\varphi_2(x)} f(x,y)\mathrm{d}y.$$

这里 y 为积分变量,x 在积分过程中保持不变. 因此 $A(x)$ 是定义在区间 $[a,b]$ 上的一元函数. 由定积分的微元法可知曲顶柱体的体积为

$$V = \int_a^b A(x)\mathrm{d}x = \int_a^b \left[\int_{\varphi_1(x)}^{\varphi_2(x)} f(x,y)\mathrm{d}y\right]\mathrm{d}x,$$

即

$$\iint_D f(x,y)\mathrm{d}x\mathrm{d}y = \int_a^b \left[\int_{\varphi_1(x)}^{\varphi_2(x)} f(x,y)\mathrm{d}y\right]\mathrm{d}x.$$

也可写成

$$\iint_D f(x,y)\mathrm{d}x\mathrm{d}y = \int_a^b \mathrm{d}x \int_{\varphi_1(x)}^{\varphi_2(x)} f(x,y)\mathrm{d}y. \tag{9-2}$$

式(9-2)右端是**先对 y,后对 x 的累次积分**,需特别注意的是在第一次对 y 积分时,x 应看做常数,y 是积分变量,其积分值就是 x 处的截面积 $A(x)$,第二次积分则是 $A(x)$ 在 $[a,b]$ 上对 x 的积分.

在上面的讨论中,假定 $f(x,y) \geqslant 0$. 事实上,没有这个条件式(9-2)仍成立.

2. 区域 D 为 Y 型区域

假设整个区域 D 是 Y 型区域,区域 D 位于直线 $y=c,y=d(c<d)$ 之间,并且平行于 x 轴的每条直线 $y=y_0(c<y_0<d)$ 与区域 D 的边界最多有两个交点,即 D 可表示成 $D = \{(x,y) \mid c \leqslant y \leqslant d, \psi_1(y) \leqslant x \leqslant \psi_2(y)\}$(图 9-5),其中,$\psi_1(y)$,$\psi_2(y)$ 为两条连续曲线. 因而得到二重积分的另一计算公式

$$\iint_D f(x,y)\mathrm{d}x\mathrm{d}y = \int_c^d \mathrm{d}y \int_{\psi_1(y)}^{\psi_2(y)} f(x,y)\mathrm{d}x. \tag{9-3}$$

同样,式(9-3)右端是**先对 x,后对 y 的累次积分**. 在做第一次积分时,x 是积分变量,视 y 为常量. 第二次则是 $A(y) = \int_{\psi_1(y)}^{\psi_2(y)} f(x,y)\mathrm{d}x$ 在 $[c,d]$ 上积分,y 是积分变量.

3. 区域 D 为复合型区域

如果区域 D 为复合型区域,这时可作辅助直线把区域 D 分成有限个子区域(图 9-8),使每个子区域满足前述条件,从而这些子区域上的积分可用式(9-2)或式(9-3)计算. 根据二重积分的性质,这些子区域上二重积分的和就是区域 D 上的二重积分.

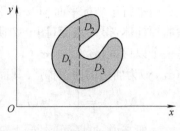

图 9-8

总结 计算二重积分的步骤

(1) 画出积分区域 D;

(2) 选择积分次序;

(3) 确定积分上、下限(定内限——域中一线穿,定外限——域边两边夹);

(4) 区域 D 为 X 型区域:左右夹,从下往上穿;区域 D 为 Y 型区域:上下夹,从左往右穿;

(5) 将二重积分计算化为两次计算定积分.

例3 计算二重积分 $I = \iint\limits_{D}\left(1 - \dfrac{x}{4} - \dfrac{y}{3}\right)\mathrm{d}x\mathrm{d}y$,其中,$D: -2 \leqslant x \leqslant 2, -1 \leqslant y \leqslant 1$.

解 积分区域是矩形,这时既可将 D 看成 X 型区域,先对 y,再对 x 积分,也可以看成 Y 区域,先对 x 再对 y 积分.

$$I = \int_{-2}^{2}\mathrm{d}x\int_{-1}^{1}\left(1 - \frac{x}{4} - \frac{y}{3}\right)\mathrm{d}y = \int_{-2}^{2}\left[\left(1 - \frac{x}{4}\right)y - \frac{y^2}{6}\right]_{-1}^{1}\mathrm{d}x$$

$$= 2\int_{-2}^{2}\left(1 - \frac{x}{4}\right)\mathrm{d}x = \left(2x - \frac{x^2}{4}\right)\Big|_{-2}^{2} = 8.$$

或

$$I = \int_{-1}^{1}\mathrm{d}y\int_{-2}^{2}\left(1 - \frac{x}{4} - \frac{y}{3}\right)\mathrm{d}x = \int_{-1}^{1}\left[\left(1 - \frac{y}{3}\right)x - \frac{x^2}{8}\right]_{-2}^{2}\mathrm{d}y$$

$$= 4\int_{-1}^{1}\left(1 - \frac{y}{3}\right)\mathrm{d}y = \left(4y - \frac{2}{3}y^2\right)\Big|_{-1}^{1} = 8.$$

例4 计算二重积分 $I = \iint\limits_{D}x^2 y\mathrm{d}\sigma$,其中,$D$ 为直线 $y = x$ 与抛物线 $y = x^2$ 所围成的区域(图 9-9).

解 $y = x$ 与 $y = x^2$ 的两个交点是 $(0,0)$,$(1,1)$,画出区域 D 的图形,区域 D 可表示成 $0 \leqslant x \leqslant 1$,$x^2 \leqslant y \leqslant x$,因而

$$I = \int_{0}^{1}\mathrm{d}x\int_{x^2}^{x}x^2 y\mathrm{d}y$$

$$= \int_{0}^{1}\frac{1}{2}x^2 y^2\Big|_{x^2}^{x}\mathrm{d}x$$

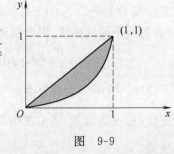

图 9-9

$$= \frac{1}{2}\int_0^1 (x^4 - x^6)\mathrm{d}x$$

$$= \frac{1}{2}\left(\frac{1}{5}x^5 - \frac{1}{7}x^7\right)\bigg|_0^1$$

$$= \frac{1}{35}.$$

另外,区域 D 也可表示成 $0 \leqslant y \leqslant 1, y \leqslant x \leqslant \sqrt{y}$,这样计算二重积分 I 时,可以先对 x,再对 y 积分.

例 5 计算二重积分 $I = \iint\limits_D \dfrac{x^2}{y^2}\mathrm{d}\sigma$,其中,$D$ 为直线 $y = 2$,$y = x$ 和双曲线 $y = \dfrac{1}{x}$ 所围成的区域.

解 画出区域 D(图 9-6),三个交点坐标分别是 $\left(\dfrac{1}{2}, 2\right)$,$(1, 1)$,$(2, 2)$ 因此区域 D 可表示成 $1 \leqslant y \leqslant 2, \dfrac{1}{y} \leqslant x \leqslant y$,

因而

$$I = \int_1^2 \mathrm{d}y \int_{\frac{1}{y}}^y \frac{x^2}{y^2}\mathrm{d}x = \frac{1}{3}\int_1^2 \frac{1}{y^2}x^3\bigg|_{\frac{1}{y}}^y \mathrm{d}y$$

$$= \frac{1}{3}\int_1^2 \left(y - \frac{1}{y^5}\right)\mathrm{d}y = \frac{1}{3}\left(\frac{1}{2}y^2 + \frac{1}{4y^4}\right)\bigg|_1^2 = \frac{27}{64}.$$

例 6 计算二重积分 $I = \iint\limits_D 6x^2 y^2 \mathrm{d}\sigma$,其中,$D$ 为曲线 $y = |x|$ 与 $y = 2 - x^2$ 围成的区域.

解 画出区域 D(图 9-10),交点坐标为 $(-1, 1)$,$(1, 1)$,y 轴将区域 D 分成 D_1 与 D_2 两部分,D_1 可表示成 $-1 \leqslant x \leqslant 0, -x \leqslant y \leqslant 2 - x^2$,$D_2$ 可表示成 $0 \leqslant x \leqslant 1, x \leqslant y \leqslant 2 - x^2$.

于是

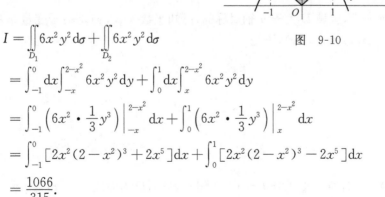

图 9-10

$$I = \iint\limits_{D_1} 6x^2 y^2 \mathrm{d}\sigma + \iint\limits_{D_2} 6x^2 y^2 \mathrm{d}\sigma$$

$$= \int_{-1}^0 \mathrm{d}x \int_{-x}^{2-x^2} 6x^2 y^2 \mathrm{d}y + \int_0^1 \mathrm{d}x \int_x^{2-x^2} 6x^2 y^2 \mathrm{d}y$$

$$= \int_{-1}^0 \left(6x^2 \cdot \frac{1}{3}y^3\right)\bigg|_{-x}^{2-x^2} \mathrm{d}x + \int_0^1 \left(6x^2 \cdot \frac{1}{3}y^3\right)\bigg|_x^{2-x^2} \mathrm{d}x$$

$$= \int_{-1}^0 \left[2x^2(2-x^2)^3 + 2x^5\right]\mathrm{d}x + \int_0^1 \left[2x^2(2-x^2)^3 - 2x^5\right]\mathrm{d}x$$

$$= \frac{1066}{315}.$$

注 本题可以利用区域的对称性和函数奇偶性来计算,这样方便计算. 设

$f(x,y)$ 在积分域 D 上连续,则 $I = \iint\limits_{D} f(x,y)\mathrm{d}x\mathrm{d}y$ 存在.

(1) 如果积分域 D 关于 x 轴对称,对于任意点 $(x,y) \in D$,有

① 当 $f(x,-y) = -f(x,y)$,称函数 $f(x,y)$ 是关于变量 y 的奇函数,且 $I = 0$;

② 当 $f(x,-y) = f(x,y)$,称函数 $f(x,y)$ 是关于变量 y 的偶函数,且

$$I = \iint\limits_{D} f(x,y)\mathrm{d}x\mathrm{d}y = 2\iint\limits_{D_1} f(x,y)\mathrm{d}x\mathrm{d}y;$$

其中,$D_1 = \{(x,y) \in D \mid y \geqslant 0\}$.

(2) 如果积分域 D 关于 y 轴对称,对于任意点 $(x,y) \in D$,有

① 当 $f(-x,y) = -f(x,y)$,称函数 $f(x,y)$ 是关于变量 x 的奇函数,且 $I = 0$;

② 当 $f(-x,y) = f(x,y)$,称函数 $f(x,y)$ 是关于变量 x 的偶函数,且

$$I = \iint\limits_{D} f(x,y)\mathrm{d}x\mathrm{d}y = 2\iint\limits_{D_2} f(x,y)\mathrm{d}x\mathrm{d}y;$$

其中,$D_2 = \{(x,y) \in D \mid x \geqslant 0\}$.

(3) 如果积分域 D 关于原点对称,且对称部分分别为 D_1,D_2. 对于任意点 $(x,y) \in D$,有

① 当 $f(-x,-y) = -f(x,y)$,称函数 $f(x,y)$ 是关于变量 x,y 的奇函数,且 $I = 0$;

② 当 $f(-x,-y) = f(x,y)$,称函数 $f(x,y)$ 是关于变量 x,y 的偶函数,且

$$I = \iint\limits_{D} f(x,y)\mathrm{d}x\mathrm{d}y = 2\iint\limits_{D_1} f(x,y)\mathrm{d}x\mathrm{d}y = 2\iint\limits_{D_2} f(x,y)\mathrm{d}x\mathrm{d}y.$$

(4) 如果积分域 D 关于 $y = x$ 轴对称,则

$$I = \iint\limits_{D} f(x,y)\mathrm{d}x\mathrm{d}y = \iint\limits_{D} f(y,x)\mathrm{d}x\mathrm{d}y.$$

例 6 中,区域 D 关于 y 轴对称的,已知函数 $f(x,y)$ 是关于变量 x 的偶函数,即 $f(-x,y) = f(x,y)$,于是

$$I = 2\iint\limits_{D_2} 6x^2 y^2 \mathrm{d}\sigma = 2\int_0^1 \mathrm{d}x \int_x^{2-x^2} 6x^2 y^2 \mathrm{d}y$$

$$= 2\int_0^1 \left(6x^2 \cdot \frac{1}{3} y^3\right)\Big|_x^{2-x^2} \mathrm{d}x$$

$$= 2\int_0^1 \left[2x^2(2-x^2)^3 - 2x^5\right]\mathrm{d}x = \frac{1066}{315}.$$

例 7 计算二重积分 $I = \iint\limits_{D} 6xy^2 \mathrm{d}\sigma$,其中,$D$ 为曲线 $y = |x|$ 与 $y = 2 - x^2$ 围成的区域.

解 被积函数 $f(x,y)=6xy^2$ 是关于变量 x 的奇函数,即 $f(-x,y)=-f(x,y)$,积分区域关于 y 轴对称,于是 $I=\iint\limits_{D}6xy^2\mathrm{d}\sigma=0$.

例 8 应用二重积分,求由曲线 $y=x^2,y=x+2$ 所围成的区域的面积(图 9-4).

解 D 可表示为 $-1\leqslant x\leqslant 2,x^2\leqslant y\leqslant x+2$,由二重积分的性质可知 D 的面积为

$$\sigma=\iint\limits_{D}\mathrm{d}x\mathrm{d}y=\int_{-1}^{2}\mathrm{d}x\int_{x^2}^{x+2}\mathrm{d}y=\int_{-1}^{2}(x+2-x^2)\mathrm{d}x=\frac{9}{2}.$$

在将二重积分化为累次积分时,有时 D 既可表示成 X 型区域又可表示成 Y 型区域,但两种次序的累次积分的计算却有很大差别,甚至可能会出现一种累次积分无法计算的情况,这就需要我们针对具体问题选择恰当的积分次序.

例 9 计算 $I=\iint\limits_{D}\dfrac{\sin y}{y}\mathrm{d}\sigma$ 其中,D 是由直线 $y=x$ 和曲线 $y=\sqrt{x}$ 所围成的区域.

解 显然,D 既是 X 型区域又是 Y 型区域,即 $D=\{(x,y)\,|\,x\leqslant y\leqslant\sqrt{x},\ 0\leqslant x\leqslant 1\}$ 或 $D=\{(x,y)\,|\,y^2\leqslant x\leqslant y,\ 0\leqslant y\leqslant 1\}$.

对于 X 型区域有 $I=\displaystyle\int_{0}^{1}\mathrm{d}x\int_{x}^{\sqrt{x}}\dfrac{\sin y}{y}\mathrm{d}y$,由一元函数积分学知,关于 y 的积分的原函数不能用有限形式的初等函数表示,计算无法进行. 但若改变积分次序,有

$$I=\int_{0}^{1}\mathrm{d}y\int_{y^2}^{y}\frac{\sin y}{y}\mathrm{d}x=\int_{0}^{1}\frac{\sin y}{y}(y-y^2)\mathrm{d}y$$

$$=\int_{0}^{1}(\sin y-y\sin y)\mathrm{d}y=1-\sin 1.$$

例 10 交换积分次序 $I=\displaystyle\int_{0}^{1}\mathrm{d}x\int_{0}^{x}f(x,y)\mathrm{d}y$.

解 根据题意,积分区域 D 视为 X 型区域,区域由直线 $y=x,y=0$ 及 $x=1$ 所围成的,如图 9-11 所示,同时可将区域 D 视为 Y 型区域

于是 $I=\displaystyle\int_{0}^{1}\mathrm{d}y\int_{y}^{1}f(x,y)\mathrm{d}x$.

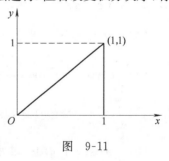

图 9-11

习 题 9.2

1. 画出下列积分区域 D,并将 $I=\iint\limits_{D}f(x,y)\mathrm{d}\sigma$ 化为不同顺序的累次积分.

(1) $D=\{(x,y)\,|\,x+y\leqslant 1,x-y\leqslant 1,0\leqslant x\leqslant 1\}$;

(2) $D=\{(x,y)\,|\,x^2\leqslant y\leqslant 1\}$；

(3) $D=\{(x,y)\,|\,x^2+y^2\leqslant y\}$；

(4) $D=\{(x,y)\,|\,0\leqslant y\leqslant x^2,2y\leqslant 3-x,0\leqslant x\leqslant 3\}$；

(5) $D=\{(x,y)\,|\,y\leqslant x,y\geqslant a,x\leqslant b\quad(0\leqslant a\leqslant b)\}$；

(6) $D=\{(x,y)\,|\,x^2+y^2\leqslant a^2,x+y\geqslant a\quad(a>0)\}$.

2. 计算下列二次积分：

(1) $\displaystyle\int_1^3\mathrm{d}y\int_1^2(x^2-1)\mathrm{d}x$；

(2) $\displaystyle\int_2^4\mathrm{d}x\int_x^{2x}\frac{y}{x}\mathrm{d}y$；

(3) $\displaystyle\int_1^2\mathrm{d}y\int_0^{\ln y}\mathrm{e}^x\mathrm{d}x$；

(4) $\displaystyle\int_1^2\mathrm{d}x\int_0^{\frac{1}{x}}\sqrt{xy}\,\mathrm{d}y$；

(5) $\displaystyle\int_0^a\mathrm{d}x\int_0^{\sqrt{x}}\mathrm{d}y$；

(6) $\displaystyle\int_0^2\mathrm{d}y\int_0^2 xy\,\mathrm{d}x$；

(7) $\displaystyle\int_1^9\mathrm{d}x\int_0^4\sqrt{xy}\,\mathrm{d}y$；

(8) $\displaystyle\int_0^{\frac{\pi}{2}}\mathrm{d}x\int_{\cos x}^1 y^4\,\mathrm{d}y$；

(9) $\displaystyle\int_0^{\pi}\mathrm{d}x\int_0^{1+\cos x}y^2\sin x\,\mathrm{d}y$；

(10) $\displaystyle\int_{-\frac{\pi}{2}}^{\frac{\pi}{2}}\mathrm{d}y\int_0^{3\cos y}x^2\sin^2 y\,\mathrm{d}x$.

3. 计算下列二重积分：

(1) $\displaystyle\iint\limits_{D}x\mathrm{e}^{xy}\mathrm{d}\sigma$，其中，$D=\{(x,y)\,|\,0\leqslant x\leqslant 1,-1\leqslant y\leqslant 0\}$；

(2) $\displaystyle\iint\limits_{D}\frac{\mathrm{d}\sigma}{(x-y)^2}$，其中，$D=\{(x,y)\,|\,1\leqslant x\leqslant 2,3\leqslant y\leqslant 4\}$；

(3) $\displaystyle\iint\limits_{D}(x+6y)\mathrm{d}\sigma$，其中，$D$ 是 $y=x,y=5x,x=1$ 所围成的区域；

(4) $\displaystyle\iint\limits_{D}x^2 y\cos(xy^2)\mathrm{d}\sigma$，其中，$D=\left\{(x,y)\,\middle|\,0\leqslant x\leqslant\frac{\pi}{2},0\leqslant y\leqslant 2\right\}$；

(5) $\displaystyle\iint\limits_{D}(x^2+y^2-y)\mathrm{d}\sigma$，其中，$D=\{(x,y)\,|\,1\leqslant x\leqslant 3,x\leqslant y\leqslant x+1\}$；

(6) $\displaystyle\iint\limits_{D}x\cos(x+y)\mathrm{d}\sigma$，其中，$D$ 是以 $(0,0),(\pi,0),(\pi,\pi)$ 为顶点的三角形闭区域.

4. 画出下列积分区域，并改变各累次积分的次序：

(1) $\displaystyle\int_0^1\mathrm{d}y\int_{-\sqrt{1-y^2}}^{\sqrt{1-y^2}}f(x,y)\mathrm{d}x$；

(2) $\displaystyle\int_1^2\mathrm{d}x\int_{2-x}^{\sqrt{2x-x^2}}f(x,y)\mathrm{d}y$；

(3) $\displaystyle\int_0^1\mathrm{d}x\int_x^{2-x}f(x,y)\mathrm{d}y$；

(4) $\displaystyle\int_1^3\mathrm{d}x\int_{\frac{1}{x}}^{\frac{3-x}{2}}f(x,y)\mathrm{d}y$；

(5) $\displaystyle\int_0^2\mathrm{d}y\int_{y^2}^{2y}f(x,y)\mathrm{d}x$；

(6) $\displaystyle\int_0^1\mathrm{d}x\int_0^{x^2}f(x,y)\mathrm{d}y$；

(7) $\int_0^1 \mathrm{d}y \int_y^{\sqrt{y}} f(x,y)\mathrm{d}x$;　　　　(8) $\int_1^e \mathrm{d}x \int_0^{\ln x} f(x,y)\mathrm{d}y$;

(9) $\int_0^1 \mathrm{d}y \int_{y^2}^{\sqrt{y}} f(x,y)\mathrm{d}x$;

(10) $\int_{\frac{1}{2}}^1 \mathrm{d}y \int_{\frac{1}{y}}^2 f(x,y)\mathrm{d}x + \int_1^{\sqrt{2}} \mathrm{d}y \int_{y^2}^2 f(x,y)\mathrm{d}x$.

5. 求下列曲线所围成区域的面积：

(1) $y=x^2, y=4x-x^2$；(2) $x+y=1, x+y=3, y=5x, y=2x$.

6. 设 $f(x)$ 在 $[0,a]$ 上连续,证明: $\int_0^a \mathrm{d}y \int_0^y f(x)\mathrm{d}x = \int_0^a (a-x)f(x)\mathrm{d}x$.

7. 计算 $\int_1^4 \mathrm{d}y \int_{\sqrt{y}}^2 \dfrac{\ln x}{x^2-1}\mathrm{d}x$.

第三节　极坐标系下二重积分的计算

引　计算二重积分时,若积分区域 D 的边界在极坐标下表示比较方便,或者被积函数用极坐标变量 r,θ 表达简便,这时就可以用极坐标来计算.

一、极坐标与直角坐标系的关系

如果把直角坐标系的原点取为极点,把 x 轴的正半轴取为极轴,那么直角坐标与极坐标之间（图 9-12）的关系为

$$\begin{cases} x=r\cos\theta, \\ y=r\sin\theta, \end{cases} \text{或} \begin{cases} r=\sqrt{x^2+y^2}, \\ \theta=\arctan\dfrac{y}{x}. \end{cases}$$

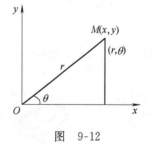

图　9-12

其中,$r(r \geqslant 0)$ 称为**极径**,$\theta(0 \leqslant \theta \leqslant 2\pi)$ 称为**极角**,逆时针旋转为正.

二、二重积分的极坐标转化及计算

主要的思想是将二重积分的计算化为在极坐标下二次定积分的计算.

1. 被积函数的转化

根据二重积分的定义

$$\iint\limits_D f(x,y)\mathrm{d}\sigma = \lim_{\lambda \to 0} \sum_{i=1}^n f(\xi_i,\eta_i)\Delta\sigma_i.$$

在极坐标系下,我们常用以极点为中心的一族同心圆,以及从极点出发的一族射线把区域 D 分成 n 个小闭区域(图 9-13).

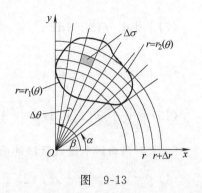

区域 $\Delta\sigma$ 的面积

$$\Delta\sigma = \frac{1}{2}(r+\Delta r)^2 \cdot \Delta\theta - \frac{1}{2}r^2\Delta\theta$$

$$= \frac{1}{2}(2r+\Delta r)\Delta r\Delta\theta$$

$$= \bar{r}\Delta r\Delta\theta.$$

图 9-13

其中, $\bar{r} = \dfrac{r+(r+\Delta r)}{2}$ 表示相邻两个圆弧半径的平均值,当 $\Delta\sigma \to 0$ 时, $\bar{r} \to r$. 因此,在极坐标系中面积元素可写成 $\mathrm{d}\sigma = r\mathrm{d}r\mathrm{d}\theta$,考虑到 $x = r\cos\theta, y = r\sin\theta$,二重积分常记为

$$\iint\limits_{D} f(x,y)\mathrm{d}\sigma = \iint\limits_{D} f(r\cos\theta, r\sin\theta)r\mathrm{d}r\mathrm{d}\theta.$$

2. 积分区域的转化

(1) 如果极点在区域 D 的边界上, D 可表示为 $\alpha \leqslant \theta \leqslant \beta, r_1(\theta) \leqslant r \leqslant r_2(\theta)$(图 9-14)

则

$$\iint\limits_{D} f(r\cos\theta, r\sin\theta)r\,\mathrm{d}r\mathrm{d}\theta = \int_{\alpha}^{\beta}\mathrm{d}\theta\int_{r_1(\theta)}^{r_2(\theta)} f(r\cos\theta, r\sin\theta)r\mathrm{d}r.$$

(2) 如果极点在区域 D 的内部, D 可表示为 $0 \leqslant \theta \leqslant 2\pi, 0 \leqslant r \leqslant r(\theta)$,(图 9-15)

则

$$\iint\limits_{D} f(r\cos\theta, r\sin\theta)r\mathrm{d}r\mathrm{d}\theta = \int_{0}^{2\pi}\mathrm{d}\theta\int_{0}^{r(\theta)} f(r\cos\theta, r\sin\theta)r\mathrm{d}r.$$

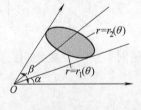

图 9-14

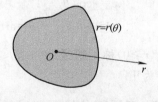

图 9-15

总结 极坐标下二重积分的计算步骤如下:

(1) 把被积函数 $f(x,y)$ 中的 x, y 用 $x = r\cos\theta, y = r\sin\theta$ 代替,得到

$$f(r\cos\theta, r\sin\theta);$$

(2) 把面积元素 $\mathrm{d}\sigma = \mathrm{d}x\mathrm{d}y$ 用 $r\mathrm{d}r\mathrm{d}\theta$ 代替;

(3) 把积分区域用极坐标形式表示,并将二重积分化为二次积分.

例1 计算二重积分 $I = \iint\limits_{D} xy^2 d\sigma$,其中,$D$ 是单位圆在第一象限的部分(图 9-16),

解 利用极坐标,区域 D 可表示为 $0 \leqslant \theta \leqslant \dfrac{\pi}{2}$, $0 \leqslant r \leqslant 1$,

因而

图 9-16

$$I = \int_0^{\frac{\pi}{2}} d\theta \int_0^1 r\cos\theta (r\sin\theta)^2 r dr$$
$$= \int_0^{\frac{\pi}{2}} \cos\theta \sin^2\theta d\theta \int_0^1 r^4 dr$$
$$= \frac{1}{3}\sin^3\theta \Big|_0^{\frac{\pi}{2}} \cdot \frac{r^5}{5}\Big|_0^1 = \frac{1}{15}.$$

例2 计算二重积分 $I = \iint\limits_{D} \arctan\dfrac{y}{x} d\sigma$,其中,$D$ 为圆 $x^2 + y^2 = 1$,$x^2 + y^2 = 9$,直线 $y = 0$,$y = x$ 所围成的第一象限区域(图 9-17).

解 利用极坐标,区域 D 可表示为 $0 \leqslant \theta \leqslant \dfrac{\pi}{4}$, $1 \leqslant r \leqslant 3$,被积函数 $\arctan\dfrac{y}{x} = \theta$,

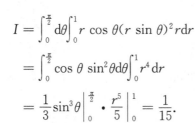

图 9-17

因而 $\quad I = \int_0^{\frac{\pi}{4}} d\theta \int_1^3 \theta r dr = \int_0^{\frac{\pi}{4}} \theta d\theta \int_1^3 r dr = \frac{1}{2}\theta^2 \Big|_0^{\frac{\pi}{4}} \cdot \frac{1}{2} r^2 \Big|_1^3 = \frac{\pi^2}{8}.$

例3 求在圆 $(x-a)^2 + y^2 = a^2$ 内且不在圆 $x^2 + y^2 = a^2$ 内区域 D 的面积(图 9-18).

解 采用极坐标,两圆的方程可分别写成 $r = a$ 和 $r = 2a\cos\theta$ 联立得 A,B 的极角为 $-\dfrac{\pi}{3}$, $\dfrac{\pi}{3}$,从而 D 可表示为 $-\dfrac{\pi}{3} \leqslant \theta \leqslant \dfrac{\pi}{3}$,$a \leqslant r \leqslant 2a\cos\theta$,$D$ 的面积为

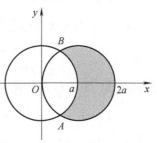

图 9-18

$$\sigma = \iint\limits_{D} d\sigma = \iint\limits_{D} r dr d\theta = \int_{-\frac{\pi}{3}}^{\frac{\pi}{3}} d\theta \int_a^{2a\cos\theta} r dr$$
$$= \int_{-\frac{\pi}{3}}^{\frac{\pi}{3}} \frac{1}{2} r^2 \Big|_a^{2a\cos\theta} d\theta = \frac{a^2}{2} \int_{-\frac{\pi}{3}}^{\frac{\pi}{3}} (4\cos^2\theta - 1) d\theta$$
$$= \left(\frac{\sqrt{3}}{2} + \frac{\pi}{3}\right) a^2.$$

283

例 4 计算 $\iint\limits_{D} \dfrac{1}{\sqrt{x^2+y^2}}\mathrm{d}x\mathrm{d}y$，其中，$D$ 为由圆

$x^2+y^2=2y, x^2+y^2=4y$ 及直线 $x-\sqrt{3}y=0, y-\sqrt{3}x=0$
所围成的平面闭区域(图 9-19).

解

由题意可知：$y-\sqrt{3}x=0$，得 $\theta_2=\dfrac{\pi}{3}$；

$\qquad x^2+y^2=4y$，得 $r=4\sin\theta$；

$\qquad x-\sqrt{3}y=0$，得 $\theta_1=\dfrac{\pi}{6}$；

$\qquad x^2+y^2=2y$，得 $r=2\sin\theta$.

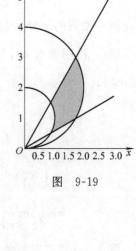

图 9-19

所以 $\qquad \iint\limits_{D} \dfrac{1}{\sqrt{x^2+y^2}}\mathrm{d}x\mathrm{d}y$

$$= \int_{\frac{\pi}{6}}^{\frac{\pi}{3}} \mathrm{d}\theta \int_{2\sin\theta}^{4\sin\theta} \frac{1}{r} \cdot r\mathrm{d}r$$

$$= \int_{\frac{\pi}{6}}^{\frac{\pi}{3}} 2\sin\theta\mathrm{d}\theta = [-2\cos\theta]_{\frac{\pi}{6}}^{\frac{\pi}{3}} = \sqrt{3}-1.$$

由以上例子看出，当被积函数为 $x^2+y^2, \dfrac{y}{x}$ 的函数，或积分区域是圆形区域或
环形区域时，采用极坐标常可使计算简便.

例 5 (1) 计算二重积分 $I = \iint\limits_{x^2+y^2\leqslant R^2} \mathrm{e}^{-(x^2+y^2)}\mathrm{d}\sigma$；

(2) 利用(1)的结果计算广义积分 $\displaystyle\int_0^{+\infty} \mathrm{e}^{-x^2}\mathrm{d}x$ 的值.

解 (1) 引入极坐标变换

$$\begin{cases} x=r\cos\theta \\ y=r\sin\theta \end{cases},$$

则积分区域 $D=\{(r,\theta)\,|\,0\leqslant r\leqslant R, 0\leqslant\theta\leqslant 2\pi\}$，于是

$$I = \int_0^{2\pi}\mathrm{d}\sigma\int_0^R \mathrm{e}^{-r^2}r\mathrm{d}r = \pi(1-\mathrm{e}^{-R^2}).$$

(2) 如图 9-20 所示，构造三个积分区域

$\qquad D_1=\{(x,y)\,|\,x^2+y^2\leqslant R^2, x\geqslant 0, y\geqslant 0\}$，

$\qquad D_2=\{(x,y)\,|\,x^2+y^2\leqslant 2R^2, x\geqslant 0, y\geqslant 0\}$，

$\qquad D=\{(x,y)\,|\,0\leqslant x\leqslant R, 0\leqslant y\leqslant R\}$.

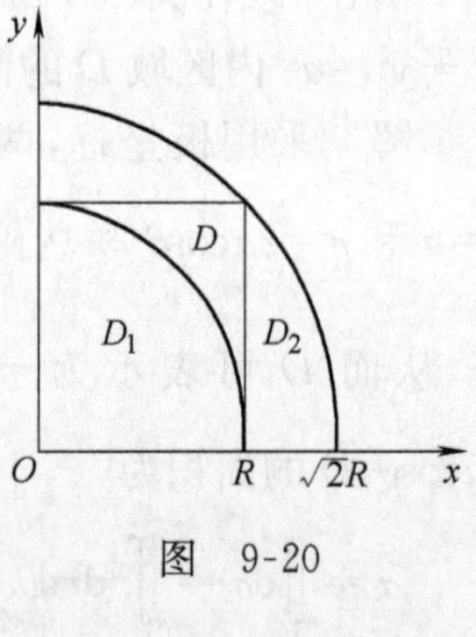

则 $D_1 \subset D \subset D_2$，又 $\mathrm{e}^{-(x^2+y^2)}>0$，因此有

$$\iint\limits_{D_1}\mathrm{e}^{-(x^2+y^2)}\mathrm{d}x\mathrm{d}y \leqslant \iint\limits_{D}\mathrm{e}^{-(x^2+y^2)}\mathrm{d}x\mathrm{d}y \leqslant \iint\limits_{D_2}\mathrm{e}^{-(x^2+y^2)}\mathrm{d}x\mathrm{d}y.$$

图 9-20

284

而
$$\iint_D e^{-(x^2+y^2)}\,dxdy = \int_0^R e^{-x^2}\,dx\int_0^R e^{-y^2}\,dy$$
$$= \left(\int_0^R e^{-x^2}\,dx\right)^2.$$

利用(1)中结论可得
$$\frac{\pi}{4}(1-e^{-R^2}) \leqslant \left(\int_0^R e^{-x^2}\,dx\right)^2 \leqslant \frac{\pi}{4}(1-e^{-2R^2}),$$

令 $R\to+\infty$,由上式得出
$$\int_0^{+\infty} e^{-x^2}\,dx = \frac{\sqrt{\pi}}{2}.$$

习 题 9.3

1. 化下列二次积分为极坐标形式的二次积分:

(1) $\int_0^1 dx\int_0^1 f(x,y)\,dy$; (2) $\int_0^1 dx\int_0^{x^2} f(x,y)\,dy$;

(3) $\int_0^R dx\int_0^{\sqrt{R^2-x^2}} f(x^2+y^2)\,dy$; (4) $\int_0^{2R} dx\int_0^{\sqrt{2Ry-y^2}} f(x,y)\,dy$.

2. 用极坐标计算下列二重积分:

(1) $\iint_D y\,d\sigma$,D 是圆 $x^2+y^2=a^2$ 所围成的第一象限中的区域;

(2) $\iint_D \sqrt{x^2+y^2}\,d\sigma$,$D$ 是圆域 $x^2+y^2\leqslant a^2$;

(3) $\iint_D \sin\sqrt{x^2+y^2}\,d\sigma$,$D$ 是环形区域 $\pi^2\leqslant x^2+y^2\leqslant 4\pi^2$;

(4) $\iint_D (4-x-y)\,d\sigma$,D 是圆域 $x^2+y^2\leqslant 2y$;

(5) $\iint_D \ln(1+x^2+y^2)\,dxdy$,$D$ 是 $x^2+y^2\leqslant 1,x\geqslant 0,y\geqslant 0$ 围成的区域;

(6) $\iint_D \arctan\frac{y}{x}\,dxdy$,$D$ 是 $1\leqslant x^2+y^2\leqslant 4,y\geqslant 0,y\leqslant x$ 围成的区域.

*第四节 曲面的面积

引 二重积分在几何上和物理上都有广泛的应用,几何上可以通过二重积分计算空间曲面的面积.本节为选讲内容.

设空间曲面 S 的方程为 $z=f(x,y)$,它在 xOy 平面上的投影区域为 D,函数 $f(x,y)$ 在 D 上有连续的一阶偏导数 $f_x(x,y),f_y(x,y)$,这样的曲面称为光滑曲

面,光滑曲面上每一点处都有切平面.

将区域 D 任意分成 n 个小区域 $\Delta\sigma_1$, $\Delta\sigma_2$, $\cdots$, $\Delta\sigma_n$,如图 9-21 所示.以每个小区域 $\Delta\sigma_i$ 的边界为准线的柱面将曲面 S 分成 n 个小块 $\Delta S_i(i=1,2,\cdots,n)$,在 $\Delta\sigma_i$ 中任取一点 $P_i(\xi_i, \eta_i)$,即得 ΔS_i 上一点 $M_i(\xi_i,\eta_i,f(\xi_i,\eta_i))$,过 M_i 作曲面 S 的切平面,这个切平面被相应柱面截得小块平面为 ΔS_i^*(仍用 $\Delta\sigma_i$、ΔS_i、ΔS_i^* 记相应小块的面积),则 $\Delta S_i \approx \Delta S_i^*$,整个曲面

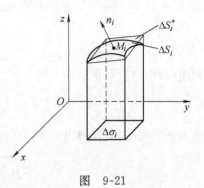

图　9-21

的面积 $S \approx \sum\limits_{i=1}^{n} \Delta S_i^*$. 令 $\lambda = \max\limits_{1\leqslant i\leqslant n} d(\Delta\sigma_i)$,若当

$\lambda \to 0$ 时,$\sum\limits_{i=1}^{n} \Delta S_i^*$ 的极限存在,且它与 D 的分法,以及点 $P_i(\xi_i,\eta_i)$ 的取法无关,则称此极限为曲面的面积,即

$$S = \lim_{\lambda \to 0} \sum_{i=1}^{n} \Delta S_i^*.$$

由偏导数的几何意义,曲面 S 在 M_i 处的法方向为
$$n_i = (-f_x(\xi_i,\eta_i), -f_y(\xi_i,\eta_i), +1),$$
于是 M_i 处的切平面与 xOy 平面夹角的余弦为
$$\cos\gamma_i = \frac{1}{\pm\sqrt{1+f_x^2(\xi_i,\eta_i)+f_y^2(\xi_i,\eta_i)}},$$
其中,γ_i 是曲面在 M_i 点处切平面的法向量 n_i 与 z 轴的夹角,考虑到 ΔS_i^* 在 xOy 平面上投影区域恰好为 $\Delta\sigma_i$,因此
$$\Delta\sigma_i = |\cos\gamma_i|\Delta S_i^*,$$
即
$$\Delta S_i^* = \frac{\Delta\sigma_i}{|\cos\gamma_i|} = \sqrt{1+f_x^2(\xi_i,\eta_i)+f_y^2(\xi_i,\eta_i)}\,\Delta\sigma_i.$$
因而曲面 S 的面积
$$S = \lim_{\lambda\to 0}\sum_{i=1}^{n}\Delta S_i^* = \lim_{\lambda\to 0}\sum_{i=1}^{n}\sqrt{1+f_x^2(\xi_i,\eta_i)+f_y^2(\xi_i,\eta_i)}\cdot\Delta\sigma_i.$$
由二重积分的定义
$$S = \iint\limits_{D}\sqrt{1+f_x^2(x,y)+f_y^2(x,y)}\,\mathrm{d}\sigma.$$

例 1 求球面 $x^2+y^2+z^2=R^2$ 的面积.

解 只需求出上半球面的面积,再乘以 2,即得整个球面的面积.上半球面的方程为

$$z = \sqrt{R^2 - x^2 - y^2},$$

它在 xOy 平面上投影区域 D 为

$$x^2 + y^2 \leqslant R^2,$$

则有

$$\frac{\partial z}{\partial x} = \frac{-x}{\sqrt{R^2 - x^2 - y^2}}, \frac{\partial z}{\partial y} = \frac{-y}{\sqrt{R^2 - x^2 - y^2}}.$$

因此球面面积

$$S = 2\iint\limits_{D} \sqrt{1 + \left(\frac{\partial z}{\partial x}\right)^2 + \left(\frac{\partial z}{\partial y}\right)^2} \mathrm{d}\sigma$$

$$= 2\iint\limits_{D} \frac{R}{\sqrt{R^2 - x^2 - y^2}} \mathrm{d}\sigma = 2\int_0^{2\pi} \mathrm{d}\theta \int_0^R \frac{R}{\sqrt{R^2 - r^2}} r\mathrm{d}r$$

$$= 4\pi R(-\sqrt{R^2 - r^2}) \Big|_0^R = 4\pi R^2.$$

例 2 求球面 $x^2 + y^2 + z^2 = R^2$ 被圆柱面 $x^2 + y^2 = Rx$ 所截部分的曲面面积.

解 利用对称性,只需求出曲面 S 在第一卦限部分 S_1 的面积,再乘以 4 即可(图 9-22)采用极坐标,平面区域 D_1 可表示为 $0 \leqslant \theta \leqslant \frac{\pi}{2}, 0 \leqslant r \leqslant R\cos\theta$(图 9-23). 于是

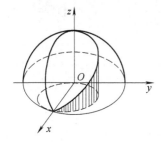

图 9-22   图 9-23

$$S = 4\iint\limits_{D_1} \sqrt{1 + z_x^2 + z_y^2} \mathrm{d}\sigma = 4\iint\limits_{D_1} \frac{R}{\sqrt{R^2 - x^2 - y^2}} \mathrm{d}\sigma$$

$$= 4\int_0^{\frac{\pi}{2}} \mathrm{d}\theta \int_0^{R\cos\theta} \frac{R}{\sqrt{R^2 - r^2}} r\mathrm{d}r$$

$$= 2R\int_0^{\frac{\pi}{2}} \mathrm{d}\theta(-2\sqrt{R^2 - r^2}) \Big|_0^{R\cos\theta}$$

$$= 4R^2\int_0^{\frac{\pi}{2}} (1 - \sin\theta)\mathrm{d}\theta = 4R^2\left(\frac{\pi}{2} - 1\right).$$

习 题 9.4

1. 锥面 $z = \sqrt{x^2 + y^2}$ 被柱面 $z^2 = 2x$ 所截下部分曲面的面积.

2. 求底半径相同的两个直交圆柱面 $x^2+y^2=R^2$,$x^2+z^2=R^2$ 所围立体的表面积.

3. 求平面 $\dfrac{x}{a}+\dfrac{y}{b}+\dfrac{z}{c}=1$ 被三个坐标面所割出部分的面积($a>0,b>0,c>0$).

第九章自测题 A

1. 选择题:

(1) 二重积分 $\displaystyle\iint_D f(x,y)\mathrm{d}x\mathrm{d}y$ 的值与(   )有关.

A. 函数 f 及变量 x,y B. 区域 D 及变量 x,y

C. 函数 f 及区域 D D. 函数 f 无关,区域 D

(2) 二重积分 $\displaystyle\iint_D xy\mathrm{d}x\mathrm{d}y$(其中,$D:0\leqslant y\leqslant x^2,0\leqslant x\leqslant1$)的值为(   ).

A. $\dfrac{1}{6}$ B. $\dfrac{1}{12}$ C. $\dfrac{1}{2}$ D. $\dfrac{1}{4}$

(3) 设函数 $f(x,y)$ 在 $x^2+y^2\leqslant1$ 上连续,使

$$\iint\limits_{x^2+y^2\leqslant1} f(x,y)\mathrm{d}x\mathrm{d}y = 4\int_0^1\mathrm{d}x\int_0^{\sqrt{1-x^2}} f(x,y)\mathrm{d}y$$

成立的充分条件是(   ).

A. $f(-x,y)=f(x,y),f(x,-y)=-f(x,y)$

B. $f(-x,y)=f(x,y),f(x,-y)=f(x,y)$

C. $f(-x,y)=-f(x,y),f(x,-y)=-f(x,y)$

D. $f(-x,y)=-f(x,y),f(x,-y)=f(x,y)$

(4) 设 D_1 是由 x 轴,y 轴及直线 $x+y=1$ 所围成的有界闭域,f 是区域 $D:|x|+|y|\leqslant1$ 上的连续函数,则二重积分 $\displaystyle\iint_D f(x^2,y^2)\mathrm{d}x\mathrm{d}y = ($ $)\displaystyle\iint_{D_1}f(x^2,y^2)\mathrm{d}x\mathrm{d}y$.

A. 4   B. 2   C. 8   D. $\dfrac{1}{2}$

(5) 设 $f(x,y)$ 是连续函数,交换二次积分 $\displaystyle\int_1^e\mathrm{d}x\int_0^{\ln x} f(x,y)\mathrm{d}y$ 积分次序的结果为(   ).

A. $\displaystyle\int_1^e\mathrm{d}y\int_0^{\ln x} f(x,y)\mathrm{d}x$ B. $\displaystyle\int_{e^y}^e\mathrm{d}y\int_0^1 f(x,y)\mathrm{d}x$

C. $\int_0^{\ln x}\mathrm{d}y\int_1^{\mathrm{e}}f(x,y)\mathrm{d}x$ 　　　　　　　　D. $\int_0^1\mathrm{d}y\int_{\mathrm{e}^y}^{\mathrm{e}}f(x,y)\mathrm{d}x$

2. 填空题：

(1) 设积分区域 D 的面积为 S，则 $\displaystyle\iint_D 2\mathrm{d}\sigma=$ ＿＿＿＿＿＿＿＿ ．

(2) 若 D 是以点 $(0,0)$，$(1,0)$ 及 $(0,1)$ 为顶点的三角形区域，由二重积分的几何意义知 $\displaystyle\iint_D(1-x-y)\mathrm{d}x\mathrm{d}y=$ ＿＿＿＿＿＿＿＿ ．

(3) 设 $D:x^2+y^2\leqslant a^2,y\geqslant 0$，$\displaystyle\iint_D xy^8\mathrm{d}x\mathrm{d}y=$ ＿＿＿＿＿＿＿＿ ．

(4) 根据二重积分的几何意义，$\displaystyle\iint_D\sqrt{4-x^2-y^2}\mathrm{d}x\mathrm{d}y=$ ＿＿＿＿＿＿＿＿ ．
其中，$D:x^2+y^2\leqslant 4,x\geqslant 0,y\geqslant 0$．

3. 计算下列二重积分

(1) 计算二重积分 $\displaystyle\iint_D\mathrm{e}^{x+y}\mathrm{d}x\mathrm{d}y$，其中，$D:-1\leqslant x\leqslant 1,-1\leqslant y\leqslant 1$．

(2) 计算二重积分 $\displaystyle\iint_D\frac{y}{x}\mathrm{d}x\mathrm{d}y$，其中，$D$ 是由直线 $y=2x,y=x,x=2$ 及 $x=4$ 所围成的区域．

(3) 计算二重积分 $\displaystyle\iint_D(x+6y)\mathrm{d}x\mathrm{d}y$，其中，$D$ 是由直线 $y=x,y=5x$ 及 $x=1$ 所围成的区域．

(4) 计算二重积分 $\displaystyle\iint_D(x-y^2)\mathrm{d}x\mathrm{d}y$，其中，$D$ 是由 $0\leqslant y\leqslant\sin x,0\leqslant x\leqslant\dfrac{\pi}{2}$ 确定的区域．

(5) 计算二重积分 $\displaystyle\iint_D(x^2+y^2)\mathrm{d}x\mathrm{d}y$，其中，$D$ 是由 $x^2+y^2\geqslant 2x,x^2+y^2\leqslant 4x$ 确定的区域．

(6) 利用极坐标计算二重积分 $\displaystyle\iint_D\sqrt{a^2-x^2-y^2}\mathrm{d}x\mathrm{d}y$，其中，$D$ 是由 $x^2+y^2\leqslant ax$ （$a>0$）确定的区域．

第九章自测题 B

1. 选择题：

(1) 若区域 D 为 $0\leqslant y\leqslant x^2,|x|\leqslant 2$，则 $\displaystyle\iint_D xy^2\mathrm{d}x\mathrm{d}y=($ 　　　$)$．

A. 0   B. $\dfrac{32}{3}$ C. $\dfrac{64}{3}$ D. 256

(2) 设 $f(x,y)$ 是连续函数,交换二次积分 $\displaystyle\int_0^1 \mathrm{d}x \int_0^{1-x} f(x,y)\mathrm{d}y$ 的积分次序后的结果为(　　).

A. $\displaystyle\int_0^{1-x} \mathrm{d}y \int_0^1 f(x,y)\mathrm{d}x$ B. $\displaystyle\int_0^1 \mathrm{d}y \int_0^{1-x} f(x,y)\mathrm{d}x$

C. $\displaystyle\int_0^1 \mathrm{d}y \int_0^1 f(x,y)\mathrm{d}x$ D. $\displaystyle\int_0^1 \mathrm{d}y \int_0^{1-y} f(x,y)\mathrm{d}x$

(3) 若区域 D 为 $x^2+y^2 \leqslant 2x$,则二重积分 $\displaystyle\iint_D (x+y)\sqrt{x^2+y^2}\,\mathrm{d}x\mathrm{d}y$ 化成累次积分为(　　).

A. $\displaystyle\int_{-\frac{\pi}{2}}^{\frac{\pi}{2}} \mathrm{d}\theta \int_0^{2\cos\theta} (\cos\theta+\sin\theta)\sqrt{2r\cos\theta}\,r\,\mathrm{d}r$

B. $\displaystyle\int_0^{\pi} (\cos\theta+\sin\theta)\mathrm{d}\theta \int_0^{2\cos\theta} r^3\,\mathrm{d}r$

C. $\displaystyle 2\int_0^{\frac{\pi}{2}} (\cos\theta+\sin\theta)\mathrm{d}\theta \int_0^{2\cos\theta} r^3\,\mathrm{d}r$

D. $\displaystyle\int_{-\frac{\pi}{2}}^{\frac{\pi}{2}} (\cos\theta+\sin\theta)\mathrm{d}\theta \int_0^{2\cos\theta} r^3\,\mathrm{d}r$

(4) 设 $I_1 = \displaystyle\iint_D \ln(x+y)\mathrm{d}\sigma$,$I_2 = \displaystyle\iint_D (x+y)^2\mathrm{d}\sigma$,$I_3 = \displaystyle\iint_D (x+y)\mathrm{d}\sigma$,其中,$D$ 是由直线 $x=0,y=0,x+y=\dfrac{1}{2}$ 及 $x+y=1$ 所围成的区域,则 I_1,I_2,I_3 的大小顺序为(　　).

A. $I_3 < I_2 < I_1$ B. $I_1 < I_2 < I_3$

C. $I_1 < I_3 < I_2$ D. $I_3 < I_1 < I_2$

(5) 设有界闭域 D_1 与 D_2 关于 y 轴对称,且 $D_1 \bigcap D_2 = \varnothing$,$f(x,y)$ 是定义在 $D_1 \bigcup D_2$ 上的连续函数,则二重积分 $\displaystyle\iint_D f(x^2,y)\mathrm{d}x\mathrm{d}y = ($　　$)$.

A. $\displaystyle 2\iint_{D_1} f(x^2,y)\mathrm{d}x\mathrm{d}y$ B. $\displaystyle 4\iint_{D_2} f(x^2,y)\mathrm{d}x\mathrm{d}y$

C. $\displaystyle 4\iint_{D_1} f(x^2,y)\mathrm{d}x\mathrm{d}y$ D. $\displaystyle \frac{1}{2}\iint_{D_2} f(x^2,y)\mathrm{d}x\mathrm{d}y$

2. 计算下列二重积分:

(1) 计算二重积分 $\displaystyle\iint_D x\mathrm{e}^{xy}\mathrm{d}x\mathrm{d}y$,其中,$D$:$0 \leqslant x \leqslant 1$,$-1 \leqslant y \leqslant 0$;

（2）计算二重积分 $\iint\limits_{D}|y|\mathrm{d}x\mathrm{d}y$ ，其中，D：$|x|+|y|\leqslant$；

（3）计算二重积分 $\iint\limits_{D}xy\mathrm{d}x\mathrm{d}y$ ，其中，D 是由 $y=x,xy=1,x=3$ 所围成的区域；

（4）计算二重积分 $\iint\limits_{D}\sqrt[3]{x^2+y^2}\mathrm{d}x\mathrm{d}y$ ，其中，D：$x^2+y^2\leqslant1$；

（5）利用极坐标计算二重积分 $\iint\limits_{D}y\mathrm{d}x\mathrm{d}y$ ，其中，D：$x^2+y^2\leqslant a^2,x\geqslant0,y\geqslant0$；

（6）计算二重积分 $\iint\limits_{D}xy\mathrm{d}x\mathrm{d}y$ ，其中，D：$x^2+y^2\geqslant1,x^2+y^2\leqslant2x,y\geqslant0$.

3. 计算下列二次积分：

（1）$\int_{1}^{3}\mathrm{d}x\int_{x-1}^{2}\sin y^2\mathrm{d}y$ ；

（2）$\int_{0}^{1}x^2\mathrm{d}x\int_{x}^{1}\mathrm{e}^{-y^2}\mathrm{d}y$ ；

（3）$\int_{0}^{1}\mathrm{d}y\int_{y}^{1}\mathrm{e}^{x^2}\mathrm{d}x$ ；

（4）$\int_{0}^{1}\mathrm{d}x\int_{x}^{1}x\sin y^3\mathrm{d}y$.

第十章 微分方程与差分方程

方程是客观事物的内部联系在数量上的反映,利用方程可以对客观事物的规律性进行研究.建立方程在实践中具有重要的意义.在实际的研究中,用来描述事物内部规律的方程关系往往包含导数(或微分),称这种关系式为微分方程.对于实际问题,首先建立微分方程模型,然后对它进行研究和求解.本章介绍微分方程的基本概念、几种常见的微分方程的解法和差分方程.

第一节 微分方程的基本概念

引 经济方面许多问题都可以归结为微分方程的问题,例如,商品的边际成本问题,它的经济规律可以通过建立含有导数的等式关系来体现.

下面通过具体实例来说明微分方程的基本概念.

例1 设某种商品每生产 x 单位固定成本为 20 元,边际成本为

$$C'(x)=0.4x+2,$$

求该商品的总成本函数 $C(x)$.

解 设商品的总成本函数 $C=C(x)$,则根据导数的意义有

$$\frac{\mathrm{d}C(x)}{\mathrm{d}x}=0.4x+2, \tag{10-1}$$

由式(10-1)可得

$$C(x)=0.2x^2+2x+C. \tag{10-2}$$

将 $C(0)=20$ 代入式(10-2),得 $C=20$,于是商品的总成本函数

$$C(x)=0.2x^2+2x+20. \tag{10-3}$$

例2 已知生产某商品 x 单位时,边际收入函数

$$R'(x)=200-\frac{x}{50},$$

试求生产 x 单位时总收益 $R(x)$.

解 设生产 x 单位时总收益 $R=R(x)$,则根据导数的意义有

$$\frac{\mathrm{d}R(x)}{\mathrm{d}x}=200-\frac{x}{50}, \tag{10-4}$$

由式(10-4)可得

$$R(x)=200x-\frac{x^2}{100}+C, \tag{10-5}$$

因为总收益满足 $R(0)=0$，代入式(10-5)中，可得 $C=0$，于是生产 x 单位时总收益函数为

$$R(x)=200x-\frac{x^2}{100}. \tag{10-6}$$

这两个例子中，关系式(10-1)和式(10-4)都含有未知函数的导数，它们都称为微分方程. **一般地，把未知函数、未知函数的导数及自变量之间的关系方程，称为微分方程.** 微分方程中所出现的未知函数导数的最高阶数，称为**微分方程的阶**. 例如，方程(10-1)和方程(10-4)是一阶微分方程.

注 在微分方程中自变量及未知函数可以不出现，但未知函数的导数必须出现.

一阶微分方程的形式为

$$y'=f(x,y) \text{ 或 } F(x,y,y')=0.$$

二阶微分方程的一般形式为

$$y''=f(x,y,y') \text{ 或 } F(x,y,y',y'')=0.$$

n 阶微分方程的一般形式为

$$y^{(n)}=f(x,y,y',\cdots,y^{(n-1)}) \text{ 或 } F(x,y,y',\cdots,y^{(n)})=0.$$

由前面的例子可以看到，在研究某些实际问题时，首先要建立微分方程，然后求出满足微分方程的函数，即所求的函数代入微分方程中方程两边为恒等式，这样的函数称为该**微分方程的解**. 例如，函数(10-2)和函数(10-3)都是微分方程(10-1)的解；函数(10-5)和函数(10-6)都是微分方程(10-4)的解. **如果微分方程的解中含有任意常数，且任意常数的个数与微分方程的阶数相同，这样的解称为微分方程的通解.** 例如，函数(10-2)是方程(10-1)的解. 它含有一个任意常数，而方程(10-1)是一阶的，所以函数(10-2)是方程(10-1)的通解. 又如函数(10-5)是方程(10-4)的解，它含一个任意常数，而方程(10-4)是一阶的，所以函数(10-5)是方程的(10-4)的通解.

由于通解中含有任意常数，所以它还不能够完全确定地反映某一客观事物的规律. 要完全确定地反映事物的规律，必须确定这些常数的值. 为此要根据问题的实际情况，提出确定这些常数的条件. 例如，例1中的条件 $C(0)=20$ 和例2中的 $R(0)=0$ 便是这样的条件.

设微分方程中未知函数为 $y=y(x)$，如果微分方程是一阶的，那么，通常用来确定任意常数的条件是：当 $x=x_0$ 时，$y=y_0$，或写成

$$y\big|_{x=x_0}=y_0,$$

其中，x_0,y_0 都是给定的值.

如果微分方程是二阶的，那么通常用来确定任意常数的条件是：当 $x=x_0$ 时，$y=y_0,y'=y'_0$，或写成

$$y|_{x=x_0}=y_0,\ y'|_{x=x_0}=y'_0,$$

其中, x_0, y_0, y'_0 都是给定的值. 上述这种条件称为**初始条件**.

不含任意常数的解称为微分方程的特解. 例如, $C(x)=0.2x^2+2x+20$ 就是微分方程(10-1)的特解. 确定了通解中的任意常数以后, 就得到特解.

求一阶微分方程 $F(x,y,y')=0$ 满足初始条件 $y|_{x=x_0}=y_0$ 的特解这样一个问题, 称为一阶微分方程的初值问题, 记作

$$\begin{cases} F(x,y,y')=0, \\ y|_{x=x_0}=y_0. \end{cases} \tag{10-7}$$

微分方程特解的图形是一条曲线, 称为微分方程的积分曲线. 初值问题(10-7)的几何意义就是求微分方程的通过点 (x_0, y_0) 的积分曲线.

例 3 验证函数 $x=C_1\sin t+C_2\cos t+\dfrac{1}{2}e^t$ 是微分方程 $\dfrac{d^2x}{dt^2}+x=e^t$ 的通解 (C_1, C_2 为任意常数), 并求此方程满足初始条件 $y|_{x=0}=\dfrac{1}{2},\ y'|_{x=0}=1$ 的特解.

解 求出所给函数的一阶及二阶导数:

$$\frac{dx}{dt}=C_1\cos t-C_2\sin t+\frac{1}{2}e^t,$$

$$\frac{d^2x}{dt^2}=-(C_1\sin t+C_2\cos t)+\frac{1}{2}e^t,$$

代入微分方程得

$$-(C_1\sin t+C_2\cos t)+\frac{1}{2}e^t+C_1\sin t+C_2\cos t+\frac{1}{2}e^t=e^t.$$

因此函数 $x=C_1\sin t+C_2\cos t+\dfrac{1}{2}e^t$ 是所给微分方程的解. 又因为函数中含有两个任意常数, 而微分方程为二阶微分方程, 所以该函数是所给微分方程的通解.

将初始条件代入通解及其一阶导数中得

$$\begin{cases} C_2+\dfrac{1}{2}=\dfrac{1}{2}, \\[2mm] C_1+\dfrac{1}{2}=1. \end{cases}$$

由此得到 $C_1=\dfrac{1}{2}, C_2=0$, 所以满足所给初始条件的特解为

$$x=\frac{1}{2}(\sin t+e^t).$$

总结 解微分方程基本方法——求积分.

例 4 一曲线通过点 $(0,1)$, 且在该曲线上任意点 $M(x,y)$ 处的切线斜率为 $3x^2$, 求此曲线的方程.

解　设所求曲线方程为 $y=y(x)$，则根据导数的几何意义有

$$\frac{\mathrm{d}y}{\mathrm{d}x}=3x^2,$$

则有

$$y=x^3+C.$$

此外，$y(x)$ 还应满足 $x=0$ 时，$y=1$，代入上式，得 $1=0+C$，$C=1$. 即得所求的曲线方程为

$$y=x^3+1.$$

习　题　10.1

1. 试指出下列微分方程的阶数：

(1) $y''+y=0$；　　　　　　(2) $x(y')^2+y+2x=0$；

(3) $xy''-xy'+y=0$；　　　(4) $\dfrac{\mathrm{d}^2\theta}{\mathrm{d}t^2}+3\dfrac{\mathrm{d}\theta}{\mathrm{d}t}+\theta=0$.

2. 指出下列各题中的函数是否为所给微分方程的解，若是，则区分出通解与特解.

(1) $y''+y=0$，$y=3\sin x-4\cos x$；

(2) $y''-2y'+y=0$，$y=x^2\mathrm{e}^x$；

(3) $y''+y\sin x=x$，$y=\mathrm{e}^{\cos x}\displaystyle\int_0^x t\mathrm{e}^{-\cos t}\,\mathrm{d}t$；

(4) $xy'=x^2+y^2+y$，$y=x\tan\left(x+\dfrac{\pi}{6}\right)$；

(5) $y''+2y'-3y=0$，$y=x^2+x$；

(6) $y''-5y'+6y=0$，$y=C_1\mathrm{e}^{2x}+C_2\mathrm{e}^{3x}$.

3. 验证函数 $y=(C_1+C_2x)\mathrm{e}^{-x}$　（C_1，C_2 是常数）是微分方程 $y''+2y'+y=0$ 的通解，并求出满足初始条件 $y|_{x=0}=4$，$y'|_{x=0}=-2$ 的特解.

4. 求下列微分方程或其初值问题的解：

(1) $\dfrac{\mathrm{d}s}{\mathrm{d}t}=t\mathrm{e}^t$；

(2) $y''=2\sin kx$，$y|_{x=0}=0$，$y'|_{x=0}=\dfrac{1}{k}$；

(3) $\dfrac{\mathrm{d}^2s}{\mathrm{d}t^2}=\dfrac{1}{t^2}$；

(4) $\begin{cases} y''=2\sin\omega x, \\ y(0)=0,\ y'(0)=\dfrac{1}{\omega}. \end{cases}$

5.写出由下列条件确定的曲线所满足的微分方程:

(1)曲线在点(x,y)处的切线斜率等于该点的横坐标的平方;

(2)曲线上点$P(x,y)$处的法线与x轴的交点为Q,而线段PQ被y轴平分.

第二节 一阶微分方程

引 我们经常见到一阶微分方程,本节将针对可分离变量方程、齐次方程和一阶线性微分方程的求解进行讨论.

一、可分离变量的微分方程

一般地,如果一个一阶微分方程形如

$$\frac{\mathrm{d}y}{\mathrm{d}x}=\frac{f(x)}{g(y)}, \tag{10-8}$$

称该方程为**可分离变量的微分方程**.

解法步骤

(1)分离变量,即将原方程化为

$$g(y)\mathrm{d}y=f(x)\mathrm{d}x. \tag{10-9}$$

(2)两边积分,求解方程

$$\int g(y)\mathrm{d}y=\int f(x)\mathrm{d}x. \tag{10-10}$$

设$g(y)$及$f(x)$的原函数依次为$G(y)$及$F(x)$,即得

$$G(y)=F(x)+C. \tag{10-11}$$

称式(10-11)为可分离变量方程的通解.

注 式(10-11)为方程(10-8)的隐式解,又因为式(10-11)含一个任意常数,所以式(10-11)是微分方程(10-8)的隐式通解.

例1 解微分方程$\dfrac{\mathrm{d}y}{\mathrm{d}x}=2xy$.

解 当$y\neq0$时,分离变量将方程变形为

$$\frac{1}{y}\mathrm{d}y=2x\mathrm{d}x,$$

然后两端积分

$$\int\frac{1}{y}\mathrm{d}y=\int2x\mathrm{d}x$$

得

$$\ln|y|=x^2+C_1,$$

即

$$y=\pm\mathrm{e}^{x^2+C_1}=\pm\mathrm{e}^{C_1}\mathrm{e}^{x^2},$$

因 $\pm e^{C_1}$ 仍是任意常数,把它记作 C,又 $C=0$ 时 $y=0$ 是微分方程的解,因此方程的通解为

$$y=Ce^{x^2}.$$

其中,C 是任意常数.

例 2　解微分方程 $(x+xy^2)\mathrm{d}x-(x^2y+y)\mathrm{d}y=0$.

解　原式可化为 $x(1+y^2)\mathrm{d}x=y(x^2+1)\mathrm{d}y$,分离变量得

$$\frac{y}{1+y^2}\mathrm{d}y=\frac{x}{1+x^2}\mathrm{d}x.$$

两边同时积分

$$\int\frac{1}{1+y^2}\mathrm{d}y^2=\int\frac{1}{1+x^2}\mathrm{d}x^2,$$

即

$$\ln(1+y^2)=\ln(1+x^2)+\ln|C|.$$

于是方程的通解为

$$y^2=C(1+x^2)-1 \quad (C\text{ 为任意常数}).$$

这里,将任意常数 $\ln|C|$ 写成 C 是为了结果简明.

例 3　解微分方程 $\dfrac{\mathrm{d}y}{\mathrm{d}x}=\dfrac{1-y}{1+x}$.

解　分离变量,将原式化为

$$\frac{1}{1-y}\mathrm{d}y=\frac{1}{1+x}\mathrm{d}x,$$

两边同时积分

$$\int\frac{1}{1-y}\mathrm{d}y=\int\frac{1}{1+x}\mathrm{d}x$$

得

$$-\ln|1-y|+\ln|C|=\ln|1+x|,$$

即

$$(1-y)(1+x)=C$$

于是方程的通解为

$$y=1-\frac{C}{1+x} \quad (C\text{ 为任意常数}).$$

例 4　求如下初值问题的解

$$\begin{cases} y'=3(x-1)^2(1+y^2), \\ y|_{x=0}=1. \end{cases}$$

解　所给方程是可分离变量微分方程,分离变量得

$$\frac{\mathrm{d}y}{1+y^2}=3(x-1)^2\mathrm{d}x,$$

两边积分得通解

$$\arctan y=(x-1)^3+C,$$

代入初始条件可得常数 $C=\dfrac{\pi}{4}+1$，所以所求初值问题的解为

$$\arctan y=(x-1)^3+\frac{\pi}{4}+1.$$

二、一阶齐次微分方程

如果一阶微分方程可化为

$$y'=\varphi\left(\frac{y}{x}\right) \tag{10-12}$$

的形式，那么称该方程为**齐次微分方程**。齐次方程(10-12)中的变量 x 与 y 一般是不能分离的。作变量代换

$$u=\frac{y}{x}, \tag{10-13}$$

就可把方程(10-12)化为可分离变量的方程。事实上由于 $y=xu$，可得

$$\frac{\mathrm{d}y}{\mathrm{d}x}=u+x\frac{\mathrm{d}u}{\mathrm{d}x},$$

代入方程(10-12)，便得

$$u+x\frac{\mathrm{d}u}{\mathrm{d}x}=\varphi(u),$$

这是变量可分离的方程，分离变量后有

$$\frac{\mathrm{d}u}{\varphi(u)-u}=\frac{\mathrm{d}x}{x},$$

两端积分，得

$$\int\frac{\mathrm{d}u}{\varphi(u)-u}=\int\frac{\mathrm{d}x}{x}.$$

求出积分后，再用 $\dfrac{y}{x}$ 代替 u，便得所给齐次方程的通解。

例 5 求微分方程 $(x^3+y^3)\mathrm{d}x-3xy^2\mathrm{d}y=0$ 的通解。

解 原方程可以写成

$$\frac{\mathrm{d}y}{\mathrm{d}x}=\frac{x^3+y^3}{3xy^2}=\frac{1+\left(\dfrac{y}{x}\right)^3}{3\left(\dfrac{y}{x}\right)^2},$$

该方程是齐次方程，令 $u=\dfrac{y}{x}$，则

$$y=xu,\frac{\mathrm{d}y}{\mathrm{d}x}=u+x\frac{\mathrm{d}u}{\mathrm{d}x},$$

代入上列方程，得

$$u + x\frac{\mathrm{d}u}{\mathrm{d}x} = \frac{1+u^3}{3u^2},$$

即
$$x\frac{\mathrm{d}u}{\mathrm{d}x} = \frac{u^3+1}{3u^2} - u = \frac{1-2u^3}{3u^2},$$

或
$$\frac{3u^2}{1-2u^3}\mathrm{d}u = \frac{1}{x}\mathrm{d}x,$$

两边积分,有
$$-\frac{1}{2}\ln(1-2u^3) = \ln x - \frac{1}{2}\ln C,$$

或写成
$$C = x^2(1-2u^3).$$

以 $u = \dfrac{y}{x}$ 代入上式得原方程通解为

$$x^3 - 2y^3 = Cx \quad (C \text{ 为任意常数}).$$

例 6 求微分方程 $y' = \dfrac{y}{x} + \tan\dfrac{y}{x}$ 的通解.

解 该方程是齐次方程,令 $u = \dfrac{y}{x}$,则

$$y = xu, \frac{\mathrm{d}y}{\mathrm{d}x} = u + x\frac{\mathrm{d}u}{\mathrm{d}x},$$

代入原方程,得

$$u + x\frac{\mathrm{d}u}{\mathrm{d}x} = u + \tan u,$$

即
$$\frac{\cos u}{\sin u}\mathrm{d}u = \frac{\mathrm{d}x}{x},$$

两边积分,有 $\qquad \ln|\sin u| = \ln|Cx|,$

或写成 $\qquad\qquad \sin u = Cx.$

以 $u = \dfrac{y}{x}$ 代入上式得原方程通解为

$$\sin\frac{y}{x} = Cx \quad (C \text{ 为任意常数}).$$

三、一阶线性微分方程

形如

$$\frac{\mathrm{d}y}{\mathrm{d}x} + P(x)y = Q(x) \tag{10-14}$$

的方程称为**一阶线性微分方程**. 所谓线性是指未知函数及其导数都是一次的. 当 $Q(x) \equiv 0$ 时,方程(10-14)为

$$\frac{\mathrm{d}y}{\mathrm{d}x} + P(x)y = 0, \tag{10-15}$$

又称为**一阶齐次线性微分方程**. 方程(10-14)与方程(10-15)有密切的联系, 为了解方程(10-14), 我们先解方程(10-15).

方程(10-15)是可分离变量的微分方程, 分离变量后, 得

$$\frac{\mathrm{d}y}{y} = -P(x)\mathrm{d}x,$$

积分得

$$\ln y = -\int P(x)\mathrm{d}x + \ln C,$$

即有

$$y = C\mathrm{e}^{-\int P(x)\mathrm{d}x},$$

这就是对应的齐次线性方程(10-15)的**通解**.

现在我们用一种被称为**常数变易法**的方法来求非齐次线性方程(10-14)的通解. 该方法是把方程(10-15)的通解中的任意常数 C 换成 x 的未知函数 $C(x)$, 也就是作变换

$$y = C(x)\mathrm{e}^{-\int P(x)\mathrm{d}x},$$

则

$$\frac{\mathrm{d}y}{\mathrm{d}x} = C'(x)\mathrm{e}^{-\int P(x)\mathrm{d}x} - C(x)P(x)\mathrm{e}^{-\int P(x)\mathrm{d}x},$$

代入式(10-14)得

$$C'(x)\mathrm{e}^{-\int P(x)\mathrm{d}x} - C(x)P(x)\mathrm{e}^{-\int P(x)\mathrm{d}x} + P(x)C(x)\mathrm{e}^{-\int P(x)\mathrm{d}x} = Q(x).$$

即

$$C'(x) = Q(x)\mathrm{e}^{\int P(x)\mathrm{d}x}.$$

积分得

$$C(x) = \int Q(x)\mathrm{e}^{\int P(x)\mathrm{d}x}\mathrm{d}x + C,$$

从而有

$$y = \mathrm{e}^{-\int P(x)\mathrm{d}x}\left[\int Q(x)\mathrm{e}^{\int P(x)\mathrm{d}x}\mathrm{d}x + C\right]. \tag{10-16}$$

式(10-16)就是一阶非齐次线性微分方程(10-14)的通解. 把常数 C 换成待定函数 $C(x)$, 用这种方法求通解称为常数变易法.

$$y = \mathrm{e}^{-\int P(x)\mathrm{d}x}\left[\int Q(x)\mathrm{e}^{\int P(x)\mathrm{d}x}\mathrm{d}x + C\right]$$

$$= C\mathrm{e}^{-\int P(x)\mathrm{d}x} + \mathrm{e}^{-\int P(x)\mathrm{d}x}\int Q(x)\mathrm{e}^{\int P(x)\mathrm{d}x}\mathrm{d}x,$$

记 $Y(x) = C\mathrm{e}^{-\int P(x)\mathrm{d}x}$, $y^* = \mathrm{e}^{-\int P(x)\mathrm{d}x}\int Q(x)\mathrm{e}^{\int P(x)\mathrm{d}x}\mathrm{d}x$, 于是一阶非齐次线性微分方程(10-14)的通解为 $y = Y(x) + y^*$, 容易验证 $y^* = \mathrm{e}^{-\int P(x)\mathrm{d}x}\int Q(x)\mathrm{e}^{\int P(x)\mathrm{d}x}\mathrm{d}x$ 是一阶非齐次线性微分方程(10-14)的特解. 这表明: **一阶非齐次线性微分方程的通解等于对应的齐次线性方程的通解加上它本身的一个特解.**

例 7　求微分方程 $(x^2-1)y'+2xy=\cos x$ 的通解.

解　利用常数变易法求解. 对应的齐次方程为
$$(x^2-1)y'+2xy=0,$$

分离变量得
$$\frac{\mathrm{d}y}{y}=-\frac{2x}{x^2-1}\mathrm{d}x,$$

两边积得
$$\ln y=-\ln(x^2-1)+\ln C,$$

所以齐次方程的通解为
$$y=\frac{C}{x^2-1}.$$

设所给方程的解为
$$y=\frac{C(x)}{x^2-1},$$

于是
$$(x^2-1)\left[\frac{C'(x)}{x^2-1}-\frac{2x}{(x^2-1)^2}C(x)\right]+2x\frac{C(x)}{x^2-1}=\cos x,$$

即
$$C'(x)=\cos x,$$

从而
$$C(x)=\sin x+C,$$

于是原方程的通解为
$$y=\frac{1}{x^2-1}(\sin x+C).$$

此题也可直接利用公式(10-16)求解, 需要注意的是用公式先要把方程变成标准形式(10-14)再代公式.

例 8　求微分方程 $xy'-y=x^2\cos x$ 的通解.

解　将方程写成标准形式
$$y'-\frac{1}{x}y=x\cos x,$$

把 $P(x)=-\frac{1}{x}$, $Q(x)=x\cos x$, 代入公式(10-16)得到
$$y=\mathrm{e}^{\int\frac{1}{x}\mathrm{d}x}\left[\int(x\cos x)\mathrm{e}^{-\int\frac{1}{x}\mathrm{d}x}\mathrm{d}x+C\right]$$
$$=x(\sin x+C),$$

所以通解为
$$y=x(\sin x+C).$$

例 9　一容器内盛盐水 100L, 含盐 50g, 现以浓度为 $c_1=2\mathrm{g/L}$ 的盐水注入容器内, 其流量为 $\phi_1=3\mathrm{L/min}$. 设注入之盐水与原有盐水被搅拌而迅速成为均匀的

混合液,同时,此混合液又以流量$\phi_2=2\text{L/min}$流出.试求容器内的盐量与时间 t 的函数关系.

解 设在 $t\min$ 时容器内含盐量为 $x\text{g}$. 在时刻 t,容器内盐水体积为

$$100+(3-2)t=100+t(\text{L}),$$

故流出的混合液在时刻 t 的浓度为

$$c_2=\frac{x}{100+t}\quad(\text{g/L}).$$

下面用元素法来建立微分方程. 从 t 到 $t+\mathrm{d}t$ 这段时间内,流入盐量为 $c_1\phi_1\mathrm{d}t$,流出盐量为 $c_2\phi_2\mathrm{d}t$,而容器内盐的增量 $\mathrm{d}x=x(t+\mathrm{d}t)-x(t)$,应等于流入量减去流出量,即有

$$\mathrm{d}x=(c_1\phi_1-c_2\phi_2)\mathrm{d}t,$$

以 $c_1=2,\phi_1=3,c_2=\frac{x}{100+t},\phi_2=2$ 代入上式得

$$\frac{\mathrm{d}x}{\mathrm{d}t}=6-\frac{2x}{100+t},$$

或

$$\frac{\mathrm{d}x}{\mathrm{d}t}+\frac{2x}{100+t}=6,$$

初始条件为

$$x|_{t=0}=50,$$

上述方程是一阶非齐次线性方程,对应的齐次线性方程为

$$\frac{\mathrm{d}x}{\mathrm{d}t}+\frac{2x}{100+t}=0,$$

分离变量得

$$\frac{\mathrm{d}x}{x}=-\frac{2}{100+t}\mathrm{d}t,$$

积分得

$$\ln x=-2\ln(100+t)+\ln C,$$

即

$$x=C(100+t)^{-2}.$$

令 $x=C(x)(100+t)^{-2}$,则

$$\frac{\mathrm{d}x}{\mathrm{d}t}=(100+t)^{-2}C'(x)-2(100+t)^{-3}C(x),$$

代入原非齐次方程方程得

$$(100+t)^{-2}C'(x)=6,$$

积分得

$$C(x)=2(100+t)^3+C.$$

于是得非齐次方程的通解为

$$x=2(100+t)+C(100+t)^{-2}.$$

代入初始条件得

$$C=-1.5\times10^6,$$

于是所求函数关系为

$$x=2(100+t)-\frac{1.5\times10^6}{(100+t)^2}.$$

例 10　求方程 $y\ln y\mathrm{d}x+(x-\ln y)\mathrm{d}y=0$ 的通解.

解　如果把 y 看成函数,则原方程可表示为

$$\frac{\mathrm{d}y}{\mathrm{d}x}+\frac{y\ln y}{x-\ln y}=0,$$

它不是以 x 为自变量的线性方程. 如把 x 看成 y 的函数,则原方程可表示为

$$\frac{\mathrm{d}x}{\mathrm{d}y}+\frac{1}{y\ln y}x=\frac{1}{y},$$

它是非齐次线性微分方程. 这里 $P(y)=\dfrac{1}{y\ln y}$,$Q(y)=\dfrac{1}{y}$,代入求解公式求得方程的通解为

$$x=\frac{1}{\ln y}\Big(\frac{1}{2}\ln^2 y+C\Big).$$

习　题　10.2

1. 求下列微分方程的通解:

(1) $\dfrac{\mathrm{d}y}{\mathrm{d}x}=10^{x+y}$;

(2) $\sec^2 x\tan y\mathrm{d}x+\sec^2 y\tan x\mathrm{d}y=0$;

(3) $y'=\sqrt{\dfrac{1-y^2}{1-x^2}}$;

(4) $y'-xy'=a(y^2+y')$;

(5) $(\mathrm{e}^{x+y}-\mathrm{e}^x)\mathrm{d}x+(\mathrm{e}^{x+y}+\mathrm{e}^y)\mathrm{d}y=0$;

(6) $(y+1)^2 y'+x^3=0$;

(7) $\dfrac{\mathrm{d}y}{\mathrm{d}x}=y^2\cos x$;

(8) $xy'=y\ln y$;

(9) $y^2+x^2\dfrac{\mathrm{d}y}{\mathrm{d}x}=xy\dfrac{\mathrm{d}y}{\mathrm{d}x}$;

(10) $x\dfrac{\mathrm{d}y}{\mathrm{d}x}=y\ln\dfrac{y}{x}$;

(11) $xy'=x\sin\dfrac{y}{x}+y$;

(12) $(1+2\mathrm{e}^{\frac{x}{y}})\mathrm{d}x+2\mathrm{e}^{\frac{x}{y}}\Big(1-\dfrac{x}{y}\Big)\mathrm{d}y=0$;

(13) $y'-\dfrac{2y}{x+1}=(x+1)^{\frac{5}{2}}$;

(14) $y'+y\cos x=\mathrm{e}^{-\sin x}$;

(15) $y+y\tan x=\sin 2x$;

(16) $\dfrac{\mathrm{d}s}{\mathrm{d}t}+s\cos t=\dfrac{1}{2}\sin 2t$;

(17) $y'+2xy=4x$;

(18) $(x-2)y'-y=2(x-2)^3$.

2. 求下列微分方程满足所给初始条件的特解:

(1) $(1+x^2)y'=\arctan x$,$y|_{x=0}=0$;

(2)$\cos x\sin y\mathrm{d}y=\cos y\sin x\mathrm{d}x,y\big|_{x=0}=\dfrac{\pi}{4}$;

(3)$(x^2-4)y'=2xy,y\big|_{x=0}=1$;

(4)$\cos y\mathrm{d}x+(1+\mathrm{e}^{-x})\sin y\mathrm{d}y=0,y\big|_{x=0}=\dfrac{\pi}{4}$;

(5)$(y^2-3x^2)\mathrm{d}y+2xy\mathrm{d}x=0,y\big|_{x=0}=1$;

(6)$y'=\dfrac{x}{y}+\dfrac{y}{x},y\big|_{x=1}=2$;

(7)$y'-2y=\mathrm{e}^x-x,y\big|_{x=0}=\dfrac{5}{4}$;

(8)$y'+\dfrac{2-3x^2}{x^3}y=1,y\big|_{x=1}=0$;

(9)$y'-y\tan x=\sec x,y\big|_{x=0}=0$;

(10)$y'+\dfrac{y}{x}=\dfrac{\sin x}{x},y\big|_{x=\pi}=1$;

(11)$y'+y\cot x=5\mathrm{e}^{\cos x},y\big|_{x=\frac{\pi}{2}}=-4$;

(12)$y'+3y=8,y\big|_{x=0}=2$.

第三节　可降阶的二阶微分方程

引　上一节介绍了常见的三类一阶微分方程的解法,那么对于一些二阶微分方程,该如何求解呢?

一、$y''=f(x)$型的微分方程

微分方程 $y''=f(x)$ 的右端仅含有自变量 x,将两端积分一次得到

$$y'=\int f(x)\mathrm{d}x+C_1,$$

再积分一次,得

$$y=\int\left(\int f(x)\mathrm{d}x+C_1\right)\mathrm{d}x+C_2,$$

其中,C_1,C_2 为任意常数.

例 1　求微分方程 $y''=x\mathrm{e}^x$ 的通解.

解　方程两边同时积分一次,得

$$y'=\int x\mathrm{e}^x\mathrm{d}x+C_1=\int x\mathrm{d}\mathrm{e}^x+C_1=x\mathrm{e}^x-\mathrm{e}^x+C_1,$$

再积分一次,得

$$y=\int(x\mathrm{e}^x-\mathrm{e}^x+C_1)\mathrm{d}x=x\mathrm{e}^x-2\mathrm{e}^x+C_1x+C_2,$$

其中，C_1，C_2 为任意常数.

二、$y''=f(x,y')$型的微分方程

这类二阶微分方程的特点是不含未知函数 y，只要作变换 $y'=p(x)$，则 $y''=\dfrac{\mathrm{d}p}{\mathrm{d}x}$，原方程就可以降阶成关于变量 x、p 的一阶微分方程

$$\frac{\mathrm{d}p}{\mathrm{d}x}=f(x,p),$$

设其通解为

$$p=\varphi(x,C_1)\text{ 或 }\frac{\mathrm{d}y}{\mathrm{d}x}=\varphi(x,C_1),$$

于是所给方程的通解为

$$y=\int\varphi(x,C_1)\mathrm{d}x+C_2.$$

例 2　求微分方程 $x^2y''+xy'=1$ 的通解.

解　设 $y'=p(x)$，则 $y''=\dfrac{\mathrm{d}p}{\mathrm{d}x}$，故原方程成为

$$x^2\frac{\mathrm{d}p}{\mathrm{d}x}+xp=1\text{ 或 }\frac{\mathrm{d}p}{\mathrm{d}x}+\frac{1}{x}p=\frac{1}{x^2},$$

这是一阶线形微分方程，其通解为

$$\begin{aligned}
p &= \mathrm{e}^{-\int\frac{1}{x}\mathrm{d}x}\left(\int\frac{1}{x^2}\mathrm{e}^{\int\frac{1}{x}\mathrm{d}x}\mathrm{d}x+C_1\right)\\
&= \frac{1}{x}(\ln x+C_1),
\end{aligned}$$

即

$$\frac{\mathrm{d}y}{\mathrm{d}x}=\frac{C_1}{x}+\frac{1}{x}\ln x,$$

两边积分，得

$$y=C_1\ln x+\frac{1}{2}\ln^2 x+C_2,$$

这就是所求的方程的通解.

三、$y''=f(y,y')$型的微分方程

这类二阶微分方程，其特点是不含自变量 x，只要作变换 $y'=p(y)$，则有

$$y''=\frac{\mathrm{d}p}{\mathrm{d}x}=\frac{\mathrm{d}p}{\mathrm{d}y}\cdot\frac{\mathrm{d}y}{\mathrm{d}x}=p\frac{\mathrm{d}p}{\mathrm{d}y},$$

即 $y''=p\dfrac{\mathrm{d}p}{\mathrm{d}y}$，故方程 $y''=f(y,y')$ 就可以降阶成关于变量 y 与 p 的一阶微分方程

$$p\frac{\mathrm{d}p}{\mathrm{d}y}=f(y,p),$$

设其通解为

$$p = \varphi(y, C_1) \text{ 或} \frac{dy}{dx} = \varphi(y, C_1).$$

这是可分离变量的方程,分离变量得

$$dx = \frac{dy}{\varphi(y, C_1)},$$

两边积分可得所求方程的通解为

$$x = \int \frac{dy}{\varphi(y, C_1)} + C_2,$$

其中, $\int \dfrac{dy}{\varphi(y, C_1)}$ 是函数 $\dfrac{1}{\varphi(y, C_1)}$ 的一个原函数.

例 3 求微分方程 $y'' + \dfrac{1}{1-y}(y')^2 = 0$ 的通解.

解 令 $y' = p(y)$,则 $y'' = p\dfrac{dp}{dy}$,故原方程变成

$$p\frac{dp}{dy} = \frac{p^2}{y-1},$$

分离变量,得

$$\frac{dp}{p} = \frac{dy}{y-1},$$

两边积分,得

$$\ln p = \ln(y-1) + \ln C_1,$$

化简得

$$p = C_1(y-1), \text{即} \frac{dy}{dx} = C_1(y-1),$$

分离变量,得

$$dx = \frac{dy}{C_1(y-1)},$$

两边积分得原方程的通解为 $x = \dfrac{1}{C_1}\ln(y-1) + C_2.$

例 4 求微分方程 $y'' = y^{-3}$ 满足 $y\big|_{x=0} = 1, y'\big|_{x=0} = 1$ 的特解.

解 令 $y' = p$,则 $y'' = p\dfrac{dp}{dy}$,代入方程得

$$p\frac{dp}{dy} = y^{-3},$$

分离变量并积分得

$$p^2 = C_1 - y^{-2},$$

即

$$\frac{dy}{dx} = \pm\frac{1}{y}\sqrt{C_1 y^2 - 1}.$$

为了后面讨论简便,可先将正负号及任意常数 C_1 定出.由 $y'|_{x=0}=1>0$ 可知,根式前面应取正号,将初始条件代入上式得 $C_1=2$,于是

$$\frac{\mathrm{d}y}{\mathrm{d}x}=\frac{1}{y}\sqrt{2y^2-1},$$

再积分得

$$\sqrt{2y^2-1}=2x+C_2,$$

由初始条件得 $C_2=1$,最后解得所求特解为

$$2y^2-1=(2x+1)^2.$$

习　题　10.3

1. 求下列微分方程的通解:

(1) $y'''=xe^x$;　　　　(2) $(1+x^2)y''+(y')^2+1=0$;

(3) $1+(y')^2=2yy''$;　　(4) $y''=(y')^3+y'$;

(5) $y^3y''-1=0$.

2. 求微分方程满足所给初始条件的特解:

$$y''-a(y')^2=0, y|_{x=0}=0, y'|_{x=0}=-1.$$

3. 已知某曲线,它的方程满足 $yy''+(y')^2=1$,且与另一曲线 $y=e^{-x}$ 相切于点 $(0,1)$,求此曲线的方程.

第四节　二阶线性微分方程解的性质

引　线性微分方程是微分方程中一类重要的方程,其解具有规律性,本节将针对二阶线性微分方程研究解的性质.

一、二阶线性微分方程的一般形式

形如

$$y''+P(x)y'+Q(x)y=f(x) \tag{10-17}$$

的方程称为二阶线性微分方程,其中,$P(x),Q(x)$ 称为方程(10-17)的系数,而函数 $f(x)$ 称为自由项.自由项恒为零的线性微分方程

$$y''+P(x)y'+Q(x)y=0 \tag{10-18}$$

称为**二阶齐次线性微分方程**,否则称为**二阶非齐次线性微分方程**.

二、二阶齐次线性方程解的性质

定理 1　如果函数 $y_1(x),y_2(x)$ 是齐次方程(10-18)的两个解,则它们的线性

组合
$$y = C_1 y_1 + C_2 y_2 \tag{10-19}$$
也是方程(10-18)的解,其中,C_1,C_2 是任意常数.

证 因为 y_1,y_2 是方程(10-18)的解,所以
$$y''_1 + P(x)y'_1 + Q(x)y_1 = 0,$$
$$y''_2 + P(x)y'_2 + Q(x)y_2 = 0,$$
由于
$$(C_1 y_1 + C_2 y_2)'' + P(x)(C_1 y_1 + C_2 y_2)' + Q(x)(C_1 y_1 + C_2 y_2)$$
$$= C_1[y''_1 + P(x)y'_1 + Q(x)y_1] + C_2[y''_2 + P(x)y'_2 + Q(x)y_2]$$
$$= 0,$$
所以,$y = C_1 y_1 + C_2 y_2$ 是齐次方程(10-18)的解.

由于讨论的是二阶线性微分方程,它的通解中应该有两个任意常数,那么解 $y = C_1 y_1 + C_2 y_2$(其中,C_1,C_2 是任意常数)是否为方程(10-18)的通解呢?如果取 $y_2 = k y_1$(k 为常数),且 y_1 是方程(10-18)的解,则显然 $y_2 = k y_1$ 也是方程(10-18)的解,但由于
$$y = C_1 y_1 + C_2 y_2 = (C_1 + C_2 k) y_1 = C y_1 \quad (\text{其中},C = C_1 + C_2 k)$$
只含一个任意常数 C,所以它不是方程(10-18)的通解.那么特解 y_1,y_2 应满足什么条件,函数 $y = C_1 y_1 + C_2 y_2$ 才是方程(10-18)的通解呢?为此需引入函数线性无关的概念.

设 $y_1(x)$,$y_2(x)$,$\cdots$,$y_n(x)$ 为定义在区间 I 上的 n 个函数,如果存在 n 个不全为零的常数 k_1,k_2,$\cdots$,k_n,使得当 $x \in I$ 时有恒等式
$$k_1 y_1 + k_2 y_2 + \cdots + k_n y_n \equiv 0$$
成立,那么称这 n 个函数在区间 I 上**线性相关**;否则称**线性无关**.

例如,函数 1,$\cos^2 x$,$\sin^2 x$ 是线性相关的,因为取 $k_1 = 1$,$k_2 = k_3 = -1$,就有恒等式
$$1 - \cos^2 x - \sin^2 x \equiv 0.$$
又如,函数 1,x,x^2 在任何区间 (a,b) 内是线性无关的,因为如果 k_1,k_2,k_3 不全为零,那么在该区间内至多只有两个 x 值能使二次三项式
$$k_1 + k_2 x + k_3 x^2$$
为零;要使它恒等于零,必须有 k_1,k_2,k_3 全为零.

应用上述概念可知,对于两个函数的情形,它们线性相关与否,只要看它们的比是否为常数:如果比为常数,那么它们就线性相关;否则就线性无关.

例如,由于 $\dfrac{\sin x}{\cos x} = \tan x \not\equiv$ 常数,所以 $\sin x$ 与 $\cos x$ 线性无关;又如 $\dfrac{2x}{x} \equiv 2$(常数),所以 $2x$ 与 x 线性相关.

定理 2　如果 $y_1(x),y_2(x)$ 是齐次方程(10-18)的两个线性无关的特解,则
$$y=C_1y_1+C_2y_2$$
是该方程的通解,其中,C_1,C_2 是任意常数.

以上定理给出了二阶齐次线性微分方程通解的结构.如求齐次方程(10-18)的通解,应该先求它的两个线性无关的特解.

例 1　验证 $y_1=x,y_2=\mathrm{e}^x$ 是二阶齐次线性微分方程
$$(x-1)y''-xy'+y=0$$
的解,并求出方程满足初始条件 $y(0)=4,y'(0)=1$ 的特解.

解　方程等价于齐次线性方程
$$y''-\frac{x}{(x-1)}y'+\frac{1}{(x-1)}y=0.$$
把 $y_1=x,y_1'=1,y_1''=0$ 代入上式,有
$$y_1''-\frac{x}{(x-1)}y_1'+\frac{1}{(x-1)}y_1=0-\frac{x}{(x-1)}+\frac{1}{(x-1)}x=0,$$
所以 $y_1=x$ 是原方程的一个解.同理可证 $y_2=\mathrm{e}^x$ 也是原方程的一个解.

为了求出满足初始条件的特解,先求出方程的通解,注意到
$$\frac{y_1}{y_2}=\frac{x}{\mathrm{e}^x}\neq C,$$
由定理 2 可得方程的通解为
$$y=C_1x+C_2\mathrm{e}^x.$$
将 $y(0)=4$ 代入上式得 $C_2=4$,又因为 $y'=C_1+C_2\mathrm{e}^x$,将 $y'(0)=1$ 代入可得 $C_1=-3$.于是方程的特解为
$$y=-3x+4\mathrm{e}^x.$$

三、二阶非齐次线性方程解的性质

定理 3　如果 y^* 是非齐次方程(10-17)的一个特解,Y 是与方程(10-17)对应的齐次方程(10-18)的通解,则
$$y=Y+y^* \tag{10-20}$$
是非齐次方程(10-17)的通解.

证　由条件可知
$$Y''+P(x)Y'+Q(x)Y=0,$$
$$(y^*)''+P(x)(y^*)'+Q(x)y^*=f(x),$$
故
$$(Y+y^*)''+P(x)(Y+y^*)'+Q(x)(Y+y^*)$$
$$=[Y''+P(x)Y'+Q(x)Y]+[(y^*)''+P(x)(y^*)'+Q(x)y^*]$$
$$=0+f(x)=f(x),$$
所以,$y=Y+y^*$ 是非齐次方程(10-17)的解.由于齐次方程的通解 $Y=C_1y_1+C_2y_2$

中含有两个相互独立的任意常数,因此 $y=Y+y^*$ 也含有两个相互独立的任意常数,故它是非齐次方程(10-17)的通解.

例 2 证明 $y=\dfrac{1}{x}(C_1 e^x+C_2 e^{-x})+\dfrac{e^x}{2}$ (其中,C_1,C_2 是任意常数)是方程

$$xy''+2y'-xy=e^x \tag{10-21}$$

的通解.

证明 方程可变形为

$$y''+\frac{2}{x}y'-y=\frac{e^x}{x}, \tag{10-22}$$

这是二阶非齐次线性微分方程.

首先,证明 $Y=\dfrac{1}{x}(C_1 e^x+C_2 e^{-x})$ 是对应的齐次线性微分方程

$$y''+\frac{2}{x}y'-y=0$$

的通解. 设 $y_1=\dfrac{e^x}{x}$,则 $y'_1=e^x\left(\dfrac{1}{x}-\dfrac{1}{x^2}\right)$,$y''_1=e^x\left(\dfrac{1}{x}-\dfrac{2}{x^2}+\dfrac{2}{x^3}\right)$代入上式中,得

$$y''_1+\frac{2}{x}y'_1-y_1=e^x\left[\left(\frac{1}{x}-\frac{2}{x^2}+\frac{2}{x^3}\right)+\frac{2}{x}\left(\frac{1}{x}-\frac{1}{x^2}\right)-\frac{1}{x}\right]=0.$$

所以 $y_1=\dfrac{e^x}{x}$ 是方程(10-22)的一个特解.

再设 $y_2=\dfrac{e^{-x}}{x}$,同理可以证明 y_2 也是方程(10-22)的一个特解. 又因为

$$\frac{y_1}{y_2}=e^{2x}\neq C \quad (C \text{ 为常数}),$$

所以 y_1,y_2 线性无关,由定理 2 可知

$$Y=\frac{1}{x}(C_1 e^x+C_2 e^{-x})$$

是齐次线性微分方程(10-22)的通解.

其次,证明 $y^*=\dfrac{e^x}{2}$ 是方程(10-21)的一个特解. 事实上,因为

$$y^{*\prime}=\frac{e^x}{2},y^{*\prime\prime}=\frac{e^x}{2},$$

所以

$$y^{*\prime\prime}+\frac{2}{x}y^{*\prime}-y^*=\frac{e^x}{2}\left(1+\frac{2}{x}-1\right)=\frac{e^x}{x},$$

这表明 y^* 是原方程的一个特解.

由定理 3 可知

$$y=\frac{1}{x}(C_1 e^x+C_2 e^{-x})+\frac{e^x}{2}$$

是方程(10-21)的通解.

定理 4 若 $y_1(x), y_2(x)$ 是非齐次线性微分方程

$$y'' + P(x)y' + Q(x)y = f(x)$$

的两个相异的解,则 $y(x) = y_1(x) - y_2(x)$ 是对应的齐次线性微分方程

$$y'' + P(x)y' + Q(x)y = 0$$

的解(证明略).

例 3 已知微分方程 $y'' + P(x)y' + Q(x)y = f(x)$ 有三个解:

$$y_1(x) = x, \quad y_2(x) = e^x, \quad y_3(x) = e^{2x},$$

求此方程满足初始条件 $y(0) = 1, y'(0) = 3$ 的特解.

解 由定理 4 可知, $y_2 - y_1, y_3 - y_1$ 是对应的齐次线性微分方程的解. 因为

$$\frac{y_2 - y_1}{y_3 - y_1} = \frac{e^x - x}{e^{2x} - x} \neq C \quad (C \text{ 为常数}),$$

则 $y_2 - y_1, y_3 - y_1$ 是线性无关的,于是由定理 3 可知原方程的通解为

$$y = C_1(y_2 - y_1) + C_2(y_3 - y_1) + x,$$

$$y' = C_1 e^x + 2C_2 e^{2x} - C_1 - C_2 + 1.$$

分别将初始条件 $y(0) = 1, y'(0) = 3$ 代入上式,得

$$C_1 = -1, \quad C_2 = 2,$$

故所求特解为

$$y = 2e^{2x} - e^x.$$

定理 5 设有下列非齐次微分方程

$$y'' + P(x)y' + Q(x)y = f_1(x) + f_2(x),$$

而 y_1^*, y_2^* 分别是下列方程

$$y'' + P(x)y' + Q(x)y = f_1(x),$$
$$y'' + P(x)y' + Q(x)y = f_2(x),$$

的特解,则 $y^* = y_1^* + y_2^*$ 是原方程的特解.

证 由于

$$(y_1^* + y_2^*)'' + P(x)(y_1^* + y_2^*)' + Q(x)(y_1^* + y_2^*) = f_1(x) + f_2(x),$$

所以 $y^* = y_1^* + y_2^*$ 是原方程的特解.

这一定理通常也被称为非齐次线性微分方程的**叠加原理**.

习 题 10.4

1.下列函数组哪些是线性无关的.

(1) $x, x^2 x^3$; (2) e^{-x}, e^x;

(3) $\sin 2x, \sin x \cos x$; (4) $\ln x, x \ln x$.

2. 验证 $y_1 = \cos 2x$ 及 $y_2 = \sin 2x$ 是方程 $y'' + 4y = 0$ 的两个解,并写出该方程的通解.

3. 证明函数 $y = C_1 e^x + C_2 e^{2x} + \dfrac{1}{12} e^{5x}$ (C_1, C_2 是任意常数) 是方程 $y'' - 3y' + 2y = e^{5x}$ 的通解.

4. 设 y_1^*, y_2^*, y_3^* 是二阶非齐次线性微分方程的三个解,且它们是线性无关的,证明方程的通解为

$$y = C_1 y_1^* + C_2 y_2^* + (1 - C_1 - C_2) y_3^*.$$

5. 设方程 $y'' + p(x)y' + q(x)y = 0$ 的系数满足:

(1) $p(x) + xq(x) = 0$,证明方程有特解 $y = x$;

(2) $1 + p(x) + q(x) = 0$,证明方程有特解 $y = e^x$.

6. 利用上题结论求方程 $(x - 1)y'' - xy' + y = 0$ 的通解.

第五节　二阶常系数线性微分方程

引　对二阶微分方程,除了第三节中可降阶的方程外,我们仅讨论二阶常系数线性微分方程,其一般形式为

$$y'' + py' + qy = f(x),$$

其中,p, q 为常数,$f(x)$ 为给定的连续函数. 当 $f(x)$ 恒为零时,上述方程为

$$y'' + py' + qy = 0,$$

称为二阶齐次线性微分方程,否则称为二阶非齐次线性微分方程. 如何求解这一类微分方程?(本节二阶常系数非齐次线性微分方程为选讲内容.)

一、二阶常系数齐次线性微分方程

二阶齐次线性微分方程

$$y'' + p(x)y' + q(x)y = 0, \tag{10-23}$$

如果 y' 与 y 的系数都是常数,则称其为**二阶常系数齐次线性微分方程**,其一般形式为

$$y'' + py' + qy = 0, \tag{10-24}$$

其中,p, q 为常数.

要求微分方程 (10-24) 的通解,就要找两个线性无关的特解,根据微分方程 (10-24) 的特征,猜想形如 $y = e^{rx}$(r 是常数)的函数可能是方程的解. 由于指数函数 $y = e^{rx}$ 和它的各阶导数都只相差一个常数因子,因此看能否适当地选取常数 r,使 $y = e^{rx}$ 满足方程 (10-24). 将 $y = e^{rx}$ 求导,得

$$y' = re^{rx}, \quad y'' = r^2 e^{rx}.$$

把 y,y',y'' 代入方程(10-24),得
$$(r^2+pr+q)\mathrm{e}^{rx}=0,$$
所以
$$r^2+pr+q=0. \tag{10-25}$$

由此可见,只要常数 r 满足方程(10-25),函数 $y=\mathrm{e}^{rx}$ 就是方程(10-24)的解.
我们把代数方程(10-25)称为微分方程(10-24)的特征方程.特征方程(10-25)的
根称为特征根,可以用公式
$$r_{1,2}=\frac{1}{2}(-p\pm\sqrt{p^2-4q})$$

求出.它们有三种不同的情形,根据特征方程根的三种情形,微分方程(10-24)的
通解也就有三种不同的形式,现在分别讨论如下:

(1)特征方程有两个不相等的实根:即 $r_1\neq r_2$. 这时,$y_1/y_2=\mathrm{e}^{r_1x}/\mathrm{e}^{r_2x}=\mathrm{e}^{(r_1-r_2)x}$
不是常数,因而 $y_1=\mathrm{e}^{r_1x}$,$y_2=\mathrm{e}^{r_2x}$ 是微分方程(10-24)的两个线性无关的特解,因
此方程(10-24)的通解为
$$y=C_1\mathrm{e}^{r_1x}+C_2\mathrm{e}^{r_2x}. \tag{10-26}$$

(2)特征方程有两个相等的根:即 $r_1=r_2$. 这时,我们只能得到微分方程(10-
24)的一个特解 $y_1=\mathrm{e}^{r_1x}$. 我们还需要求出另一个与 $y_1=\mathrm{e}^{r_1x}$ 线性无关的特解 y_2,且
要求 y_2/y_1 不是常数,为此,设 $y_2/y_1=u(x)\neq C$,即 $y_2=\mathrm{e}^{r_1x}u(x)$. 将 y_2 求导,得
$$y_2'=\mathrm{e}^{r_1x}[u'(x)+r_1u(x)],$$
$$y_2''=\mathrm{e}^{r_1x}[u''(x)+2r_1u'(x)+r_1^2u(x)],$$
代入方程(10-24)得
$$\mathrm{e}^{r_1x}\{[u''(x)+2r_1u'(x)+r_1^2u(x)]+p[u'(x)+r_1u(x)]+qu(x)\}=0,$$
约去 e^{r_1x},得
$$u''(x)+(2r_1+p)u'(x)+(r_1^2+pr_1+q)u(x)=0.$$

由于 r_1 是特征方程(10-25)的重根,故 $r_1^2+pr_1+q=0,2r_1+p=0$,于是有
$$u''(x)=0,$$
解得 $u(x)=C_1+C_2x$. 由于我们只要得到一个不为常数的解,所以不妨选取 $u=x$,
由此得微分方程的另一个解
$$y_2=x\mathrm{e}^{r_1x}.$$
从而微分方程(10-24)的通解为
$$y=C_1\mathrm{e}^{r_1x}+C_2x\mathrm{e}^{r_1x}=(C_1+C_2x)\mathrm{e}^{r_1x}. \tag{10-27}$$

(3)特征方程有一对共轭复根:即
$$r_1=\alpha+\mathrm{i}\beta,r_2=\alpha-\mathrm{i}\beta \quad (\beta\neq0).$$
这时,我们得到两个线性无关的复函数解
$$y_1^*=\mathrm{e}^{(\alpha+\mathrm{i}\beta)x}, \qquad y_2^*=\mathrm{e}^{(\alpha-\mathrm{i}\beta)x},$$

根据欧拉(Euler)公式 $e^{i\theta}=\cos\theta+i\sin\theta$,我们有

$$e^{(\alpha\pm i\beta)x}=e^{\alpha x}(\cos\beta x\pm i\sin\beta x)=e^{\alpha x}\cos\beta x\pm ie^{\alpha x}\sin\beta x.$$

取

$$y_1(x)=\frac{1}{2}[e^{(\alpha+i\beta)x}+e^{(\alpha-i\beta)x}]=e^{\alpha x}\cos\beta x,$$

$$y_2(x)=\frac{1}{2i}[e^{(\alpha+i\beta)x}-e^{(\alpha-i\beta)x}]=e^{\alpha x}\sin\beta x,$$

则根据上一节定理 1 知道,$y_1(x)$ 及 $y_2(x)$ 是方程(10-24)的两个实函数解,且由于 $y_1(x)/y_2(x)=\cot\beta x$ 不是常数,即 $y_1(x)$ 与 $y_2(x)$ 是线性无关的,所以方程(10-24)的通解为

$$y=C_1y_1(x)+C_2y_2(x)=e^{\alpha x}(C_1\cos\beta x+C_2\sin\beta x). \tag{10-28}$$

综上所述,求二阶常系数齐次线性方程

$$y''+py'+qy=0$$

的通解步骤如下:

(1)写出微分方程(10-24)特征方程 $r^2+pr+q=0$;

(2)求出特征方程(10-25)的两个根 r_1,r_2;

(3)根据特征方程(10-25)的两个根 r_1,r_2 的不同情况,对应地写出微分方程的通解,如表 10-1.

表 10-1

特征方程 $r^2+pr+q=0$ 的两个根 r_1,r_2	微分方程 $y''+py'+qy=0$ 的通解
两个不相等的实根 r_1,r_2	$y=C_1e^{r_1x}+C_2e^{r_2x}$
两个相等的实根 $r_1=r_2$	$y=(C_1+C_2x)e^{r_1x}$
一对共轭复根 $r_{1,2}=\alpha\pm i\beta$	$y=e^{\alpha x}(C_1\cos\beta x+C_2\sin\beta x)$

例 1 求 $y''-5y'+6y=0$ 的通解.

解 特征方程为

$$r^2-5r+6=0,$$

得特征根 $r_1=2,r_2=3$,于是微分方程的通解为

$$y=C_1e^{2x}+C_2e^{3x}.$$

例 2 求微分方程 $\dfrac{d^2s}{dt^2}+2\dfrac{ds}{dt}+s=0$ 满足初始条件 $s|_{t=0}=4,s'|_{t=0}=-2$ 的特解.

解 特征方程为 $\qquad r^2+2r+1=0,$

特征根为 $r_1=r_2=-1$,所以通解为

$$s=(C_1+C_2t)e^{-t},$$

代入初始条件得

$$C_1=4,C_2=2,$$

所以所求特解为

$$s=(4+2t)\mathrm{e}^{-t}.$$

例 3　求 $y''+2y'+4y=0$ 的通解.

解　特征方程与特征根为

$$r^2+2r+4=0, r=-1\pm\sqrt{3}\mathrm{i}.$$

故通解为

$$y=\mathrm{e}^{-x}(C_1\cos\sqrt{3}x+C_2\sin\sqrt{3}x).$$

*二、二阶常系数非齐次线性微分方程

二阶常系数非齐次线性微分方程的一般形式是

$$y''+py'+qy=f(x),\tag{10-29}$$

其中, p,q 为常数, $f(x)$ 为给定的连续函数.

根据第四节定理 3, 如果我们求出方程 (10-29) 的一个特解 $y^*(x)$, 再求出对应的齐次方程的通解 $Y(x)=C_1y_1(x)+C_2y_2(x)$, 那么方程 (10-29) 的通解就是

$$y=Y(x)+y^*(x)=C_1y_1(x)+C_2y_2(x)+y^*(x).$$

由于方程 (10-29) 对应的齐次方程的通解 $Y(x)=C_1y_1(x)+C_2y_2(x)$ 已经解决, 因此下面主要针对函数 $f(x)$ 的特殊形式.

(1) $f(x)=P_m(x)\mathrm{e}^{\lambda x}$,

(2) $f(x)=\mathrm{e}^{\lambda x}[P_l(x)\cos\omega x+P_n(x)\sin\omega x]$,

给出求方程 (10-29) 的一个特解的待定系数方法, 下面先看两个例子.

例 4　求微分方程 $y''-4y=2x+1$ 的一个特解.

解　由于非齐次项是一次多项式, 可以设想它的一个特解也是一次多项式, 故设函数

$$y=ax+b$$

是所给方程的一个特解, 其中, a,b 是待定系数, 其一阶、二阶导数分别为

$$y'=a, y''=0,$$

代入所给方程得

$$-4ax-4b=2x+1,$$

比较系数得

$$\begin{cases}-4a=2,\\-4b=1,\end{cases}\text{即}\begin{cases}a=-\dfrac{1}{2},\\b=-\dfrac{1}{4},\end{cases}$$

所以一个特解是

$$y=-\frac{1}{2}x-\frac{1}{4}.$$

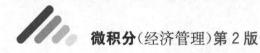

例 5 求微分方程 $y'' + y' - y = 2e^{2x}$ 的一个特解.

解 非齐次项是常数与指数函数的乘积,故不妨设下列函数

$$y = Ae^{2x} \quad (A \text{ 是待定常数})$$

是所给方程的一个特解,其一阶导数和二阶导数分别为

$$y' = 2Ae^{2x}, \quad y'' = 4Ae^{2x},$$

代入所给方程得 $A = \dfrac{2}{5}$,所以所给方程的一个特解是

$$y = \frac{2}{5}e^{2x}.$$

从上面两例看到,当非齐次项 $f(x)$ 具有特殊形式时,认为它的特解也应该具有这种形式,从而利用待定系数法就可求出特解.下面详细讨论非齐次项是如下两种情形时,二阶非齐次线性微分方程的特解求法.

1. 非齐次项 $f(x) = P_m(x)e^{\lambda x}$

因为 $f(x)$ 是多项式与指数函数的乘积,而多项式与指数函数的乘积的导数仍然是同一类型的函数,所以我们推测 $y^* = Q(x)e^{\lambda x}$(其中,$Q(x)$ 是某个多项式)可能是方程(10-29)的一个特解.把 y^*,$y^{*'}$ 及 $y^{*''}$代入方程(10-29),然后考虑能否适当选取多项式 $Q(x)$,使 $y^* = Q(x)e^{\lambda x}$ 满足方程(10-29).为此,将

$$y^* = Q(x)e^{\lambda x},$$
$$y^{*'} = e^{\lambda x}[\lambda Q(x) + Q'(x)],$$
$$y^{*''} = e^{\lambda x}[\lambda^2 Q(x) + 2\lambda Q'(x) + Q''(x)],$$

代入方程(10-29),并消去 $e^{\lambda x}$,得

$$Q'' + (2\lambda + p)Q'(x) + (\lambda^2 + p\lambda + q)Q(x) = P_m(x), \tag{10-30}$$

上式两端都是关于 x 的多项式,只要比较上式两端的同次幂的系数,就可以确定出多项式 $Q(x)$,下面分三种情形讨论.

(1)如果 λ 不是特征方程(10-25)的特征根,即 $\lambda^2 + p\lambda + q \neq 0$,那么式(10-30)左端的多项式次数与 $Q(x)$ 的次数相同,即 $Q(x)$ 应该是一个 m 次多项式,因此可设

$$Q(x) = b_0 x^m + b_1 x^{m-1} + \cdots + b_{m-1}x + b_m, \tag{10-31}$$

其中,$b_0, b_1, \cdots, b_m$ 为 $m+1$ 个待定系数.把式(10-31)代入式(10-30),并比较两端同次幂的系数,就得到以 $b_0, b_1, \cdots, b_m$ 为未知数的 $m+1$ 个线性方程的方程组,从而可以定出 $b_i(i = 0, 1, \cdots, m)$,并得到一个所求的特解 $y^* = Q_m(x)e^{\lambda x}$.

(2)如果 λ 是特征方程(10-25)的单根,即 $\lambda^2 + p\lambda + q = 0$ 而 $2\lambda + p \neq 0$ 那么式(10-30)左端的次数与 $Q'(x)$ 的次数相同,$Q'(x)$ 应是一个 m 次多项式.不妨取 $Q(x)$ 的常数项为零,于是可设

$$Q(x) = xQ_m(x),$$

并可用同样的方法确定 $Q_m(x)$ 的系数 $b_i(i=0,1,\cdots,m)$.

(3)如果 λ 是特征方程的重根,即 $\lambda^2+p\lambda+q=0$ 且 $2\lambda+p=0$,那么式(10-30)左端的次数与 $Q''(x)$ 的次数相同,$Q''(x)$ 应是一个 m 次多项式,不妨取 $Q(x)$ 的一次项及常数项均为零,于是可设

$$Q(x)=x^2 Q_m(x),$$

并用同样的方法来确定 $Q_m(x)$ 的 $m+1$ 个系数.

于是,有如下结论:如果 $f(x)=P_m(x)e^{\lambda x}$,那么二阶常系数非齐次线性微分方程(10-29)具有形如

$$y^*=x^k Q_m(x)e^{\lambda x} \tag{10-32}$$

的特解,其中,$Q_m(x)$ 是与 $P_m(x)$ 同次(m 次)的多项式,而 k 的取法如下

$$k=\begin{cases} 0, & \text{当 } \lambda \text{ 不是特征方程的根}, \\ 1, & \text{当 } \lambda \text{ 是特征方程的单根}, \\ 2, & \text{当 } \lambda \text{ 是特征方程的重根}. \end{cases}$$

例 6 求微分方程 $2y''+5y'=5x^2-2x-1$ 的一个特解.

解 非齐次项是 $(5x^2-2x-1)e^{0x}$,属 $P_m(x)e^{\lambda x}$ 型.特征方程为

$$2r^2+5r=0,$$

由于 $\lambda=0$ 是特征方程的单根,所以应设特解为

$$y^*=x(b_0 x^2+b_1 x+b_2),$$

求其一阶、二阶导数,并把它代入所给的方程,得

$$15b_0 x^2+(12b_0+10b_1)x+4b_1+5b_2=5x^2-2x-1,$$

比较两端同次幂的系数,得

$$\begin{cases} 15b_0=5, \\ 12b_0+10b_1=-2, \\ 4b_1+5b_2=-1, \end{cases}$$

由此求得 $b_0=\dfrac{1}{3}$,$b_1=-\dfrac{3}{5}$,$b_2=\dfrac{7}{25}$,于是求得一个特解为

$$y^*=\frac{1}{3}x^3-\frac{3}{5}x^2+\frac{7}{25}x.$$

例 7 求微分方程 $y''-5y'+6y=xe^{2x}$ 的通解.

解 特征方程为

$$r^2-5r+6=0,$$

特征根为 $r_1=2,r_2=3$,于是对应的齐次方程的通解为

$$Y(x)=C_1 e^{2x}+C_2 e^{3x}.$$

$\lambda=2$ 为特征方程的单根,所以应设一个特解为

$$y^*=x(b_0 x+b_1)e^{2x}.$$

求导得
$$y^{*\prime}=[2b_0x^2+(2b_0+2b_1)x+b_1]\mathrm{e}^{2x},$$
$$y^{*\prime\prime}=[4b_0x^2+(8b_0+4b_1)x+2b_0+4b_1]\mathrm{e}^{2x},$$

代入所给方程得
$$-2b_0x+2b_0-b_1=x,$$

比较同次幂系数得
$$\begin{cases} -2b_0=1, \\ 2b_0-b_1=0, \end{cases}$$

求得 $b_0=-\dfrac{1}{2}$，$b_1=-1$. 于是一个特解为
$$y^*=-x\left(\frac{1}{2}x+1\right)\mathrm{e}^{2x},$$

从而所求通解为
$$y=Y+y^*=C_1\mathrm{e}^{2x}+C_2\mathrm{e}^{3x}-x\left(\frac{1}{2}x+1\right)\mathrm{e}^{2x}.$$

2. 非齐次项 $f(x)=\mathrm{e}^{\lambda x}[P_l(x)\cos \omega x+P_n(x)\sin \omega x]$

对这种情况，有与上述类似的结论，可以设方程具有如下形式的一个特解：
$$y^*=x^k\mathrm{e}^{\lambda x}[Q_m(x)\cos \omega x+R_m(x)\sin \omega x], \tag{10-33}$$
其中，$Q_m(x)$，$R_m(x)$ 是待定的 m 次多项式，$m=\max\{l,n\}$，当 $\lambda+\mathrm{i}\omega$ 不是特征方程的根时，$k=0$；当 $\lambda+\mathrm{i}\omega$ 是特征方程的根时，$k=1$. 证明略.

例 8 求 $y''+y=x\cos 2x$ 的一个特解.

解 这里非齐次项 $f(x)=x\cos 2x$，属下列类型
$$\mathrm{e}^{\lambda x}[P_l(x)\cos \omega x+P_n(x)\sin \omega x],$$
其中，$\lambda=0$，$\omega=2$，$l=1$，$n=0$，特征方程为
$$r^2+1=0,$$
由于 $\lambda+\mathrm{i}\omega=2\mathrm{i}$ 不是特征根，所以应取 $k=0$，而 $m=\max\{1,0\}=1$. 故应设特解为
$$y^*=(a_0x+a_1)\cos 2x+(b_0x+b_1)\sin 2x,$$
求导得
$$y^{*\prime}=(2b_0x+a_0+2b_1)\cos 2x+(-2a_0x+b_0-2a_1)\sin 2x,$$
$$y^{*\prime\prime}=(-4a_0x+4b_0-4a_1)\cos 2x+(-4b_0x-4a_0-4b_1)\sin 2x,$$
代入原方程，得
$$(-3a_0x+4b_0-3a_1)\cos 2x-(3b_0x+4a_0+3b_1)\sin 2x=x\cos 2x,$$
比较同类项的系数，得
$$\begin{cases} -3a_0=1, \\ 4b_0-3a_1=0, \\ -3b_0=0, \\ -4a_0-3b_1=0. \end{cases}$$

由此解得 $a_0 = -\dfrac{1}{3}, a_1 = 0, b_0 = 0, b_1 = \dfrac{4}{9}$. 于是求得一个特解为

$$y^* = -\frac{1}{3}x\cos 2x + \frac{4}{9}\sin 2x.$$

习 题 10.5

1. 求下列微分方程的通解：

(1) $y'' + 8y' + 15y = 0$;

(2) $y'' + 6y' + 9y = 0$;

(3) $y'' + 4y' + 5y = 0$;

(4) $4\dfrac{\mathrm{d}^2 s}{\mathrm{d}t^2} - 20\dfrac{\mathrm{d}s}{\mathrm{d}t} + 25s = 0$;

(5) $3y'' - 2y' + 8y = 0$;

(6) $y'' - y = 0$;

*(7) $y'' - 7y' + 12y = x$;

*(8) $y'' - 3y' = 2 - 6x$;

*(9) $y'' + a^2 y = e^x$;

*(10) $y'' - 3y' + 2y = 3e^{2x}$;

*(11) $y'' + y = \cos 2x$;

*(12) $y'' + y = \sin x$.

2. 求下列微分方程满足所给初始条件的特解：

(1) $4y'' + 4y' + y = 0, y|_{x=0} = 2, y'_{x=0} = 0$;

(2) $y'' - 3y' - 4y = 0, y|_{x=0} = 0, y'|_{x=0} = -5$;

(3) $y'' + 4y' + 29y = 0, y|_{x=0} = 0, y'|_{x=0} = 15$;

(4) $y''' - y' = 0, y|_{x=0} = 4, y'|_{x=0} = -1, y''|_{x=0} = 1$;

*(5) $y'' - y = 4xe^x, y|_{x=0} = 0, y'|_{x=0} = 1$;

*(6) $y'' - 4y' = 5, y|_{x=0} = 1, y'|_{x=0} = 0$;

*(7) $\dfrac{\mathrm{d}^2 x}{\mathrm{d}t^2} - 2\dfrac{\mathrm{d}x}{\mathrm{d}t} + 2x = 4e^t\cos t, x|_{t=\pi} = 0, x'|_{t=\pi} = -2\pi e^\pi$.

*3. 设函数 $f(x)$ 连续，且有

$$f(x) = e^x + \int_0^x tf(t)\mathrm{d}t - x\int_0^x f(t)\mathrm{d}t,$$

求函数 $f(x)$.

4. 已知某二阶非齐次线性微分方程具有下列三个解：

$$y_1 = xe^x + e^{2x}, \quad y_2 = xe^x + e^{-x}, \quad y_3 = xe^x + e^{2x} - e^{-x},$$

求此微分方程及其通解.

第六节 差 分 方 程

引 之前我们研究的是连续变化类型的变量，但是在经济管理或实际问题

中,大多数变量是以定义在整数集上的数列形式变化的,例如,银行中的定期存款按照所设定的时间间隔计息,国家财政预算按年度制定,通常这类变量是离散型变量.我们解决离散型变量的问题需要建立离散型模型,如何求解模型得到离散型变量的运算规律呢?

一、差分的概念与性质

一般地,在连续变化的时间的范围内,变量 y 关于时间 t 的变化率是用 $\dfrac{dy}{dt}$ 来刻画的. 对离散型的变量 y,我们常用在规定时间区间上的差商 $\dfrac{\Delta y}{\Delta t}$ 来刻画变量 y 的变化率. 如果取 $\Delta t=1$,则

$$\Delta y=y(t+1)-y(t)$$

可以近似表示变量 y 的变化率. 由此我们给出差分的定义.

定义 1 设函数 $y_t=y(t)$,称改变量 $y_{t+1}-y_t$ 为函数 y_t 的差分,也称为函数 y_t 的**一阶差分**,记为 Δy_t,即

$$\Delta y_t=y_{t+1}-y_t \quad \text{或} \quad \Delta y(t)=y(t+1)-y(t).$$

一阶差分的差分 $\Delta^2 y_t$ 称为**二阶差分**,即

$$\Delta^2 y_t=\Delta(\Delta y_t)=\Delta y_{t+1}-\Delta y_t=(y_{t+2}-y_{t+1})-(y_{t+1}-y_t)=y_{t+2}-2y_{t+1}+y_t.$$

类似地可定义三阶差分,四阶差分,等等.

$$\Delta^3 y_t=\Delta(\Delta^2 y_t),\Delta^4 y_t=\Delta(\Delta^3 y_t),\cdots$$

一般地,函数 y_t 的 $n-1$ 阶差分的差分称为 n **阶差分**,记为 $\Delta^n y_t$,即

$$\Delta^n y_t=\Delta^{n-1}y_{t+1}-\Delta^{n-1}y_t=\sum_{i=0}^{n}(-1)^i C_n^i y_{t+n-i}.$$

二阶及二阶以上的差分统称为**高阶差分**.

例 1 设 $y_t=t^2$,求 $\Delta y_t,\Delta^2 y_t,\Delta^3 y_t$.

解 $\Delta y_t=\Delta(t^2)=(t+1)^2-t^2=2t+1$.

$\Delta^2 y_t=\Delta^2(t^2)=\Delta(2t+1)=[2(t+1)+1]-(2t+1)=2$.

$\Delta^3 y_t=\Delta(\Delta^2 y_t)=2-2=0$.

例 2 设 $t^{(n)}=t(t-1)(t-2)\cdots(t-n+1),t^{(0)}=1$. 求 $\Delta t^{(n)}$.

解 设 $y_t=t^{(n)}=t(t-1)(t-2)\cdots(t-n+1)$,则

$$\Delta y_t=(t+1)^{(n)}-t^{(n)}$$
$$=(t+1)t(t-1)\cdots(t+1-n+1)-t(t-1)\cdots(t-n+2)(t-n+1)$$
$$=[(t+1)-(t-n+1)]t(t-1)\cdots(t-n+2)=nt^{(n-1)}.$$

注意 若 $f(t)$ 为 n 次多项式,则 $\Delta^n f(t)$ 为常数,且

$$\Delta^m f(t)=0 \quad (m>n).$$

根据定义可知,差分满足以下性质:

(1) $\Delta(Cy_t)=C\Delta y_t$(C 为常数);

(2) $\Delta(y_t\pm z_t)=\Delta y_t\pm\Delta z_t$;

(3) $\Delta(y_t\cdot z_t)=z_t\Delta y_t+y_{t+1}\Delta z_t$;

(4) $\Delta\left(\dfrac{y_t}{z_t}\right)=\dfrac{z_t\Delta y_t-y_t\Delta z_t}{z_{t+1}\cdot z_t}$ $(z_t\neq0)$.

在此,我们只证明性质(3),其余的请读者自己证明.

证　$\Delta(y_t\cdot z_t)=y_{t+1}z_{t+1}-y_tz_t=y_{t+1}z_{t+1}-y_{t+1}z_t+y_{t+1}z_t-y_tz_t$

$\qquad\qquad=z_t\Delta y_t+y_{t+1}\Delta z_t.$

注意　差分具有类似导数的性质.

例 3　求 $y_t=t^2\cdot3^t$ 的差分.

解　由差分的运算性质,有

$$\Delta y_t=\Delta(t^2\times3^t)=3^t\Delta t^2+(t+1)^2\Delta(3^t)$$
$$=3^t(2t+1)+(t+1)^2\times2\times3^t=3^t(2t^2+6t+3).$$

二、差分方程的概念

与微分方程的定义类似,下面我们给出差分方程的定义.

定义 2　含有未知函数 y_t 的差分的方程称为**差分方程**.

差分方程的一般形式:

$$F(t,y_t,\Delta y_t,\Delta^2 y_t,\cdots,\Delta^n y_t)=0,$$

或

$$G(t,y_t,y_{t+1},y_{t+2},\cdots,y_{t+n})=0.$$

差分方程中所含未知函数差分的最高阶数称为该**差分方程的阶**. 差分方程的不同形式可以相互转化.

例如,二阶差分方程 $y_{t+2}-2y_{t+1}-y_t=3^t$ 可化为 $\Delta^2 y_t-2y_t=3^t$;

又如,对于差分方程 $\Delta^3 y_t+\Delta^2 y_t=0$,由 $\Delta^n y_t=\sum_{i=0}^{n}(-1)^i C_n^i y_{t+n-i}$,得

$$\Delta^2 y_t=y_{t+2}-2y_{t+1}+y_t,\quad \Delta^3 y_t=y_{t+3}-3y_{t+2}+3y_{t+1}-y_t,$$

代入原方程得

$$(y_{t+3}-3y_{t+2}+3y_{t+1}-y_t)+(y_{t+2}-2y_{t+1}+y_t)=0,$$

因此原方程可改写为 $y_{t+3}-2y_{t+2}+y_{t+1}=0$.

定义 3　满足差分方程的函数称为该**差分方程的解**.

例如,对于差分方程 $y_{t+1}-y_t=2$,将 $y_t=2t$ 代入方程有

$$y_{t+1}-y_t=2(t+1)-2t=2,$$

故 $y_t=2t$ 是该方程的解,易见对任意的常数 C,有

$$y_t=2t+C$$

都是差分方程 $y_{t+1}-y_t=2$ 的解.

如果差分方程的解中含有相互独立的任意常数的个数恰好等于方程的阶数,则称这个解是**差分方程的通解**.

定义4 若差分方程中所含未知函数及未知函数的各阶差分均为一次,则称该差分方程为线性差分方程. 其一般形式为

$$y_{t+n}+a_1(t)y_{t+n-1}+\cdots+a_{n-1}(t)y_{t+1}+a_n(t)y_t=f(t), \tag{10-34}$$

其特点是 $y_{t+n}, y_{t+n-1}, \cdots, y_t$ 都是一次的.

三、一阶常系数线性差分方程

一阶常系数差分方程的一般方程形式为

$$y_{t+1}-Py_t=f(t), \tag{10-35}$$

其中,P 为非零常数,$f(t)$ 为已知函数. 如果 $f(t)=0$,则方程变为

$$y_{t+1}-Py_t=0, \tag{10-36}$$

方程(10-36)称为**一阶常系数线性齐次差分方程**,相应地,$f(t)\neq0$ 时方程(10-35)称为**一阶常系数线性非齐次差分方程**.

1. 一阶常系数线性齐次差分方程的通解

一阶常系数线性齐次差分方程的通解可用**迭代法**求得.

设 y_0 已知,将 $t=0,1,2,\cdots$ 代入方程 $y_{t+1}=Py_t$ 中,得

$$y_1=Py_0, y_2=Py_1=P^2y_0, y_3=Py_2=P^3y_0, \cdots, y_t=Py_{t-1}=P^ty_0.$$

则 $y_t=P^ty_0$ 为方程(10-36)的解.

容易验证,对任意常数 A,$y_t=AP^t$ 都是方程(10-36)的解,故方程(10-36)的通解为

$$y_t=AP^t. \tag{10-37}$$

例6 求差分方程 $y_{t+1}-3y_t=0$ 的通解.

解 利用式(10-37)得,题设方程的通解为 $y_t=A3^t$.

2. 一阶常系数线性非齐次差分方程的通解

定理 设 $\overline{y_t}$ 为方程(10-36)的通解,y_t^* 为方程(10-35)的一个特解,则 $y_t=\overline{y_t}+y_t^*$ 为方程(10-35)的通解.

证 由题设,有 $y_{t+1}^*-Py_t^*=f(t)$ 及 $\overline{y}_{t+1}-P\overline{y}_t=0$,将这两式相加得

$$(\overline{y}_{t+1}+y_{t+1}^*)-P(\overline{y}_t+y_t^*)=f(t),$$

即 $y_t=\overline{y_t}+y_t^*$ 为方程(10-35)的通解.

下面我们对右端项 $f(t)$ 的几种特殊形式给出求其特解 y_t^* 的方法,进而给出式(10-35)的通解形式:

(1)$f(t)=C$ (C 为非零常数).

给定 y_0,由 $y_{t+1}=Py_t^*+C$,可按如下迭代法求得特解 y_t^*:

$$y_1^* = Py_0 + C,$$

$$y_2^* = Py_1 + C = P^2 y_0 + C(1+P),$$

$$y_3^* = Py_2 + C = P^3 y_0 + C(1+P+P^2),$$

$$\vdots$$

$$y_t^* = P^t y_0 + C(1+P+P^2+\cdots+P^{t-1}),$$

$$= \begin{cases} (y_0 - \dfrac{C}{1-P})P^t + \dfrac{C}{1-P}, & P \neq 1, \\ A + Ct, & P = 1. \end{cases} \tag{10-38}$$

由式(10-37)知,方程(10-36)的通解为 $\overline{y_t} = A_1 P^t$(A_1 为任意常数),于是方程(10-35)的通解为

$$y_t = \overline{y_t} + y_t^* = \begin{cases} AP^t + \dfrac{C}{1-P}, & P \neq 1, \\ A + Ct, & P = 1. \end{cases} \tag{10-39}$$

其中,A 为任意常数,且当 $P \neq 1$ 时,$A = y_0 - \dfrac{C}{1-P} + A_1$,当 $P = 1$ 时,$A = y_0 + A_1$.

例 7 求差分方程 $y_{t+1} - 3y_t = -2$ 的通解.

解 由于 $P = 3, C = -2$,故原方程的通解为

$$y_t = A3^t + 1.$$

(2)$f(t) = Cb^t$ (C, b 为非零常数且 $b \neq 1$).

当 $b \neq P$ 时,设 $y_t^* = kb^t$ 为方程(10-35)的特解,其中 k 为待定系数.将其代入方程(10-35),得

$$kb^{t+1} - Pkb^t = Cb^t,$$

解得 $k = \dfrac{C}{b-P}$,于是,所求特解为 $y_t^* = \dfrac{C}{b-P}b^t$,所以 $b \neq P$ 时,方程(10-35)的通解为

$$y_t = AP^t + \frac{C}{b-P}b^t; \tag{10-40}$$

当 $b = P$ 时,设 $y_t^* = ktb^t$ 为方程(10-35)的特解,代入方程(10-35),得 $k = \dfrac{C}{P}$.

所以,当 $b = P$ 时,方程的通解为

$$y_t = AP^t + Ctb^{t-1}. \tag{10-41}$$

例 8 求差分方程 $y_{t+1} - \dfrac{1}{2}y_t = 3\left(\dfrac{3}{2}\right)^t$ 在初始条件 $y_0 = 5$ 下的特解.

解 这里 $P = \dfrac{1}{2}, C = 3, b = \dfrac{3}{2}$,利用公式(10-40),所求通解为

$$y_t = A\left(\frac{1}{2}\right)^t + 3\left(\frac{3}{2}\right)^t,$$

将初始条件 $y_0 = 5$ 代入上式, 得 $A = 2$. 故所求题设方程的特解为

$$y_t = 2\left(\frac{1}{2}\right)^t + 3\left(\frac{3}{2}\right)^t.$$

(3) $f(t) = Ct^n$ (C 为非零常数, n 为正整数).

当 $P \neq 1$ 时, 设 $y_t^* = B_0 + B_1 t + \cdots + B_n t^n$ 为方程(10-35)的特解, 其中 $B_0, B_1, \cdots, B_n$ 为待定系数. 将其代入方程(10-35), 求出系数 $B_0, B_1, \cdots, B_n$, 就得到方程 (10-35)的特解 y_t^*.

例 9 求差分方程 $y_{t+1} - 4y_t = 3t^2$ 的通解.

解 设方程的特解为 $y_t^* = B_0 + B_1 t + B_2 t^2$, 将 y_t^* 的形式代入该方程, 得

$$-(3B_0 + B_1 + B_2) + (-3B_1 + 2B_2)t - 3B_2 t^2 = 3t^2.$$

比较同次幂系数, 得

$$B_0 = -\frac{5}{9}, \quad B_1 = -\frac{2}{3}, \quad B_2 = -1.$$

从而所求特解为 $y_t^* = -\left(\frac{5}{9} + \frac{2}{3}t + t^2\right)$. 所以该方程的通解为

$$y_t = -\left(\frac{5}{9} + \frac{2}{3}t + t^2\right) + A4^t.$$

例 10 求差分方程 $y_{t+1} + 2y_t = t^2 + 4^t$ 的通解.

解 (1) 先求对应的齐次差分方程 $y_{t+1} + 2y_t = 0$ 的通解.

因 $P = -2$, 所以对应的齐次差分方程的通解为 $\overline{y_t} = A(-2)^t$.

(2) 再求差分方程 $y_{t+1} + 2y_t = t^2$ 的特解.

因 $f(t) = t^2$, 且 $P = -2 \neq 1$, 故它的特解为

$$y_t^* = B_0 + B_1 t + B_2 t^2,$$

将它代入方程 $y_{t+1} + 2y_t = t^2$ 中得

$$B_0 + B_1(t+1) + B_2(t+1)^2 + 2(B_0 + B_1 t + B_2 t^2) = t^2.$$

比较系数得

$$B_0 = -\frac{1}{27}, \quad B_1 = -\frac{2}{9}, \quad B_2 = \frac{1}{3},$$

故方程 $y_{t+1} + 2y_t = t^2$ 的特解为

$$y_t^* = -\frac{1}{27} - \frac{2}{9}t + \frac{1}{3}t^2.$$

(3) 最后求差分方程 $y_{t+1} + 2y_t = 4^t$ 的特解.

$P = -2, b = 4, C = 1$, 故方程的特解为

$$\tilde{y}_t = \frac{C}{b-P} \cdot 4^t = \frac{1}{6} \cdot 4^t.$$

由(1), (2), (3)得原方程的通解为

$$y_t = \overline{y_t} + y_t^* + \tilde{y}_t = A(-2)^t - \frac{1}{27} - \frac{2}{9}t + \frac{1}{3}t^2 + \frac{1}{6} \cdot 4^t.$$

习　题　10.6

1.求下列函数的一阶差分：

(1)$y = 1 - 2t^2$；　　　　　　　　(2)$y = \dfrac{1}{t^2}$；

(3)$y = 3t^2 - t + 2$；　　　　　　(4)$y = t^2(2t - 1)$；

(5)$y = e^{2t}$.

2.确定下列方程的阶：

(1)$y_{t+3} - x^2 y_{t+1} + 3y_t = 2$；　　　(2)$y_{t-2} - y_{t-4} = y_{t+2}$.

3.求下列差分方程的通解：

(1)$y_{t+1} - 2y_t = 0$；　　　　　　(2)$y_{t+1} + y_t = 0$；

(3)$y_{t+1} - 2y_t = 6t^2$；　　　　　(4)$y_{t+1} + y_t = 2^t$；

(5)$y_{t+1} + y_t = t$.

4.求下列差分方程在给定初始条件下的特解：

(1)$4y_{t+1} + 2y_t = 1, y_0 = 1$；　　　(2)$y_{t+1} - y_t = 3, y_0 = 2$；

(3)$2y_{t+1} + y_t = 0, y_0 = 3$；　　　(4)$y_t = -7y_{t-1} + 16, y_0 = 5$.

第七节　微分方程在经济管理分析中的应用

引　微分方程在经济数量分析,特别是动态经济模型中十分重要.本节列举经济中的实例,讨论经济数量关系.

例1　设某商品的需求价格弹性 $e = -k$ （k 为常数）,求该商品的需求函数 $D = f(P)$.

解　根据需求价格弹性的定义

$$e = \frac{P}{D}\frac{\mathrm{d}D}{\mathrm{d}P},$$

于是得到微分方程

$$\frac{P}{D}\frac{\mathrm{d}D}{\mathrm{d}P} = -k,$$

分离变量得

$$\frac{\mathrm{d}D}{D} = -k\frac{\mathrm{d}P}{P},$$

两边同时积分得

$$\ln D = -k\ln P + \ln|C|.$$

因此可知该商品的需求函数为

$$D = Ce^{-k\ln P}.$$

例 2 已知某厂的纯利润 L 对广告费 x 的变化率 $\dfrac{\mathrm{d}L}{\mathrm{d}x}$ 与常数 A 和纯利润 L 之差成正比. 当 $x = 0$ 时, $L = L_0$. 试求纯利润 L 与广告费 x 之间的函数关系.

解 根据题意, 知

$$\begin{cases} \dfrac{\mathrm{d}L}{\mathrm{d}x} = k(A - L), \\ L\big|_{x=0} = L_0, \end{cases} \qquad (\text{其中}, k \text{ 为常数})$$

分离变量得

$$\frac{\mathrm{d}L}{(A - L)} = k\mathrm{d}x,$$

两边同时积分得

$$-\ln(A - L) = kx + \ln C_1,$$

即

$$A - L = Ce^{-kx} \qquad \left(C = \frac{1}{C_1}\right)$$

于是得

$$L = A - Ce^{-kx}.$$

由初始条件 $L\big|_{x=0} = L_0$, 解得 $C = A - L_0$, 所以纯利润与广告费的函数关系为

$$L = A - (A - L_0)e^{-kx}.$$

例 3 (**逻辑斯谛曲线**) 在商品的销售预测中, 时刻 t 时的销售量用 $x = x(t)$ 表示. 如果商品的销售的增长速度 $\dfrac{\mathrm{d}x(t)}{\mathrm{d}t}$ 正比于销售量 $x(t)$ 及与销售接近饱和水平的程度 $a - x(t)$ 之乘积 (a 为饱和水平), 求销售量函数 $x(t)$.

解 根据题意, 可建立微分方程模型

$$\frac{\mathrm{d}x(t)}{\mathrm{d}t} = kx(t)[a - x(t)],$$

这里 k 表示比例因子. 分离变量得

$$\frac{\mathrm{d}x(t)}{x(t)[a - x(t)]} = k\mathrm{d}t,$$

等式变形为

$$\frac{1}{a}\left[\frac{1}{x(t)} + \frac{1}{a - x(t)}\right]\mathrm{d}x(t) = k\mathrm{d}t,$$

两端积分得

$$\ln \frac{x(t)}{a - x(t)} = akt + C_1 \qquad (\text{其中}, C_1 \text{ 为任意常数})$$

于是化简为

$$\frac{x(t)}{a-x(t)}=e^{akt+C_1}=C_2\,e^{akt}\quad(\text{其中},C_2\text{ 为任意的常数})$$

从而可得通解为

$$x(t)=\frac{aC_2\,e^{akt}}{1+C_2\,e^{akt}}=\frac{a}{1+Ce^{-akt}}\quad(\text{其中},C\text{ 任意的常数}).$$

例 4　**(市场动态均衡价格)** 某商品的市场价格 $P=P(t)$ 随时间 t 变动,其需求函数为

$$D_1=b-aP\quad(a>0,b>0),$$

供给函数为

$$D_2=-d+cP\quad(c>0,d>0),$$

又设价格 P 随时间 t 的变化率与超额需求 (D_1-D_2) 成正比,求价格函数 $P=P(t)$.

解　根据题意,价格函数 $P=P(t)$ 满足微分方程

$$\begin{cases}\dfrac{dP}{dt}=A(D_1-D_2)=-A(a+c)P+A(b+d),\\[2mm] P\big|_{t=0}=P(0),\end{cases}$$

利用一阶线性微分方程通解公式,可得

$$P=P(t)=e^{-\int A(a+c)dt}\left[\int A(b+d)e^{\int A(a+c)dt}dt+C_1\right]$$

$$=e^{-\int A(a+c)dt}\left[\frac{A(b+d)}{A(a+c)}e^{A(a+c)t}+C_1\right]$$

$$=\frac{b+d}{a+c}+C_1e^{-A(a+c)t}.$$

由初始条件 $P=P(0)$,得到 $C_1=P(0)-\dfrac{b+d}{a+c}$,代入上式得

$$P=\left[P(0)-\frac{b+d}{a+c}\right]e^{-A(a+c)t}+\frac{b+d}{a+c}.$$

由解的表达式可得,当 $t\to\infty$ 时,$P=P(t)\to\dfrac{b+d}{a+c}$,称 $\dfrac{b+d}{a+c}$ 为均衡价格,即当 $t\to\infty$ 时,价格将逐步趋向均衡价格.

习　题　10.7

1. 某商品的需求量 D 价格 P 的弹性为 $-P\ln3$. 已知该商品的最大需求量为 1500(即当 $P=0$ 时,$D=1500$),求需求量 D 对价格 P 的函数关系式.

2. 某国的国民收入 y 随时间 t 的变化率为 $-0.003y+0.00304$,假定 $y(0)=0$,求国民收入 y 与时间 t 的函数关系.

3. 已知储存在仓库中汽油的数量 x 与支付仓库管理费 y 之间的关系是

$$
\begin{cases}
\dfrac{\mathrm{d}y}{\mathrm{d}x} = ax + b, \\
y\big|_{x=0} = y_0.
\end{cases}
$$

其中, a, b 为常数, 试求 y 与 x 的函数关系.

4. 某种商品的消费量 X 随收入 I 的变化满足方程

$$
\frac{\mathrm{d}X}{\mathrm{d}I} = X + a\mathrm{e}^I \quad (a \text{ 为常数})
$$

当 $I = 0$ 时, $X = X_0$, 求函数 $X = X(I)$ 的表达式.

*5. (伯努利方程) 某企业办公室平均月费用 y 与办公室工作人数之间的关系满足方程

$$
\frac{\mathrm{d}y}{\mathrm{d}x} + 2y = y^2 \mathrm{e}^{-x},
$$

已知 $x = 0$ 时, $y = 3$, 求 $y = y(x)$.

6. 设市场上某商品的需求和供给函数分别为

$$
D_1 = 10 - P - 4P' + P'', \quad D_2 = -2 + 2P + 5P' + 10P''
$$

初始条件 $P\big|_{t=0} = 5$, $P'\big|_{t=0} = \dfrac{1}{2}$. 试求在市场均衡条件 $D_1 = D_2$ 下, 该商品的价格函数 $P = P(t)$.

第十章自测题 A

1. 填空题:

(1) 微分方程 $xy'' + 2x^2(y')^3 + x^3y = x^4 + 1$ 是 _____ 阶微分方程.

(2) 微分方程 $x^2\mathrm{d}y + (3xy - y)\mathrm{d}x = 0$ 的通解为 _____.

(3) 通解为 $y = C_1\mathrm{e}^x + C_2\mathrm{e}^{-2x}$ 的微分方程是 _____.

2. 选择题:

(1) 下列微分方程是线性微分方程的是( ).

A. $y' + y^3 = 0$ B. $y' - y\cos y = x$

C. $y' + xy = x^2$ D. $y' - \cos y + y = x$

(2) 满足方程 $\displaystyle\int_0^1 f(tx)\mathrm{d}t = nf(x)$ (n 为大于 1 的自然数) 的可导函数 $f(x)$ 为( ).

A. $Cx^{\frac{1-n}{n}}$ B. C (C 为常数)   C. $C\sin nx$ D. $C\cos nx$

(3) 方程 $y\mathrm{d}x + (y + 2x)\mathrm{d}y = 0$( ).

A. 可化为齐次方程   B. 可化为线性方程

C. A 和 B 都正确   D. A 和 B 都不正确

(4) $x^2 y + (x^3 - y^3) y' = 0$ 是(   ).

A. 可分离变量的微分方程　　　B. 一阶齐次微分方程

C. 一阶齐次线性微分方程　　　D. 一阶非齐次线性微分方程

(5) 若 $y_1(x)$ 与 $y_2(x)$ 是某个二阶齐次线性方程的解,则 $C_1 y_1(x) + C_2 y_2(x)$ (C_1, C_2 为任意常数)必是该方程的(   ).

A. 通解　　　B. 特解　　　C. 解　　　D. 全部解

3. 求下列一阶微分方程的通解:

(1) $\dfrac{\mathrm{d}y}{\mathrm{d}x} = 2xy$;

(2) $(1 + x^2)\mathrm{d}y + xy\mathrm{d}x = 0$;

(3) $y' = e^{2x-y}$;

(4) $(xy - y^2)\mathrm{d}x - (x^2 - 2xy)\mathrm{d}y = 0$;

(5) $y' + y = e^{-x}$;

(6) $y\mathrm{d}x + \sqrt{1 + x^2}\,\mathrm{d}y = 0$;

(7) $y' = 1 + x + y^2 + xy^2$;

(8) $(x^2 + y^2)\mathrm{d}y - xy\mathrm{d}x = 0$.

4. 求下列二阶微分方程的通解:

(1) $y'' = e^x$;

(2) $y'' + y' = x^2$;

(3) $x^3 y'' + x^2 y' = 1$;

(4) $y'' + 2y' + y = 0$;

(5) $y'' + 2y' - 3 = 0$;

(6) $y'' + y = 0$.

5. 求下列微分方程满足初始条件的特解:

(1) $\dfrac{\mathrm{d}y}{\mathrm{d}x} = y^2 \sin x, y\big|_{x=0} = -1$;　　(2) $2xy' = y, y\big|_{x=1} = 2$;

(3) $y' = e^{y-2x}, y\big|_{x=0} = 1$;　　(4) $y' \sin x = y\ln y, y\big|_{x=\frac{\pi}{2}} = e$;

(5) $\dfrac{\mathrm{d}y}{\mathrm{d}x} = \dfrac{y^2}{x^2 + xy}, y\big|_{x=-1} = 1$;　　(6) $2(y')^2 = y''(y-1), y\big|_{x=1} = 2, y'\big|_{x=1} = -1$.

第十章自测题 B

1. 填空题:

(1) 设 $y = y(x, C_1, C_2, \cdots, C_n)$ 是微分方程 $y''' - xy' + 2y = 1$ 的通解,则任意常数的个数 $n = $ _____.

(2) 设 $y^*(x)$ 是 $y' + p(x)y = Q(x)$ 的一个特解,$y(x)$ 是该方程对应的齐次线性方程 $y' + p(x)y = 0$ 的通解,则该方程的通解为 _____.

(3) 已知 $y_1 = \sin x$ 和 $y_2 = \cos x$ 是 $y'' + py' + qy = 0$　(p, q 均为实常数)的两个解,则该方程的解为 _____.

(4) 设二阶常系数齐次线性微分方程的特征方程的两个根为 $r_1 = 1 + 2\mathrm{i}$, $r_2 = 1 - 2\mathrm{i}$,则该二阶常系数齐次线性微分方程为 _____.

2. 求下列一阶微分方程的通解:

(1) $xy'+(1-x)y=e^{2x}$；

(2) $(x+y\cos\dfrac{y}{x})dx-x\cos\dfrac{y}{x}dy=0$；

(3) $xdy+(2xy^2-y)dx=0$；

(4) $\cos^2 x\dfrac{dy}{dx}+y=\tan x$；

(5) $(x^2+1)\dfrac{dy}{dx}+2xy=4x^2$；

(6) $xydy+dx=y^2dx+ydy$；

(7) $3e^x\tan ydx+(1+e^x)\sec^2 ydy=0$；

(8) $\dfrac{dy}{dx}=\dfrac{2(\ln x-y)}{x}$；

(9) $y'=2xy-x^3+x$；

(10) $xy'+y=2\sqrt{xy}$.

3. 求下列微分方程满足初始条件的特解：

(1) $xy\dfrac{dy}{dx}=x^2+y^2,y|_{x=e}=2e$；

(2) $4y''+4y'+y=0,y|_{x=0}=2,y'|_{x=0}=0$；

(3) $y''+3y'=0,y|_{x=0}=1,y'|_{x=0}=-1$；

(4) $y''+2y'+3y=0,y|_{x=0}=1,y'|_{x=0}=1$；

(5) $(1-x^2)y''-xy'=0,y|_{x=0}=0,y'|_{x=0}=1$.

第十一章 无穷级数

级数是表示函数、研究函数性质和进行数值计算的有力工具. 本章先介绍级数的一些基本知识,讨论常数项级数,然后讨论函数项级数中的幂级数和一些常见函数的幂级数展开.

第一节 常数项级数的基本概念和性质

引 "一尺之棒,日取其半,依此取之,所得多少?"

一、常数项级数的基本概念

设已给数列

$$u_1, u_2, \cdots, u_n, \cdots$$

称表达式

$$u_1 + u_2 + \cdots + u_n + \cdots \tag{11-1}$$

为**无穷级数**,简称**级数**,也可记为 $\sum\limits_{n=1}^{\infty} u_n$,即

$$\sum_{n=1}^{\infty} u_n = u_1 + u_2 + \cdots + u_n + \cdots,$$

其中,u_n 叫级数的**一般项**或**通项**. 因为级数(11-1)的每一项都是常数,所以也叫**常数项级数**,简称为**数项级数**.

有限个数相加总有确定的和. 但无穷多个数依次相加是加不完的,所以绝不能把无穷级数理解为通常意义下的和式. 下面给出无穷级数的和的概念.

作级数(11-1)的前 n 项的和

$$S_n = u_1 + u_2 + \cdots + u_n,$$

称 S_n 为级数(11-1)的部分和. 当 n 依次取 $1,2,3,\cdots$ 时,它们构成了一个新的数列

$$S_1, S_2, \cdots, S_n, \cdots.$$

我们根据这个数列有没有极限,引进级数(11-1)的收敛、发散的概念.

定义 如果当 $n \to \infty$ 时,数列 $\{S_n\}$ 有极限 S,

即

$$\lim_{n \to \infty} S_n = S,$$

则称级数(11-1)是收敛的(或收敛级数),极限 S 叫做级数(11-1)的和,记作

$$S = u_1 + u_2 + \cdots + u_n + \cdots;$$

如果当 $n \to \infty$ 时,数列 $\{S_n\}$ 没有极限,则称级数(11-1)是发散的(或发散级数),这时级数就没有和.

例 1 讨论等比级数(几何级数)

$$a + ar + ar^2 + \cdots + ar^{n-1} + \cdots \tag{11-2}$$

的敛散性,其中,$a \neq 0$,r 为公比.

解 如果 $r \neq 1$ 则部分和

$$S_n = a + ar + ar^2 + \cdots + ar^{n-1} = \frac{a - ar^n}{1 - r}.$$

当 $|r| < 1$ 时,由于 $\lim\limits_{n \to \infty} r^n = 0$,从而 $\lim\limits_{n \to \infty} S_n = \frac{a}{1 - r}$.这时级数(11-2)收敛,其和为 $\frac{a}{1 - r}$.

当 $|r| > 1$ 时,由于 $\lim\limits_{n \to \infty} r^n = \infty$,从而 $\lim\limits_{n \to \infty} S_n = \infty$,这时级数(11-2)发散.

当 $|r| = 1$,则当 $r = 1$ 时,$S_n = na \to \infty$,级数(11-2)发散;而当 $r = -1$ 时级数(11-2)成为 $a - a + a - a + \cdots$,于是有 $S_{2k} = 0$,$S_{2k+1} = a$(k 为整数),所以当 $n \to \infty$ 时,S_n 的极限不存在,故级数(11-2)也发散.

综上所述,我们可得到结论:等比级数(11-2)当 $|r| < 1$ 时收敛,当 $|r| \geqslant 1$ 时发散.

注 问题"一尺之棒,日取其半,依此取之,所得多少?",事实上,最后"所得多少"是几何级数,设"所得多少"为 S,即得

$$S = \frac{1}{2} + \frac{1}{2^2} + \frac{1}{2^3} + \cdots = \frac{\frac{1}{2}}{1 - \frac{1}{2}} = 1.$$

例 2 证明等差级数(算术级数)

$$a + (a + d) + (a + 2d) + \cdots + [a + (n-1)d] + \cdots \tag{11-3}$$

是发散级数(a, d 为不等于零的常数).

证 该级数的部分和为

$$S_n = na + \frac{n(n-1)d}{2}.$$

显然,$\lim\limits_{n \to \infty} S_n = \infty$,因此等差级数(11-3)是发散的.

例 3 判别无穷级数

$$\frac{1}{1 \cdot 2} + \frac{1}{2 \cdot 3} + \cdots + \frac{1}{n(n+1)} + \cdots \tag{11-4}$$

的收敛性.

解 由于 $u_n = \frac{1}{n(n+1)} = \frac{1}{n} - \frac{1}{n+1}$,因此

$$S_n = \frac{1}{1 \cdot 2} + \frac{1}{2 \cdot 3} + \cdots + \frac{1}{n(n+1)}$$

$$= \left(1 - \frac{1}{2}\right) + \left(\frac{1}{2} - \frac{1}{3}\right) + \cdots + \left(\frac{1}{n} - \frac{1}{n+1}\right)$$

$$= 1 - \frac{1}{n+1},$$

从而 $\lim\limits_{n \to \infty} S_n = \lim\limits_{n \to \infty}\left(1 - \frac{1}{n+1}\right) = 1$，所以级数 (11-4) 收敛,且和为 1.

例 4 证明调和级数 $\sum\limits_{n=1}^{\infty} \frac{1}{n}$ 发散.

证 对函数 $\ln x$ 在区间 $[n, n+1]$ 上应用拉格朗日中值定理知,存在 $\xi \in (n, n+1)$,使得

$$\ln(n+1) - \ln n = \frac{1}{\xi} < \frac{1}{n},$$

利用此不等式即得

$$S_n = 1 + \frac{1}{2} + \cdots + \frac{1}{n} > (\ln 2 - \ln 1) + (\ln 3 - \ln 2) + \cdots + [\ln(n+1) - \ln n]$$

$$= \ln(n+1),$$

所以 $\lim\limits_{n \to \infty} S_n = +\infty$,即知 $\sum\limits_{n=1}^{\infty} \frac{1}{n}$ 发散.

二、级数的基本性质

性质 1 (级数收敛的必要条件) 如果级数 $\sum\limits_{n=1}^{\infty} u_n$ 收敛,则它的一般项 u_n 趋于零,即 $\lim\limits_{n \to \infty} u_n = 0$.

证 设级数 $\sum\limits_{n=1}^{\infty} u_n$ 的部分和为 S_n,且 $\lim\limits_{n \to \infty} S_n = S$,则 $\lim\limits_{n \to \infty} S_{n-1} = S$,从而

$$\lim_{n \to \infty} u_n = \lim_{n \to \infty}(S_n - S_{n-1}) = S - S = 0.$$

注 性质 1 的逆否命题:若级数的一般项不趋于零,则该级数必定发散.

例 5 级数 $\frac{1}{2} - \frac{2}{3} + \frac{3}{4} + \cdots + (-1)^{n+1}\frac{n}{n+1} + \cdots$ 发散.

事实上,此级数的一般项

$$u_n = (-1)^{n+1}\frac{n}{n+1},$$

当 $n \to \infty$ 时,$|u_n| = \frac{n}{n+1} \to 1 \neq 0$,故 $n \to \infty$ 时,u_n 不趋于零. 由性质 1 知该级数发散.

333

但应注意,级数的一般项趋于零只是级数收敛的必要条件,而不是充分条件. 也就是说,级数的一般项趋于零时,该级数仍有可能发散. 例如前面例 4 中的调和级数 $\sum\limits_{n=1}^{\infty}\dfrac{1}{n}$ 的一般项 $\dfrac{1}{n}$ 是趋于零的(当 $n\to\infty$ 时),但 $\sum\limits_{n=1}^{\infty}\dfrac{1}{n}$ 发散.

下面介绍的级数的几条性质,利用数列极限的性质不难证明. 这里略去证明.

性质 2 如果级数

$$u_1+u_2+\cdots+u_n+\cdots$$

收敛于和 S,而 c 为常数(指与 n 无关),则级数 $cu_1+cu_2+\cdots+cu_n+\cdots$ 也收敛,且其和为 cS. 如果级数 $u_1+u_2+\cdots+u_n+\cdots$ 发散,且常数 $c\neq0$,则级数 $cu_1+cu_2+\cdots+cu_n+\cdots$ 也发散.

性质 3 设有两个收敛级数:

$$S=u_1+u_2+\cdots+u_n+\cdots,$$
$$\sigma=v_1+v_2+\cdots+v_n+\cdots,$$

则级数 $(u_1\pm v_1)+(u_2\pm v_2)+\cdots+(u_n\pm v_n)+\cdots$ 也收敛,且其和为 $S\pm\sigma$.

性质 3 也可表述成:两个收敛级数可以逐项相加或逐项相减.

性质 4 在级数的前面部分去掉或加上有限项,不会影响级数的收敛性或发散性,不过在收敛时,一般来说级数的和是要改变的.

性质 5 收敛级数加括弧后所得的级数仍收敛于原级数的和.

但应注意,带括弧的收敛级数去掉括弧后所得的级数却不一定收敛. 例如,级数 $(1-1)+(1-1)+\cdots$ 收敛于零,但去掉括弧后得到的级数 $1-1+1-1+\cdots$,即 $\sum\limits_{n=1}^{\infty}(-1)^{n+1}$ 却是发散的(因为其一般项 $(-1)^{n+1}$ 不趋于 0).

习 题 11.1

1. 写出下列级数的前 3 项:

(1) $\sum\limits_{n=1}^{\infty}\dfrac{1\cdot3\cdot\cdots\cdot(2n-1)}{2\cdot4\cdot\cdots\cdot2n}$;   (2) $\sum\limits_{n=0}^{\infty}(-1)^{n+1}\dfrac{1}{3^n}$.

2. 写出下列级数的一般项:

(1) $1+\dfrac{1}{3}+\dfrac{1}{5}+\cdots$;   (2) $\dfrac{1}{2}-\dfrac{2}{3}+\dfrac{3}{4}-\dfrac{4}{5}+\cdots$.

3. 已知级数的部分和 $S_n=\dfrac{2n}{n+1}$,求 u_1,u_2,u_n.

4. 根据级数收敛与发散的定义,判别下列级数的敛散性:

(1) $\sum\limits_{n=1}^{\infty}(\sqrt{n+2}+\sqrt{n}-2\sqrt{n+1})$;

(2) $\dfrac{1}{1 \cdot 3} + \dfrac{1}{3 \cdot 5} + \dfrac{1}{5 \cdot 7} + \cdots + \dfrac{1}{(2n-1)(2n+1)} + \cdots.$

5. 判断下列级数的敛散性:

(1) $-\dfrac{8}{9} + \dfrac{8^2}{9^2} - \dfrac{8^3}{9^3} + \cdots;$

(2) $\dfrac{1}{2} + \dfrac{2}{3} + \dfrac{1}{4} - \dfrac{4}{9} + \cdots + \left(\dfrac{1}{2^n} - \dfrac{(-1)^n 2^n}{3^n} \right) + \cdots;$

(3) $\sqrt{2} + \sqrt{\dfrac{3}{2}} + \cdots + \sqrt{\dfrac{n+1}{n}} + \cdots.$

第二节　常数项级数敛散性的判别法

引　级数的敛散性的判断是本章的难点,级数 $\displaystyle\sum_{n=1}^{\infty} \dfrac{1}{n^p}$ 在什么情况下收敛? 什么情况下发散?

一、正项级数及其敛散性判别法

设级数 $\displaystyle\sum_{n=1}^{\infty} u_n$ 的一般项 $u_n \geqslant 0 \quad (n=1,2,3,\cdots)$,则称此级数为正项级数. 下面介绍正项级数的几个常用的敛散性判别法.

定理 1　设 $\displaystyle\sum_{n=1}^{\infty} u_n$ 为正项级数,则 $\displaystyle\sum_{n=1}^{\infty} u_n$ 收敛的充分必要条件是它的部分和数列有上界.

证　由 $u_n \geqslant 0 (n=1,2,3,\cdots)$ 可知

$$S_{n+1} = S_n + u_{n+1} \geqslant S_n \geqslant 0, n \in \mathbf{N}.$$

可见 $\{S_n\}$ 是单调增加数列. 若 $\{S_n\}$ 有上界,则极限 $\displaystyle\lim_{n\to\infty} S_n$ 存在,从而 $\displaystyle\sum_{n=1}^{\infty} u_n$ 收敛;

若 $\{S_n\}$ 无上界,则 $\displaystyle\lim_{n\to\infty} S_n = +\infty$,从而 $\displaystyle\sum_{n=1}^{\infty} u_n$ 发散,定理得证.

定理 2(比较判别法)　设 $\displaystyle\sum_{n=1}^{\infty} u_n$ 和 $\displaystyle\sum_{n=1}^{\infty} v_n$ 都是正项级数,且 $u_n \leqslant v_n (n=1,2,3,\cdots)$,

(1)若 $\displaystyle\sum_{n=1}^{\infty} v_n$ 收敛,则 $\displaystyle\sum_{n=1}^{\infty} u_n$ 收敛;

(2)若 $\displaystyle\sum_{n=1}^{\infty} u_n$ 发散,则 $\displaystyle\sum_{n=1}^{\infty} v_n$ 发散.

证　设 $\sum\limits_{n=1}^{\infty} u_n$ 和 $\sum\limits_{n=1}^{\infty} v_n$ 的部分和分别记为 S_n 与 S_n'，则由 $0 \leqslant u_n \leqslant v_n (n=1,2,3,\cdots)$，有

$$S_n = u_1 + u_2 + \cdots + u_n \leqslant v_1 + v_2 + \cdots + v_n = S_n', (n=1,2,3,\cdots)$$

若 $\sum\limits_{n=1}^{\infty} v_n$ 收敛，则由定理1可知，$\{S_n'\}$ 有上界，从而 $\{S_n\}$ 有上界. 于是，$\sum\limits_{n=1}^{\infty} u_n$ 收敛. 若 $\sum\limits_{n=1}^{\infty} u_n$ 发散，则 $\{S_n\}$ 无上界，从而 $\{S_n'\}$ 无上界，由定理1知 $\sum\limits_{n=1}^{\infty} v_n$ 发散，定理得证.

例1　讨论 p-级数 $\sum\limits_{n=1}^{\infty} \dfrac{1}{n^p}$ 的敛散性.

解　按 $p \leqslant 1$ 和 $p > 1$ 两种情形分别讨论：

(1)当 $p \leqslant 1$ 时，有 $\dfrac{1}{n} \leqslant \dfrac{1}{n^p} (n=1,2,3,\cdots)$. 因调和级数 $\sum\limits_{n=1}^{\infty} \dfrac{1}{n}$ 发散，故由比较判别法可知，$p \leqslant 1$ 时，p-级数 $\sum\limits_{n=1}^{\infty} \dfrac{1}{n^p}$ 发散；

(2)当 $p > 1$ 时，由于

$$0 < \frac{1}{m^p} = \int_{m-1}^{m} \frac{1}{m^p} \mathrm{d}x < \int_{m-1}^{m} \frac{1}{x^p} \mathrm{d}x \quad (m=2,3,\cdots),$$

故 p-级数的部分和

$$S_n = 1 + \sum_{m=2}^{n} \frac{1}{m^p} < 1 + \sum_{m=2}^{n} \int_{m-1}^{m} \frac{1}{x^p} \mathrm{d}x = 1 + \int_{1}^{n} \frac{1}{x^p} \mathrm{d}x$$

$$= 1 + \frac{1}{p-1} - \frac{n^{1-p}}{p-1} < 1 + \frac{1}{p-1} = \frac{p}{p-1}.$$

于是，由定理1可知，当 $p > 1$ 时，p-级数 $\sum\limits_{n=1}^{\infty} \dfrac{1}{n^p}$ 收敛.

由例1知级数

$$1 + \frac{1}{2^2} + \frac{1}{3^2} + \cdots + \frac{1}{n^2} + \cdots,$$

$$1 + \frac{1}{\sqrt{2^3}} + \frac{1}{\sqrt{3^3}} + \cdots + \frac{1}{\sqrt{n^3}} + \cdots$$

收敛. 而级数

$$1 + \frac{1}{\sqrt{2}} + \frac{1}{\sqrt{3}} + \cdots + \frac{1}{\sqrt{n}} + \cdots$$

发散.

在使用比较判别法时，几何级数和 p-级数经常用来作为比较的级数. 因此，牢记几何级数和 p-级数何时收敛，何时发散是十分重要的.

例2 判别级数 $\sum\limits_{n=1}^{\infty} 2^n \sin\dfrac{1}{3^n}$ 的敛散性.

解 由于

$$0 < 2^n \sin\frac{1}{3^n} < \left(\frac{2}{3}\right)^n, n = 1, 2, 3, \cdots,$$

而 $\sum\limits_{n=1}^{\infty}\left(\dfrac{2}{3}\right)^n$ 是公比 $q = \dfrac{2}{3}$ 的几何级数,故该几何级数收敛. 于是,由比较判别法可知,正项级数 $\sum\limits_{n=1}^{\infty} 2^n \sin\dfrac{1}{3^n}$ 收敛.

定理3(比较判别法的极限形式) 设正项级数 $\sum\limits_{n=1}^{\infty} u_n$ 与 $\sum\limits_{n=1}^{\infty} v_n (v_n > 0)$ 满足 $\lim\limits_{n\to\infty}\dfrac{u_n}{v_n} = l$,①当 l 为正常数时, $\sum\limits_{n=1}^{\infty} u_n$ 与 $\sum\limits_{n=1}^{\infty} v_n$ 具有相同的敛散性;②当 $l = 0$ 时, $\sum\limits_{n=1}^{\infty} v_n$ 收敛,则 $\sum\limits_{n=1}^{\infty} u_n$ 收敛;③当 $l = \infty$ 时, $\sum\limits_{n=1}^{\infty} v_n$ 发散,则 $\sum\limits_{n=1}^{\infty} u_n$ 发散.

证明略.

例3 判别级数 $\sum\limits_{n=1}^{\infty}\dfrac{3^n}{5^n - 2^n}$ 的敛散性.

解 因为 $\lim\limits_{n\to\infty}\dfrac{\frac{3^n}{5^n-2^n}}{\left(\frac{3}{5}\right)^n} = 1$,而 $\sum\limits_{n=1}^{\infty}\left(\dfrac{3}{5}\right)^n$ 是收敛的等比级数,由极限形式的比较法可知 $\sum\limits_{n=1}^{\infty}\dfrac{3^n}{5^n - 2^n}$ 收敛.

例4 判别级数 $\sum\limits_{n=1}^{\infty}\sin\dfrac{1}{n}$ 的敛散性.

解 $\lim\limits_{n\to\infty}\dfrac{\sin\frac{1}{n}}{\frac{1}{n}} = 1$,而调和级数 $\sum\limits_{n=1}^{\infty}\dfrac{1}{n}$ 发散,故级数 $\sum\limits_{n=1}^{\infty}\sin\dfrac{1}{n}$ 发散.

定理4(比值判别法) 设正项级数 $\sum\limits_{n=1}^{\infty} u_n$ 的后项与前项之比值的极限等于 ρ,即

$$\lim_{n\to\infty}\frac{u_{n+1}}{u_n} = \rho,$$

则当 $\rho < 1$ 时级数收敛; $\rho > 1$(或 $\rho = \infty$)时级数发散; $\rho = 1$ 时级数可能收敛也可能发散.

证 (1)当 $\rho < 1$ 时. 取一个适当小的正数 ε,使得 $\rho + \varepsilon = r < 1$,根据极限定义,

存在自然数 m,当 $n \geqslant m$ 时有不等式

$$\frac{u_{n+1}}{u_n} < \rho + \varepsilon = r,$$

于是　　$u_{m+1} < r u_m,\quad u_{m+2} < r u_{m+1} < r^2 u_m,\quad u_{m+3} < r u_{m+2} < r^3 u_m, \cdots$

这样,级数 $u_{m+1} + u_{m+2} + u_{m+3} + \cdots$ 的各项就小于收敛的等比级数(公比 $r < 1$)

$$r u_m + r^2 u_m + r^3 u_m + \cdots$$

的对应项,所以它也收敛. 从而根据第一节中性质 4 知 $u_1 + u_2 + \cdots + u_m + u_{m+1} + \cdots$ 也收敛.

(2)当 $\rho > 1$. 取一个适当小的正数 ε,使得 $\rho - \varepsilon > 1$. 根据极限定义,当 $n \geqslant m$ 时有不等式

$$\frac{u_{n+1}}{u_n} > \rho - \varepsilon > 1,$$

也就是 $u_{n+1} > u_n$,所以当 $n \geqslant m$ 时,级数的一般项 u_n 是逐渐增大的,从而 $\lim\limits_{n \to \infty} u_n \neq 0$. 根据级数收敛的必要条件可知级数 $\sum\limits_{n=1}^{\infty} u_n$ 发散.

类似地,可以证明当 $\lim\limits_{n \to \infty} \dfrac{u_{n+1}}{u_n} = \infty$ 时,级数 $\sum\limits_{n=1}^{\infty} u_n$ 发散.

(3)当 $\rho = 1$ 时级数可能收敛也可能发散. 例如 p-级数 $\sum\limits_{n=1}^{\infty} \dfrac{1}{n^p}$ 不论 p 为何值都有

$$\lim_{n \to \infty} \frac{u_{n+1}}{u_n} = \lim_{n \to \infty} \frac{\dfrac{1}{(n+1)^p}}{\dfrac{1}{n^p}} = 1.$$

但我们知道,当 $p \leqslant 1$ 时级数发散,而当 $p > 1$ 时级数收敛. 因此根据 $\rho = 1$ 不能判别级数的敛散性.

例 5　判别级数 $\sum\limits_{n=0}^{\infty} \dfrac{1}{n!}$ 的敛散性.

解　因为 $\lim\limits_{n \to \infty} \dfrac{u_{n+1}}{u_n} = \lim\limits_{n \to \infty} \dfrac{1}{n+1} = 0 < 1$,所以由比值判别法知所给级数收敛.

例 6　判别级数 $\dfrac{1^2}{2} + \dfrac{2^2}{2^2} + \cdots + \dfrac{n^2}{2^n} + \cdots$ 的敛散性.

解　因　　$\lim\limits_{n \to \infty} \dfrac{u_{n+1}}{u_n} = \lim\limits_{n \to \infty} \dfrac{\dfrac{(n+1)^2}{2^{n+1}}}{\dfrac{n^2}{2^n}},$

$$= \lim_{n \to \infty} \frac{1}{2} \left(\frac{n+1}{n} \right)^2 = \frac{1}{2} < 1,$$

由比值判别法知此级数收敛.

例7 判别级数 $\dfrac{1}{1 \cdot 2} + \dfrac{1}{3 \cdot 4} + \dfrac{1}{5 \cdot 6} + \cdots$ 的敛散性.

解 因 $u_n = \dfrac{1}{(2n-1)2n}$,若用比值判别法,则

$$\lim_{n \to \infty} \frac{u_{n+1}}{u_n} = \lim_{n \to \infty} \frac{(2n-1)2n}{(2n+1)(2n+2)} = 1,$$

不能断定此级数是否收敛. 但显然它的各项小于收敛级数

$$\frac{1}{1^2} + \frac{1}{2^2} + \cdots + \frac{1}{n^2} + \cdots$$

的对应项,所以由比较判别法知它收敛.

二、交错级数及其敛散性判别法

交错级数是指各项的符号正负相间的级数,从而可表示成

$$u_1 - u_2 + u_3 - u_4 + \cdots \ \text{或} \ \sum_{n=1}^{\infty} (-1)^{n-1} u_n,$$

其中,$u_n > 0 (n = 1, 2, \cdots)$.

对于交错级数有下面的莱布尼兹(Leibniz)判别法.

定理5(莱布尼茨判别法) 设交错级数 $\displaystyle\sum_{n=1}^{\infty} (-1)^{n-1} u_n$ 满足:

(1) $u_n \geqslant u_{n+1}$ $(n = 1, 2, \cdots)$,

(2) $\lim\limits_{n \to \infty} u_n = 0$.

则该交错级数收敛,且级数的和 $S \leqslant u_1$,n 项之后的余项 $r_n = S - S_n$ 还满足 $|r_n| \leqslant u_{n+1}$.

证 由定理中的条件(1)可知,对任意的正整数 n ,有

$$S_{2n} = u_1 - (u_2 - u_3) - \cdots - (u_{2n-2} - u_{2n-1}) - u_{2n} \leqslant u_1.$$

从而数列 $\{S_{2n}\}$ 有界;又

$$S_{2n} = (u_1 - u_2) + (u_3 - u_4) + \cdots + (u_{2n-1} - u_{2n}),$$

括号中每一项为正,因而数列 $\{S_{2n}\}$ 为单调增加的. 故极限 $\lim\limits_{n \to \infty} S_{2n}$ 存在.

另一方面,由条件(2)可知 $\lim\limits_{n \to \infty} u_{2n+1} = 0$,从而

$$\lim_{n \to \infty} S_{2n+1} = \lim_{n \to \infty} (S_{2n} + u_{2n+1}) = \lim_{n \to \infty} S_{2n}.$$

由此可见,极限 $\lim\limits_{n \to \infty} S_n$ 存在,从而 $\displaystyle\sum_{n=1}^{\infty} (-1)^{n-1} u_n$ 收敛. 且由 $S_{2n} \leqslant u_1$,可知

$$\sum_{n=1}^{\infty} (-1)^{n-1} u_n = S = \lim_{n \to \infty} S_{2n} \leqslant u_1.$$

不难看出余项 r_n 可写成

$$r_n = \pm (u_{n+1} - u_{n+2} + \cdots).$$

所以 $|r_n| = u_{n+1} - u_{n+2} + \cdots$，此式右端是一个交错级数且满足交错级数收敛的两个条件，其和小于该级数的首项 u_{n+1}，即 $|r_n| \leqslant u_{n+1}$.

例 8 验证交错级数 $1 - \dfrac{1}{2} + \dfrac{1}{3} - \dfrac{1}{4} + \cdots$ 的收敛性.

因为它满足定理 5 的两个条件：即 $1 > \dfrac{1}{2} > \dfrac{1}{3} \cdots$，且 $\lim\limits_{n \to \infty} u_n = \lim\limits_{n \to \infty} \dfrac{1}{n} = 0$，所以它是收敛的.

而且由定理 5 知该级数的和 $S \leqslant 1$，用前 n 项和作为 S 的近似值，误差 $S - S_n = r_n$ 满足 $|r_n| \leqslant \dfrac{1}{n+1}$.

三、绝对收敛与条件收敛

对于一个数项级数 $u_1 + u_2 + \cdots + u_n + \cdots$，其中 u_n 可任意地取正数、负数或零，通常称这种级数为**任意项级数**.

定理 6 如果正项级数 $\sum\limits_{n=1}^{\infty} |u_n|$ 收敛，则级数 $\sum\limits_{n=1}^{\infty} u_n$ 收敛.

证 记

$$v_n = \frac{1}{2}(|u_n| + u_n), \quad w_n = \frac{1}{2}(|u_n| - u_n)$$

则显然 $0 \leqslant v_n \leqslant |u_n|$，$0 \leqslant w_n \leqslant |u_n|$.

因为 $\sum\limits_{n=1}^{\infty} |u_n|$ 收敛，所以由正项级数的比较法知 $\sum\limits_{n=1}^{\infty} v_n$，$\sum\limits_{n=1}^{\infty} w_n$ 都收敛. 注意到 $u_n = v_n - w_n$，故由第一节性质 3 知 $\sum\limits_{n=1}^{\infty} u_n$ 也收敛.

定义 1 若 $\sum\limits_{n=1}^{\infty} |u_n|$ 收敛，则称 $\sum\limits_{n=1}^{\infty} u_n$ 为绝对收敛.

例 9 证明级数 $\sum\limits_{n=1}^{\infty} \dfrac{\sin nx}{n^2}$ 绝对收敛.

证 因为 $\left| \dfrac{\sin nx}{n^2} \right| \leqslant \dfrac{1}{n^2}$，而级数 $\sum\limits_{n=1}^{\infty} \dfrac{1}{n^2}$ 是收敛的，所以级数 $\sum\limits_{n=1}^{\infty} \left| \dfrac{\sin nx}{n^2} \right|$ 也是收敛的. 因此，所给级数是绝对收敛的.

应该注意，虽然每个绝对收敛级数都是收敛的，但并不是每个收敛级数都是绝对收敛的. 例如，级数

$$1 - \frac{1}{2} + \frac{1}{3} - \cdots + (-1)^{n-1} \frac{1}{n} + \cdots$$

是收敛的，但是各项取绝对值所成的级数

$$1 + \frac{1}{2} + \frac{1}{3} + \cdots + \frac{1}{n} + \cdots$$

却是发散的.

定义 2 若级数 $\sum\limits_{n=1}^{\infty} u_n$ 收敛而 $\sum\limits_{n=1}^{\infty} |u_n|$ 发散,则称级数 $\sum\limits_{n=1}^{\infty} u_n$ 是条件收敛的.

例如,当 $0 < p \leqslant 1$ 时,交错级数 $\sum\limits_{n=1}^{\infty} (-1)^{n+1} \frac{1}{n^p}$ 条件收敛.

四、判断级数敛散性的流程图

判断级数敛散性的流程如图 11-1 所示.

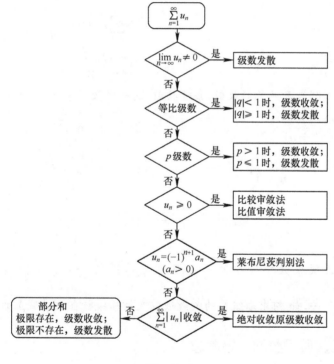

图 11-1

习 题 11.2

1. 利用比较法或其极限形式判别下列级数的敛散性:

(1) $\sum\limits_{n=1}^{\infty} \frac{1}{\sqrt{4n^2 - 3}}$;

(2) $\sum\limits_{n=1}^{\infty} \frac{3}{n^2 - \sqrt{n}}$;

(3) $\sum\limits_{n=1}^{\infty} \sin \dfrac{\pi}{2^n}$;

(4) $\sum\limits_{n=1}^{\infty} \dfrac{1}{1+a^n}$ $(a>0)$;

(5) $\sum\limits_{n=1}^{\infty} \dfrac{1}{n\sqrt[n]{n}}$;

(6) $\sum\limits_{n=1}^{\infty} \left(1-\cos\dfrac{1}{n}\right)$;

(7) $\sum\limits_{n=1}^{\infty} \dfrac{n+2}{n^2(n+1)}$;

(8) $\sum\limits_{n=1}^{\infty} \dfrac{2}{n}\tan\dfrac{\pi}{n}$.

2. 利用比值判别法判别下列级数的敛散性:

(1) $\sum\limits_{n=1}^{\infty} \dfrac{(n+1)!}{2^n}$;

(2) $\sum\limits_{n=1}^{\infty} \dfrac{n^2}{3^n}$;

(3) $\sum\limits_{n=1}^{\infty} \dfrac{1\cdot3\cdot5\cdot\cdots\cdot(2n-1)}{3^n\cdot n!}$;

(4) $\sum\limits_{n=1}^{\infty} \dfrac{1\cdot5\cdot9\cdot\cdots\cdot(4n-3)}{2\cdot5\cdot8\cdot\cdots\cdot(3n-1)}$;

(5) $\sum\limits_{n=1}^{\infty} n^2\sin\dfrac{\pi}{2^n}$;

(6) $\sum\limits_{n=1}^{\infty} 2^{n+1}\tan\dfrac{\pi}{4n^2}$;

(7) $\sum\limits_{n=1}^{\infty} \dfrac{n!}{10^n}$;

(8) $\sum\limits_{n=1}^{\infty} \dfrac{2n-1}{2^n}$.

3. 判别下列级数是绝对收敛,条件收敛,还是发散.

(1) $\sum\limits_{n=1}^{\infty} \dfrac{(-1)^{n-1}}{\ln(1+n)}$;

(2) $\sum\limits_{n=1}^{\infty} \dfrac{1}{2^n}\sin\dfrac{n\pi}{7}$;

(3) $\sum\limits_{n=1}^{\infty} (-1)^{n+1}\dfrac{n}{n+1}$;

(4) $\sum\limits_{n=2}^{\infty} \dfrac{(-1)^{n-1}n^3}{2^n}$.

第三节　幂　级　数

引　函数项级数中重要的一类级数是幂级数,如 $x-\dfrac{x^2}{2}+\dfrac{x^3}{3}-\cdots+$

$(-1)^{n-1}\dfrac{x^n}{n}+\cdots$,如何求幂级数的收敛域以及该幂级数在收敛域上的和函数?

一、函数项级数的一般概念

每一项都是函数的级数称为**函数项级数**,其一般形式为 $\sum\limits_{n=0}^{\infty} u_n(x)$ 或

$$u_0(x)+u_1(x)+u_2(x)+\cdots+u_n(x)+\cdots. \tag{11-5}$$

如果对某点 x_0,常数项级数 $\sum\limits_{n=0}^{\infty} u_n(x_0)$ 收敛.则称函数项级数 $\sum\limits_{n=0}^{\infty} u_n(x)$ 在点

x_0 处收敛,x_0 为该函数项级数的**收敛点**;如果常数项级数 $\sum\limits_{n=0}^{\infty} u_n(x_0)$ 发散,则称函

数项级数 $\sum\limits_{n=0}^{\infty} u_n(x)$ 在点 x_0 处发散, x_0 为该函数项级数的**发散点**. 函数项级数 $\sum\limits_{n=0}^{\infty} u_n(x)$ 所有收敛点组成的集合, 称为该函数项级数的**收敛域**; 所有发散点组成的集合, 称为该函数项级数的**发散域**. 对于收敛域中的每一个 x, 函数项级数 $\sum\limits_{n=0}^{\infty} u_n(x)$ 都有唯一确定的和(记为 $S(x)$)与之对应, 因此 $\sum\limits_{n=0}^{\infty} u_n(x)$ 是定义在收敛域上的一个函数, 即

$$\sum_{n=0}^{\infty} u_n(x) = S(x) \quad (x \text{ 属于收敛域}).$$

称 $S(x)$ 为函数项级数 $\sum\limits_{n=0}^{\infty} u_n(x)$ 的**和函数**. 并称

$$S_n(x) = u_0(x) + u_1(x) + \cdots + u_n(x) = \sum_{k=0}^{n} u_k(x)$$

为函数项级数 $\sum\limits_{n=0}^{\infty} u_n(x)$ 的**部分和**. 于是, 当 x 属于该函数项级数的收敛域时, 有

$$S(x) = \lim_{n \to \infty} S_n(x).$$

例如, $1 + x + x^2 + \cdots + x^n + \cdots$ 是函数项级数且我们知道这是一个公比为 x 的等比级数, 当 $|x| < 1$ 时这个级数收敛于 $\dfrac{1}{1-x}$. $|x| \geqslant 1$ 时这个级数发散, 故这个级数的收敛域为开区间 $(-1, 1)$, 和函数 $S(x) = \dfrac{1}{1-x}$ $(-1 < x < 1)$, 发散域是 $(-\infty, -1] \bigcup [1, +\infty)$.

二、幂级数及其收敛性

函数项级数中简单而常见的一类级数就是**幂级数**. 我们主要讨论形如

$$a_0 + a_1 x + a_2 x^2 + \cdots + a_n x^n + \cdots \tag{11-6}$$

的幂级数, 其中, 常数 $a_0, a_1, a_2, \cdots, a_n, \cdots$ 叫做幂级数的**系数**. 例如,

$$1 + x + \frac{1}{2!} x^2 + \cdots + \frac{1}{n!} x^n + \cdots$$

就是这种形式的幂级数. 对幂级数(11-6)也常记成 $\sum\limits_{n=0}^{\infty} a_n x^n$.

一般形式的幂级数 $a_0 + a_1(x - x_0) + a_2(x - x_0)^2 + \cdots + a_n(x - x_0)^n + \cdots$ 只要作代换 $t = x - x_0$, 就可以把它化成式(11-6)的形式来讨论.

定理 1(阿贝尔(Abel)定理) 如果级数 $\sum\limits_{n=0}^{\infty} a_n x^n$ 当 $x = x_0 (x_0 \neq 0)$ 时收敛,

则满足不等式 $|x|<|x_0|$ 的一切 x 使该幂级数绝对收敛. 反之,如果级数 $\sum\limits_{n=0}^{\infty}a_n x^n$ 当 $x=x_0$ 时发散,则满足不等式 $|x|>|x_0|$ 的一切 x 使该幂级数发散.

  证 先设 x_0 是幂级数(11-6)的收敛点,即级数

$$a_0 + a_1 x_0 + a_2 x_0^2 + \cdots + a_n x_0^n + \cdots$$

收敛,根据级数收敛的必要条件,这时有

$$\lim_{n\to\infty} a_n x_0^n = 0,$$

于是存在一个常数 M,使得

$$|a_n x_0^n| \leqslant M \quad (n=0,1,2,\cdots).$$

这样级数(11-6)的一般项的绝对值

$$|a_n x^n| = \left| a_n x_0^n \cdot \frac{x^n}{x_0^n} \right| = |a_n x_0^n| \cdot \left| \frac{x}{x_0} \right|^n \leqslant M \left| \frac{x}{x_0} \right|^n.$$

因为当 $|x|<|x_0|$ 时,等比级数 $\sum\limits_{n=0}^{\infty} M \left| \dfrac{x}{x_0} \right|^n$ 收敛 $\left($ 公比 $\left| \dfrac{x}{x_0} \right| < 1 \right)$,所以级数 $\sum\limits_{n=0}^{\infty} |a_n x^n|$ 收敛,也就是级数 $\sum\limits_{n=0}^{\infty} a_n x^n$ 绝对收敛.

  定理的第二部分可用反证法证明. 倘若幂级数当 $x=x_0$ 时发散而有一点 x_1 满足 $|x_1|>|x_0|$ 在 $x=x_0$ 使级数收敛,则根据本定理的第一部分,级数当 $x=x_0$ 时应收敛,这与假设矛盾,定理得证.

  定理 1 告诉我们,如果幂级数在 $x=x_0$ 处收敛,则对于开区间 $(-|x_0|,|x_0|)$ 内的任何 x,幂级数都收敛;如果幂级数在 $x=x_0$ 处发散,则对于闭区间 $[-|x_0|, |x_0|]$ 外的任何 x,幂级数都发散.

  设已给幂级数在数轴上既有收敛点(不仅是原点)也有发散点. 现在从原点沿数轴向右方走,最初只遇到收敛点,然后就只遇到发散点,这两部分的分界点可能是收敛点也可能是发散点. 从原点沿数轴向左方走情形也是如此,两个分界点 P 与 P' 在原点的两侧,且由定理 1 可证明它们到原点的距离是一样的. 由此就得到重要的推论:

  推论 如果幂级数 $\sum\limits_{n=0}^{\infty} a_n x^n$ 不是仅在 $x=0$ 一点收敛,也不是在整个数轴上都收敛,则必存在一个确定的正数 R,使得

  当 $|x|<R$ 时,幂级数绝对收敛;

  当 $|x|>R$ 时,幂级数发散.

  当 $x=R$ 与 $x=-R$ 时,幂级数可能收敛也可能发散.

  正数 R 通常叫做幂级数(11-6)的收敛半径. 开区间 $(-R,R)$ 叫做幂级数(11-6)的收敛区间,再由幂级数在 $x=\pm R$ 处的收敛性就可以决定它的收敛域是 $(-R,R)$,$[-R,R)$,$(-R,R]$ 或 $[-R,R]$ 这四个区间之一.

如果幂级数(11-6)只在 $x = 0$ 处收敛,这时收敛域只有一点 $x = 0$,但为了方便起见,我们规定这时收敛半径 $R = 0$;如果幂级数(11-6)对一切 x 都收敛,则规定收敛半径 $R = +\infty$.

下面的定理给出了一个常用的确定幂级数收敛半径 R 的方法.

定理 2　对于幂级数 $\sum\limits_{n=0}^{\infty} a_n x^n$,若 $a_n \neq 0$ 且

$$\lim_{n \to \infty} \left| \frac{a_{n+1}}{a_n} \right| = \rho,$$

则有(1) 若 $0 < \rho < +\infty$,则 $R = \dfrac{1}{\rho}$;

(2) 若 $\rho = 0$,则 $R = +\infty$;

(3) 若 $\rho = +\infty$,则 $R = 0$.

证　由于
$$\lim_{n \to \infty} \left| \frac{u_{n+1}}{u_n} \right| = \lim_{n \to \infty} \left| \frac{a_{n+1} x^{n+1}}{a_n x^n} \right|$$
$$= \lim_{n \to \infty} \left| \frac{a_{n+1}}{a_n} \right| \cdot | x | = \rho | x |,$$

(1) 若 $0 < \rho < +\infty$,由比值判别法可知,当 $\rho | x | < 1$,即 $| x | < \dfrac{1}{\rho}$ 时,$\sum\limits_{n=0}^{\infty} a_n x^n$ 绝对收敛;当 $\rho | x | > 1$,即 $| x | > \dfrac{1}{\rho}$ 时,$\sum\limits_{n=0}^{\infty} a_n x^n$ 发散. 由此可见 $R = \dfrac{1}{\rho}$.

(2) 若 $\rho = 0$,则对一切实数 x,有 $\lim \left| \dfrac{u_{n+1}}{u_n} \right| = 0 < 1$,级数 $\sum\limits_{n=0}^{\infty} a_n x^n$ 绝对收敛,故 $R = +\infty$.

(3) 若 $\rho = +\infty$,则当 $x \neq 0$ 时,$\lim\limits_{n \to \infty} \left| \dfrac{u_{n+1}}{u_n} \right| = +\infty$,从而 $| u_n |$ 不趋于零,即 $x \neq 0$ 时 $a_n x^n$ 不趋于零,故级数 $\sum\limits_{n=0}^{\infty} a_n x^n$ 发散. 只有 $x = 0$ 时,$\sum\limits_{n=0}^{\infty} a_n x^n = a_0$ 是收敛的,故 $R = 0$.

例 1　求幂级数

$$x - \frac{x^2}{2} + \frac{x^3}{3} - \cdots + (-1)^{n-1} \frac{x^n}{n} + \cdots$$

的收敛半径与收敛域.

解　因为
$$\rho = \lim_{n \to \infty} \left| \frac{a_{n+1}}{a_n} \right| = \lim_{n \to \infty} \frac{\dfrac{1}{n+1}}{\dfrac{1}{n}} = 1,$$

所以收敛半径

$$R = \frac{1}{\rho} = 1.$$

对于端点 $x = 1$,级数成为交错级数

$$1 - \frac{1}{2} + \frac{1}{3} - \cdots + (-1)^{n-1} \frac{1}{n} + \cdots,$$

该级数是收敛的;

对于端点 $x = -1$,级数成为

$$-1 - \frac{1}{2} - \frac{1}{3} - \cdots - \frac{1}{n} - \cdots,$$

是发散的.因此,级数收敛域是 $(-1,1]$.

例2 求幂级数 $x + \frac{x^3}{2^3} + \frac{x^5}{2^5} + \cdots + \frac{x^{2n+1}}{2^{2n+1}} + \cdots$ 的收敛半径.

解 因为 $a_{2n} = 0$ $(n = 0,1,2,\cdots)$,所以不能直接应用定理2.下面直接用比值法.

$$\lim_{n \to \infty} \left| \frac{\dfrac{x^{2n+1}}{2^{2n+1}}}{\dfrac{x^{2n-1}}{2^{2n-1}}} \right| = \lim_{n \to \infty} \frac{|x|^2}{2^2} = \frac{|x|^2}{4}.$$

所以当 $\dfrac{|x|^2}{4} < 1$,即 $|x| < 2$ 时幂级数绝对收敛;当 $\dfrac{|x|^2}{4} > 1$ 即 $|x| > 2$ 时幂级数的一般项不趋于零,从而 $|x| > 2$ 时幂级数发散.所以收敛半径 $R = 2$.

例3 求幂级数 $\sum\limits_{n=1}^{\infty} \frac{1}{\sqrt{n}}(x-1)^n$ 的收敛域.

解 令 $t = x - 1$,则所给幂级数化为 $\sum\limits_{n=1}^{\infty} \frac{1}{\sqrt{n}} t^n$,由于

$$\lim_{n \to \infty} \left| \frac{a_{n+1}}{a_n} \right| = \lim_{n \to \infty} \frac{\sqrt{n}}{\sqrt{n+1}} = 1,$$

故当 $|t| < 1$ 时,$\sum\limits_{n=1}^{\infty} \frac{1}{\sqrt{n}} t^n$ 绝对收敛.当 $t = 1$ 时,$\sum\limits_{n=1}^{\infty} \frac{1}{\sqrt{n}} t^n = \sum\limits_{n=1}^{\infty} \frac{1}{\sqrt{n}}$ 为发散的 p -级数(因 $p = \frac{1}{2} < 1$),$t = 1$ 为发散点;$t = -1$ 时,$\sum\limits_{n=1}^{\infty} \frac{1}{\sqrt{n}}(-1)^n$ 为收敛的交错级数,$t = -1$ 为收敛点.

因此,幂级数 $\sum\limits_{n=1}^{\infty} \frac{1}{\sqrt{n}} t^n$ 的收敛域为 $[-1,1)$.从而,由 $t = x - 1$ 可知,幂级数 $\sum\limits_{n=1}^{\infty} \frac{1}{\sqrt{n}}(x-1)^n$ 的收敛域为 $[0,2)$.

三、幂级数的运算举例

两个幂级数之间可进行四则运算,比如两个幂级数相加减而得一个新的幂级数. 但这里我们不讨论幂级数的四则运算,只介绍幂级数的逐项求导和逐项积分运算.

(1)幂级数 $\sum\limits_{n=0}^{\infty}a_n x^n$ 在 $(-R,R)$ 内收敛于和函数 $S(x)$,则有

$$S'(x) = \sum_{n=0}^{\infty}(a_n x^n)' = \sum_{n=1}^{\infty}n a_n x^{n-1}.$$

且求导后幂级数收敛半径不变.

(2)设幂级数 $\sum\limits_{n=0}^{\infty}a_n x^n$ 在 $(-R,R)$ 内收敛于和函数 $S(x)$,则对 $x \in (-R,R)$ 有

$$\int_0^x S(x)\mathrm{d}x = \sum_{n=0}^{\infty}\int_0^x a_n x^n \mathrm{d}x = \sum_{n=0}^{\infty}\frac{a_n}{n+1}x^{n+1}.$$

且积分后幂级数收敛半径不变.

例 4 求幂级数 $1+2x+3x^2+\cdots+nx^{n-1}+\cdots$ 的和.

解 注意到所求级数可由级数

$$x+x^2+x^3\cdots+x^n+\cdots$$

逐项求导而得到. 在区间 $(-1,1)$ 内

$$x+x^2+x^3\cdots+x^n+\cdots = \frac{x}{1-x}.$$

所以当 $|x|<1$ 时,

$$1+2x+3x^2+\cdots = \left(\frac{x}{1-x}\right)' = \frac{1}{(1-x)^2}.$$

例 5 求幂级数 $x-\dfrac{x^3}{3}+\dfrac{x^5}{5}-\dfrac{x^7}{7}+\cdots$ 的和.

解 当 $x \in (-1,1)$ 时,

$$1-x^2+x^4-x^6+\cdots = \frac{1}{1+x^2},$$

逐项积分则得

$$x-\frac{x^3}{3}+\frac{x^5}{5}-\frac{x^7}{7}+\cdots = \int_0^x \frac{1}{1+x^2}\mathrm{d}x = \arctan x,$$

特别当 $x=1$ 时得到 $1-\dfrac{1}{3}+\dfrac{1}{5}-\dfrac{1}{7}+\cdots = \dfrac{\pi}{4}$.

习 题 11.3

1. 求下列幂级数的收敛半径和收敛域.

(1) $x + 2x^2 + 3x^3 + \cdots$;

(2) $\dfrac{x}{2} + \dfrac{x^2}{2 \cdot 4} + \dfrac{x^3}{2 \cdot 4 \cdot 6} + \cdots$;

(3) $\displaystyle\sum_{n=1}^{\infty} (-1)^n \dfrac{x^{2n+1}}{2n+1}$;

(4) $\displaystyle\sum_{n=1}^{\infty} \dfrac{2^n}{n^2+1} x^n$;

(5) $\displaystyle\sum_{n=1}^{\infty} \dfrac{x^n}{2n(2n-1)}$;

(6) $\displaystyle\sum_{n=1}^{\infty} (-1)^n \dfrac{x^n}{3^n \sqrt{n}}$;

(7) $\displaystyle\sum_{n=1}^{\infty} 2^{n-1} x^{2n-2}$;

(8) $\displaystyle\sum_{n=1}^{\infty} \dfrac{x^n}{n(n+1)}$.

2. 利用逐项求导或逐项积分,求下列级数在收敛域内的和函数:

(1) $\displaystyle\sum_{n=1}^{\infty} \dfrac{n}{2^n} x^n \quad (-2 < x < 2)$;

(2) $\displaystyle\sum_{n=1}^{\infty} \dfrac{1}{n(n+1)} x^{n+1} \quad (-1 < x < 1)$;

(3) $\displaystyle\sum_{n=1}^{\infty} n(n+1) x^n \quad (-1 < x < 1)$;

(4) $\displaystyle\sum_{n=1}^{\infty} \left(\dfrac{x^2}{2}\right)^n \quad (-\sqrt{2} < x < \sqrt{2})$.

第四节　函数展开成幂级数

引　我们知道,一个幂级数 $\displaystyle\sum_{n=0}^{\infty} a_n x^n$ 在它的收敛区间内的和是 x 的函数. 在实际应用中经常遇到与此相反的问题:已知一个函数 $f(x)$,要求一个幂级数,使这个幂级数在它的收敛区间内的和等于函数 $f(x)$. 这就是把已知函数展开成幂级数的问题.

设函数 $f(x)$ 在收敛区间 $(-R,R)$ 内有任意阶导数,并假定它可以展成 x 的幂级数:

$$f(x) = a_0 + a_1 x + a_2 x^2 + \cdots + a_n x^n + \cdots \quad (|x| < R). \qquad (11\text{-}7)$$

就是说,式(11-7)右端幂级数在区间 $(-R,R)$ 内是收敛的,并且它的和在 $(-R,R)$ 内等于 $f(x)$. 现在的问题是如何确定幂级数的系数 $a_0, a_1, a_2, \cdots a_n, \cdots$.

由于幂级数在它的收敛区间内可以逐项求导,所以

$$f'(x) = a_1 + 2a_2 x + \cdots + na_n x^{n-1} + \cdots,$$
$$f''(x) = 2 \cdot 1 a_2 + 3 \cdot 2 a_3 x + \cdots + n(n-1)a_n x^{n-2} + \cdots,$$
$$\vdots$$
$$f^{(n)}(x) = n(n-1)(n-2)\cdots 3 \cdot 2 \cdot 1 a_n + \cdots,$$
$$\vdots$$

用 $x = 0$ 代入以上各式,得

$$f(0) = a_0,$$
$$f'(0) = a_1 = 1! a_1,$$

$$f''(0) = 2 \cdot 1 a_2 = 2! a_2,$$

$$\vdots$$

$$f^n(0) = n! a_n.$$

所以，$\quad a_0 = f(0), a_1 = \dfrac{f'(0)}{1!}, a_2 = \dfrac{f''(0)}{2!}, \cdots, a_n = \dfrac{f^{(n)}(0)}{n!}, \cdots.$

记 $P_n = f(0) + f'(0)x + \cdots + \dfrac{f^{(n)}(0)}{n!} x^n.$ 由泰勒公式可得

$$f(x) = P_n(x) + R_n(x) \qquad (R_n = \dfrac{f^{(n+1)}(\xi)}{(n+1)!} x^{n+1}, \xi \text{ 介于 } 0 \text{ 与 } x \text{ 之间}).$$

如果 $\lim\limits_{n \to \infty} R_n(x) = 0$，则 $f(x) = \lim\limits_{n \to \infty} P_n(x).$ 由级数和的定义，若函数 $f(x)$ 可展开为

幂级数 $\sum\limits_{n=1}^{\infty} a_n x^n$，则系数由 $a_n = \dfrac{f^{(n)}(0)}{n!}$ 唯一确定.

这样，就得到函数 $f(x)$ 的幂级数展开式

$$f(x) = f(0) + f'(0)x + \dfrac{f''(0)}{2!}x^2 + \cdots + \dfrac{f^{(n)}(0)}{n!}x^n + \cdots \qquad (|x| < R)$$

$$(11\text{-}8)$$

综上所述，把一个函数 $f(x)$ 展开为 x 的幂级数，可按下列步骤进行：

（1）函数 $f(x)$ 及其各阶导数在点 $x = 0$ 处的值 $f^{(n)}(0)$，从而求得幂级数的系

数 $a_n = \dfrac{f^{(n)}(0)}{n!} \quad (n = 0, 1, 2, \cdots)$；

（2）写出幂级数

$$f(0) + \dfrac{f'(0)}{1!}x + \dfrac{f''(0)}{2!}x^2 + \cdots + \dfrac{f^{(n)}(0)}{n!}x^n + \cdots;$$

（3）求出幂级数的收敛半径 R 或收敛域；

（4）证明在收敛域内 $\lim\limits_{n \to \infty} R_n(x) = 0.$

通过上述步骤（1）～（4），就可得到幂级数（11-8）.

下面给出几个重要的展开式.

例 1 求函数 $f(x) = e^x$ 的幂级数展开式.

解 由 $\quad f(x) = e^x, \quad f^{(n)}(x) = e^x \qquad (n = 0, 1, 2, \cdots),$

得 $\qquad f(0) = 1, \quad f^{(n)}(0) = 1 \qquad (n = 1, 2, \cdots).$

于是 $\qquad a_0 = 1, \quad a_n = \dfrac{1}{n!} \qquad (n = 1, 2, \cdots),$

幂级数为

$$1 + \dfrac{1}{1!}x + \dfrac{1}{2!}x^2 + \cdots + \dfrac{1}{n!}x^n + \cdots.$$

容易求得上述幂级数的收敛半径 $R = +\infty.$ 由余项公式有

$$\lim_{n\to\infty}|R_n(x)| = \lim_{n\to\infty}\left|\frac{e^{\theta x}x^{n+1}}{(n+1)!}\right| \leqslant e^{|x|}\lim_{n\to\infty}\frac{|x|^{n+1}}{(n+1)!} = 0,$$

此处用到 $\dfrac{|x|^{n+1}}{(n+1)!}$ 是收敛级数 $\displaystyle\sum_{n=0}^{\infty}\dfrac{|x|^{n+1}}{(n+1)!}$ 的一般项,由级数收敛的必要条件知其极限为零. 所以

$$e^x = 1 + x + \frac{1}{2!}x^2 + \cdots + \frac{1}{n!}x^n + \cdots \quad (-\infty < x < +\infty).$$

例 2 把函数 $f(x) = \sin x$ 展为 x 的幂级数.

解 因为 $f^{(n)}(x) = \sin\left(x + n\dfrac{\pi}{2}\right) \quad (n=0,1,2,\cdots)$,所以 $f^{(n)}(0)$ 依次循环地取 $0,1,0,-1$,于是得级数

$$x - \frac{x^3}{3!} + \frac{x^5}{5!} - \cdots + (-1)^{n-1}\frac{x^{2n-1}}{(2n-1)!} + \cdots.$$

容易求出它的收敛半径 $R = +\infty$. 由余项公式有

$$\lim_{n\to\infty}|R_n(x)| = \lim_{n\to\infty}\left|\sin\left(\theta x + \frac{n+1}{2}\pi\right)\frac{x^{n+1}}{(n+1)!}\right| \leqslant \lim_{n\to\infty}\frac{|x|^{n+1}}{(n+1)!} = 0,$$

所以

$$\sin x = x - \frac{x^3}{3!} + \frac{x^5}{5!} - \cdots + (-1)^{n-1}\frac{x^{2n-1}}{(2n-1)!} + \cdots \quad (-\infty < x < +\infty).$$

例 3 把函数 $f(x) = (1+x)^m$ 展为 x 的幂级数,其中,m 为任一实数(证明此处将 $\lim\limits_{n\to\infty}R_n(x)=0$ 的证明略去).

解
$$f(x) = (1+x)^m,$$
$$f'(x) = m(1+x)^{m-1},$$
$$f''(x) = m(m-1)(1+x)^{m-2},$$
$$\vdots$$
$$f^{(n)}(x) = m(m-1)\cdots(m-n+1)(1+x)^{m-n},$$

所以 $f(0) = 1, f'(0) = m, \cdots, f^{(n)}(0) = m(m-1)\cdots(m-n+1)$.
于是得级数

$$1 + mx + \frac{m(m-1)}{2!}x^2 + \cdots + \frac{m(m-1)\cdots(m-n+1)}{n!}x^n + \cdots.$$

又因为

$$\lim_{n\to\infty}\left|\frac{a_{n+1}}{a_n}\right| = \lim_{n\to\infty}\left|\frac{m-n}{n+1}\right| = 1,$$

所以上述幂级数的收敛半径 $R=1$,从而得

$$(1+x)^m = 1 + mx + \frac{m(m-1)}{2!}x^2 + \cdots + \frac{m(m-1)\cdots(m-n+1)}{n!}x^n +$$
$$\cdots \quad (-1 < x < 1).$$

上式右端的级数叫二项展开式.二项式定理是它的特例(m 为正整数).

以上我们将函数 $f(x)$ 展为 x 的幂级数都是直接计算系数 $a_n = \dfrac{f^{(n)}(0)}{n!}$,这样做比较麻烦.下面介绍利用已知函数的展开式求函数展开式的方法,这种方法叫做间接展开法.

例 4 将 $f(x) = \cos x$ 展成 x 的幂级数.

解 因为

$$\sin x = x - \frac{x^3}{3!} + \frac{x^5}{5!} - \cdots + (-1)^{n-1}\frac{x^{2n-1}}{(2n-1)!} + \cdots \quad (-\infty < x < +\infty).$$

对上式逐项求导,可得

$$\cos x = 1 - \frac{x^2}{2!} + \frac{x^4}{4!} - \cdots + (-1)^n \frac{x^{2n}}{(2n)!} + \cdots \quad (-\infty < x < +\infty).$$

例 5 将 $f(x) = \ln(1+x)$ 展开成 x 的幂级数.

解 因为

$$\frac{1}{1+x} = 1 - x + x^2 - x^3 + \cdots + (-1)^n x^n + \cdots \quad (-1 < x < 1).$$

将上式两端分别从 0 到 x 积分,可得

$$\ln(1+x) = x - \frac{1}{2}x^2 + \frac{1}{3}x^3 - \cdots + (-1)^n \frac{x^{n+1}}{n+1} + \cdots \quad (-1 < x < 1).$$

进一步地,上式右端的级数在 $x = 1$ 也收敛,从而可得

$$\ln 2 = 1 - \frac{1}{2} + \frac{1}{3} - \frac{1}{4} + \cdots.$$

例 6 将 $\dfrac{1}{5-x}$ 展开为 $x-2$ 的幂级数,并指出收敛域.

解 利用 $\dfrac{1}{1-x}$ 的展开式,我们有

$$\frac{1}{5-x} = \frac{1}{3-(x-2)} = \frac{1}{3}\ \frac{1}{1 - \dfrac{x-2}{3}}$$

$$= \frac{1}{3}\left[1 + \frac{x-2}{3} + \left(\frac{x-2}{3}\right)^2 + \cdots + \left(\frac{x-2}{3}\right)^{n-1} + \cdots\right]$$

$$= \frac{1}{3} + \frac{1}{3^2}(x-2) + \frac{1}{3^3}(x-2)^2 + \cdots + \frac{1}{3^n}(x-2)^{n-1} + \cdots.$$

由 $\left|\dfrac{x-2}{3}\right| < 1$ 得 $-3 < x-2 < 3$,因此级数收敛域为 $(-1, 5)$.

例 7 将 $f(x) = \dfrac{1}{x^2 + 4x + 3}$ 展开成 x 的幂级数.

解 $f(x) = \dfrac{1}{(x+1)(x+3)} = \dfrac{1}{2}\left(\dfrac{1}{1+x} - \dfrac{1}{3+x}\right),$

而
$$\frac{1}{1+x} = \sum_{n=0}^{\infty} (-1)^n x^n \quad (-1 < x < 1)$$

$$\frac{1}{3+x} = \frac{1}{3} \sum_{n=0}^{\infty} (-1)^n \left(\frac{x}{3}\right)^n = \sum_{n=0}^{\infty} \frac{(-1)^n}{3^{n+1}} x^n \quad (-3 < x < 3)$$

所以
$$f(x) = \frac{1}{2} \sum_{n=0}^{\infty} \left[(-1)^n - \frac{(-1)^n}{3^{n+1}} \right] x^n$$

$$= \sum_{n=0}^{\infty} \frac{(-1)^n}{2} \left(\frac{3^{n+1}-1}{3^{n+1}} \right) x^n \quad (-1 < x < 1).$$

习 题 11.4

1. 将下列函数展开成 x 的幂级数:

(1) $\dfrac{1}{2+x}$;   (2) $\dfrac{1}{x^2+3x+2}$;

(3) a^x;   (4) $\ln(2+x)$;

(5) $\sin^2 x$;   (6) $(1+x)\ln(1+x)$.

2. 将 $f(x) = e^x$ 展开成 $x-1$ 的幂级数.

3. 将 $f(x) = \dfrac{1}{x}$ 展开成 $x-3$ 的幂级数.

4. 将 $f(x) = \dfrac{1}{x^2+4x+3}$ 展开为 $x-1$ 的幂级数.

第十一章自测题 A

1. 判别下列级数的收敛性:

(1) $\displaystyle\sum_{n=1}^{\infty} (\sqrt{n+1} - \sqrt{n})$;   (2) $\sin\dfrac{\pi}{6} + \sin\dfrac{2\pi}{6} + \cdots + \sin\dfrac{n\pi}{6} + \cdots$;

(3) $\dfrac{1}{3} + \dfrac{1}{6} + \dfrac{1}{9} + \cdots + \dfrac{1}{3n} + \cdots$;   (4) $\dfrac{1}{3} + \dfrac{1}{\sqrt{3}} + \dfrac{1}{\sqrt[3]{3}} + \cdots + \dfrac{1}{\sqrt[n]{3}} + \cdots$;

(5) $\dfrac{3}{2} + \dfrac{3^2}{2^2} + \cdots + \dfrac{3^n}{2^n} + \cdots$;   (6) $1 + \dfrac{1+2}{1+2^2} + \dfrac{1+3}{1+3^2} \cdots + \dfrac{1+n}{1+n^2} + \cdots$;

(7) $\dfrac{1}{2 \cdot 5} + \dfrac{1}{3 \cdot 6} + \cdots + \dfrac{1}{(n+1)(n+4)} + \cdots$;

(8) $\sin\dfrac{\pi}{2} + \sin\dfrac{\pi}{2^2} + \cdots + \sin\dfrac{\pi}{2^n} + \cdots$;

(9) $\displaystyle\sum_{n=1}^{\infty} 2^n \sin\dfrac{\pi}{3^n}$;

(10) $\dfrac{3}{1\cdot 2}+\dfrac{3^2}{2\cdot 2^2}+\dfrac{3^3}{3\cdot 2^3}+\cdots+\dfrac{3^n}{n\cdot 2^n}+\cdots$;

(11) $\displaystyle\sum_{n=1}^{\infty}\dfrac{2^n\cdot n!}{n^n}$;   (12) $\displaystyle\sum_{n=1}^{\infty}n\tan\dfrac{\pi}{2^{n+1}}$;

(13) $\displaystyle\sum_{n=1}^{\infty}\left(\dfrac{n}{3n-1}\right)^{2n-1}$;   (14) $\displaystyle\sum_{n=1}^{\infty}(-1)^{n-1}\dfrac{n}{3^{n-1}}$;

(15) $\displaystyle\sum_{n=1}^{\infty}n\left(\dfrac{3}{4}\right)^n$;   (16) $\displaystyle\sum_{n=1}^{\infty}\sqrt{\dfrac{n+1}{n}}$.

2. 求下列幂级数的收敛区间：

(1) $x+2x^2+3x^3+\cdots+nx^n+\cdots$;

(2) $1-x+\dfrac{x^2}{2^2}+\cdots+(-1)^n\dfrac{x^n}{n^2}+\cdots$;

(3) $\dfrac{x}{2}+\dfrac{x^2}{2\cdot 4}+\dfrac{x^3}{2\cdot 4\cdot 6}+\cdots+\dfrac{x^n}{2\cdot 4\cdot 6\cdots\cdots(2n)}+\cdots$;

(4) $\dfrac{x}{1\cdot 3}+\dfrac{x^2}{2\cdot 3^2}+\dfrac{x^3}{3\cdot 3^3}+\cdots+\dfrac{x^n}{n\cdot 3^n}+\cdots$;

(5) $\dfrac{2}{2}x+\dfrac{2^2}{5}x^2+\dfrac{2^3}{10}x^3+\cdots+\dfrac{2^n}{n^2+1}x^n+\cdots$;

(6) $\displaystyle\sum_{n=1}^{\infty}(-1)^n\dfrac{x^{2n+1}}{2n+1}$;   (7) $\displaystyle\sum_{n=1}^{\infty}\dfrac{2n-1}{2^n}x^{2n-2}$;   (8) $\displaystyle\sum_{n=1}^{\infty}\dfrac{(x-5)^n}{\sqrt{n}}$.

3. 求下列级数的和函数：

(1) $\displaystyle\sum_{n=1}^{\infty}nx^{n-1}$;   (2) $\displaystyle\sum_{n=1}^{\infty}\dfrac{x^{4n+1}}{4n+1}$;   (3) $x+\dfrac{x^3}{3}+\dfrac{x^5}{5}+\cdots+\dfrac{x^{2n-1}}{2n-1}+\cdots$.

4. 将函数 $f(x)=\cos x$ 展开成 $\left(x+\dfrac{\pi}{3}\right)$ 的幂级数.

5. 将函数 $f(x)=\dfrac{1}{x^2+3x+2}$ 展开成 $(x+4)$ 的幂级数.

第十一章自测题 B

1. 判定下列各级数的敛散性：

(1) $1+\displaystyle\sum_{n=1}^{\infty}\dfrac{1}{e^n}$;   (2) $\displaystyle\sum_{n=1}^{\infty}\dfrac{1}{8n-6}$;

(3) $\displaystyle\sum_{n=1}^{\infty}\dfrac{2n}{[(2n-1)+2]^3}$;   (4) $\displaystyle\sum_{n=1}^{\infty}\dfrac{n!}{9^n}$;

(5) $\displaystyle\sum_{n=2}^{\infty}\dfrac{n^2+1}{n^3+1}$;   (6) $\displaystyle\sum_{n=2}^{\infty}\dfrac{n^2+1}{n^4+1}$;

(7) $\sum_{n=1}^{\infty} \dfrac{1}{3^n - 2}$;

(8) $\sum_{n=1}^{\infty} n\left(\dfrac{2}{3}\right)^n$.

2. 求下列级数的收敛域：

(1) $\sum_{n=1}^{\infty} \dfrac{x^n}{2^{n-1}(n+1)}$;

(2) $\sum_{n=1}^{\infty} n^n (x-2)^n$;

(3) $\sum_{n=1}^{\infty} \dfrac{3^n}{n!}\left(\dfrac{x-1}{2}\right)^n$;

(4) $\sum_{n=1}^{\infty} (-1)^n \dfrac{x^{2n}}{n \cdot 2^n}$;

(5) $\sum_{n=1}^{\infty} [1 - (-2)^n] x^n$;

(6) $\sum_{n=0}^{\infty} \dfrac{(-1)^n (x+1)^n}{n^2 + 1}$.

3. 确定下列级数的收敛域，并求出它的和函数：

(1) $\sum_{n=0}^{\infty} (1-x) x^n$;

(2) $\sum_{n=0}^{\infty} (-1)^n (n+1) x^n$;

(3) $\sum_{n=1}^{\infty} (-1)^{n-1} \dfrac{x^{2n-1}}{2n-1}$;

(4) $\sum_{n=1}^{\infty} n x^n$;

(5) $\sum_{n=1}^{\infty} n(n+1) x^n$.

4. 应用幂级数性质求下列级数的和：

(1) $\sum_{n=1}^{\infty} (-1)^{n-1} \dfrac{n}{2^n}$;

(2) $\sum_{n=1}^{\infty} \dfrac{1}{n \cdot 2^n}$;

(3) $\sum_{n=1}^{\infty} \dfrac{n(n+2)}{4^{n+1}}$;

(4) $\sum_{n=0}^{\infty} \dfrac{(n+1)^2}{2^n}$.

5. 将下列函数展开成 x 的幂级数：

(1) $f(x) = \dfrac{x}{9 + x^2}$;

(2) $f(x) = \arctan \dfrac{1+x}{1-x}$.

第十二章　经济管理中常用的数学模型及软件

第一节　数学建模概述

一、数学模型与数学建模

1. 数学模型

目前,对数学模型还没有一个统一的定义,下面试着给出数学模型的一种定义.

数学模型是对客观实践的某一特定问题,先做出一些必要的简化和假设,然后运用适当的数学符号、数学式子、图形等数学工具对实际问题进行抽象刻画,得到一个数学结构.这个结构或能解释某些客观现象,或能预测未来的发展规律,或能为控制某一现象的发展提供某种意义下的最优策略或较好策略.

2. 数学建模

数学建模是应用数学工具从实际问题中抽象、提炼出数学模型的过程.

数学建模的一般步骤:

(1)观察:了解问题的实际背景,明确建模目的,收集必要的数据资料.

(2)假设:在明确建模目的,掌握必要资料的基础上,通过对资料的分析计算,找出起主要作用的因素,经必要的精炼、简化,提出若干符合客观实际的假设.

(3)建立数学模型:根据已有假设,利用适当的数学工具去刻画各变量之间的关系,建立相应的数学结构——数学模型.

(4)模型求解:运用相应的数学知识求解模型,经常要借助计算机工具.

(5)模型的分析与检验:可用已有的数据去验证模型,如果由模型计算出来的理论数值与实际数值比较吻合,则模型是比较成功的;如果理论数值与实际数值差别太大,则模型是失败的,这就需要查找原因、发现问题,进而修改模型.

3. 数学模型的分类

数学模型的分类如表12-1所示.

4. 数学建模对能力的培养

(1)"翻译"能力:数学建模需要将实际问题抽象、转化成数学语言予以表达,从而建立数学模型,这就培养了将实际问题"翻译"成数学问题的能力.

（2）分析问题的能力：在调查研究阶段，需要观察能力、分析能力和数据处理能力等，我们还应当学会在尽可能短的时间内查到并学会想应用的知识的本领.

（3）数学应用能力：在数学建模过程中可以不断培养应用数学的能力.

（4）创新能力：在提出假设时，又需要用到想象力和归纳简化能力. 还需要你多少要有点创新的能力. 这种能力不是生来就有的，建模实践就为你提供了一个培养创新能力的机会.

表 12-1　数学模型的分类

分类标准	模型类别
对实际问题了解的程度	白箱模型、灰箱模型、黑箱模型
数学模型中变量的性质	连续型模型、离散型模型或确定性模型、随机型模型、线性模型等
数学模型中的时间关系	静态模型、动态模型等
数学建模的研究方法	初等模型、微分方程模型、差分方程模型、优化模型等
研究对象的所在领域	人口模型、生态系统模型、交通流模型、经济模型、基因模型等

二、几个简单的实际问题

问题 1　已知甲袋中放有 20000 个白色的乒乓球，乙袋中放有 20000 个黄色的乒乓球. 任取甲袋中 100 个球放入乙袋中，混合后再任取乙袋中 100 个球放入甲袋中，如此重复 3 次，问甲袋中的黄球多还是乙袋中的白球多？

解　设甲袋中有 x 个黄球，乙袋中有 y 个白球.
因为对白球来说，甲袋中的白球数加上乙袋中的白球数等于 20000，所以
$$20000 - x + y = 20000,$$
所以
$$x = y.$$
故甲袋中黄球与乙袋中白球一样多.

问题 2　某人早 8 时从 A 地出发沿一条路径，下午 5 时到达 B 地，次日早 8 时从 B 地出发，沿同一路径，下午 5 时回到 A 地，则此人必在两天中的某同一时刻经过途中的同一地点，为什么？

分析　本题多少有点像数学中解的存在性条件及证明，当然，这里的情况要简单得多. 假如我们换一种想法，把第二天的返回变成另一人在同一天上午 8 时从 B 地出发，沿同一路径，下午 5 时回到 A 地，则容易知道两人必会在途中相遇. 下面给出严格证明：

解　如图 12-1 所示，以时间 t 为横坐标，以从 A 地到 B 地的路程 x 为纵坐标，建立直角坐标系从 A 地到 B 地的总路程为 d；在 t 时刻：

第一天的行程可设为 $x = F(t)$，则 $F(t)$ 是单调增加的连续函数，且 $F(8) =$

0，$F(17)=d$；

第二天的行程可设为 $x=G(t)$，则 $G(t)$ 是单调减少的连续函数，且 $G(8)=d$，$G(17)=0$.

在坐标系中分别作曲线 $x=F(t)$ 及 $x=G(t)$，如图 12-1 所示.

则两曲线必相交于点 $P(t_0, x_0)$，即这个人两天在同一时刻经过同一地点.

严格的数学论证：

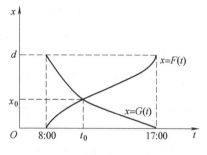

图　12-1

令　　　　　　$H(t)=F(t)-G(t)$

由 $F(t)$，$G(t)$ 在区间 $[8,17]$ 上连续，所以 $H(t)$ 在区间 $[8,17]$ 上连续，

又　　　　　　$H(8)=F(8)-G(8)=0-d=-d<0$，

　　　　　　　$H(17)=F(17)-G(17)=d-0=d>0$，

由介值定理知在区间 $[8,17]$ 内至少存在一点使

$$H(t_0)=0, \text{即 } F(t_0)=G(t_0).$$

这说明在早 8 时至下午 5 时之间存在某一时刻 $t=t_0$ 使得路程相等，即此人两天在同一时刻经过路途中的同一地点 $x_0=F(t_0)=G(t_0)$.

问题 3　某人住在某公交线附近，该公交线路在 A、B 两地间运行，每隔 10minA、B 两地各发出一班车，此人常在离家最近的 C 点等车，他发现了一个令他感到奇怪的现象：在绝大多数情况下，先到站的总是由 B 去 A 的车，难道由 B 去 A 的车次多些吗？请你帮助他找一下原因.

解　由于距离不同，设 A 到 C 行驶 31min，B 到 C 要行驶 30min，考察一个时间长度为 10min 的区间，例如，可以从 A 方向来的车驶离 C 点时开始，在其后的 9min 内到达的乘客见到先来的车均为 B 开往 A 的，仅有最后 1min 到达的乘客才见到由 A 来的车先到. 由此可见，如果此人到 C 点等车的时间是随机的，则他先遇上 B 方向来的车的概率为 90%.

思考题　假如你站在崖顶且身上带着一只具有跑表功能的计算器，你也许会出于好奇心想用扔下一块石头听回声的方法来估计山崖的高度，假定你能准确地测定时间，你又怎样来推算山崖的高度呢，请你分析一下这一问题.

注　此问题可以用方程的"观点"和"立场"去分析，用活的数学思想使实际问题转到新创设的情景中去.

通过以上几个简单问题的解决可以看出，在我们周围的许多实际问题，看起来好像与数学无关，但通过细致地观测、分析及假设，都可以应用数学方法简捷和完美的解决. 这说明只要擅于观察和分析，数学的应用是非常灵活和十分广泛的.

第二节　初　等　模　型

本节介绍几个用初等数学方法建立起来的数学模型.

问题 1(欧拉多面体问题)　一般凸的多面体其面数 F、顶点数 V 和边数 E 之间有何关系?

对此欧拉具体地观察了四面体、五面体等多面体,结果如下:

表　12-2

多面体	F	V	E
四面体	4	4	6
五面体	5	5	8
	5	6	9
六面体	6	8	12
	6	6	10
七面体	7	7	12
	7	10	15

欧拉猜想

$$F+V-E=2,$$

然后,欧拉证明了这一猜想,这便是著名的**欧拉定理**.

说明　用观察、归纳发现数学定理(建立模型)是一种重要方法,但观察应该是大量的,仅凭少量的观察就去猜想有时会铸成错误,另外不要被前人的条框所约束.

例如　17 世纪的法国大数学家费马(Fermat,1601—1655)对公式

$$F_n=2^{2^n}+1$$

进行试算:$F_0=3$,$F_1=5$,$F_2=17$,$F_3=257$ 都是素数.费马断言:对任意自然数 n,都是素数.这是著名的**费马猜想**.

相隔近 100 年后,欧拉算出

$$F_5=4294967297=6700417\times641$$

不是素数,后来又有很多人算出 $n=6,7,8,9,11,12,15,18,23$ 等都不是素数.

思考题(Fibonacci 数)　假设有一对兔子,两个月后每月可生一对兔子,一对小兔子两个月后每月又可生一对小小兔子,依次类推,问一年后共有多少对兔子? 能否用计算机算出任意月份兔子的对数?

问题 2(鸽笼原理)　能否在 8×8 的方格表 ABCD 各个空格中分别填写 1,2,3 这三个数中的任一个,使得每行、每列及对角线 AC、BD 上的各个数的和都不

相同？为什么？

如图 12-2，因为每行、每列及对角线上的数都是 8 个，所以 8 个数的和最小值是 $1×8=8$，最大值是 $3×8=24$，共有 17 个不同的和．而由题意知，每行、每列及对角线 AC、BD 上各个数的和应有 $8+8+2=18$ 个，所以要想使每行、每列及两对角线上 18 个和都不相同是办不到的．

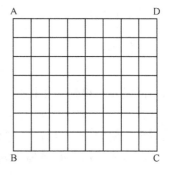

图　12-2

问题 3　能否将一张纸对折 100 次？

对折 100 次共 2^{100} 层，$2^{10}=1024>1000=10^3$，所以 $2^{100}>10^{30}$，若每层纸厚度为 0.05mm，10^{30} 层就有 $5×10^{22}$ km，即 5 万亿亿 km，而从地球到太阳也不过 1.5 亿 km．对折 100 次就无法办到了．

问题 4　已知正数 a,b,c,A,B,C 满足条件

$$a+A=b+B=c+C=k,$$

求证　$aB+bC+cA \leqslant k^2$.

分析　本题局限在代数不等式的范畴不易求证，但将其转化到几何上，构造反映题目要求的几何模型即容易解决．

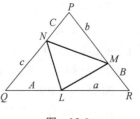

图　12-3

解　根据题意作正 $\triangle PQR$ 及 $\triangle NML$ 如图 12-3 所示，由 $S_{\triangle LRM}+S_{\triangle MPN}+S_{\triangle NQL}$，所以

$$\frac{1}{2}Ba\sin\frac{\pi}{3}+\frac{1}{2}Cb\sin\frac{\pi}{3}+\frac{1}{2}Ac\sin\frac{\pi}{3}\leqslant\frac{1}{2}k^2\sin\frac{\pi}{3}$$

即

$$Ac+Ba+Cb\leqslant k^2.$$

问题 5　在圆周上均匀地放上 4 枚围棋棋子，规定操作规则如下：原来相邻棋子若是同色的，就在其间放一枚黑子，若异色就在其间放一枚白子，然后把原来 4 枚棋子取走，完成这一程序就算是一次操作．证明：无论开始时圆周上的黑白棋子的排列顺序如何，最多只需操作 4 次，圆周上就全是黑子．

下面构造一个反映题设要求的赋值模型，可使问题简化．

设开始的 4 枚棋子为 $x_i(i=1,2,3,4)$，并给棋子赋值：

令

$$x_i=\begin{cases}1, & \text{若 } x_i \text{ 为黑子,}\\ -1, & \text{若 } x_i \text{ 为白子,}\end{cases} \quad i=1,2,3,4,$$

并规定

$$x_i x_{i+1}=\begin{cases}1, & \text{若 } x_i \text{ 与 } x_{i+1} \text{ 为同色,}\\ -1, & \text{若 } x_i \text{ 与 } x_{i+1} \text{ 为异色,}\end{cases}$$

规定

$$x_i^2=1.$$

第一次操作后得到的 4 枚棋子可表示为：

$$(x_1 x_2), (x_2 x_3), (x_3 x_4), (x_4 x_1).$$

第二次操作后得到的 4 枚棋子可表示为:

$$(x_1 x_2)(x_2 x_3), (x_2 x_3)(x_3 x_4), (x_3 x_4)(x_4 x_1), (x_4 x_1)(x_1 x_2),$$

分别化简为:

$$(x_1 x_3), (x_2 x_4), (x_3 x_1), (x_4 x_2).$$

第三次操作后得到的 4 枚棋子可表示为:

$$(x_1 x_3)(x_2 x_4), (x_2 x_4)(x_3 x_1), (x_3 x_1)(x_4 x_2), (x_4 x_2)(x_1 x_3),$$

最后都化简为 $(x_1 x_2 x_3 x_4)$. 第四次操作后得到的 4 枚棋子都是 $(x_1 x_2 x_3 x_4)^2$.

故这 4 枚棋子的赋值都是 1,这表明只需操作 4 次,圆周上的棋子全是黑子.

思考题 有 12 个外表相同的硬币,已知其中一个是假的(可能轻也可能重些). 现要用无砝码的天平以最少的次数找出假币,问应怎样称法.

问题 6 有一对夫妇购买房子要向银行借款 6 万元,贷款月利率是 0.01 且为复利,还款期为 25 年. 他们要知道每个月要偿还多少钱(设为常数),才能决定自己有无能力来买房. 这对夫妇每月能有 900 元的结余,请你帮助决策.

解 已知 $A_0 = 6$ 万元为向银行的贷款数,$R = 0.01$ 为月利率(即计息周期为月),问题是要知道 25 年($= 300$ 月)还清本息每月要还多少钱(设为 x).

用 N 表示第 N 个月(时间变量),A_N 表示第 N 个月尚欠银行的款,R 表示月利率,x 表示每月要还的钱数. 这里要求的是 x,因而把 x 看成因变量,可把 A_0,R 看成参数,N 看成自变量. 本问题的数学模型可建立如下:

$A_0 = 60000$ 元,且有

$$A_1 = A_0(1+R) - x;$$
$$A_2 = A_1(1+R) - x;$$
$$A_3 = A_2(1+R) - x;$$
$$\vdots$$

所以第 N 个月后尚欠银行的钱数为

$$A_N = A_{N-1}(1+R) - x, \tag{12-1}$$

这就是本问题的数学模型.

把 $A_{N-1}, A_{N-2}, \cdots, A_1$ 的表达式依次代入差分方程,即得

$$A_N = A_0(1+R)^N - x[(1+R)^{N-1} + (1+R)^{N-2} + \cdots + (1+R) + 1], \tag{12-2}$$

利用等比级数求和公式得

$$A_N = A_0(1+R)^N - \frac{x}{R}[(1+R)^N - 1], \tag{12-3}$$

当 $N = 300$ 时,$A_{300} = 0$ 表示还清,由此即得

$$0 = 60000(1.01)^{300} - \frac{x}{0.01}[(1.01)^{300} - 1]$$

从而解得 $x \approx 632$ 元.

所以,这对夫妇还是有能力买房的,但他们的结余就少了,应急能力降低了.

继续讨论问题6,某借贷公司针对上述情况出了一个广告:本公司能帮助你提前三年还清借款,只要:(1)每半个月向公司还一次钱,钱数为 316 元;(2)由于文书工作多了,要求你预付三个月的钱,即预付 1896 元.请你给分析一下借贷公司用意何在?是否赚钱?

分析(1)　这时主要是还款周期变了,从一个月变为半个月,因而可设 $R=0.005$,$x=316$,$A_0=60000$,这时要求的是使 $A_N=0$ 的 N(注意这时 N 表示半个月).由式(12-2)可知

$$N = \frac{\ln\left(\frac{x}{x-A_0 R}\right)}{\ln(1+R)}, \tag{12-4}$$

从而求得 $N \approx 598$(半个月)$=299$ 月 ≈ 24.92 年,即最多只能提前一个月还清.如果只有这一条该借贷公司真的成了慈善机构了!问题可能出现在第二个"只要"上.

分析(2)　预付 1896 元表示你只借了 $A_0=60000-1896=58104$ 元,而 $R=0.005$,$x=316$,要求使 $A_N=0$ 的 N.

由式(12-4)求得 $N \approx 505$(半个月)$=252$ 月 ≈ 21.04 年,即提前四年就还清了(相当于该公司至少赚了 $632 \times 12 = 7584$ 元)!

思考题　一个人为了积累养老金,他每个月按时到银行存 100 元,银行的年利率为 4%,且可以任意分段按复利计算,试问此人在 5 年后共积累了多少养老金?如果存款和复利按日计算,则他又有多少养老金?如果复利和存款连续计算呢?

第三节　利用微积分建模

问题 1(买还是租?)　某航空公司为了发展新航线,拟增加 5 架某品牌客机.航空公司面临两种选择:如果购进一架客机需要一次支付 5000 万美元现金,客机的使用寿命为 15 年;如果租用一架客机,每年需要支付 600 万美元的租金,租金以均匀货币流的方式支付.若银行的年利率为 12%,问购买还是租用客机合算?如果银行的年利率为 6%,你的结论会怎样?

解　一个表面的想法是:因为买飞机共支付 5000 万元,租飞机 15 年的租金为 $600 \times 15 = 9000$ 万元,所以买飞机必然比租飞机合算.这种想法对吗?不对,因为没有考虑到利率对货币价值的影响.下面介绍几个几个概念:

1. 将 A 元现金存入银行,年利率按 r 计算,若以连续计息的方式结算,则 t

年后的存款额为 $a(t)=Ae^{rt}$. 因此，A 元现金 T 年之后的价值是 Ae^{rT}，称 Ae^{rT} 为 A 元现金 T 年之后的期末价值.

2. 现在的 A 元现金相当于 T 年之前把 Ae^{-rT} 元现金存入银行所得，故现在的 A 元现金 T 年前的价值是 Ae^{-rT}，称 Ae^{-rT} 是 T 年前的贴现价值.

3. "均匀货币流"的存款方式就是使货币像流水一样以定常流量 a 源源不断地流进银行，比如商店每天把固定数量的营业额存入银行，就类似于这种方式.

下面利用这些概念，解决这个问题.

购买一架飞机可以使用 15 年，但需要马上支付 5000 万美元. 而同样租一架飞机使用 15 年，则需要以均匀货币流方式支付 15 年租金，年流量为 600 万美元. 两种方案所支付的价值无法直接比较，必须将它们都化为同一时刻的价值才能比较. 我们以当前价值为准，购买一架飞机的当前价格为 5000 万美元.

下面计算均匀货币流的当前价格：

设 $t=0$ 时向银行存入 Ae^{-rT} 美元，按连续复利计算，T 年之后在银行的存款额恰好是 A 美元. 也就是说，T 年后的 A 美元在 $t=0$ 时的价值为 Ae^{-rT} 美元. 那么，对流量为 a 的均匀货币流，在 $[t, t+\Delta t]$ 时所存入的 $a\Delta t$ 美元，在 $t=0$ 时的价值是 $a\Delta t \cdot e^{-rt}=ae^{-rt}\Delta t$.

由微元法可知，当 t 从 0 变到 T 时，$[0, T]$ 周期内均匀流在 $t=0$ 时的总价值可表示为

$$P=\int_0^T ae^{-rt}dt = \frac{a}{r}[-e^{-rt}]_0^T = \frac{a}{r}(1-e^{-rT}).$$

因此，15 年的租金在当前的价值为

$$P=\frac{600}{r}(1-e^{-15r})（万美元）.$$

当 $r=12\%$ 时，

$$P=\frac{600}{0.12}(1-e^{-0.12\times15})\approx4173.5（万美元），$$

比较可知，此时租用飞机比购买飞机合算.

当 $r=6\%$ 时，

$$P=\frac{600}{0.06}(1-e^{-0.06\times15})\approx5934.3（万美元），$$

此时购买飞机比租用飞机合算.

思考题 某公司一次投资 100 万元建造一条生产流水线，并一年后建成投产，开始取得经济效益. 设流水线的收益是均匀货币流，年流量是 30 万元，已知银行年利率为 10%，问多少年后该公司可以收回投资？

问题 2(广告投入问题) 某公司有一批听装涂料出售，根据以往统计资料，零售价与销售量的关系如表 12-3. 若做广告，可使销售量增加，具体增加量以销

售量提高因子 k 表示，因子 k 与广告费的关系如表 12-4，它也是以往的统计或经验结果．现在已知该产品的进价是每听 2 美元，问如何确定涂料的价格和广告费，可使公司获利最大．

表 12-3　涂料预期销售量与价格的关系

单价/美元	2.00	3.00	2.50	3.50	4.00	4.50	5.00	5.50	6.00
售量/千听	41	38	34	32	29	28	25	22	20

表 12-4　销售量提高因子与广告费的关系

广告费/美元	0	1	2	3	4	5	6	7
提高因子/k	1.00	1.40	1.70	1.85	1.95	2.00	1.95	1.80

为了解决此问题，引入以下记号：

x——预期销售量；y——销售单价；z——广告费；c——成本单价；

由表 12-3 可看出，售量与单价近似成线性关系，因此可设：

$$x = ay + b. \tag{12-5}$$

可用最小二乘法，根据表 12-3 中的数据定出式(12-5)中的系数 a 和 b 的具体数值，显然 $a < 0$．由表 12-4 可看出，提高因子与广告费近似二次关系，因此可设：

$$k = dz^2 + ez + f. \tag{12-6}$$

同样，可用曲线拟合法，由表 12-4 的数据定出式(12-6)中的系数 d，e，f，这里 $d < 0$，抛物线开口向下．

设实际销售量为 s，它等于预期销售量乘以销售量提高因子，即 $s = kx$，利润 P 可表示为收入与支出之差，该问题中利润等于销售收入减去成本支出与广告费，即：

$$P = sy - sc - z = kx(y - c) - z. \tag{12-7}$$

将式(12-5)和式(12-6)代入式(12-7)，可见 P 只是 y 和 z 的函数，即

$$P = (dz^2 + ez + f)(ay + b)(y - c) - z,$$

所以问题归结为当 y，z 为何值时 P 达到最大值．由多元函数求极值的方法，求得 P 的极大值点为

$$\begin{cases} y_0 = \dfrac{ac - b}{2a}, \\ z_0 = \dfrac{1}{2d(ay_0 + b)(y_0 - c)} - \dfrac{c}{2d}. \end{cases}$$

为了得到具体的数值，需求出各系数的值．

下面给出计算的结果：

$$a = -5133, \quad b = 50420, \quad c = 2, \quad d = -4.256 \times 10^{-10},$$
$$e = 4.092 \times 10^{-5}, \quad f = 1.019.$$

把以上数值代入，可得

$$x=20084, \quad y=5.91, \quad z=33113, \quad k=1.91$$

可以预言，按该方案销售，可得实际销售量 $s=kx=1.91 \times 20084 \approx 38360$（听），获利润 $P=116875$（美元）．

问题 3（新产品推广）　怎样建立一个数学模型来描述新产品的推销速度问题，并由此分析出一些有用的结果以指导生产呢？以下是第二次世界大战后日本家电业界建立的电饭煲销售模型．

解　设电饭煲需求量有一个上界，并记此上界为 K，记 t 时刻已销售出的电饭包数量为 $x(t)$，则尚未使用的人数大致为 $K-x(t)$，于是销售速度 $\dfrac{\mathrm{d}x}{\mathrm{d}t}$ 与销售量 $x(t)$ 和 $K-x(t)$ 的乘积成正比，记比例系数为 k，则 $x(t)$ 满足：

$$\frac{\mathrm{d}x}{\mathrm{d}t}=kx(K-x),$$

解此微分方程方程得：

$$x(t)=\frac{K}{1+Ce^{-Kkt}},$$

对 $x(t)$ 求一阶、两阶导数：

$$x'(t)=\frac{cK^2ke^{-Kkt}}{(1+Ce^{-Kkt})^2}, \qquad x''(t)=\frac{CK^3k^2e^{-Kkt}(Ce^{-Kkt}-1)}{(1+Ce^{-Kkt})^3},$$

容易看出 $x'(t)>0$，即 $x(t)$ 单调增加，令 $x''(t)=0$，有 $x(t_0)=\dfrac{K}{2}$，且

(1) 当 $t<t_0$ 时，$x''(t)>0$，即 $x'(t)$ 单调增加；

(2) 当 $t>t_0$ 时，$x''(t)<0$，即 $x'(t)$ 单调减少．

结果表明，在销售量小于最大需求量的一半时，销售速度是不断增大的，销售量达到最大需求量的一半时，该产品最为畅销，接着销售速度将开始下降．所以初期应采取小批量生产并加以广告宣传；从拥有 20% 用户到拥有 80% 用户这段时期，应该大批量生产；后期则应适时转产，这样做可以取得较高的经济效果．

问题 4　赝品的鉴定——微分方程模型

历史背景　在第二次世界大战比利时解放以后，荷兰野战军保安机关从一家曾向纳粹德国出卖过艺术品的公司中发现线索，于 1945 年 5 月 29 日以通敌罪逮捕了三流画家范·梅格伦（H. A. Vanmeegren），此人是将 17 世纪荷兰名画家扬·弗米尔（Jan Veermeer）的油画《捉奸》等卖给纳粹德国的戈林的中间人．可是，范·梅格伦在同年 7 月 12 日在牢里宣称：他从未把《捉奸》卖给戈林，而且他还说，这一幅画和众所周知的油画《在埃牟斯的门徒》以及其他四幅冒充弗米尔的油画和两幅德胡斯（17 世纪荷兰画家）的油画，都是他自己的作品，这件事在当时震惊了全世界，为了证明自己是一个伪造者，他在监狱里开始伪造弗米尔的油画"耶稣在门徒们中间"，当这项工作接近完成时，范·梅格伦获悉自己的通敌罪已

被改为伪造罪，因此他拒绝将这幅画变陈，以免留下罪证.

为了审理这一案件，法庭组织了一个由著名化学家、物理学家和艺术史学家组成的国际专门小组查究这一事件. 他们用 X 射线检验画布上是否曾经有过别的画. 此外，他们分析了油彩中的拌料(色粉). 科学家们终于在其中的几幅画中发现了现代颜料钴兰的痕迹，还在几幅画中检验出了 20 世纪初才发明的酚醛类人工树脂. 根据这些证据，范·梅格伦于 1947 年 10 月 12 日被宣告犯有伪造罪，被判刑一年. 可是他在监狱中只待了两个多月就因心脏病发作，于 1947 年 12 月 30 日死去.

然而，事情到此并未结束，许多人还是不肯相信著名的《在埃牟斯的门徒》是范·梅格伦伪造的. 事实上，在此之前这幅画已经被文物鉴定家认定为真迹，并以 17 万美元的高价被伦布兰特学会买下. 专家小组对于怀疑者的回答是：由于范·梅格伦曾因他在艺术界中没有地位而十分懊恼，他下决心绘制《在埃牟斯的门徒》，来证明他高于三流画家. 当创造出这样的杰作后，他的志气消退了. 而且，当他看到这幅《在埃牟斯的门徒》多么容易卖掉以后，他在炮制后来的伪制品时就不太用心了. 这种解释不能使怀疑者感到满意，他们要求完全科学地、确定地证明《在埃牟斯的门徒》的确是一个伪造品. 这一问题一直拖了 20 年，直到 1967 年，才被卡内基·梅伦(Carnegie-Mellon)大学的科学家们基本上解决.

原理与模型 测定油画和其他岩石类材料的年龄的关键是 20 世纪初发现的放射性现象：著名物理学家卢瑟福在 20 世纪初发现，某些"放射性"元素的原子是不稳定的，并且在已知的一段时间内，有一定比例的原子自然蜕变而形成新元素的原子，且物质的放射性与所存在的物质的原子数成正比.

用 $N(t)$ 表示时间 t 时存在的原子数，则由放射性定理有

$$\frac{\mathrm{d}N}{\mathrm{d}t} = -\lambda N,$$

常数 λ 是正的，称为该物质的衰变常数，物质的衰变常数 λ 越大，衰变的速度就越快.

衰变速度的一种度量就是半衰期，它定义为一定数量的放射性原子衰变到一半时所需的时间. 用 λ 来计算半衰期 T：

$$\frac{\mathrm{d}N}{\mathrm{d}t} = -\lambda N,$$

$$N(t_0) = N_0,$$

其解为

$$N(t) = N_0 \mathrm{e}^{-\lambda(t-t_0)}.$$

令 $\frac{N}{N_0} = \frac{1}{2}$，则有 $T = t - t_0 = \frac{\ln 2}{\lambda}$.

许多物质的半衰期已被测定，如碳 14，其 $T = 5568$ 年；铀 238，其 $T = 45$ 亿年.

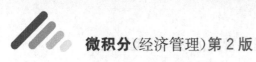

利用放射原理,可以对其他文物的年代进行测定,考古学上目前流行的测定方法是放射性碳14测定法,这种方法具有较高的精确度.其基本原理如下.

由于大气层受到宇宙线的连续照射,空气中含有微量的中微子,它们和空气中的氮结合,形成放射性碳14(C14).有机物存活时,它们通过新陈代谢与外界进行物质交换,使体内的C14处于放射性平衡中.一旦有机物死亡,新陈代谢终止,放射性平衡即被破坏.因而,通过对比测定,可以估计出它们生存的年代.具体计算公式是

$$N(t) = N_0 e^{-\lambda(t-t_0)}. \tag{12-8}$$

将式(12-8)两边取对数并整理得

$$t - t_0 = \frac{1}{\lambda} \ln \frac{N_0}{N}. \tag{12-9}$$

如果 t_0 为某物质最初形成或制造出的时间,则该物质存在的年代就是 $\frac{1}{\lambda} \ln \frac{N_0}{N}$.

在大多数情况下,衰减系数 λ 是已知的或可测算的,N 也很容易测算,如果再知道 N_0,就可以确定出该物质存在的年代了.例如,1950 年在巴比伦发现一根刻有汉谟拉比(Hammurabi)王朝字样的木炭,经测定,其 C14 衰减数 λN_0 为 4.09 个/每克每分钟.而新砍伐烧成的木炭中 C14 衰减数 λN_0 为 6.68 个/每克每分钟 C14 的半衰期 $\frac{\ln 2}{\lambda}$ 为 5568 年,据(12-9)可以推算出该王朝约存在于 3900~4000 年以前.

那么,如何利用放射性原理来鉴别油画的真假?与本问题相关的其他知识有

(1)艺术家们应用白铅作为颜料之一,这种传统已延续两千年以上.白铅中的主要成分是无放射性的白铅 206 及微量的放射元素镭 226 和铅 210.白铅在铅矿提炼前,由于岩石的放射性平衡,可以证明当时每克白铅中铅 210 分解数不能大于 30000 个.

(2)从铅矿中提炼铅时,铅 210 与铅 206 一起被作为铅留下,而 90%~95% 的镭及其他物质则被留在矿渣里,因而打破了原有的放射性平衡.因此铅 210 便得不到足够的镭 226 的裂变原子进行补充,按 22 年半衰期衰变,很快使得白铅里的铅 210 与极微量的镭 226 达到如同原来在铅矿里的放射性平衡(大约 50 年).在此之后每分钟每克白铅中铅 210 的原子裂变数便等于镭 226 的原子裂变数.

简化假定

本问题建模是为了鉴定几幅油画是超过 300 年的古画还是近几年的仿品,为了使模型尽可能简单,可作如下假设:

(1)由于镭的半衰期为 1600 年,经过 300 年左右,应用微分方程方法不难计算出白铅中的镭至少还有原量的 90%,故可以假定,每克白铅中的镭在每分钟里的分解数是一个常数.

（2）在艺术家们应用的白铅颜料中，大约 50 年之后每分钟每克白铅中铅 210 的原子裂变数等于镭 226 的原子裂变数.

（3）白铅在铅矿提炼前，每克白铅中铅 210 分解数不能大于 30000 个.

数学建模

设 t 时刻每克白铅中铅 210 含量为 $y(t)$，而镭的单位时间分解数为 r（常数），则 $y(t)$ 满足微分方程：

$$\frac{\mathrm{d}y}{\mathrm{d}t} = -\lambda y + r,\ y(t_0) = y_0.$$

由此解得

$$y(t) = \frac{r}{\lambda}\left[1 - e^{-\lambda(t-t_0)}\right] + y_0 e^{-\lambda(t-t_0)},$$

故　　　　　　　$\lambda y_0 = \lambda y(t) e^{\lambda(t-t_0)} - r\left[e^{\lambda(t-t_0)} - 1\right].$

画中每克白铅所含铅 210 目前的分解数 $\lambda y(t)$ 及目前镭的分解数 r 均可用仪器测出，如果油画是真品，可设 $t - t_0 = 300$ 年，从而可求出 λy_0 的近似值，并利用假设 （2）和（3）判断这样的分解数是否合理.

Carnegie-Mellon 大学的科学家们利用上述模型对部分有疑问的油画作了鉴定，测得数据如下（见表 12-5）

表　12-5

油画名称	铅 210 分解数/ （个/每克每分钟）	镭 226 分解数/ （个/每克每分钟）	计算 λy_0/ （个/每克每分钟）
在埃牟斯的门徒	8.5	0.8	98050
濯足	12.6	0.26	157130
看乐谱的女人	10.3	0.31	127340
演奏曼陀铃的女人	8.2	0.17	102250
花边织工	1.5	1.4	1274.8
笑女	5.2	6.0	10181

判定结果：对《在埃牟斯的门徒》，$\lambda y_0 \approx 98050$（个/每克每分钟），它必定是一幅伪造品. 类似可以判定（2），（3），（4）也是赝品. 而（5）和（6）都不会是几十年内伪制品，因为放射性物质已处于接近平衡的状态，这样的平衡不可能发生在十九世纪和二十世纪的任何作品中.

第四节　简单运筹与优化模型

运筹学是一门应用科学，它广泛应用现有的科学技术知识和数学方法，来解决实际中提出的专门问题,并为决策者选择最优策略提供定量依据.

一、线性规划模型

线性规划是运筹学的一个重要分支,它起源于工业生产组织管理的决策问题.在数学上它用来确定多变量线性函数在变量满足线性约束条件下的最优值;随着计算机的发展,出现了如单纯形法等有效算法,它在工农业、军事、交通运输、决策管理与规划等领域中有广泛的应用.

问题 1(生产安排问题) 某工厂制造 A, B 两种产品,制造 A 每吨需用煤 9t,电力 4kW,3 个工作日;制造 B 每吨需用煤 5t,电力 5kW,10 个工作日. 已知制造产品 A 和 B 每吨分别获利 7000 元和 12000 元,现工厂只有煤 360t,电力 200kW,工作日 300 个可以利用,问 A, B 两种产品各应生产多少吨才能获利最大?

解 设 x_1,x_2(单位为 t)分别表示 A, B 产品的计划生产数;f 表示利润(单位为千元),则问题归结为如下线性规划问题:

目标函数 $\max f = 7x_1 + 12x_2,$

约束条件   s. t. $9x_1 + 5x_2 \leqslant 360,$

$$4x_1 + 5x_2 \leqslant 200,$$
$$3x_1 + 10x_2 \leqslant 300,$$
$$x_1 \geqslant 0,\ x_2 \geqslant 0.$$

其中,(x_1, x_2) 为决策向量,满足约束条件的 (x_1, x_2) 称为可行决策.

线性规划问题就是指目标函数为诸决策变量的线性函数,给定的条件可用诸决策变量的线性等式或不等式表示的决策问题. 线性规划求解的有效方法是单纯形法(进一步了解可参考有关书籍),当然简单的问题也可用图解法.

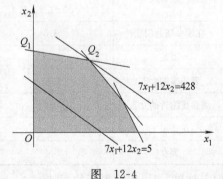

图 12-4

如用图解法求解问题 1,由约束条件决定的可行域如图 12-4 阴影部分所示.

当 $x_1 = 20$,$x_2 = 24$ 时,即产品 A 生产 20t,产品 B 生产 24t 时,生产方案最优. 其最大利润为 $7 \times 20 + 12 \times 24 = 428$ 千元.

一般线性规划问题的数学表达式为

$$\max(\min) f = c_1 x_1 + c_2 x_2 + \cdots + c_n x_n,$$

s. t.

$$a_{11} x_1 + a_{12} x_2 + \cdots + a_{1n} x_n \leqslant (=, \geqslant) b_1,$$

$$a_{21}x_1 + a_{22}x_2 + \cdots + a_{2n}x_n \leqslant (=, \geqslant)b_2,$$
$$\vdots$$
$$a_{m1}x_1 + a_{m2}x_2 + \cdots + a_{mn}x_n \leqslant (=, \geqslant)b_m,$$
$$x_1, x_2, \cdots, x_n \geqslant 0.$$

思考题　某两个煤厂 A_1，A_2，每月进煤数量分别为 60t 和 100t 联合供应 3 个居民区 B_1，B_2，B_3. 3 个居民区每月对煤的需求量依次分别为 50t，70t，40t，煤厂 A_1 离 3 个居民区 B_1，B_2，B_3 的距离依次为 10km，5km，6km. 煤厂 A_2 离 3 个居民区 B_1，B_2，B_3 的距离依次分别为 4km，8km，12km. 问如何分配供煤量使得运输费（即 t·km）达到最小？

问题 2（投资问题）　某部门现有资金 10 万元，五年内有以下投资项目供选择：

项目 A，从第一年到第四年每年初投资，次年末收回本金且获利 15％；

项目 B，第三年初投资，第五年末收回本金且获利 25％，最大投资额为 4 万元；

项目 C，第二年初投资，第五年末收回本金且获利 40％，最大投资额为 3 万元；

项目 D，每年初投资，年末收回本金且获利 6％.

问如何确定投资策略使第五年末本息总额最大？

问题的目标函数是第五年末的本息总额，决策变量是每年初各个项目的投资额，约束条件是每年初拥有的资金.

用 x_{ij} 表示第 $i(i=1, 2, \cdots, 5)$ 年初项目 $j(j=1, 2, 3, 4$ 分别代表 A，B，C，D）的投资额，根据所给条件只有表 12-6 列出的 x_{ij} 才是需要求解的.

表　12-6

年度	A	B	C	D
1	x_{11}			x_{14}
2	x_{21}		x_{23}	x_{24}
3	x_{31}	x_{32}		x_{34}
4	x_{41}			x_{44}
5				x_{54}

因为项目 D 每年初可以投资，且年末能收回本息，所以每年初都应把资金全部投出去，由此可得如下的约束条件：

第一年初：$x_{11} + x_{14} = 10$；

第二年初：$x_{21} + x_{23} + x_{24} = 1.06x_{14}$；

第三年初：$x_{31} + x_{32} + x_{34} = 1.15x_{11} + 1.06x_{24}$；

第四年初：$x_{41} + x_{44} = 1.15x_{21} + 1.06x_{34}$；

第五年初：$x_{54} = 1.15x_{31} + 1.06x_{44}$.

项目 B, C 对投资额的限制为

$$x_{32} \leqslant 4, x_{23} \leqslant 3$$

每项投资应为非负的, 即 $x_{ij} \geqslant 0$;

第五年末本息总额为

$$z = 1.15x_{41} + 1.40x_{23} + 1.25x_{32} + 1.06x_{54},$$

由此得投资问题的线性规划模型如下:

$$\max \quad z = 1.15x_{41} + 1.40x_{23} + 1.25x_{32} + 1.06x_{54},$$

$$\text{s. t.} \quad x_{11} + x_{14} = 10,$$

$$-1.06x_{14} + x_{21} + x_{23} + x_{24} = 0,$$

$$-1.15x_{11} - 1.06x_{24} + x_{31} + x_{32} + x_{34} = 0,$$

$$-1.15x_{21} - 1.06x_{34} + x_{41} + x_{44} = 0,$$

$$-1.15x_{31} - 1.06x_{44} + x_{54} = 0,$$

$$x_{32} \leqslant 4, x_{23} \leqslant 3,$$

$$x_{ij} \geqslant 0.$$

求解得

$$x_{11} = 3.8268, \quad x_{14} = 6.1732,$$

$$x_{21} = 3.5436, \quad x_{23} = 3.000, \quad x_{24} = 0,$$

$$x_{31} = 0.4008, \quad x_{32} = 4.0000, \quad x_{34} = 0,$$

$$x_{41} = 4.0752, \quad x_{44} = 0, \quad x_{54} = 0.4609,$$

$$z = 14.3750$$

即, 第 1 年项目 A, D 分别投资 3.8268 和 6.1732(万元); 第 2 年项目 A, C 分别投资 3.5436 和 3(万元); 第 3 年项目 A, B 分别投资 0.4008 和 4(万元); 第 4 年项目 A 投资 4.0752(万元); 第 5 年项目 D 投资 0.4609(万元); 5 年后总资金 14.375 万元, 即盈利 43.75%.

二、层次分析法(AHP)

层次分析法是一种新的定性分析与定量分析相结合的系统分析方法, 是将人的主观判断用数量形式表达和处理的方法, 简称 AHP(The Analytic Hierarchy Process)法. 近年来, 层次分析法在经济管理系统的系统分析、设计与决策中日益受到重视.

1. 层次分析法的基本方法和步骤

层次分析法是把复杂问题分解成各个组成因素, 又将这些因素按支配关系分组形成递阶层次结构. 通过两两比较的方式确定各个因素相对重要性, 然后综合决策者的判断, 确定决策方案相对重要性的总排序. 运用层次分析法进行系统分析、设计、决策时, 可分为 4 个步骤进行;

（1）分析系统中各因素之间的关系，建立系统的递阶层次结构；

（2）对同一层次的各元素关于上一层中某一准则的重要性进行两两比较，构造两两比较的判断矩阵；

（3）由判断矩阵计算被比较元素对于该准则的相对权重；

（4）计算各层元素对系统目标的合成权重，并进行排序.

2. 递阶层次结构的建立

首先，把系统问题条理化、层次化，构造出一个层次分析的结构模型. 在模型中，复杂问题被分解，分解后各组成部分称为元素，这些元素又按属性分成若干组，形成不同层次. 同一层次的元素作为准则对下一层的某些元素起支配作用，同时它又受上面层次元素的支配. 层次可分为三类：

（1）最高层：这一层次中只有一个元素，它是问题的预定目标或理想结果，因此也叫目标层；

（2）中间层：这一层次包括要实现目标所涉及的中间环节中需要考虑的准则. 该层可由若干层次组成，因而有准则和子准则之分，这一层也叫准则层；

（3）最底层：这一层次包括为实现目标可供选择的各种措施、决策方案等，因此也称为措施层或方案层.

上层元素对下层元素的支配关系所形成的层次结构被称为递阶层次结构. 当然，上一层元素可以支配下层的所有元素，但也可只支配其中部分元素. 递阶层次结构中的层次数与问题的复杂程度及需要分析的详尽程度有关，可不受限制. 每一层次中各元素所支配的元素一般不要超过 9 个，因为支配的元素过多会给两两比较判断带来困难. 层次结构的好坏对于解决问题极为重要，当然，层次结构建立得好坏与决策者对问题的认识是否全面、深刻有很大关系.

3. 构造两两比较判断矩阵

在递阶层次结构中，设上一层元素 C 为准则，所支配的下一层元素为 u_1，u_2，$\cdots$，u_n，它们对于准则 C 的相对重要性就称为权重. 这通常可分两种情况：

（1）如果 u_1，u_2，$\cdots$，u_n 对 C 的重要性可定量（如可以使用货币、重量等），其权重可直接确定.

（2）如果问题复杂，u_1，u_2，$\cdots$，u_n 对于 C 的重要性无法直接定量，而只能定性，那么确定权重用两两比较方法. 其方法是：对于准则 C，元素 u_i 和 u_j 哪一个更重要，重要的程度如何，通常按 1~9 比例标度对重要性程度赋值，表 12-7 中列出了 1~9 标度的含义.

对于准则 C，n 个元素之间相对重要性的比较得到一个两两比较判断矩阵

$$A = (a_{ij})_{n \times n}.$$

其中，a_{ij} 就是元素 u_i 和 u_j 相对于 C 的重要性的比例标度. 判断矩阵 A 具有下列性质：

$$a_{ij} > 0, \ a_{ji} = 1/a_{ij}, \ a_{ii} = 1.$$

表　12-7

标　度	含　义
1	表示两个元素相比，具有同样重要性
3	表示两个元素相比，前者比后者稍重要
5	表示两个元素相比，前者比后者明显重要
7	表示两个元素相比，前者比后者强烈重要
9	表示两个元素相比，前者比后者极端重要
2, 4, 6, 8	表示上述相邻判断的中间值

由判断矩阵所具有的性质知，一个 n 个元素的判断矩阵只需要给出其上(或下)三角的 $n(n-1)/2$ 个元素就可以了，即只需做 $n(n-1)/2$ 个比较判断即可.

若判断矩阵 $\boldsymbol{A}$ 的所有元素满足 $a_{ij} \cdot a_{jk} = a_{ik}$，则称 $\boldsymbol{A}$ 为一致性矩阵.

不是所有的判断矩阵都满足一致性条件，也没有必要这样要求，只是在特殊情况下才有可能满足一致性条件.

4. 单一准则下元素相对权重的计算以及判断矩阵的一致性检验

已知 n 个元素 $u_1, u_2, \cdots, u_n$ 对于准则 C 的判断矩阵为 $\boldsymbol{A}$，求 $u_1, u_2, \cdots, u_n$ 对于准则 C 的相对权重 $\omega_1, \omega_2, \cdots, \omega_n$，写成向量形式即为 $\boldsymbol{W} = (\omega_1, \omega_2, \cdots, \omega_n)^{\mathrm{T}}$.

(1) 权重计算方法.

1) 和法. 将判断矩阵 $\boldsymbol{A}$ 的 n 个行向量归一化后的算术平均值，近似作为权重向量，即

$$\omega_i = \frac{1}{n} \sum_{j=1}^{n} \frac{a_{ij}}{\sum_{k=1}^{n} a_{kj}} \quad (i = 1, 2, \cdots, n)$$

计算步骤如下.

第一步：将 $\boldsymbol{A}$ 的元素按行归一化；

第二步：将归一化后的各行相加；

第三步：将相加后的向量除以 n，即得权重向量.

类似的还有列和归一化方法计算，即

$$\omega_i = \frac{\sum\limits_{j=1}^{n} a_{ij}}{n \sum\limits_{k=1}^{n} \sum\limits_{j=1}^{n} a_{kj}} \quad (i = 1, 2, \cdots, n)$$

2) 根法(即几何平均法). 将 $\boldsymbol{A}$ 的各个行向量进行几何平均，然后归一化，得到的行向量就是权重向量. 其公式为

$$\omega_1 = \frac{\left(\prod_{j=1}^{n} a_{ij}\right)^{\frac{1}{n}}}{\sum_{k=1}^{n}\left(\prod_{j=1}^{n} a_{kj}\right)^{\frac{1}{n}}} \quad (i=1, 2, \cdots, n)$$

计算步骤如下.

第一步：A 的元素按列相乘得一新向量；

第二步：将新向量的每个分量开 n 次方；

第三步：将所得向量归一化后即为权重向量.

（2）一致性检验.

在计算单准则下权重向量时，还必须进行一致性检验. 在判断矩阵的构造中，并不要求判断具有传递性和一致性，即不要求 $a_{ij} \cdot a_{jk} = a_{ik}$ 严格成立，这是由客观事物的复杂性与人的认识的多样性所决定的. 但要求判断矩阵满足大体上的一致性是应该的. 如果出现"甲比乙极端重要，乙比丙极端重要，而丙又比甲极端重要"的判断，则显然是违反常识的，一个混乱的经不起推敲的判断矩阵有可能导致决策上的失误. 而且上述各种计算排序权重向量（即相对权重向量）的方法，在判断矩阵过于偏离一致性时，其可靠程度也就值得怀疑了，因此要对判断矩阵的一致性进行检验，具体步骤如下：

1）计算一致性指标 $C.I.$（consistency index）

$$C.I. = \frac{\lambda_{\max} - n}{n-1}.$$

2）查找相应的平均随机一致性指标 $R.I.$（random index）

表 12-8 给出了 1～15 阶正互反矩阵计算 1000 次得到的平均随机一致性指标.

表 12-8　平均随机一致性指标 $R.I.$

矩阵阶数	1	2	3	4	5	6	7	8
$R.I.$	0	0	0.52	0.89	1.12	1.26	1.36	1.41

矩阵阶数	9	10	11	12	13	14	15	
$R.I.$	1.46	1.49	1.52	1.54	1.56	1.58	1.59	

3）计算性一致性比例 $C.R.$（consistency ratio）

$$C.R. = \frac{C.I.}{R.I.}.$$

当 $C.R. < 0.1$ 时，认为判断矩阵的一致性是可以接受的；当 $C.R. \geqslant 0.1$ 时，应该对判断矩阵做适当修正.

为了讨论一致性，需要计算矩阵最大特征根 $\lambda_{\max}$，除常用的特征根方法外，还可使用公式

$$\lambda_{\max} = \sum_{i=1}^{n} \frac{(AW)_i}{n\omega_i} = \frac{1}{n}\sum_{i=1}^{n} \frac{\sum_{j=1}^{n} a_{ij}\omega_j}{\omega_i}.$$

4）计算各层元素对目标层的总排序权重. 上面得到的是一组元素对其上一层中某元素的权重向量. 最终要得到各元素，特别是最底层中各元素对于目标的排序权重，即所谓总排序权重，从而进行方案的选择. 总排序权重要自上而下地将单准则下的权重进行合成，并逐层进行总的判断一致性检验.

设 $\boldsymbol{W}^{(k-1)} = (\boldsymbol{\omega}_1^{(k-1)}, \boldsymbol{\omega}_2^{(k-1)}, \cdots, \boldsymbol{\omega}_{k-1}^{(k-1)})^{\mathrm{T}}$ 表示第 $k-1$ 层上 n_{k-1} 个元素相对于总目标的排序权重向量，用 $\boldsymbol{P}_j^{(k)} = (\boldsymbol{p}_{1j}^{(k)}, \boldsymbol{p}_{2j}^{(k)}, \cdots, \boldsymbol{p}_{n_k j}^{(k)})^{\mathrm{T}}$ 表示第 k 层上 n_k 个元素对第 $k-1$ 层上第 j 个元素为准则的排序权重向量，其中，不受 j 元素支配的元素权重取为零. 矩阵 $\boldsymbol{P}^{(k)} = (\boldsymbol{P}_1^{(k)}, \boldsymbol{P}_2^{(k)}, \cdots, \boldsymbol{P}_{n_{k-1}}^{(k)})^{\mathrm{T}}$ 是 $n_k \times n_{k-1}$ 阶矩阵，它表示第 k 层上元素对 $k-1$ 层上各元素的排序，那么第 k 层上元素对目标的总排序 $\boldsymbol{W}^{(k)}$ 为

$$\boldsymbol{W}^{(k)} = (\boldsymbol{\omega}_1^{(k)}, \boldsymbol{\omega}_2^{(k)}, \cdots, \boldsymbol{\omega}_{n_k}^{(k)})^{\mathrm{T}} = \boldsymbol{P}^{(k)} \cdot \boldsymbol{W}^{(k-1)}$$

或

$$\omega_i^{(k)} = \sum_{j=1}^{n_{k-1}} p_{ij}^{(k)} \omega_j^{(k-1)} \quad (i = 1, 2, \cdots, n)$$

并且一般公式为

$$\boldsymbol{W}^{(k)} = \boldsymbol{P}^{(k)} \boldsymbol{P}^{(k-1)} \cdots \boldsymbol{W}^{(2)}.$$

其中，$(\boldsymbol{W}^2)$ 是第二层上元素的总排序向量，也是单准则下的排序向量.

要从上到下逐层进行一致性检难，若已求得 $k-1$ 层上元素 j 为准则的一致性指标 $C.I._j^{(k)}$，平均随机一致性指标 $R.I._j^{(k)}$，一致性比例 $C.R._j^{(k)}$，（其中，$j = 1, 2, \cdots, n_{k-1}$），则 k 层的综合指标

$$C.I.^{(k)} = (C.I._1^{(k)}, \cdots, C.I._{n_{k-1}}^{(k)}) \cdot \boldsymbol{W}^{(k-1)},$$
$$R.I.^{(k)} = (R.I._1^{(k)}, \cdots, R.I._{n_{k-1}}^{(k)}) \cdot \boldsymbol{W}^{(k-1)}.$$

当 $C.R.^{(k)} < 0.1$ 时，认为递阶层次结构在 k 层水平的所有判断具有整体满意的一致性.

问题 3（旅游地选择问题） 假期旅游，是去风光秀丽的苏州，还是去迷人的北戴河，或者是去山水甲天下的桂林？一般我们会依据景色、费用、食宿条件、旅途等因素选择去哪个地方.

首先构造层次结构模型

目标层：选择旅游地；准则层：景色，费用，居住条件，饮食环境，旅途条件；方案层：苏州，北戴河，桂林.

构造成对比较矩阵

$$\boldsymbol{A} = \begin{bmatrix} 1 & 1/2 & 4 & 3 & 3 \\ 2 & 1 & 7 & 5 & 5 \\ 1/4 & 1/7 & 1 & 1/2 & 1/3 \\ 1/3 & 1/5 & 2 & 1 & 1 \\ 1/3 & 1/5 & 3 & 1 & 1 \end{bmatrix}, \boldsymbol{B}_1 = \begin{bmatrix} 1 & 2 & 5 \\ 1/2 & 1 & 2 \\ 1/5 & 1/2 & 1 \end{bmatrix}, \boldsymbol{B}_2 = \begin{bmatrix} 1 & 1/3 & 1/8 \\ 3 & 1 & 1/3 \\ 8 & 3 & 1 \end{bmatrix},$$

$$B_3 = \begin{pmatrix} 1 & 1 & 3 \\ 1 & 1 & 3 \\ 1/3 & 1/3 & 1 \end{pmatrix}, \quad B_4 = \begin{pmatrix} 1 & 3 & 4 \\ 1/3 & 1 & 1 \\ 1/4 & 1 & 1 \end{pmatrix}, \quad B_5 = \begin{pmatrix} 1 & 1 & 1/4 \\ 1 & 1 & 1/4 \\ 4 & 4 & 1 \end{pmatrix}.$$

计算层次单排序的权向量和一致性检验

对比较矩阵 A 的最大特征值 $\lambda = 5.073$,该特征值对应的归一化特征向量 $\omega = \{0.263, 0.475, 0.055, 0.099, 0.110\}$,则 $CI = \dfrac{5.073-5}{5-1} = 0.018$,$RI = 1.12$. 故有

$$CR = \frac{0.018}{1.12} = 0.016 < 0.1.$$

表明 A 通过了一致性检验.

对成对比较矩阵 B_1, B_2, B_3, B_4, B_5 求层次总排序的权向量并进行一致性检验,结果如表 12-9:

表 12-9

k	1	2	3	4	5
ω_{k1}	0.595	0.082	0.429	0.633	0.166
ω_{k2}	0.277	0.236	0.429	0.193	0.166
ω_{k3}	0.129	0.682	0.142	0.175	0.668
λ_k	3.005	3.002	3	3.009	3
CI_k	0.003	0.001	0	0.005	0
RI_k	0.58	0.58	0.58	0.58	0.58

计算 CI_k 可知 B_1, B_2, B_3, B_4, B_5 通过一致性检验.

计算层次总排序权值和一致性检验

苏州对总目标的权重为

$$0.595 \times 0.263 + 0.082 \times 0.475 + 0.429 \times 0.055 +$$
$$0.633 \times 0.099 + 0.166 \times 0.110 = 0.3.$$

同理得北戴河、桂林对总目标的权重分别为 $0.246, 0.456$. 决策层对总目标的权向量为

$$\{0.3, 0.246, 0.456\}.$$

计算

$$CR = (0.263 \times 0.003 + 0.475 \times 0.001 + 0.099 \times 0.005)/0.58 = 0.015 < 0.1,$$

故层次总排序通过一致性检验. $\{0.3, 0.246, 0.456\}$ 可以作为决策依据,故最后决策应去桂林.

第五节　数学建模的常用软件简介

一、LINGO 软件

1. LINGO 软件基本用法

LINGO 是用来求解线性和非线性优化问题的简易工具,其特点是程序执行速度快,易于输入、修改、求解和分析一个数学规划问题. 在 Windows 下开始运行 LINGO 系统时,会得到类似下面的一个窗口(见图 12-5):

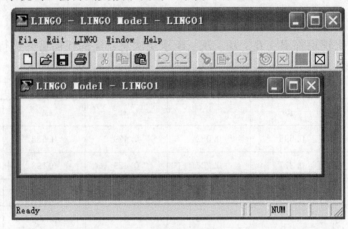

图　12-5

外层是主框架窗口,其他所有的窗口将被包含在主窗口之下. 在主窗口内的标题为 LINGO Model - LINGO1 的窗口是 LINGO 的默认模型窗口,建立的模型都要在该窗口内编码实现,下面举例说明.

例 1　在 LINGO 软件中求解如下的线性规划问题:

$$\min \quad 2x_1 + 3x_2,$$
$$\text{s. t.}$$
$$x_1 + x_2 \geqslant 350,$$
$$x_1 \geqslant 100,$$
$$2x_1 + x_2 \leqslant 600,$$
$$x_1, \, x_2 \geqslant 0.$$

在模型窗口中输入如下代码:

$$\min = 2 * x1 + 3 * x2;$$
$$x1 + x2 > = 350;$$
$$x1 > = 100;$$

$$2 * x1 + x2 <= 600;$$

运行程序，得到如图 12-6、图 12-7 所示的结果.

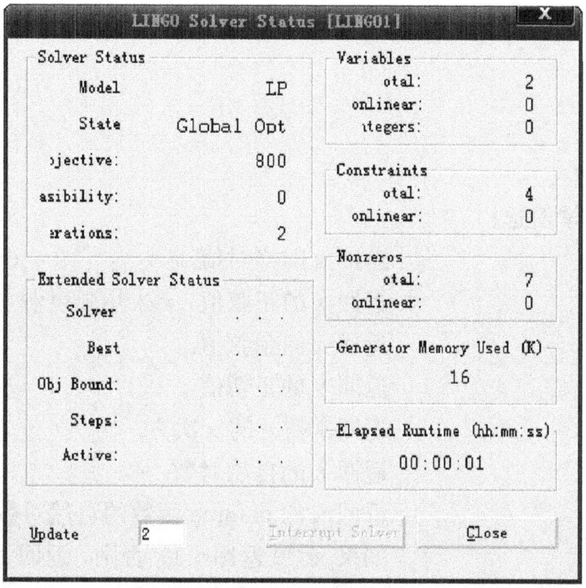

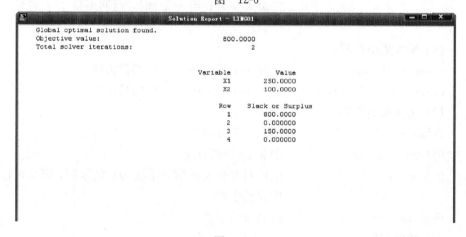

图　12-6

图　12-7

所以当 x_1 取 250，x_2 取 100 时目标函数得到最大值 800.

2. 算术运算符

LINGO 软件中算术运算符是针对数值进行操作的. LINGO 软件提供了 5 种二元运算符：

　　　　^　乘方，　＊　乘，　/　除，　＋　加，　－　减，

LINGO 唯一的一元算术运算符是取反函数"－".

算术运算符的运算次序为从左到右按优先级高低来执行. 运算的次序可以用圆括号"( )"来改变. 这些运算符的优先级由高到底为：

高　－(取反)

↓　　^

　　*／

低　＋－

3. 数学函数

(1) 标准数学函数：

@abs(x)	返回 x 的绝对值.
@sin(x)	返回 x 的正弦值，x 采用弧度制.
@cos(x)	返回 x 的余弦值.
@tan(x)	返回 x 的正切值.
@exp(x)	返回常数 e 的 x 次方.
@log(x)	返回 x 的自然对数.
@lgm(x)	返回 x 的 gamma 函数的自然对数.
@sign(x)	如果 x$<$0 返回－1；否则，返回 1.
@floor(x)	返回 x 的整数部分. 当 x$>=$0 时，返回不超过 x 的最大整数；当 x$<$0 时，返回不低于 x 的最大整数.

(2) 最大最小函数：

@smax(x1，x2，…，xn)	返回 x1，x2，…，xn 中的最大值.
@smin(x1，x2，…，xn)	返回 x1，x2，…，xn 中的最小值.

(3) 边界限定函数：

@bin(x)	限制 x 为 0 或 1.
@bnd(L，x，U)	限制 L$\leqslant$x$\leqslant$U.
@free(x)	取消对变量 x 的默认下界为 0 的限制，即 x 可以取任意实数.
@gin(x)	限制 x 为整数.

(4) 辅助函数

@if(logical_condition，true_result，false_result).

@if 函数将评价一个逻辑表达式 logical_condition，如果为真，返回 true_result，否则返回 false_result.

在默认情况下，LINGO 规定变量是非负的，也就是说下界为 0，上界为＋∞. @free 取消了默认的下界为 0 的限制，使变量也可以取负值. @bnd 用于设定一个变量的上、下界，它也可以取消默认下界为 0 的约束.

例 2　在 LINGO 软件中求解如下的非线性规划问题：

$$\min \quad x_1^2 + 3x_2 - x_1 x_2 + e^{x_3},$$

$$\text{s. t.} \quad \begin{cases} x_1 + x_2 > 350, \\ x_1 + x_3 < 50, \\ 2x_1 + x_2 + x_3 < 600. \end{cases}$$

其中，x_1 只能取 0 或 1；x_2 为整数.

在代码窗口中输入如下代码：

min＝x1^2＋3 * x2－x1 * x2＋@exp(x3)；

x1＋x2>＝350；

x1＋x3<50；

2 * x1＋x2＋x3<＝600；

@bin(x1)；@gin(x2)；

(5) 逻辑运算符

LINGO 软件具有 9 种逻辑运算符：

#not#　　否定该操作数的逻辑值，#not# 是一个一元运算符.

#eq#　　若两个运算数相等，则为 true；否则为 flase.

#ne#　　若两个运算符不相等，则为 true；否则为 flase.

#gt#　　若左边的运算符严格大于右边的运算符，则为 true；否则为 flase.

#ge#　　若左边的运算符大于或等于右边的运算符，则为 true；否则为 flase.

#lt#　　若左边的运算符严格小于右边的运算符，则为 true；否则为 flase.

#le#　　若左边的运算符小于或等于右边的运算符，则为 true；否则为 flase.

#and#　　仅当两个参数都为 true 时，结果为 true；否则为 flase.

#or#　　仅当两个参数都为 false 时，结果为 false；否则为 true.

这些运算符的优先级由高到低为：

高　#not#

↓　#eq#　#ne#　#gt#　#ge#　#lt#　#le#

低　#and#　#or#

二、MATLAB 软件

MATLAB 不仅自身功能强大、环境友好、能十分有效地处理各种科学和工程问题，而且具有极好的开放性. 它的开放性表现在两方面，一方面，MATLAB

适应各科学、专业研究的需要，提供了各种专业性的工具包；另一方面，MAT-LAB 为实现与外部应用程序的"无缝"结合，提供了专门的应用程序接口 API. 在研究与解决具体问题中，经常遇到有关优化问题，下面介绍用 MATLAB 软件求解一些优化问题，包括求解线性规划和非线性规划等问题.

1. 用 MATLAB 优化工具箱解线性规划问题

（1）命令：x＝linprog(c, A, b).

用以求解模型：

$$\min \quad z=cX,$$
$$\text{s. t.} \quad AX \leqslant b.$$

（2）命令：x＝linprog(c, A, b, Aeq, beq).

用以求解模型：

$$\min \quad z=cX,$$
$$\text{s. t.} \ AX \leqslant b,$$
$$AeqX=beq.$$

注　若没有不等式 $AX \leqslant b$ 存在，则令 A＝[ ]，b＝[ ]. 若没有等式约束，则令 Aeq＝[ ]，beq＝[ ].

（3）命令：[1]x＝linprog(c, A, b, Aeq, beq, VLB, VUB),

[2]x＝linprog(c, A, b, Aeq, beq, VLB, VUB, X0).

用以求解模型：

$$\min \quad z=cX,$$
$$\text{s. t.} \ AX \leqslant b,$$
$$AeqX=beq,$$
$$VLB \leqslant X \leqslant VUB.$$

注　若没有等式约束，则令 Aeq＝[ ]，beq＝[ ]；其中，X0 表示初始点.

（4）命令：[x, fval]＝linprog(⋯)返回最优解 x 及 x 处的目标函数值 fval.

例 3　用 MATLAB 软件求解线性规划问题.

$$\max \quad z=0.4x_1+0.28x_2+0.32x_3+0.72x_4+0.64x_5+0.6x_6,$$

$$\text{s. t.} \begin{cases} 0.01x_1+0.01x_2+0.01x_3+0.03x_4+0.03x_5+0.03x_6 \leqslant 850, \\ 0.02x_1+0.05x_4 \leqslant 700, \\ 0.02x_2+0.05x_5 \leqslant 100, \\ 0.03x_3+0.08x_6 \leqslant 900, \\ x_j \geqslant 0, \ j=1, 2, \cdots, 6. \end{cases}$$

解　用命令（3），编写 M 文件如下：

c＝[−0.4　−0.28　−0.32　−0.72　−0.64　−0.6];

A＝[0.01　0.01　0.01　0.03　0.03　0.03;0.02　0　0　0.05　0　0;0

$\qquad$ 0.02　0　0　0.05　0；0　0　0.03　0　0　0.08];

b=[850；700；100；900];

Aeq=[]；beq=[];

vlb=[0；0；0；0；0；0]；vub=[];

[x，fval]=linprog(c，A，b，Aeq，beq，vlb，vub)

　　运行结果：

x=

$\qquad$ 1.0e+004 *

$\qquad$ 3.5000

$\qquad$ 0.5000

$\qquad$ 3.0000

$\qquad$ 0.0000

$\qquad$ 0.0000

$\qquad$ 0.0000

fval=

$\qquad$ −2.5000e+004

　　例 4　用 MATLAB 软件求解线性规划问题.

$$\min \quad z=13x_1+9x_2+10x_3+11x_4+12x_5+8x_6,$$

$$\text{s. t.} \begin{cases} x_1+x_4=400, \\ x_2+x_5=600, \\ x_3+x_6=500, \\ 0.4x_1+1.1x_2+x_3 \leqslant 800, \\ 0.5x_4+1.2x_5+1.3x_6 \leqslant 900, \\ x_i \geqslant 0, \ i=1, 2, \cdots, 6. \end{cases}$$

　　编写 M 文件如下：

c=[13　9　10　11　12　8];

A ＝[0.4　1.1　1　0　0　0；0　0　0　0.5　1.2　1.3];

b ＝[800；900];

Aeq=[1　0　0　1　0　0；0　1　0　0　1　0；0　0　1　0　0　1];

beq=[400；600；500];

vlb ＝[0；0；0；0；0；0]；vub=[];

[x，fval] ＝ linprog(c，A，b，Aeq，beq，vlb，vub)

运行结果：

x ＝

$\qquad$ 0.0000

600.0000

0.0000

400.0000

0.0000

500.0000

fval＝1.3800e＋004

2. 用 MATLAB 优化工具箱解非线性规划问题

线性规划标准型为：

min $F(X)$,

$$\text{s. t.}\begin{cases} AX \leqslant b, \\ Aeq \cdot X = beq, \\ G(X) \leqslant 0, \\ Ceq(X) = 0, \\ VLB \leqslant X \leqslant VUB. \end{cases}$$

其中，X 为 n 维变元向量，$G(X)$ 与 $Ceq(X)$ 均为非线性函数组成的向量. 用 MATLAB 求解上述问题，基本步骤分三步：

（1）首先建立 M 文件 fun. m，定义目标函数 $F(X)$：

function f＝fun(X)；

f＝F(X)；

（2）若约束条件中有非线性约束 $G(X) \leqslant 0$ 或 $Ceq(X) = 0$，则建立 M 文件 nonlcon. m 定义函数 $G(X)$ 与 Ceq(X)：

function[G, Ceq]＝nonlcon(X)

G＝...

Ceq＝...

（3）建立主程序. 非线性规划求解的函数是 fmincon，命令的基本格式如下：

[x, fval]＝fmincon('fun', X0, A, b, Aeq, beq, VLB, VUB,'nonlcon')

注

（1）如果没有不等式 $AX \leqslant b$ 存在，则令 A＝[]，b＝[]；

（2）如果没有等式约束 $Aeq \cdot X = beq$ 存在，则令 Aeq＝[]，beq＝[]；

（3）如果没有不等式：$VLB \leqslant X \leqslant VUB$ 约束，则令 vlb＝[]，ulb＝[]；

（4）nonlcon 的作用是通过接收的向量 X 来计算非线性不等约束 $G(X) \leqslant 0$ 和等式约束 $Ceq(X) = 0$ 分别在 X 处的估计 G 和 Ceq，通过指定函数柄来使用；

（5）函数可能会出现局部最优解，这与初值 $X0$ 的选取有关.

例5   用 MATLAB 软件求解非线性规划问题.

min $f(x) = e^{x_1}(4x_1^2 + 2x_2^2 + 4x_1x_2 + 2x_2 + 1)$

$$\text{s. t.} \begin{cases} x_1 + x_2 = 0, \\ 1.5 + x_1 x_2 - x_1 - x_2 \leqslant 0, \\ -x_1 x_2 - 10 \leqslant 0. \end{cases}$$

解　(1) 先建立 M 文件 fun. m，定义目标函数：

functionf=fun4(x)；

f=exp(x(1)) * (4 * x(1)^2+2 * x(2)^2+4 * x(1) * x(2)+2 * x(2)+1)；

(2) 再建立 M 文件 nonlcon. m 定义非线性约束：

function[g, ceq]=mycon(x)

g=[1.5+x(1) * x(2)−x(1)−x(2); −x(1) * x(2)−10]；

ceq=[]；

(3) 主程序为：

x0=[−1; 1]；

A=[]; b=[]；

Aeq=[1 1]; beq=[0]；

vlb=[]; vub=[]；

[x, fval]=fmincon('fun4', x0, A, b, Aeq, beq, vlb, vub, 'mycon')

运算结果为：

x=−1.2250　1.2250

fval=1.8951

附录 部分习题答案与提示

第一章 函 数

习题 1.1

1. $A \cap B = \{0, 2, 4\}, A \cup B = \{-3, -2, -1, 0, 1, 2, 4, 6, 9\}$.

2. $A \cap B = \{x \mid -1 \leqslant x < 3\}, A \cup B = \{x \mid -\infty < x < +\infty\}$.

3. $[1, 5]$.

4. $U(2, 1) = \{x \mid |x - 2| < 1\}, U(-1, 2) = \{x \mid |x + 1| < 2\}$.

5. $U(2, 1) = (1, 3), U(-1, 2) = (-3, 1)$.

习题 1.2

1. $(1) x \geqslant 4; (2) x \neq 1; (3) x > -1; (4) [-2, -1] \cup (-1, 1) \cup (1, +\infty)$.

2. $f(-1) = 2, f(1) = 1$.

3. $(1) y = 1 + x^3; (2) y = \dfrac{1 - x}{1 + x}; (3) y = \begin{cases} x + 1, & x < -1, \\ \sqrt[3]{x}, & x \geqslant 0. \end{cases}$

4. (1) 偶; (2) 奇; (3) 偶; (4) 非奇非偶.

5. 证明略. 6. 证明略

习题 1.3

1. $f(0) = 0, f(-1) = -\dfrac{\pi}{2}, f(1) = \dfrac{\pi}{2}, f\left(-\dfrac{\sqrt{2}}{2}\right) = -\dfrac{\pi}{4}, f\left(\dfrac{\sqrt{3}}{2}\right) = \dfrac{\pi}{3}$.

2. $g(0) = 0, g(2) = \dfrac{\pi}{2}, g(2\sqrt{3}) = \dfrac{2\pi}{3}, g(-2) = -\dfrac{\pi}{2}$.

3. $(1) \left(-\infty, \dfrac{7}{2}\right]; (2) (-\infty, 0) \cup (0, +\infty); (3) (-\infty, 0) \cup (0, 3)$.

4. (1) $y = \cos u, u = 2x + 1$;　　　(2) $y = \ln u, u = \tan x$;

   (3) $y = e^u, u = \dfrac{1}{x}$;　　　　　　(4) $y = \sqrt[3]{u}, u = \ln v, v = \cos x$;

   (5) $y = u^2, u = \arcsin v, v = \sqrt{w}, w = 1 - x^2$;

   (6) $y = 2^u, u = v^2, v = x^2 + 1$.

5. $\varphi(x) = \dfrac{x}{x + 4}, \varphi(x - 1) = \dfrac{x - 1}{x + 3}$.

6. 令 $x = \dfrac{1}{t}$, 证明略.

习题　1.4

1.(1) $A(2,0)$；　　　(2) $B\left(2,\dfrac{\pi}{2}\right)$；　　　(3) $C\left(2,-\dfrac{\pi}{6}\right)$.

2.(1) $\rho=2a\sin\varphi$；　　　　　(2) $\rho=-2a\cos\varphi$；

(3) $\rho\cos\varphi=a$；　　　　　　(4) $\rho^2-4\rho\cos\varphi+2\rho\sin\varphi-4=0$.

3. 作图略.

习题　1.5

(1) $p=\begin{cases}90, & 0\leqslant x\leqslant100,\\ 90-0.01(x-100), & 100<x<1600,\\ 75, & x\geqslant1600;\end{cases}$

(2) $L=(p-60)x=\begin{cases}30x, & 0\leqslant x\leqslant100,\\ 31x-0.01x^2, & 100<x<1600,\\ 15x, & x\geqslant1600;\end{cases}$

(3) 21000 元.

第一章自测题 A

1.(1) $x\neq0,x\neq\dfrac{1}{3}$；　(2) $(-\infty,-3)\cup(-3,2)$.

2. $[-1,1]$，$[1,e]$，$(-\infty,0]$.

3. $f(0)=3,f(2)=1,f(-1)=4$.

4. $f(f(x))=\dfrac{x}{1-4x}$.

5. $f(g(x))=\begin{cases}e^{2x} & x\leqslant0,\\ 3e^x, & 0<x\leqslant\ln 2.\end{cases}$

6.(1)奇函数；　　　(2)偶函数；

(3)奇函数；　　　(4)奇函数；

(5)偶函数；　　　(6)非奇非偶函数.

7.(1) $y=\log_{\frac{1}{2}}x,x>0$；　(2) $y=\dfrac{3x-1}{x+2},x\neq-2$；　(3) $y=\dfrac{x^3}{8}$.

8. $y=\begin{cases}150x, & 0\leqslant x<5000,\\ 135x+75000, & 5000\leqslant x\leqslant10000.\end{cases}$

9. $R(x)=\begin{cases}1300x, & 0\leqslant x<3000,\\ 860x+1300000, & 3000\leqslant x\leqslant5000.\end{cases}$

第一章自测题 B

1. (1) C； (2) D； (3) D； (4) A； (5) C.

2. (1) $16x+7$； (2) $\dfrac{xy}{x+y}$；

   (3) x^2+x； (4) $y=\sqrt{1+x^2}\,(x\leqslant 0)$.

3. $\varphi(x)=\sqrt{\ln(1-x)}\,,x\leqslant 0$.

4. 直接求解反函数可得.

5. $y=\begin{cases} 0.15x, & 0\leqslant x\leqslant 50, \\ 0.25x-5, & x>50, \end{cases}$ 3.75 元，10 元.

6. $Q=-25P+150000, Q$ 为需求量，P 为价格.

第二章　极限与连续

习题　2.1

1. (1) 一般项：$\dfrac{1}{\sqrt{n}}$，收敛，极限是 0.

  (2) 一般项：$\begin{cases} \dfrac{1}{n}, & n \text{ 为奇数,} \\ \dfrac{n+1}{n}, & n\text{ 为偶数,} \end{cases}$ 发散.

  (3) 一般项：$\begin{cases} 0, & n \text{ 为奇数,} \\ \dfrac{1}{n}, & n \text{ 为偶数,} \end{cases}$ 收敛于 0.

  (4) 一般项：$(-1)^{n-1}\dfrac{3^{n-1}}{4^{n-1}}$，收敛于 0.

  (5) 一般项：$\dfrac{n^2-1}{n}$，发散.

2. (1) 0； (2) 1； (3) $\ln 3$.

习题　2.2

1. (1) 不存在； (2) 不存在 $(+\infty)$；(3) 0；(4) 0；

  (5) 不存在 $(-\infty)$；(6) 0；(7) $\dfrac{\pi}{4}$；(8) $\dfrac{\pi}{2}$；(9) $-\dfrac{\pi}{2}$；(10) 0.

2. $f(0^-)=\lim\limits_{x\to 0^-}(x-1)=-1, f(0^+)=\lim\limits_{x\to 0^+}(x+1)=1$，极限不存在.

3. $x\to 1$ 时极限不存在；$x\to 2$ 时极限存在，且极限为 $\dfrac{1}{2}$.

习题 2.3

1.(1) 无穷小;(2) 无穷人;(3) 无穷小;(4) 无穷大;(5) 无穷大;(6) 无穷大;(7) 无穷小;(8) 无穷大;(9) 无穷大;(10) 无穷小.

2.(1) ∞;(2) ∞;(3) 0;(4) 0;(5) 0.

3. 不是.

习题 2.4

1.(1) -1;(2) $\dfrac{5}{2}$;(3) $\dfrac{1}{2}$;(4) 2;(5) 2;(6) 1;(7) -1;(8) $\dfrac{1}{2\sqrt{x}}$;

(9) $\dfrac{\sqrt{3}}{2}$;(10) $\lg 7$.

2.(1) 0;(2) $\dfrac{2}{5}$;(3) 1;(4) 2^6;(5) 9;(6) 0;(7) 0;(8) $\dfrac{3}{2}$;

(9) $-\dfrac{1}{2}$;(10) 1;(11) $\dfrac{n(n+1)}{2}$;(12) 2.

3. $a=-3,b=4.$ 4. $a=-7,b=6.$

5. $a=-1.$

习题 2.5

1.(1) $\dfrac{1}{3}$;(2) 5;(3) $\dfrac{3}{2}$;(4) $\dfrac{2}{5}$;(5) $\dfrac{1}{2}$;(6) 2;(7) $\sqrt{2}$;(8) $\dfrac{1}{2}$;

(9) $-\dfrac{3}{2}$;(10) 2;(11) π;(12) 2;(13) $\dfrac{\sqrt{2}}{2}$;(14) $\dfrac{2}{\pi}$.

2.(1) e^k;(2) e^4;(3) e^{-4};(4) e^2;(5) e;(6) e^2;(7) e^{-1}.

习题 2.6

1. $\beta(x)=x-x^2$ 是比 $\alpha(x)=x+\sqrt{x}$ 高阶的无穷小.

3.(1) 同阶;(2) 同阶;(3) 同阶;(4) 等价.

4.(1) $\dfrac{2}{5}$; (2) $\begin{cases}0,m>n,\\1,m=n,\\\infty,m<n;\end{cases}$ (3) 1;(4) 8; (5) $\dfrac{1}{2}m^2$; (6) 2.

习题 2.7

1.(1) $x=1$ 是函数的第二类无穷间断点;

(2) $x=-1$ 是函数的第一类可去间断点,补充 $f(-1)=\dfrac{2}{3}$;$x=2$ 是函数的第二类无穷间断点;

(3) $x=0$ 是函数的第一类可去间断点,补充 $f(0)=1$;

$x=k\pi(k\in\mathbf{Z},k\neq0)$ 是函数的第二类无穷间断点;

$x=k\pi+\dfrac{\pi}{2}(k\in\mathbf{Z})$ 是函数的第一类可去间断点,补充 $f(k\pi+\dfrac{\pi}{2})=0$;

(4) $x=0$ 是函数的第一类跳跃间断点；

(5) $x=0$ 是函数的第一类可去间断点，补充 $f(0)=0$；

(6) $x=0$ 是函数的第一类可去间断点，补充 $f(0)=1$.

2. (1) 不连续； (2) 连续； (3) 左连续但不右连续，总体不连续 .

3. $a=-1$.

4. $k=\dfrac{3}{2}$.

第二章自测题 A

1. (1) B； (2) BD； (3) C； (4) ACD； (5) B.

2. (1) -1； (2) 3； (3) $\dfrac{2}{3}$； (4) $-\dfrac{1}{6}$； (5) ∞； (6) 8；

(7) $\dfrac{2}{3}$； (8) $\dfrac{1}{2\sqrt{2}}$； (9) $\dfrac{1}{2}$； (10) 0； (11) $\dfrac{1}{3}$； (12) $\dfrac{1}{5}$；

(13) 0； (14) ∞； (15) $\dfrac{1}{9}$.

3. $\lim\limits_{x\to-1}f(x)=3,\lim\limits_{x\to0}f(x)$ 不存在，$\lim\limits_{x\to\frac{1}{2}}f(x)=\dfrac{3}{2},\lim\limits_{x\to3}f(x)=11$.

4. 验证得 $\lim\limits_{x\to0^+}\dfrac{\sqrt{x}+\sin x}{\sqrt{x}}=1$.

5. (1) $[-3,3)$； (2) $(-\infty,1)\bigcup(1,+\infty)$.

6. $f(2-0)=-1,f(2+0)=1$,所以极限不存在 .

7. $f(x)$ 在 $x\to0$ 时的左极限为 0,在 $x\to0$ 时的右极限不存在 .

8. 极限值为 1.

9. $a=1,b=-1$.

第二章自测题 B

1. (1) $\dfrac{1}{2}$； (2) 0； (3) $-4,-4$； (4) 3； (5) $\dfrac{3}{4}$.

2. (1) $2\sqrt{3}$； (2) 2； (3) 0； (4) $\dfrac{1}{4}$； (5) 0； (6) $\dfrac{1}{4}$；

(7) e^{-2}； (8) 1； (9) e^{-6}； (10) $\dfrac{1}{16}$； (11) $\dfrac{1}{e}$；

(12) 2； (13) $e^{-\frac{4}{3}}$； (14) e^{-3}.

3. $a=-1, b=0$.

4. (1) $x=0$ 是可去间断点，$x=k\pi(k$ 是整数，且 $k\neq0)$ 是无穷间断点；

(2) $x=0$ 是第二类间断点，因为 $f(0-0)$ 不存在；

(3) $x=k\pi(k$ 是整数$)$是无穷间断点；

(4) $x=0$ 是跳跃间断点.

5. $a=0, b=\mathrm{e}$.

第三章　导数与微分

习题　3.1

1. -4.

2. (1) $4x^3$；(2) $\dfrac{1}{4\sqrt[4]{x^3}}$；(3) $-\dfrac{1}{2\sqrt{x^3}}$；(4) $-\dfrac{2}{x^3}$；(5) $2^x\ln 2$；(6) $\dfrac{1}{x\ln 2}$.

3. $f'_-(0)=0, f'_+(0)=-1, f'(0)$ 不存在.

4. 函数在点 $x=0$ 处连续但不可导.

5. 函数在点 $x=2$ 处连续且可导.

6. $a=2, b=-1$.

7. 切线方程：$x-\mathrm{e}y=0$；法线方程：$\mathrm{e}x+y-\mathrm{e}^2-1=0$.

8. $(2,8), y=12x-16$；$(-2,-8), y=12x+16$.

习题　3.2

2. (1) $6x+\dfrac{4}{x^3}$；

(2) $4x+\dfrac{5}{2}x^{\frac{3}{2}}$；

(3) $2x\cos x-x^2\sin x$；

(4) $\sin x+x\cos x$；

(5) $3\mathrm{e}^x\left(\ln x+\dfrac{1}{x}\right)$；

(6) $\mathrm{e}^x(x^2-x-2)$；

(7) $3a^x\ln a+\dfrac{2}{x^2}$；

(8) $2\sec^2 x+\sec x\tan x$；

(9) $(x-b)(x-c)+(x-a)(x-c)+(x-a)(x-b)$；

(10) $\dfrac{2}{x}+3\sin x$；

(11) $\dfrac{1-x^2}{(1+x^2)^2}$；

(12) $\dfrac{2}{(1-x)^2}$；

(13) $\dfrac{1}{1+\cos x}$；

(14) $\dfrac{-2\csc x\cot x(1+x^2)-4x\csc x}{(1+x^2)^2}$；

(15) $-\dfrac{2x\sin x+\cos x}{2\sqrt{x^3}}$；

(16) $\dfrac{\pi}{2\sqrt{1-x^2}(\arccos x)^2}$；

(17) $2x\text{arccot}\,x-1$；　　　(18) $y=\dfrac{1-(1+x^2)\arctan x}{\mathrm{e}^x(1+x^2)}$.

3. (1) $y'\big|_{x=\frac{\pi}{6}}=\dfrac{1}{2}(1+\sqrt{3})$, $y'\big|_{x=\frac{\pi}{4}}=\sqrt{2}$；　(2) $y'(1)=-\dfrac{1}{4}$；

　(3) $y'(0)=\dfrac{3}{25}$, $y'(2)=\dfrac{17}{15}$.

4. (1) $\dfrac{1}{\sqrt{4-x^2}}$；　　　　　　　(2) $-\dfrac{1}{1+x^2}$；

　(3) $-\dfrac{1}{2}\sin x$；　　　　　　　(4) $\csc x$；

　(5) $\dfrac{1}{2x}+\dfrac{1}{2x\sqrt{\ln x}}$；　　　(6) $\dfrac{x}{\sqrt{1+x^2}}+\dfrac{1}{2\sqrt{1+x}}$；

　(7) $-3x^2\cos(1-x^3)$；　　　(8) $2\arcsin\dfrac{x}{2}\cdot\dfrac{1}{\sqrt{4-x^2}}$；

　(9) $\cos(\sin(\sin x))\cdot\cos(\sin x)\cdot\cos x$；

　(10) $-\dfrac{1}{x^2}\mathrm{e}^{\frac{1}{x}}+\dfrac{1}{\mathrm{e}}x^{\frac{1}{\mathrm{e}}-1}$；　　(11) $2\mathrm{e}^{x^2+2x}(x+1)$；

　(12) $\dfrac{2}{1+x^2}$；　　　　　　　(13) $-\dfrac{2^{\tan\frac{1}{x}+1}\ln 2}{x^3\cos^2\frac{1}{x^2}}$；

　(14) $\mathrm{e}^{\arccos\frac{1}{1+\mathrm{e}^x}}\dfrac{\mathrm{e}^x}{(1+\mathrm{e}^x)\sqrt{\mathrm{e}^{2x}+2\mathrm{e}^x}}$；　(15) $-\dfrac{2\mathrm{e}^{3x}}{\sqrt{1-\mathrm{e}^{2x}}}$.

5. $\left(-\dfrac{b}{2a},\dfrac{4ac-b^2}{4a}\right)$.

习题　3.3

1. (1) $y'=3x^2-2$, $y''=6x$；(2) $y'=4x+\dfrac{1}{x}$, $y''=4-\dfrac{1}{x^2}$；

　(3) $y'=\cos x-x\sin x$, $y''=-2\sin x-x\cos x$；

　(4) $y'=\dfrac{1}{\sqrt{1-x^2}}$, $y''=\dfrac{x}{(1-x^2)^{\frac{3}{2}}}$；

　(5) $y'=\mathrm{e}^{-x^2}(1-2x^2)$, $y''=\mathrm{e}^{-x^2}(4x^3-6x)$；

　(6) $y'=\dfrac{-2x}{1-x^2}$, $y''=\dfrac{-2(1+x^2)}{(1-x^2)^2}$；

　(7) $y'=2x\arctan x+1$, $y''=2\arctan x+\dfrac{2x}{1+x^2}$；

　(8) $y'=\dfrac{1}{x}\cos^2 x-\sin 2x\cdot\ln x$, $y''=-2\cos 2x\cdot\ln x-\dfrac{\sin 2x}{x}-$

$\dfrac{1}{x^2}(x\sin 2x+\cos^2 x)$；

(9) $y'=\dfrac{xe^x-e^x}{x^2}$, $y''=\dfrac{e^x(x^2-2x+2)}{x^3}$；

(10) $y'=\dfrac{1}{\sqrt{1+x^2}}$, $y''=\dfrac{-x}{\sqrt{(1+x^2)^3}}$.

2. $f'(2)=21952$, $f''(1)=6912$, $f'''(0)=1920$.

3. (1) $(-1)^n\dfrac{2(n!)}{(1+x)^{n+1}}$；(2) $2^{n-1}\sin\left(2x+(n-1)\dfrac{\pi}{2}\right)$；(3) $e^x(x+n)$.

习题 **3.4**

1. (1) $y'=\dfrac{y}{y-x}$；(2) $y'=\dfrac{y-x^2}{y^2-x}$；(3) $y'=\dfrac{y-e^{x+y}}{e^{x+y}-x}$；

(4) $y'=-\dfrac{\sin(x+y)}{1+\sin(x+y)}$；

(5) $y'=-\sqrt[3]{\dfrac{y}{x}}$；(6) $y'=\dfrac{x+y}{x-y}$.

2. (1) $\dfrac{6(x^2-xy+y^2)}{(x-2y)^3}$；(2) $\dfrac{e^{2y}(2-xe^y)}{(1-xe^y)^3}$；(3) $\dfrac{\sin(x+y)}{[1-\cos(x+y)]^3}$.

3. (1) $\left(\dfrac{x}{1+x}\right)^x\left(\ln\dfrac{x}{1+x}+\dfrac{1}{1+x}\right)$；

(2) $\sin x^{\cos x}(\cot x\cos x-\sin x\ln\sin x)$；

(3) $\dfrac{y(y-x\ln y)}{x(x-y\ln x)}$；(4) $\dfrac{1}{5}\sqrt[5]{\dfrac{x-5}{\sqrt[5]{x^2+2}}}\left[\dfrac{1}{x-5}-\dfrac{2x}{5(x^2+2)}\right]$.

4. (1) $\dfrac{dy}{dx}=\dfrac{3bt}{2a}$, $\dfrac{d^2y}{dx^2}=\dfrac{3b}{4a^2t}$；(2) $\dfrac{dy}{dx}=-\dfrac{1}{2}e^{-2t}$, $\dfrac{d^2y}{dx^2}=\dfrac{1}{2e^{3t}}$；

(3) $\dfrac{dy}{dx}=-1$, $\dfrac{d^2y}{dx^2}=0$；(4) $\dfrac{dy}{dx}=\dfrac{\sin t}{1-\cos t}$, $\dfrac{d^2y}{dx^2}=-\dfrac{1}{a(1-\cos t)^2}$.

习题 **3.5**

1. $-\dfrac{3}{4}$, -1.

2. (1) $dy=\left(-\dfrac{1}{x^2}+\dfrac{1}{\sqrt{x}}\right)dx$；(2) $dy=(\sin 2x+2x\cos 2x)dx$；

(3) $dy=[-e^{-x}\cos(3-x)+e^{-x}\sin(3-x)]dx$；

(4) $dy=8x\tan(1+2x^2)\sec^2(1+2x^2)dx$；

(5) $dy=\dfrac{-\cos\sqrt{x}}{4\sqrt{x}\sqrt{(\sin\sqrt{x})^3}}dx$；(6) $dy=-e^{\sqrt{1-x^2}}\cdot\dfrac{x}{\sqrt{1-x^2}}dx$.

3. (1) $dy=\dfrac{e^y}{1-xe^y}dx$；(2) $dy=-\csc^2(x+y)dx$；(3) $dy=\dfrac{e^{x+y}-y}{x-e^{x+y}}dx$.

4. (1) $2x+C$；(2) x^2+C；(3) $\dfrac{1}{2}e^{2x}+C$；(4) $-e^{-x}+C$；

(5) $-\dfrac{\cos \omega x}{\omega}+C$； (6) $\sin(x+2)+C$； (7) $\ln(1+x)+C$；

(8) $2\sqrt{x}+C$.

5. (1) -1.0349；(2) 0.5239；(3) 2.0052.

习题 3.6

1. (1) $TC(900)=1100+\dfrac{1}{1200}\times 900^2=1775$，$AC(900)=\dfrac{1775}{900}\approx 1.97$.

(2) $\dfrac{\Delta TC}{\Delta Q}=\dfrac{19}{12}\approx 1.58$.

(3) $MC(900)=\dfrac{900}{600}=1.5$，$MC(1000)=\dfrac{1000}{600}\approx 1.67$.

2. 总收益 2000，平均收益 20，边际收益 10.

3. $E_{\mathrm{d}}=f'(p)\cdot\dfrac{p}{f(p)}=-100000\mathrm{e}^{-2p}\cdot\dfrac{p}{50000\mathrm{e}^{-2p}}=-2p$.

4. $E_{\mathrm{s}}=\dfrac{5p}{5p-20}$，$E_{\mathrm{s}}\big|_{p=10}=\dfrac{5}{3}$.

5. (1) $Q'(5)=-10$；   (2) $E_{\mathrm{d}}\big|_{p=5}=-\dfrac{2}{3}$.

第三章自测题 A

1. (1) $2f(x)f'(x)$；(2) 10240；

(3) $2^{\sin x}\cdot\ln 2\cdot\cos x\cdot\cos(\cos x)+2^{\sin x}\cdot\sin(\cos x)\cdot\sin x$；

(4) $\dfrac{y^2-\mathrm{e}^x-2x\cos(x^2+y^2)}{2y\cos(x^2+y^2)-2xy}$；(5) $2x\cdot\mathrm{e}^{\sin x^2}\cdot\cos x^2\,\mathrm{d}x$；

(6) $2^n\sin\left(2x+\dfrac{n}{2}\pi\right)$.

(7) $\lambda>2$.

2. (1) A；(2) D；(3) B；(4) D；(5) C；(6) B；(7) A.

3. $\dfrac{x}{2}\left(\dfrac{1}{\sqrt{x-1}}+4\arctan\sqrt{x-1}\right)\mathrm{d}x$.

4. $a=0,b=2$.

第三章自测题 B

1. (1) 4；(2) $\dfrac{-101!}{100}$；(3) $\dfrac{y\sin(xy)-\mathrm{e}^{x+y}}{\mathrm{e}^{x+y}-x\sin(xy)}$；4. $(100+x)\mathrm{e}^x$；

(5) $2x(1+f'(x^2))f'(x^2+f(x^2))$；(6) $\dfrac{\mathrm{d}x}{x(\ln y+1)}$；(7) e^{-1}.

2. (1) B；　(2) D；　(3) A；　(4) D；　(5) A；　(6) B；　(7) A.

3. $(1+2t)\mathrm{e}^{2t}$.

4. $\dfrac{\mathrm{e}-1}{\mathrm{e}^2+1}$.

5. 切线方程：$y-\dfrac{1}{\sqrt{a}}=-\dfrac{1}{2\sqrt{a^3}}(x-a)$；面积 $S=\dfrac{9}{4}\sqrt{a}$；当切点沿 x 轴正方向趋于无穷远时，有 $\lim\limits_{a\to+\infty}S=+\infty$；当切点沿 y 轴正方向趋于无穷远时，有 $\lim\limits_{a\to0^+}S=0$.

第四章　微分中值定理与导数的应用

习题 4.1

3. 有三个实根，分别在 $(1,3),(3,5),(5,7)$ 内.

习题 4.2

1. (1) 2；(2) $\cos a$；(3) $-\dfrac{1}{8}$；(4) 1；(5) 1；(6) $\dfrac{4}{\mathrm{e}}$；(7) 2；(8) $\dfrac{2a}{b}$；(9) 1；(10) 2；

(11) $-\dfrac{3}{5}$；(12) $\dfrac{1}{\sqrt[6]{\mathrm{e}}}$；(13) $\dfrac{m}{n}a^{m-n}$；(14) $\dfrac{1}{3}$；(15) 0；(16) $-\dfrac{1}{6}$；(17) $\dfrac{1}{2}$；(18) $+\infty$；(19) 1；(20) $\dfrac{1}{2}$；(21) $\dfrac{2}{\pi}$；(22) ∞；(23) -1；(24) $-\dfrac{1}{2}$；(25) e^a；(26) 1；

(27) 1；(28) $-\dfrac{1}{2}$；(29) e；(30) 1；(31) e^2.

习题 4.3

1. $f(x)=x^6-9x^5+30x^4-45x^3+30x^2-9x+1$.

2. $f(x)=-56+21(x-4)+37(x-4)^2+11(x-4)^3+(x-4)^4$.

习题 4.4

1. 单调递减.

2. 单调增加.

3. (1) 单增区间 $(-\infty,-1),(3,+\infty)$，单减区间 $[-1,3]$；

(2) 单增区间 $(-\infty,-2],[2,+\infty)$，单减区间 $(-2,0),(0,2)$；

(3) 在 $(-\infty,+\infty)$ 内单调增加；

(4) 在 $\left[\dfrac{1}{2},+\infty\right)$ 内单调增加，在 $\left(-\infty,\dfrac{1}{2}\right]$ 内单调减少；

(5) 在 $\left(\dfrac{1}{2},+\infty\right)$ 内单调增加，在 $\left(0,\dfrac{1}{2}\right)$ 内单调减少.

习题 4.5

1. (1) 极大值 $y(-1)=6$，极小值 $y(3)=-26$；

(2) 极小值 $y(0)=0$；(3) 极大值 $y\left(\dfrac{3}{4}\right)=\dfrac{5}{4}$；

(4) 极大值 $y(1)=\dfrac{1}{2}$，极小值 $y(-1)=-\dfrac{1}{2}$；(5) 无极值；

(6) 极小值 $y(0)=0$，极大值 $y(\pm 1)=\dfrac{1}{e}$；

(7) 极大值 $y(1)=2$； (8) 极小值 $y(1)=2-4\ln 2$；

(9) 极小值 $y\left(-\dfrac{1}{2}\ln 2\right)=2\sqrt{2}$；

(10) 极小值 $y(1)=0$，极大值 $y(e^2)=\dfrac{4}{e^2}$；

(11) 极大值 $y(-1)=-2$，极小值 $y(1)=2$；

(12) 极大值 $y(1)=\dfrac{\pi}{4}-\dfrac{1}{2}\ln 2$.

2. (1) 最大值 $y(3)=11$，最小值 $y(2)=-14$；

(2) 最大值 $y\left(\dfrac{\pi}{4}\right)=\sqrt{2}$，最小值 $y\left(\dfrac{5\pi}{4}\right)=-\sqrt{2}$；

(3) 最大值 $y\left(\dfrac{3}{4}\right)=\dfrac{5}{4}$，最小值 $y(-5)=-5+\sqrt{6}$；

(4) 最大值 $y(2)=\ln 5$，最小值 $y(0)=0$；

(5) 最大值 $y\left(-\dfrac{1}{2}\right)=y(1)=\dfrac{1}{2}$，最小值 $y(0)=0$；

(6) 最大值 $y(e)=e^{\frac{1}{e}}$，无最小值．

3. $\dfrac{a}{6}$. 4. $r=\sqrt[3]{\dfrac{V}{2\pi}}, h=\sqrt[3]{\dfrac{4V}{\pi}}$.

习题 4.6

(1) $(-\infty,1)$ 凹，$(1,+\infty)$ 凸，拐点为 $(1,2)$；

(2) 凹，无拐点；

(3) $(-\infty,0)$ 凸，$(0,+\infty)$ 凹，拐点为 $(0,0)$；

(4) $(-1,1)$ 凹，$(-\infty,-1)\bigcup(1,+\infty)$ 凸，拐点为 $(1,\ln 2)$，$(-1,\ln 2)$；

(5) $(-\infty,-2)$ 凸，$(-2,+\infty)$ 凹，拐点为 $\left(-2,-\dfrac{2}{e^2}\right)$；

(6) $(-\infty,-\sqrt{3})\bigcup(0,\sqrt{3})$ 凸，$(-\sqrt{3},0)\bigcup(\sqrt{3},+\infty)$ 凹，拐点为 $\left(\sqrt{3},\dfrac{\sqrt{3}}{2}\right)$，

$\left(-\sqrt{3},-\dfrac{\sqrt{3}}{2}\right)$，$(0,0)$.

习题　4.7

1. $(1)y=1,x=0$；　$(2)y=0,x=-1$；　$(3)y=0$.

习题　4.8

1. 生产 50000 单位,最大利润 25000 元.

2. 300 台.

3. 产量为 18 时利润最大,最大利润为 112.

4. $(1)3$；$(2)6$.

5. 5 批.

6. 100 台.

7. $(1)263t$；$(2)20$ 批/年；(3)一个周期为 18 天；$(4)22408.7$ 元.

第四章自测题 A

1. $(1)C$；　$(2)B$；　$(3)B$；　$(4)C$；　$(5)B$；

2. $(1)(-\infty,-1)\cup(3,+\infty)$；$(2)4,5$；$(3)\dfrac{80}{9}$，$0$；$(4)(0,0)$；$(5)$ $504,8$.

3. (1) -9；　(2) 2；　(3) 1；　$(4)\dfrac{1}{2}$.

4. $f(-2)=20$ 为极大值,$f(1)=-7$ 为极小值,$\left(-\dfrac{1}{2},\dfrac{13}{2}\right)$为拐点.

5. $P=6.5$ 时利润最大,$L(6.5)=1225$.

第四章自测题 B

1. $(1)D$；　$(2)C$；　$(3)B$；　$(4)B$；　$(5)A$.

2. $(1)f(a),f(b)$；$(2)(-\infty,0)\cup(0,+\infty)$；$(3)(2,-5)$；
　$(4)(-\infty,+\infty)$；(5) 2.

3. $(1)3$；　$(2)\dfrac{1}{3}$；$(3)e^{-2}$；　$(4)2$.

4. $(-\infty,0)$为函数 $f(x)$ 的单调递减区间,$(0,+\infty)$为函数 $f(x)$ 的单调递增区间,$\left(-\infty,-\dfrac{1}{\sqrt{2}}\right)$和$\left(\dfrac{1}{\sqrt{2}},+\infty\right)$为凸区间,$\left(-\dfrac{1}{\sqrt{2}},\dfrac{1}{\sqrt{2}}\right)$为凹区间,极小值 $f(0)=0$,拐点为$\left(\pm\dfrac{1}{\sqrt{2}},\dfrac{1}{2}(1-e^{-\frac{1}{2}})\right)$.

5. 产量为 1 时,平均成本最小,最小平均成本为 40.

6. 每批生产 $20\sqrt{5}t$ 时,全年总费用最少为 $20000\sqrt{5}$元,约为 44721 元.

第五章   不定积分

习题 5.1

1. (1) $-\dfrac{1}{2x^2}+C$;   (2) $\dfrac{2}{5}x^{\frac{5}{2}}+C$; (3) $\dfrac{1}{4}x^4+\dfrac{2}{5}x^5+\dfrac{1}{6}x^6+C$;

(4) $\dfrac{1}{3}x^3-\dfrac{5}{2}x^2+6x+C$; (5) $\dfrac{1}{5}x^5+\dfrac{2}{3}x^3+x+C$;

(6) $\dfrac{1}{3}x^3+\dfrac{2}{5}x^{\frac{5}{2}}-\dfrac{2}{3}x^{\frac{3}{2}}-x+C$;

(7) $-\dfrac{2}{3}x^{-\frac{3}{2}}+C$;   (8) $\dfrac{3}{4}x^{\frac{4}{3}}-2x^{\frac{1}{2}}+C$;   (9) $\dfrac{2^x}{\ln 2}+\dfrac{1}{3}x^3+C$;

(10) $\dfrac{2}{5}x^{\frac{5}{2}}-2x^{\frac{3}{2}}+C$; (11) $x^3+\arctan x+C$;   (12) $x-\arctan x+C$;

(13) $\dfrac{1}{4}x^2-\ln|x|-\dfrac{1}{2}x^{-2}+\dfrac{4}{3}x^{-3}+C$;   (14) $2\sqrt{x}-\dfrac{4}{3}x^{\frac{3}{2}}+\dfrac{2}{5}x^{\frac{5}{2}}+C$;

(15) $e^x-2\sqrt{x}+C$;   (16) $\dfrac{8}{15}x\sqrt{x\sqrt{x\sqrt{x}}}+C$;   (17) $-\dfrac{1}{x}-\arctan x+C$;

(18) e^t+t+C;   (19) $\dfrac{3^x e^x}{\ln 3+1}+C$; (20) $-\cot x-x+C$;

(21) $\tan x-\sec x+C$; (22) $\dfrac{x+\sin x}{2}+C$; (23) $-4\cot x+C$;

(24) $\sin x-\cos x+C$.

2. $y=\ln|x|+1$.   3. $R(Q)=100Q-0.005Q^2+C$.   4. $Q(P)=1000\left(\dfrac{1}{3}\right)^P$.

习题 5.2

1. (1) $\dfrac{1}{5}e^{5x}+C$;   (2) $-\dfrac{1}{6}(3-2x)^3+C$;   (3) $-\dfrac{1}{2}\ln|1-2x|+C$;

(4) $-\dfrac{1}{2}(2-3x)^{\frac{2}{3}}+C$;   (5) $-\dfrac{1}{a}\cos ax-be^{\frac{x}{b}}+C$;

(6) $-2\cos\sqrt{t}+C$;   (7) $\dfrac{1}{11}\tan^{11}x+C$;   (8) $\ln|\ln\ln x|+C$;

(9) $-\dfrac{1}{2}e^{-x^2}+C$;   (10) $\ln|\tan x|+C$;

(11) $\arctan e^x+C$;   (12) $\dfrac{1}{2}\sin x^2+C$;   (13) $-\dfrac{1}{3}\sqrt{2-3x^2}+C$;

(14) $-\dfrac{1}{3\omega}\cos^3(\omega t)+C$;   (15) $-\dfrac{3}{4}\ln|1-x^4|+C$;

(16) $\dfrac{1}{2\cos^2 x}+C$;   (17) $-\dfrac{1}{2}(\sin x-\cos x)^{-2}+C$;

(18)$\frac{1}{2}\arcsin\frac{2x}{3}+\frac{1}{4}\sqrt{9-4x^2}+C$;　(19)$\frac{\sqrt{x^2+9}}{3}(x^2-18)+C$;

(20)$\frac{1}{2\sqrt{2}}\ln\left|\frac{\sqrt{2}x-1}{\sqrt{2}x+1}\right|+C$;　(21)$\frac{1}{3}\ln\left|\frac{x-2}{x+1}\right|+C$;

(22)$\sin x-\frac{\sin^3 x}{3}+C$;　(23)$\frac{1}{2}\cos x-\frac{1}{10}\cos 5x+C$;

(24)$\frac{1}{4}\sin 2x-\frac{1}{24}\sin 12x+C$;　(25)$\frac{1}{3}\sec^3 x-\sec x+C$;

(26)$\frac{10^{\arcsin x}}{\ln 10}+C$;　(27)$-\frac{1}{\arcsin x}+C$;

(28)$(\arctan\sqrt{x})^2+C$;　(29)$-\frac{1}{x\ln x}+C$;

(30)$\frac{a^2}{2}\arcsin\frac{x}{a}-\frac{x}{2}\sqrt{a^2-x^2}+C$;　(31)$\frac{x}{\sqrt{1+x^2}}+C$;

(32)$\sqrt{x^2-9}-3\arccos\frac{3}{x}+C$;　(33)$\sqrt{2x}-\ln(1+\sqrt{2x})+C$;

(34)$\arcsin x-\frac{x}{1+\sqrt{1-x^2}}+C$;　(35)$\frac{1}{2}\arcsin x+\frac{1}{2}\ln|x+\sqrt{1-x^2}|+C$.

2. (1) $\frac{1}{2}\ln\left|\frac{x}{\sqrt{4-x^2}+2}\right|+C$;　(2)$\ln\left|\frac{1}{x}-\frac{\sqrt{1-x^2}}{x}\right|-\frac{2\sqrt{1-x^2}}{x}+C$;

(3)$\frac{9}{2}\arcsin\frac{x+2}{3}+\frac{x+2}{2}\sqrt{5-4x-x^2}+C$;　(4) $\frac{1}{2}\ln\left|\frac{\sqrt{1+x}-2}{\sqrt{1+x}+2}\right|+C$.

习题 5.3

(1)$\frac{x^2}{2}\left(\ln x-\frac{1}{2}\right)+C$;　(2)$\frac{1}{(1-n)x^{n-1}}\left(\ln x-\frac{1}{1-n}\right)+C$;

(3)$-(x^2+2x+2)e^{-x}+C$;　(4) $\sin x-x\cos x+C$;

(5)$\frac{1}{3}\left(x^3\sin 3x+x^2\cos 3x-\frac{2}{3}x\sin 3x-\frac{2}{9}\cos 3x\right)+C$;

(6)$-x\cot x+\ln|\sin x|+C$;　(7)$2x\sin\frac{x}{2}+4\cos\frac{x}{2}+C$;

(8)$-\frac{1}{2}e^{-2t}\left(t+\frac{1}{2}\right)+C$;　(9)$-\frac{1}{2}\left(x^2-\frac{3}{2}\right)\cos 2x+\frac{x}{2}\sin 2x+C$;

(10)$-\frac{1}{4}x\cos 2x+\frac{1}{8}\sin 2x+C$;

(11)$3e^{\sqrt[3]{x}}(\sqrt[3]{x^2}-2\sqrt[3]{x}+2)+C$;　(12) $-\frac{2}{17}e^{-2x}\left(\cos\frac{x}{2}+4\sin\frac{x}{2}\right)+C$;

(13)$x\arcsin x+\sqrt{1-x^2}+C$;　(14) $(x+1)\arctan\sqrt{x}-\sqrt{x}+C$;

(15) $x(\arcsin x)^2 + 2\sqrt{1-x^2}\arcsin x - 2x + C$;

(16) $-\dfrac{1}{2}e^{-t}(\cos t + \sin t) + C$;　　(17) $x\ln(x+\sqrt{1+x^2}) - \sqrt{1+x^2} + C$;

(18) $-2\sqrt{1-x}\arcsin\sqrt{x} + 2\sqrt{x} + C$.

习题 5.4

1. (1) $3\left[\dfrac{\arctan\left(\dfrac{2x-1}{\sqrt{3}}\right)}{\sqrt{3}} + \dfrac{1}{3}\ln(1+x) - \dfrac{1}{6}\ln(x^2-x+1)\right]$;

(2) $-\dfrac{1}{x-1} - \dfrac{1}{(x-1)^2} + C$;　　(3) $\ln\left(\dfrac{x}{x+1}\right)^2 + \dfrac{4x+3}{2(x+1)^2} + C$;

(4) $\ln\left(\dfrac{x+3}{x+2}\right)^2 - \dfrac{3}{x+3} + C$;　　(5) $\dfrac{1}{18}\ln\left(\dfrac{x^2+1}{x^2+4}\right) + \dfrac{1}{6(x^2+4)} + C$;

(6) $2\ln|x+2| - \dfrac{1}{2}\ln|x+1| - \dfrac{3}{2}\ln|x+3| + C$;

(7) $\dfrac{1}{2}\ln|x^2-1| + \dfrac{1}{x+1} + C$;

(8) $\ln|x| - \dfrac{1}{2}\ln(x^2+1) + C$.

2. (1) $\dfrac{\sqrt{3}}{6}\arctan\left(\dfrac{2}{\sqrt{3}}\tan x\right) + C$;　　(2) $\dfrac{1}{\sqrt{2}}\arctan\left[\dfrac{\tan\dfrac{x}{2}}{\sqrt{2}}\right] + C$;

(3) $\dfrac{2}{\sqrt{3}}\arctan\dfrac{2\tan\dfrac{x}{2}+1}{\sqrt{3}} + C$;　　(4) $\dfrac{1}{2}[\ln|\sin x + \cos x| + x] + C$;

(5) $\ln\left|1+\tan\dfrac{x}{2}\right| + C$;　　(6) $\dfrac{\sqrt{5}}{5}\arctan\dfrac{3}{\sqrt{5}}\left(\tan\dfrac{x}{2} + \dfrac{1}{3}\right) + C$.

第五章自测题 A

1. (1)B;　(2)C;　(3)A　(4)D;　(5)C.

2. (1) $\tan x - x + C$;　　(2) $-\dfrac{\cos^4 x}{4} + C$;　　(3) $\dfrac{1}{9}x^3(3\ln x - 1) + C$;

(4) $\dfrac{\arcsin x}{2} - \dfrac{x\sqrt{1-x^2}}{2} + C$;　　(5) $2\ln|x+1| + 3\ln|x-2| + C$;

(6) $\dfrac{1}{2}x - \dfrac{1}{2}\ln|\sin x + \cos x| + C$;　　(7) $\dfrac{1}{2}(\arcsin x)^2 + C$.

3. $C(Q) = 10000 + 15Q - 6Q^2 + Q^3$.

第五章自测题 B

1. (1)D； (2)B； (3)D； (4)D； (5)C.

2. (1)$\arctan(x \ln x) + C$； (2)$\frac{1}{2}\ln^2 x + C$； (3)$-\dfrac{x}{\sqrt{x^2-1}} + C$ ；

(4)$\dfrac{\sqrt{4x^2-1}}{x} + C$； (5)$2(\sqrt{x}\sin\sqrt{x} + \cos\sqrt{x}) + C$；

(6)$\ln(x+1) - \dfrac{2}{x+1} + C$； (7)$-\dfrac{6}{\sqrt[6]{1+x}} + C$.

3. $Q(P) = P^2 - 200P + 1000$.

第六章　定积分及其应用

习题　6.1

1. (1)$\dfrac{1}{2}(b^2 - a^2)$； (2)$e-1$.

习题　6.2

1. (1)$>$； (2)$<$； (3)$>$； (4)$<$ ； (5)$>$； (6)$>$.

2. (1)$6 \leqslant \displaystyle\int_1^4 (x^2+1)\mathrm{d}x \leqslant 51$； (2)$\pi \leqslant \displaystyle\int_{\frac{\pi}{4}}^{\frac{5\pi}{4}} (1+\sin^2 x)\mathrm{d}x \leqslant 2\pi$；

(3)$\dfrac{\pi}{9} \leqslant \displaystyle\int_{\frac{1}{\sqrt{3}}}^{\sqrt{3}} x \arctan x\, \mathrm{d}x \leqslant \dfrac{2\pi}{3}$ ； (4)$-2e^2 \leqslant \displaystyle\int_2^0 e^{x^2-x}\mathrm{d}x \leqslant -2e^{-\frac{1}{4}}$；

(5) $\dfrac{2}{5} \leqslant \displaystyle\int_1^2 \dfrac{x}{1+x^2}\mathrm{d}x \leqslant \dfrac{1}{2}$； (6)$0 \leqslant \displaystyle\int_0^{-2} xe^x\mathrm{d}x \leqslant \dfrac{2}{e}$.

习题　6.3

1. $y'(0) = 0, y'\left(\dfrac{\pi}{4}\right) = \dfrac{\sqrt{2}}{2}$.

2. (1)$2x\sqrt{1+x^4}$； (2)$\dfrac{3x^2}{\sqrt{1+x^{12}}} - \dfrac{2x}{\sqrt{1+x^8}}$；

(3)$-\cos(\pi\sin^2 x) \cdot \cos x - \cos(\pi\cos^2 x) \cdot \sin x$； (4)$\dfrac{2\sin x^2}{x} - \dfrac{\sin\sqrt{x}}{2x}$.

3. (1)1； (2)$\dfrac{1}{2}$； (3) 1； (4) 2.

4. 最大值为 $F(0) = 0$，最小值为 $F(4) = -\dfrac{32}{3}$.

5. (1) $2\dfrac{5}{8}$; (2) $45\dfrac{1}{6}$; (3) $\dfrac{\pi}{3a}$; (4) $\dfrac{\pi}{3}$; (5) $1+\dfrac{\pi}{4}$; (6) $1-\dfrac{\pi}{4}$;

(7) $\dfrac{\pi}{2}$; (8) 5; (9) 4; (10) $2\sqrt{2}-1$; (11) $2\dfrac{2}{3}$.

习题 6.4

1. (1) $2(2-\arctan 2)$; (2) $4-2\ln 3$; (3) $\dfrac{\pi}{32}$; (4) $\dfrac{\pi}{6}$; (5) $-\dfrac{\pi}{3}$;

(6) $\dfrac{\pi}{16}a^4$; (7) $\dfrac{\sqrt{2}}{2}$; (8) $\sqrt{3}-\dfrac{\pi}{3}$; (9) $\dfrac{\pi}{6}-\dfrac{\sqrt{3}}{8}$; (10) $e-\sqrt{e}$;

(11) $2(\sqrt{3}-1)$; (12) 0; (13) $\dfrac{4}{3}$; (14) $\dfrac{1}{6}$; (15) $1-2\ln 2$;

(16) $8\ln 2-5$; (17) $\dfrac{\pi}{2}$.

2. (1) $1-\dfrac{2}{e}$; (2) $\dfrac{1}{4}(e^2+1)$; (3) $\dfrac{\pi}{4}-\dfrac{1}{2}$;

(4) $\dfrac{1}{2}(e\sin 1-e\cos 1+1)$; (5) $\dfrac{\pi}{4}$;

(6) π^2; (7) 1; (8) $\dfrac{\pi^3}{6}-\dfrac{\pi}{4}$; (9) $4(2\ln 2-1)$;

(10) $\left(\dfrac{1}{4}-\dfrac{\sqrt{3}}{9}\right)\pi+\dfrac{1}{2}\ln\dfrac{3}{2}$;

(11) $2-\dfrac{2}{e}$; (12) $\ln 2-\dfrac{1}{2}$; (13) $\dfrac{\pi^2}{64}+\dfrac{\pi}{16}-\dfrac{1}{8}$; (14) $\dfrac{1}{5}(e^\pi-2)$;

(15) $2\ln(2+\sqrt{5})-\sqrt{5}+1$; (16) $\dfrac{1}{3}\ln 2$.

3. (1) 0; (2) $\dfrac{3}{2}\pi$; (3) $\dfrac{\pi^3}{324}$; (4) 0; (5) $\dfrac{2\sqrt{3}}{3}\pi-2\ln 2$; (6) $\ln 3$.

习题 6.5

1. (1) 发散; (2) 1; (3) $\dfrac{1}{k-1}(\ln 2)^{1-k}$; (4) 2; (5) $\dfrac{2}{3}\ln 2$.

2. (1) 当 $\lambda\leqslant 1$ 时发散; (2) 当 $1<\lambda<3$ 时收敛; (3) 当 $\lambda=3$ 时收敛;

(4) 当 $\lambda=\dfrac{3}{2}$ 时收敛.

3. (1) 2; (2) π; (3) $2(1-\ln 2)$; (4) $\dfrac{\pi^2}{8}$.

4. 当 $0<\alpha<1$ 时, 收敛于 $\dfrac{1}{1-\alpha}$; 当 $\alpha\geqslant 1$ 时发散.

习题 6.6

1. (1) 2; (2) $\dfrac{3}{2}-\ln 2$; (3) 约 6.38; (4) 4.

2. (1) $V_x = 7.5\pi, V_y = 27.6\pi$; (2) $V_x = \dfrac{\pi}{2}$;

    (3) $V_x = \pi\left(\dfrac{\pi}{4} - \dfrac{1}{2}\right)$; (4) $V_x = \dfrac{3}{10}\pi, V_y = \dfrac{3}{10}\pi$.

3. $\dfrac{4\sqrt{3}}{3}R^3$.

习题 6.7

1. $2(3a-b)$.   2. $55,105$.

3. (1) 9987.5;   (2) 19850.

4. (1) 490 百元;   (2) 12.31 百元,11.94 百元.

5. (1) 2.5 百台,6.25 万元;   (2) 减少 0.25 万元.

6. 产量为 2 个单位时利润最大.

第六章自测题 A

1. (1)C.   (2)C.   (3)C.   (4)A.   (5)BC.

2. (1)$\ln(1+\sin x)$.   (2)3.   (3)$\dfrac{4}{3}$.   (4)$\dfrac{1}{2}$.   (5)$\dfrac{3\pi}{10}$.

3. $\dfrac{1}{2}$.

4. (1) $\dfrac{\pi}{6} - \dfrac{\sqrt{3}}{2} + 1$; (2) $2(\sqrt{3}-1)$; (3) $\dfrac{5}{6}\pi - \sqrt{3} + 1$;

    (4) 1; (5) 发散; (6)2.

5. $\dfrac{20}{3}$.   6. $\dfrac{7}{6}$.   7. $V_x = \dfrac{7}{15}\pi, V_y = \dfrac{1}{6}\pi$.

8. (1) $6s^2 - \dfrac{s^3}{3} - 11s - 50$; (2) $6 + \sqrt{35}$.

第六章自测题 B

1. (1)B.   (2)D.   (3)D.   (4)C.   (5)D.

2. (1)1.   (2)$\dfrac{1}{2}$.   (3)$\dfrac{3}{2} - \ln 2$.   (4)$\dfrac{15\pi}{2}$.   (5)$\dfrac{1}{2}$.

3. 1.

4. (1) $1 + \ln 2 - \ln(1+e)$; (2) $\dfrac{32}{3}$; (3) π;

    (4) π; (5) 2; (6) $\dfrac{\pi}{2}$.

5. $2+\ln 2-\dfrac{1}{e}$. 　 6. $\dfrac{2}{3}$. 　 7. $V_x=\pi(e-2),V_y=\dfrac{\pi}{2}(e^2+1)$.

8. (1) $2x+0.2x^2+3$; 　 (2) 10 百台,43 万元.

第七章　向量与空间解析几何初步

习题　7.1

1. $\sqrt{34},\sqrt{41},5$. 　　 2. $(0,1,-2)$. 　　 3. $4x+4y+10z-63=0$.

习题　7.2

1. $D=(1,0,1)$.

2. (1) $\{3,0,6\}$; 　　 (2) $\{-1,4,0\}$; 　　 (3) $\{-4,10,-3\}$.

3. (1) $3,2,1,3i,2j,k$; 　 (2) $\cos\alpha=\dfrac{3}{\sqrt{14}},\cos\beta=\dfrac{2}{\sqrt{14}},\ \cos\gamma=\dfrac{1}{\sqrt{14}}$.

4. $\dfrac{\pi}{4}$ 或 $\dfrac{3\pi}{4}$. 　　 5. $\{2,-4,6\}$. 　　 6. (1) -1; (2) 4; (3) 1.

8. $\lambda=2\mu$. 　　 9. $\pm\dfrac{1}{\sqrt{35}}\{-1,-3,5\}$.

习题　7.3

2. $y^2+z^2=5x$. 　　　　 3. $x^2+y^2+z^2=9$.

4. 绕 x 轴:$4x^2-9(y^2+z^2)=36$;绕 y 轴:$4(x^2+z^2)-9y^2=36$.

习题　7.4

1. $x+y+z-2=0$.

2. (1)$x+3y=0$; 　 (2)$9y-z-2=0$; 　 (3)$47x+13y+z=0$.

3. $(1,-1,3)$.

习题　7.5

1. $\begin{cases} y^2=2x-9, \\ z=0 \end{cases}$ 原曲线是位于平面 $z=3$ 上的抛物线.

2. $z=0,x^2+y^2=x+y$; 　 $x=0,2y^2+2yz+z^2-4y-3z+2=0$;

$y=0,2x^2+2xz+z^2-4x-3z+2=0$.

习题　7.6

1. $\dfrac{x-1}{2}=y-1=\dfrac{z-1}{\sqrt{2}}$. 　　　　 2. $\dfrac{x-1}{-2}=\dfrac{y-1}{1}=\dfrac{z-1}{3}$.

3. $16x-14y-11z-65=0$.

4. $8x-9y-22z-59=0$.

5. (1) 平行;(2) 垂直;(3) 直线在平面上.

第七章自测题 A

1. (1) A.　(2) A.　(3) C.　(4) B.　(5) B.

2. (1) -10.　(2) $\begin{cases} x^2+y^2=\dfrac{1}{4}, \\ z=0. \end{cases}$

(3) $L_1: \begin{cases} z=2-y, \\ x=0, \end{cases}$ 或 $L_2: \begin{cases} z=2-x, \\ y=0. \end{cases}$　(4) $4\sqrt{2}$.

(5) z, $\begin{cases} y=2x^2, \\ z=0. \end{cases}$

3. (1) $x=2, z=4$ 或 $x=-2, z=0$.　(2) $\dfrac{x-2}{9}=\dfrac{y+3}{-4}=\dfrac{z-5}{2}$.

(3) $\dfrac{x-2}{3}=\dfrac{y+3}{-1}=\dfrac{z-5}{5}$.　(4) $x^2+y^2+(1-x)^2=9, z=0$.

第七章自测题 B

1. (1) D.　(2) B.　(3) D.　(4) B.　(5) C.

2. (1) 2.　(2) $\begin{cases} x^2+y^2=1, \\ z=0. \end{cases}$　(3) -9.　(4) $y^2+z^2=\mathrm{e}^{2x}$.　(5) $\begin{cases} y=z^2, \\ x=0, \end{cases} y$.

3. (1) $\boldsymbol{a}=\{4,-2,4\}$.　(2) $(0,2,0)$.　(3) $9x+13y+8z-14=0$.

(4) $\begin{cases} 3y+z-1=0, \\ x=0; \end{cases}$　$\begin{cases} 6x+z+14=0, \\ y=0; \end{cases}$　$\begin{cases} 2x-y+5=0, \\ z=0. \end{cases}$

第八章　多元函数微分学

习题 8.1

1. (1) $\{(x,y)\,|\,y^2-2x+1>0\}$;　(2) $\{(x,y)\,|\,x+y>0, x-y>0\}$;

(3) $\{(x,y)\,|\,x^2+y^2\leqslant 4\}$;　(4) $\{(x,y\,|\,x^2\geqslant y\geqslant 0, x\geqslant 0)\}$;

(5) $\{(x,y)\,|\,-\infty<x,y<+\infty\}$;

(6) $\{(x,y)\,|\,x\geqslant 0, y\geqslant 0$ 或 $x\leqslant 0, y\leqslant 0\}$;

(7) $\{(x,y)\,|\,|x|\leqslant|y|, y\neq 0\}$;　(8) $\{(x,y,z)\,|\,r^2<x^2+y^2+z^2\leqslant R^2\}$.

2. $f(2,1)=0$,　$f(3,-1)=\dfrac{5}{7}$.

4. (1) 0;　(2) 1;　(3) 2;　(4) e^k;　(5) $\ln 2$;

$(6) -\dfrac{1}{4}$.

5. (1) 选取 $y = kx (x \to 0)$ 路径； (2) 选取 $y = kx^3 (x \to 0)$ 路径.

6. 间断点集 $\{(x, y) \mid y^2 = 2x\}$.

习题 8.2

1. $(1)\ z_x = y + \dfrac{1}{y},\ z_y = x - \dfrac{x}{y^2}$；

$(2)\ z_x = 2x \ln(x^2 + y^2) + \dfrac{2x^3}{x^2 + y^2},\ z_y = \dfrac{2x^2 y}{x^2 + y^2}$；

$(3)\ z_x = y^2(1 + xy)^{y-1},\ z_y = (1 + xy)^y \left[\ln(1 + xy) + \dfrac{xy}{1 + xy} \right]$；

$(4)\ \dfrac{\partial z}{\partial x} = \mathrm{e}^{-xy}(1 - xy),\ \dfrac{\partial z}{\partial y} = -x^2 \mathrm{e}^{-xy}$；

$(5)\ \dfrac{\partial z}{\partial x} = -\dfrac{y}{x^2 + y^2},\ \dfrac{\partial z}{\partial y} = \dfrac{x}{x^2 + y^2}$；

$(6)\ \dfrac{\partial s}{\partial u} = \dfrac{1}{v} - \dfrac{v}{u^2},\ \dfrac{\partial s}{\partial v} = \dfrac{1}{u} - \dfrac{u}{v^2}$；

$(7)\ \dfrac{\partial z}{\partial x} = y \mathrm{e}^{-x^2 y^2},\ \dfrac{\partial z}{\partial y} = x \mathrm{e}^{-x^2 y^2}$；

$(8)\ \dfrac{\partial z}{\partial x} = \dfrac{1}{2x \sqrt{\ln(xy)}},\ \dfrac{\partial z}{\partial y} = \dfrac{1}{2y \sqrt{\ln(xy)}}$；

$(9)\ \dfrac{\partial z}{\partial x} = y[\cos(xy) - \sin(2xy)],\ \dfrac{\partial z}{\partial y} = x[\cos(xy) - \sin(2xy)]$；

$(10)\ \dfrac{\partial z}{\partial x} = \dfrac{2}{y} \csc \dfrac{2x}{y},\ \dfrac{\partial z}{\partial y} = -\dfrac{2x}{y^2} \csc \dfrac{2x}{y}$；

$(11)\ \dfrac{\partial u}{\partial x} = \dfrac{y}{z} x^{\frac{y}{z} - 1},\ \dfrac{\partial u}{\partial y} = \dfrac{1}{z} x^{\frac{y}{z}} \ln x,\ \dfrac{\partial u}{\partial z} = -\dfrac{y}{z^2} x^{\frac{y}{z}} \ln x$；

$(12)\ \dfrac{\partial u}{\partial x} = \dfrac{z(x - y)^{z-1}}{1 + (x - y)^{2z}},\ \dfrac{\partial u}{\partial y} = -\dfrac{z(x - y)^{z-1}}{1 + (x - y)^{2z}},\ \dfrac{\partial u}{\partial z} = \dfrac{(x - y)^z \ln(x - y)}{1 + (x - y)^{2z}}$.

2. $f_x(2, 3) = 36$.

3. $f_x(x, 1) = 1$.

5. $(1)\ z_{xx} = 12x^2 - 8y^2,\ z_{xy} = -16xy,\ z_{yy} = 12y^2 - 8x^2$；

$(2)\ z_{xx} = 24x + 6y,\ z_{xy} = 6x - 6y,\ z_{yy} = -6x$；

$(3)\ z_{xx} = y^x \ln^2 y,\ z_{xy} = y^{x-1}(1 + x \ln y),\ z_{yy} = x(x - 1) y^{x-2}$；

(4)$z_{xx}=2a^2\cos 2(ax+by),z_{xy}=2ab\cos 2(ax+by),z_{yy}=2b^2\cos 2(ax+by)$；

(5)$z_{xx}=\dfrac{x+2y}{(x+y)^2},z_{xy}=\dfrac{y}{(x+y)^2},z_{yy}=-\dfrac{x}{(x+y)^2}$；

(6)$z_{xx}=(2-y)\cos(x+y)-x\sin(x+y),z_{yy}=-(2+x)\sin(x+y)-y\cos(x+y),z_{xy}=(1-y)\cos(x+y)-(1+x)\sin(x+y)=z_{yx}$.

习题　8.3

1. (1)$\left(y+\dfrac{1}{y}\right)\mathrm{d}x+x\left(1-\dfrac{1}{y^2}\right)\mathrm{d}y$；(2)$2x\cos(x^2+y)\mathrm{d}x+\cos(x^2+y)\mathrm{d}y$；

(3)$-\dfrac{x}{(x^2+y^2)^{3/2}}(y\mathrm{d}x-x\mathrm{d}y)$；(4)$yzx^{yz-1}\mathrm{d}x+zx^{yz}\ln x\mathrm{d}y+yx^{yz}\ln x\mathrm{d}z$；

(5)$\mathrm{d}u=y^2x^{y^2-1}\mathrm{d}x+2yx^{y^2}(\ln x)\mathrm{d}y$；

(6)$\mathrm{d}z=\dfrac{x}{\sqrt{a^2-x^2-y^2}}\mathrm{d}x+\left(a^y\cdot\ln a+\dfrac{y}{\sqrt{a^2-x^2-y^2}}\right)\mathrm{d}y$；

(7)$\mathrm{d}u=\left(\dfrac{x}{y}\right)^z\left[\dfrac{z}{x}\mathrm{d}x-\dfrac{z}{y}\mathrm{d}y+\ln\dfrac{x}{y}\mathrm{d}z\right]$；

(8)$\mathrm{d}z=2\mathrm{e}^{ax^2+by^2}(ax\mathrm{d}x+by\mathrm{d}y)$.

2. $\dfrac{1}{3}\mathrm{d}x+\dfrac{2}{3}\mathrm{d}y$.

3. $\mathrm{d}u\big|_{(1,1,1)}=-\mathrm{d}x+2\mathrm{d}y+\mathrm{d}z$.

4. $\mathrm{d}u(-1,2)=\dfrac{1}{3}\mathrm{d}x+\dfrac{2}{9}\mathrm{d}y$.

5. $\Delta z=-0.119,\mathrm{d}z=-0.125$.

习题　8.4

1. (1)$z_x=\dfrac{2y^2}{x^3}\left[\dfrac{x^2}{x^2+y^2}-\ln(x^2+y^2)\right],z_y=\dfrac{2y}{x^2}\left[\dfrac{y^2}{x^2+y^2}+\ln(x^2+y^2)\right]$；

(2)$z_x=\dfrac{xv-yu}{x^2+y^2}\mathrm{e}^{uv},z_y=\dfrac{xu+yv}{x^2+y^2}\mathrm{e}^{uv}$；

(3)$\dfrac{\mathrm{d}z}{\mathrm{d}t}=\mathrm{e}^{x-2y}(\cos t-6t^2)$；

(4)$\dfrac{\partial z}{\partial x}=3u^2y^x\ln y,\dfrac{\partial z}{\partial y}=3u^2xy^{x-1}$；

(5) $\dfrac{\partial z}{\partial x} = \mathrm{e}^v \left[2x + \dfrac{u(x^2 - y^2)}{x^2 y} \right]$;

(6) $\dfrac{\mathrm{d}z}{\mathrm{d}x} = \dfrac{y(1+x)}{1+x^2 y^2}$;

(7) $u_x = 2x\mathrm{e}^{x^2+y^2+z^2} + 2z\mathrm{e}^{x^2+y^2+z^2} \cdot 2x\sin y = 2x\mathrm{e}^{x^2+y^2+z^2}(1+2z\sin y)$,

$u_y = 2y\mathrm{e}^{x^2+y^2+z^2} + 2z\mathrm{e}^{x^2+y^2+z^2} \cdot x^2\cos y = 2\mathrm{e}^{x^2+y^2+z^2}(y+zx^2\cos y)$;

(8) $\dfrac{\mathrm{d}z}{\mathrm{d}t} = \dfrac{1}{y} \cdot c + \left(-\dfrac{x}{y^2} \cdot \dfrac{1}{t} \right) = \dfrac{c}{\ln t} - \dfrac{c}{(\ln t)^2}$.

2. (1) $\dfrac{\partial w}{\partial x} = 2xf'_1 + y\mathrm{e}^{xy}f'_2, \dfrac{\partial w}{\partial y} = -2yf'_1 + x\mathrm{e}^{xy}f'_2$;

(2) $\dfrac{\partial w}{\partial x} = \dfrac{1}{y}f'_1, \dfrac{\partial w}{\partial y} = -\dfrac{x}{y^2}f'_1 + \dfrac{1}{z}f'_2, \dfrac{\partial w}{\partial z} = -\dfrac{y}{z^2}f'_2$;

(3) $z_x = f'_1 - \dfrac{1}{x^2}f'_2, z_y = -\dfrac{1}{y^2}f'_1 + f'_2$;

(4) $z_x = \left(y - \dfrac{y}{x^2}\right)f', z_y = \left(x + \dfrac{1}{x}\right)f'$.

3. (1) $z_{xx} = y^2 f''_{11}, z_{xy} = f'_1 + y(xf''_{11} + f''_{12}), z_{yy} = x^2 f''_{11} + 2xf''_{12} + f''_{22}$;

(2) $z_{xx} = 2f - \dfrac{2y}{x}f' + \dfrac{y^2}{x^2}f'', z_{xy} = f' - \dfrac{y}{x}f'', z_{yy} = f''$.

6. $\dfrac{\partial z}{\partial x} = f'_u \cdot \varphi_x + f'_v \cdot \psi_x + f'_w \cdot F' + g'_u \cdot \varphi_x + g'_w \cdot F'$.

7. $\dfrac{\partial z}{\partial x} = z + 3x^2 \mathrm{e}^x f'_u + \mathrm{e}^{x+y} f'_v$,

$\dfrac{\partial z}{\partial y} = 3y^2 \mathrm{e}^x f'_u + x\mathrm{e}^{x+y} f'_v$.

8. $\dfrac{\partial z}{\partial x} = g(y)[f(x)]^{g(y)-1} \cdot f'(x)$,

$\dfrac{\partial z}{\partial y} = [f(x)]^{g(y)} \ln f(x) \cdot g'(y)$.

9. 1, $a + ab + ab^2 + b^3$.

习题 8.5

1. $\dfrac{\partial z}{\partial x} = \dfrac{z}{x+z}, \dfrac{\partial z}{\partial y} = \dfrac{z^2}{y(x+z)}$.

2. $\dfrac{\partial z}{\partial x}=\dfrac{\mathrm{e}^{x-z}}{\mathrm{e}^{x-z}+\cos(y-z)},\dfrac{\partial z}{\partial y}=\dfrac{\cos(y-z)}{\mathrm{e}^{x-z}+\cos(y-z)}.$

3. $\dfrac{\partial y}{\partial x}=-\dfrac{\mathrm{e}^{x}-3yz}{\mathrm{e}^{y}-3xz},\dfrac{\partial y}{\partial z}=-\dfrac{\mathrm{e}^{z}-3xy}{\mathrm{e}^{y}-3xz}.$

4. $\dfrac{\partial z}{\partial x}=-\dfrac{1-y}{3z^{2}-2}=\dfrac{y-1}{3z^{2}-2},\dfrac{\partial z}{\partial y}=-\dfrac{2y-x}{3z^{2}-2}=\dfrac{x-2y}{3z^{2}-2}.$

5. $\dfrac{\partial z}{\partial x}=\dfrac{\cos(z+y-x)^{2}}{\cos(z+y-x)^{2}-2}.$

6. $\mathrm{d}z=\dfrac{\mathrm{d}x-z\mathrm{e}^{yz}\mathrm{d}y}{2z+y\mathrm{e}^{yz}}.$

7. $\mathrm{d}z=\dfrac{y\sin z\mathrm{d}x+x\sin z\mathrm{d}y}{2-xy\cos z}.$

8. $\dfrac{\partial u}{\partial x}=\dfrac{1}{1+\ln(yu)},\dfrac{\partial u}{\partial y}=-\dfrac{u}{y[1+\ln(yu)]}.$

9. $z_{x}\big|_{(1,1,0)}=0,\qquad z_{y}\big|_{(1,1,0)}=0.$

10. $\dfrac{\partial z}{\partial x}=\dfrac{x+y}{z+1},\dfrac{\partial z}{\partial y}=\dfrac{x}{z+1}.$

习题　8.6

1. 切线方程 $\dfrac{x+1}{3}=\dfrac{y+1}{-6}=\dfrac{z-3}{4}$,

　法平面方程 $3x-6y+4z=15.$

2. 切线方程 $\dfrac{x-3}{72\sqrt{3}}=\dfrac{y-\dfrac{1}{3}}{-8\sqrt{3}}=\dfrac{z-\dfrac{\sqrt{3}}{2}}{-9}$,

　法平面方程 $72\sqrt{3}x-8\sqrt{3}y-9z=\dfrac{1253}{6}\sqrt{3}.$

3. 切线方程 $\begin{cases}\dfrac{x-\dfrac{\sqrt{3}}{2}a}{a}=\dfrac{y-\dfrac{b}{2}}{-\sqrt{3}b},\\[2mm]z=c,\end{cases}$

　法平面方程 $ax-\sqrt{3}by=\dfrac{\sqrt{3}}{2}(a^{2}-b^{2}).$

4. 切线方程 $\dfrac{x-1}{0}=\dfrac{y}{0}=\dfrac{z-2}{\dfrac{3}{2}}$ 或 $\begin{cases}x=1,\\y=0,\end{cases}$

法平面方程 $z-2=0$ 或 $z=2$.

5. 切线方程 $\dfrac{x-1}{2}=\dfrac{y}{2}=\dfrac{z+1}{3}$,

   法平面方程为 $2x+2y+3z+1=0$.

6. 切平面方程 $6x-y-3z=4$,

   法线方程 $\dfrac{x-1}{6}=\dfrac{y-2}{-1}=\dfrac{z}{-3}$.

7. 切平面方程 $4x-2y+z+\dfrac{5}{2}=0$,

   法线方程 $\dfrac{x+1}{4}=\dfrac{y-\dfrac{1}{2}}{-2}=z-\dfrac{5}{2}$.

8. 切平面方程 $x-3z=5$,

   法线方程 $\dfrac{x-2}{1}=\dfrac{y}{0}=\dfrac{z+1}{-3}$ 或 $\begin{cases}x-2=-\dfrac{1}{3}(z+1),\\ y=0.\end{cases}$

9. 切平面方程 $\dfrac{x_0}{a^2}x+\dfrac{y_0}{b^2}y-\dfrac{z_0}{c^2}z=1$.

10. 切平面方程 $2x+y-3z+6=0$ 和 $2x+y-3z-6=0$.

11. 切平面方程 $2x-y-2z=\dfrac{5}{8}$.

12. 点 $\left(-\dfrac{3}{4},\dfrac{3}{4},\dfrac{27}{16}\right)$, 法线方程 $\dfrac{x+\dfrac{3}{4}}{3}=\dfrac{y-\dfrac{3}{4}}{-6}=\dfrac{z-\dfrac{27}{16}}{2}$.

习题 8.7

1. (1) 极小值点 $(2,0)$, 极小值为 1； (2) 极大值点 $(0,0)$, 极大值为 0；

   (3) 极小值点 $\left(\dfrac{1}{2},-1\right)$, 极小值为 $-\dfrac{e}{2}$；

   (4) 极大值点 $(3,2)$, 极大值为 36；

   (5) 极大值 $z\left(\dfrac{1}{2},-1\right)=\dfrac{1}{2},z\left(-\dfrac{1}{2},1\right)=\dfrac{1}{2}$.

2. 极小值点 $(2,2)$, 极小值 4.

3. 最大值 $z(0,3)=z(3,0)=6$, 最小值 $z(1,1)=-1$.

4. 两直角边都取 $\dfrac{a}{\sqrt{2}}$ 时周长最大.

5. 最大面积为 9.

6. 长、宽、高都为 $\dfrac{2a}{\sqrt{3}}$.

习题　8.8

1. $X=4.8, Y=1.2(\text{kg})$, 最大利润为 229.6 万元.

2. $C_{\min}=36$.

3. $D_1=5, D_2=3$, 最大利润为 125 万元.

4. $X=15, Y=10$.

5. (1) $x=100, y=120$, 利润为 30800 元; (2) $x=80, y=100$, 利润为 29200 元.

6. $\hat{Y}=18.5+0.09253X$.

第八章自测题 A

1. (1) A.　(2) C.　(3) A.　(4) D.　(5) B.

2. (1) $\{(x,y)\mid x>0, x+y>0\}$.　(2) π.　(3) 1.　(4) 1.

3. (1) $\varphi(0,0)=0$.　(2) 可微.

4. (1) $z_x=\dfrac{1}{x+\ln y}, z_y=\dfrac{1}{y(x+\ln y)}$.

(2) $z_x=\dfrac{x}{\sqrt{x^2+y^2}}, z_y=\dfrac{y}{\sqrt{x^2+y^2}}$.

(3) $u_x=\dfrac{ax^{a-1}}{x^a+y^a+z^a}, u_y=\dfrac{ay^{a-1}}{x^a+y^a+z^a}, u_z=\dfrac{az^{a-1}}{x^a+y^a+z^a}$.

(4) $z_x=-\mathrm{e}^{x+y}\sin\mathrm{e}^{x+y}, z_y=-\mathrm{e}^{x+y}\sin\mathrm{e}^{x+y}$.

(5) $z_x=\dfrac{1}{y}\cos\dfrac{x}{y}+\mathrm{e}^{-xy}-xy\mathrm{e}^{-xy}$, $z_y=-\dfrac{x}{y^2}\cos\dfrac{x}{y}-x^2\mathrm{e}^{-xy}$.

(6) $u_x=\dfrac{-|y|}{x^2+y^2}$,

$u_y=\dfrac{x\,\mathrm{sgn}\,y}{x^2+y^2}$.

5. (1) $\mathrm{d}z=\dfrac{2}{2x-3y}\mathrm{d}x+\dfrac{-3}{2x-3y}\mathrm{d}y$.

(2) $\mathrm{d}z=-0.175$.

(3) $\mathrm{d}z=2\mathrm{e}^2\mathrm{d}x+\mathrm{e}^2\mathrm{d}y$.

6. 当盒子的底圆半径为 0.4m,高为 1.1m 时,其成本最低.

7. $\dfrac{3}{5}x+\dfrac{4}{5}y-z+3=0$.

第八章自测题 B

1. (1)B.　(2)B.　(3)C.　(4)D.　(5)D.

2. (1)$(x^2+y^2)^2+(xy)^2$.　(2)$3\cos 5$.　(3)$\dfrac{2xyz-1}{1-xy^2}$.　(4)$(1,-2)$.

3. $f(x,y)$ 在点 $(0,0)$ 连续,$f(x,y)$ 在 $(0,0)$ 处不可导,从而在 $(0,0)$ 处不可微.

4. (1)$\dfrac{\partial z}{\partial x}=3u^2 y^x \ln y=3u^3 \ln y$,$\dfrac{\partial z}{\partial y}=3u^2 xy^{x-1}=\dfrac{3u^3 x}{y}$.

   (2)$\dfrac{\partial z}{\partial x}=f'_1+2f'_2+yf'_3$,$\dfrac{\partial z}{\partial y}=f'_2+xf'_3$.

5. (1)$\dfrac{\partial z}{\partial x}=\dfrac{zy^2}{2(1+z^2)}$,$\dfrac{\partial z}{\partial y}=\dfrac{xyz}{1+z^2}$.　(2)$\dfrac{\mathrm{d}y}{\mathrm{d}x}=\dfrac{y}{2+2x^2 y^2-x}$.

   (3)$\dfrac{\partial z}{\partial x}=\dfrac{2-\sin(x+z)}{2+\sin(x+z)}$,$\dfrac{\partial z}{\partial y}=\dfrac{-1}{2+\sin(x+z)}$.

6. 切线方程 $\dfrac{x+1}{2}=\dfrac{y+3}{6}=\dfrac{z+1}{3}$,

   法平面方程为 $2x+6y+3z+23=0$.

7. 当仓库的长、宽、高都取相同值,即 10m 时,仓库的容积最大.

第九章　二　重　积　分

习题　9.1

1. (1)大于零；　(2)小于零；　(3) 小于零；　(4) 大于零.

2. (1)$I_1>I_2$；　(2)$I_1<I_2$；　(3)$I_1>I_2$；　(4)$I_1<I_2$.

3. (1)$0\leqslant I\leqslant 2$；　(2)$0\leqslant I\leqslant \pi^2$；　(3)$0\leqslant I\leqslant \dfrac{\pi}{4}\mathrm{e}^{1/4}$；　(4) $2\leqslant I\leqslant 8$；

   (5)$36\pi\leqslant I\leqslant 100\pi$.

习题　9.2

1. (1) $I=\displaystyle\int_0^1 \mathrm{d}x\int_{x-1}^{1-x}f(x,y)\mathrm{d}y=\int_0^1 \mathrm{d}y\int_0^{1-y}f(x,y)\mathrm{d}x+\int_{-1}^0 \mathrm{d}y\int_0^{1+y}f(x,y)\mathrm{d}x$ ；

   (2) $I=\displaystyle\int_{-1}^1 \mathrm{d}x\int_{x^2}^1 f(x,y)\mathrm{d}y=\int_0^1 \mathrm{d}y\int_{-\sqrt{y}}^{\sqrt{y}}f(x,y)\mathrm{d}x$ ；

(3) $I = \int_{-1/2}^{1/2} dx \int_{1/2-\sqrt{1/4-x^2}}^{1/2+\sqrt{1/4-x^2}} f(x,y)dy = \int_0^1 dy \int_{-\sqrt{1/4-(y-1/2)^2}}^{\sqrt{1/4-(y-1/2)^2}} f(x,y)dx$;

(4) $I = \int_0^1 dx \int_0^{x^2} f(x,y)dy + \int_1^3 dx \int_0^{3/2-x/2} f(x,y)dy = \int_0^1 dy \int_{\sqrt{y}}^{3-2y} f(x,y)dx$;

(5) $I = \int_a^b dx \int_a^x f(x,y)dy = \int_a^b dy \int_y^b f(x,y)dx$;

(6) $I = \int_0^a dx \int_{a-x}^{\sqrt{a^2-x^2}} f(x,y)dy = \int_0^a dy \int_{a-y}^{\sqrt{a^2-y^2}} f(x,y)dx$.

2. (1) $\dfrac{8}{3}$; (2) 9; (3) $\dfrac{1}{2}$; (4) $\dfrac{2}{3}\ln 2$; (5) $\dfrac{2}{3}a\sqrt{a}$;

(6) 4; (7) $\dfrac{832}{9}$; (8) $\dfrac{\pi}{10}-\dfrac{8}{75}$; (9) $\dfrac{4}{3}$; (10) $\dfrac{12}{5}$.

3. (1) $\dfrac{1}{e}$; (2) $\ln\dfrac{4}{3}$; (3) $\dfrac{76}{3}$; (4) $-\dfrac{\pi}{16}$; (5) 17;

(6) $-\dfrac{3}{2}\pi$.

4. (1) $\int_{-1}^1 dx \int_0^{\sqrt{1-x^2}} f(x,y)dy$; (2) $\int_0^1 dy \int_{2-y}^{1+\sqrt{1-y^2}} f(x,y)dx$;

(3) $\int_0^1 dy \int_0^y f(x,y)dx + \int_1^2 dy \int_0^{2-y} f(x,y)dx$;

(4) $\int_0^1 dy \int_1^{3-2y} f(x,y)dx$; (5) $\int_0^4 dx \int_{\frac{x}{2}}^{\sqrt{x}} f(x,y)dy$;

(6) $\int_0^1 dy \int_{\sqrt{y}}^1 f(x,y)dx$; (7) $\int_0^1 dx \int_{x^2}^x f(x,y)dy$;

(8) $\int_0^1 dy \int_{e^y}^e f(x,y)dx$; (9) $\int_0^1 dx \int_{x^2}^{\sqrt{x}} f(x,y)dy$;

(10) $\int_1^2 dx \int_{1/x}^{\sqrt{x}} f(x,y)dy$.

5. (1) $\dfrac{8}{3}$; (2) $\dfrac{2}{3}$.

7. $2\ln 2-1$.

习题 9.3

1. (1) $\int_0^{\pi/4} d\theta \int_0^{\sec\theta} f(r\cos\theta, r\sin\theta)rdr + \int_{\pi/4}^{\pi/2} d\theta \int_0^{\csc\theta} f(r\cos\theta, r\sin\theta)rdr$;

(2) $\int_0^{\pi/4} d\theta \int_{\sec\theta\tan\theta}^{\sec\theta} f(r\cos\theta, r\sin\theta) r dr$;

(3) $\int_0^{\pi/2} d\theta \int_0^R f(r^2) r dr$;

(4) $\int_0^{\pi/2} d\theta \int_0^{2R\sin\theta} f(r\cos\theta, r\sin\theta) r dr$.

2. (1) $\frac{1}{3} a^3$; (2) $\frac{2\pi}{3} a^3$; (3) $-6\pi^2$; (4) 3π ;

(5) $\frac{\pi}{4}(2\ln 2 - 1)$; (6) $\frac{3\pi^2}{64}$.

习题 9.4

1. $\sqrt{2}\pi$.   2. $16R^2$.

3. $\frac{1}{2}\sqrt{a^2 b^2 + b^2 c^2 + c^2 a^2}$.

第九章自测题 A

1. (1) C.   (2) B.   (3) B.   (4) A.   (5) D.

2. (1) $2S$.   (2) $\frac{1}{6}$.   (3) 0.   (4) $\frac{4}{3}\pi$.

3. (1) $\left(e - \frac{1}{e}\right)^2$.   (2) 9.   (3) $25\frac{1}{3}$ (4) $\frac{7}{9}$.   (5) $\frac{45\pi}{2}$.

(6) $\frac{2a^3}{3}\left(\frac{\pi}{2} - \frac{2}{3}\right)$.

第九章自测题 B

1. (1) A.   (2) D.   (3) D.   (4) B.   (5) A.

2. (1) $\frac{1}{e}$.   (2) $\frac{2}{3}$.   (3) $10 - \frac{1}{2}\ln 3$.   (4) $\frac{3}{4}\pi$.   (5) $\frac{a^3}{3}$.   (6) $\frac{9}{16}$.

3. (1) $\frac{1}{2}(1 - \cos 4)$.   (2) $\frac{1}{6} - \frac{1}{3e}$.   (3) $\frac{1}{2}(e - 1)$.

(4) $\frac{1}{6}(1 - \cos 1)$.

第十章　微分方程与差分方程

习题 10.1

1. (1)2;　　(2)1;　　(3)2;　　(4)2.

2. (1)是,且为特解;　　(2)不是;　　(3)不是;

(4)是,且为特解;　　(5)不是;　　(6)是,且为通解.

3. $y=(4+2x)e^{-x}$.

4. (1)$s=(t-1)e^t+C$;　　(2)$y=-\dfrac{2}{k^2}\sin kx+\dfrac{3x}{k}$;

(3)$s=-\ln|t|+C_t+C_1$;　(4)$y=-\dfrac{1}{\omega^2}\sin \omega x+\dfrac{3}{\omega}x$.

5.(1)$y'=x^2$;　　　　　　(2)$yy'+2x=0$.

习题　10.2

1. (1)$10^{-y}+10^x=C$;　　　　　　(2)$\tan x\tan y=C$;

(3)$\arcsin y=\arcsin x+C$;　　(4)$\dfrac{1}{y}=a\ln|1-a-x|+C$;

(5)$(e^x+1)(e^y-1)=C$;　　　(6)$3x^4+4(y+1)^3=C$;

(7)$y=-\dfrac{1}{\sin x+C}$;　　　　(8)$y=e^{Cx}$;

(9)$Cy=e^{\frac{y}{x}}$;　　　　　　　(10)$y=xe^{Cx+1}$;

(11)$1-\cos\dfrac{y}{x}=Cx\sin\dfrac{y}{x}$;　(12)$x+2ye^{\frac{x}{y}}=C$;

(13)$y=(x+1)^2\left[\dfrac{2}{3}(x+1)^{\frac{3}{2}}+C\right]$;　(14)$y=(x+C)e^{-\sin x}$;

(15)$y=C\cos x-2\cos^2 x$;　　(16)$s=Ce^{-\sin t}+\sin t-1$;

(17)$y=2+Ce^{-x^2}$;　　　　　(18)$y=(x-2)^3+C(x-2)$.

2. (1)$y=\dfrac{1}{2}(\arctan x)^2$;　　(2)$\cos x-(\sqrt{2}\cos y)=0$;

(3)$y=-\dfrac{1}{4}(x^2-4)$;　　　(4)$e^x+1=2\sqrt{2}\cos y$;

(5)$x^2-y^2+y^3=0$;　　　　(6)$y^2=2x^2(\ln|x|+2)$;

(7)$y=2e^{2x}-e^x+\dfrac{x}{2}+\dfrac{1}{4}$;　(8)$2y=x^3-x^3e^{\frac{1}{x^2}-1}$;

(9)$y=x\sec x$;　　　　　　(10)$y=\dfrac{1}{x}(\pi-1-\cos x)$;

(11)$y\sin x+5e^{\cos x}=1$;　　(12)$y=\dfrac{2}{3}(4-e^{-3x})$.

习题　10.3

1. (1)$y=xe^x-3e^x+C_1x^2+C_2x+C_3$;

(2)$y=\ln|1+x\tan C|-\dfrac{x}{\tan C}+\dfrac{1}{(\tan C)^2}\ln|1+x\tan C|+C_1$;

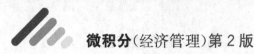

(3)$4(C_1 y-1)=C_1{}^2 (x+C_2)^2$;   (4)$y=C_1+\arcsin(C_2 e^x)$;

(5)$C_1 y^2 -1=C_1^2 (x+C_2)^2$.

2. $y=-\dfrac{1}{a}\ln(ax+1)$.

3. $y=1-x$.

习题 10.4

1. (1) 线性无关;   (2)线性无关;   (3)线性相关;   (4)线性无关.

2. $y=C_1\cos 2x+C_2\sin 2x$.

6. $y=C_1 x+C_2 e^x$.

习题 10.5

1. (1)$y=C_1 e^{-5x}+C_2 e^{-3x}$;   (2)$y=(C_1+C_2 x)e^{-3x}$;

(3)$y=e^{-2x}(C_1\cos x+C_2\sin x)$;   (4)$s=(C_1+C_2 t)e^{\frac{5}{2}t}$;

(5)$y=e^{\frac{1}{3}x}\left(C_1\cos \dfrac{\sqrt{23}}{3}x+C_2\sin \dfrac{\sqrt{23}}{3}x\right)$;

(6)$y=C_1 e^x+e^{-\frac{x}{2}}\left(C_2\cos \dfrac{\sqrt{3}}{2}x+C_3\sin \dfrac{\sqrt{3}}{2}x\right)$;

(7)$y=C_1 e^{3x}+C_2 e^{4x}+\dfrac{x}{12}+\dfrac{7}{144}$;

(8)$y=C_1+C_2 e^{3x}+x^2$;

(9)$y=C_1\cos ax+C_2\sin ax+\dfrac{e^x}{1+a^2}$;

(10)$y=C_1 e^x+C_2 e^{2x}+3xe^{2x}$;

(11)$y=C_1\cos x+C_2\sin x-\dfrac{1}{3}\cos 2x$;

(12)$y=C_1\cos x+C_2\sin x-\dfrac{1}{2}x\cos x$.

2. (1)$y=(2+x)e^{-\frac{x}{2}}$;   (2)$y=e^{-x}-e^{4x}$;   (3)$y=3e^{-2x}\sin 5x$;

(4)$y=3+e^{-x}$;   (5)$y=e^x-e^{-x}+e^x(x^2-x)$;

(6)$y=\dfrac{11}{16}+\dfrac{5}{16}e^{4x}-\dfrac{5}{4}x$;   (6)$x=2te^t\sin t$.

3. $f(x)=\dfrac{1}{2}(\sin x+\cos x+e^x)$

4. $y=-C_1 e^{-x}+C_2(e^{-x}-e^{2x})+xe^x$.

习题 10.6

1. (1)$-4t-2,-4$;   (2)$\dfrac{-2t-1}{t^2(t+1)^2},\dfrac{6t^2+12t+4}{t^2(t+1)^2(t+2)^2}$;

(3)$6t+2,6$;   (4)$6t^2+4t+1,12t+10$;

(5)$e^{2t}(e^2-1),e^{2t}(e^2-1)^2$.

2.(1)三阶；　　(2)六阶.

3.(1)$y_t=A2^t$；　　(2)$y_t=A(-1)^t$；

(3)$y_t=A2^t-6(3+2t+t^2)$；　　(4)$y_t=A(-1)^t+\dfrac{1}{3}\cdot2^t$；

(5)$y_t=A(-1)^t-\dfrac{1}{4}+\dfrac{1}{2}t$.

4.(1)$y_t=\dfrac{5}{6}\left(-\dfrac{1}{2}\right)^t+\dfrac{1}{6}$；　　　(2)$y_t=2+3t$；

(3)$y_t=3\left(-\dfrac{1}{2}\right)^t$；　　　　　(4)$y_t=3(-7)^t+2$.

习题　10.7

1.$D=1500.3^{-P}$.　　2.$y=1.013(1-e^{-0.003t})$.　　3.$y=\dfrac{a}{2}x^2+bx+y_0$.

4.$X=e^I(aI+X_0)$.　　5.$y=3e^x$.　　6.$P=e^{-\frac{t}{2}}\left(\cos\dfrac{\sqrt{3}}{6}t+2\sqrt{3}\sin\dfrac{\sqrt{3}}{6}t\right)+4$.

第十章自测题 A

1.(1)二.　　(2)$y=Cx^{-3}e^{-\frac{1}{x}}$.　　(3)$y''+y'-2y=0$.

2.(1)C　　(2)A.　　(3)C.　　(4)B.　　(5)C.

3.(1)$y=Ce^{x^2}$.　　(2)$y=\dfrac{C}{\sqrt{1+x^2}}$.　　(3)$y=\ln\left(\dfrac{1}{2}e^{2x}+C\right)$.

(4)$\dfrac{y^2}{x}=Ce^{-\frac{x}{y}}\ (C\neq0)$.　　(5)$y=e^{-x}(x+C)$.　　(6)$y=C(x-\sqrt{1+x^2})$.

(7)$\arctan y=x+\dfrac{1}{2}x^2+C$.　　(8)$x^2-2y^2\ln|y|=2Cy^2$.

4.(1)$y=e^x+C_1x+C_2$.　　　　　(2)$y=\dfrac{1}{3}x^3-x^2+2x-C_1e^{-x}+C_2$.

(3)$y=\dfrac{1}{x}+C_1\ln|x|+C_2$.　　(4)$y=C_1e^{-x}+C_2xe^{-x}$.

(5)$y=C_1e^{-3x}+C_2e^x$.　　　(6)$y=C_1\cos x+C_2\sin x$.

5.(1)$y=\dfrac{1}{\cos x-2}$　　(2)$y^2=4x$.　　(3)$y=-\ln\left|\dfrac{1}{2}e^{-2x}+e^{-1}-\dfrac{1}{2}\right|$.

(4)$y=e^{\tan\frac{x}{2}}$.　　(5)$1+\ln|y|+\dfrac{y}{x}=0$　　(6)$y=1+\dfrac{1}{x}$.

第十章自测题 B

1.(1)3. (2)$y=Y(x)+y^*(x)$.
  (3)$y=C_1\sin x+C_2\cos x$. (4)$y''-2y'+5y=0$.

2.(1)$y=\dfrac{1}{x}(Ce^x+e^{2x})$. (2)$\sin\dfrac{y}{x}=\ln|x|+C$. (3)$y=\dfrac{x}{x^2+C}$.

  (4)$y=\tan x-1+Ce^{-\tan x}$. (5)$y=\dfrac{\frac{4}{3}x^3+C}{x^2+1}$. (6)$y^2-1=C(x-1)^2$.

  (7)$\tan y=C(1-e^x)^{-3}$. (8)$y=\ln x-\dfrac{1}{2}+\dfrac{C}{x^2}$. (9)$y=\dfrac{1}{2}x^2+Ce^{x^2}$.

  (10)$x-\sqrt{xy}=C$.

3.(1)$y^2=2x^2(\ln|x|+1)$. (2)$y=(2+x)e^{-\frac{1}{2}x}$. (3)$y=\dfrac{2}{3}+\dfrac{1}{3}e^{-3x}$.

  (4)$y=e^{-x}(\cos\sqrt{2}x+\sqrt{2}\sin\sqrt{2}x)$. (5)$y=\arcsin x$.

第十一章 无 穷 级 数

习题 **11.1**

1.(1)$u_1=\dfrac{1}{2}$,$u_2=\dfrac{3}{8}$,$u_3=\dfrac{5}{16}$;(2)$u_0=-1$,$u_1=\dfrac{1}{3}$,$u_2=-\dfrac{1}{9}$;

2.(1)$u_n=\dfrac{1}{2n-1}(n=1,2,3,\cdots)$;

  (2)$u_n=(-1)^{n+1}\dfrac{n}{n+1}(n=1,2,3,\cdots)$.

3.$u_1=s_1=1$,$u_2=s_2-s_1=\dfrac{1}{3}$,$u_n=\dfrac{2}{n(n+1)}$,$n=1,2,\cdots$.

4.(1) 收敛; (2)收敛.

5.(1)收敛; (2)收敛; (3)发散.

习题 **11.2**

1.(1) 发散; (2) 收敛; (3) 收敛;
  (4)$a>1$ 时收敛,$0<a\leqslant1$ 时发散;(5) 发散;
  (6) 收敛; (7)收敛; (8)收敛.

2.(1)发散; (2)收敛; (3)收敛; (4)发散;
  (5)收敛; (6)发散; (7)发散; (8) 收敛.

3.(1)条件收敛;(2)绝对收敛;(3)发散; (4) 绝对收敛.

习题 11.3

1. (1)$R=1,(-1,1)$;　　　　　　(2)$R=+\infty,(-\infty,+\infty)$;

　(3)$R=1,[-1,1]$;　　　　　　(4)$R=\dfrac{1}{2},\left[-\dfrac{1}{2},\dfrac{1}{2}\right]$;

　(5)$R=1,[-1,1]$;　　　　　　(6)$R=3,(-3,3]$;

　(7)$R=\dfrac{\sqrt{2}}{2},\left(-\dfrac{\sqrt{2}}{2},\dfrac{\sqrt{2}}{2}\right)$;　　　　(8)$R=1,[-1,1]$.

2. (1)$\dfrac{2x}{(2-x)^2}$;　　(2)$(1-x)\ln(1-x)+x$;

　(3)$\dfrac{2x}{(1-x)^3}$;　　(4)$\dfrac{x^2}{2-x^2}$.

习题 11.4

1. (1)$\displaystyle\sum_{n=0}^{\infty}\frac{(-1)^n}{2^{n+1}}x^n$,$(-2,2)$;　　(2)$\displaystyle\sum_{n=0}^{\infty}(-1)^n\frac{2^{n+1}-1}{2^{n+1}}x^n$,$(-1,1)$;

　(3)$\displaystyle\sum_{n=0}^{\infty}\frac{(\ln a)^n}{n!}x^n$,$(-\infty,+\infty)$;(4)$\ln 2+\displaystyle\sum_{n=1}^{\infty}(-1)^{n-1}\frac{1}{n2^n}x^n$,$(-2,2]$;

　(5)$\displaystyle\sum_{n=1}^{\infty}(-1)^{n-1}\frac{2^{2n-1}}{(2n)!}x^{2n}$,$(-\infty,+\infty)$;

　(6)$x+\displaystyle\sum_{n=2}^{\infty}\frac{(-1)^n x^n}{n(n-1)}$,$(-1,1)$.

2. $e^x=\displaystyle\sum_{n=0}^{\infty}\frac{e}{n!}(x-1)^n$,$(-\infty,+\infty)$.

3. $\displaystyle\sum_{n=0}^{\infty}(-1)^n\frac{(x-3)^n}{3^{n+1}}$,$(0,6)$.

4. $\displaystyle\sum_{n=0}^{\infty}(-1)^n\left(\frac{1}{2^{n+2}}-\frac{1}{2^{2n+3}}\right)(x-1)^n$,$x\in(-1,3)$.

第十一章自测题 A

1. (1)发散. (2)发散. (3)发散. (4)发散. (5)发散. (6)发散.
　(7)收敛. (8)收敛. (9)收敛. (10)发散. (11)收敛. (12)收敛.
　(13)收敛. (14)收敛. (15)收敛. (16)发散.

2. (1)$(-1,1)$. (2)$[-1,1]$. (3)$(-\infty,+\infty)$. (4)$[-3,3)$.

(5) $\left[-\dfrac{1}{2},\dfrac{1}{2}\right]$.　(6) $[-1,1]$.　(7) $(-\sqrt{2},\sqrt{2})$.　(8) $[4,6)$.

3. (1) $S(x)=\dfrac{1}{(1-x)^2},(|x|<1)$.

   (2) $S(x)=-x+\dfrac{1}{4}\ln\dfrac{x+1}{1-x}+\dfrac{1}{2}\arctan x,|x|<1$.

   (3) $S(x)=\dfrac{1}{2}\ln\dfrac{1+x}{1-x},|x|<1$.

4. $\cos x=\dfrac{1}{2}\sum\limits_{n=0}^{\infty}(-1)^n\left[\dfrac{1}{(2n)!}\left(x+\dfrac{\pi}{3}\right)^{2n}+\dfrac{\sqrt{3}}{(2n+1)!}\left(x+\dfrac{\pi}{3}\right)^{2n+1}\right],x\in(-\infty,+\infty)$.

5. $f(x)=\sum\limits_{n=0}^{\infty}\left(\dfrac{1}{2^{n+1}}-\dfrac{1}{3^{n+1}}\right)(x+4)^n,x\in(-6,-2)$.

第十一章自测题 B

1. (1) 收敛．　(2) 发散．　(3) 收敛．　(4) 发散．　(5) 发散．　(6) 收敛
   (7) 收敛．　(8) 收敛．

2. (1) $-2\leqslant x<2$.　(2) $x=2$.　(3) $(-\infty,+\infty)$.　(4) $-\sqrt{2}\leqslant x\leqslant\sqrt{2}$.
   (5) $-\dfrac{1}{2}<x<\dfrac{1}{2}$.　(6) $-2\leqslant x\leqslant 0$.

3. (1) $\sum\limits_{n=0}^{\infty}(1-x)x^n=\begin{cases}1,&-1<x<1,\\0,&x=1.\end{cases}$　(2) $f(x)=\dfrac{1}{(1+x)^2},(-1<x<1)$.

   (3) $f(x)=\arctan x,(-1\leqslant x\leqslant 1)$.　(4) $f(x)=\dfrac{x}{(1-x)^2},(-1<x<1)$.

   (5) $f(x)=\dfrac{2x}{(1-x)^3},|x|<1$.

4. (1) $\dfrac{2}{9}$.　(2) $\ln 2$.　(3) $\dfrac{11}{27}$.　(4) 12.

5. (1) $f(x)=\sum\limits_{n=1}^{\infty}(-1)^{n-1}\dfrac{x^{2n-1}}{3^{2n}},x\in(-3,3)$.

   (2) $f(x)=\dfrac{\pi}{4}+\sum\limits_{n=0}^{\infty}(-1)^n\dfrac{x^{2n+1}}{2n+1},x\in[-1,1)$.

参 考 文 献

[1] 吴建成. 高等数学[M]. 北京:高等教育出版社,2008.

[2] 蒋兴国. 高等数学(经济类)[M]. 3 版. 北京:机械工业出版社,2007.

[3] 同济大学数学系. 高等数学[M]. 5 版. 北京:高等教育出版社,2007.

[4] 范周田,张汉林. 高等数学[M]. 2 版. 北京:机械工业出版社,2008.

[5] Thomas Svobodny. 数学模型 Mathematical Modeling for Industry and Engineering [M]. 北京:机械工业出版社,2005.